名师名校新形态系列教材

国家级一流本科课程配套教材

UNIVERSITY

大学物理教程

上册

PHYSICS

胡其图 李晟 刘世勇◎编著

中国工信出版集团 人民邮电出版社
POSTS & TELECOM PRESS

图书在版编目（CIP）数据

大学物理教程. 上册 : AR版 / 胡其图, 李晟, 刘世勇编著. -- 北京 : 人民邮电出版社, 2023.12
名师名校新形态系列教材
ISBN 978-7-115-60813-0

Ⅰ. ①大… Ⅱ. ①胡… ②李… ③刘… Ⅲ. ①物理学－高等学校－教材 Ⅳ. ①O4

中国国家版本馆CIP数据核字(2023)第208527号

内 容 提 要

全书分为上、下两册，上册内容包括质点运动学、质点动力学、相对论、动能定理和机械能守恒定律、动量与角动量、刚体力学基础、振动力学基础、机械波、热力学平衡态、热力学定律. 本书结构精炼，概念清晰，图像丰富，内容新颖. 既着重系统地阐述大学物理学的基本概念、基本图像、基本规律和基本方法，又拓展学生视野，注重知识的扩展和适度的深化. 本书是一套新形态教材，引入了增强现实技术（AR）和计算机模拟可视化，提升学生对物理概念、物理图像和物理过程的理解.

本书可作为普通高等学校理工科各专业大学物理课程的教材或参考书，也可供社会读者阅读.

◆ 编　　著　胡其图　李　晟　刘世勇
责任编辑　税梦玲
责任印制　王　郁　陈　犇

◆ 人民邮电出版社出版发行　　北京市丰台区成寿寺路 11 号
邮编　100164　　电子邮件　315@ptpress.com.cn
网址　https://www.ptpress.com.cn
雅迪云印（天津）科技有限公司印刷

◆ 开本：787×1092　1/16
印张：19.25　　2023 年 12 月第 1 版
字数：495 千字　　2025 年 1 月天津第 2 次印刷

定价：69.80 元

读者服务热线：(010)81055256　印装质量热线：(010)81055316
反盗版热线：(010)81055315
广告经营许可证：京东市监广登字 20170147 号

INTRODUCTION 前言

大学物理课程是高等学校理工科学生的一门重要必修基础课，它的作用一方面是为学生系统地打好必要的物理学基础，使学生掌握该课程所教授的物理学基本概念、基本图像、基本规律和基本方法；另一方面是引导学生掌握科学的学习方法，提高获取知识的能力、扩展知识的能力和整合知识的能力，启迪与培养学生科学思维能力和科学素养、探索精神和创新意识、分析问题和解决问题的能力.

上海交通大学的大学物理课程有着深厚的历史渊源，经过几代人不懈努力，在教学内容改革、教材建设、教学环境建设等方面不断地取得实质性成果. 进入 21 世纪后，形成了分层次大面积教学与多模式试点教学的大学物理课程体系，大学物理课程 2004 年被评为国家级精品课程，国家工科基础课程物理教学基地教学团队 2008 年被评为国家级教学团队. 大学物理(荣誉)课程创建于 2014 年，授课对象是致远工科荣誉计划学生，到目前为止经历九届学生，在此过程中打通了致远工科荣誉计划大学物理课程和校内其他工科教改试点大学物理课程的融合、协调和统一，形成了较为完整的工科类大学物理课程荣誉课程体系，大学物理(荣誉)课程 2023 年被评为国家级一流课程.

在本教材形成过程中，我们承担了教育部新兴领域教材研究与实践项目-传统领域新形态教材建设模式“普通高等教育理工类大学物理课程新形态教材研究与构建”(项目编号 Eeet-202138)，该项目由 6 所高校和 4 所出版社共同完成，充分发挥了高校和出版社合作优势. 该项目牵头高校项目负责人为上海交通大学胡其图，联合高校项目负责人为清华大学王青、江苏大学颜晓红、西安交通大学徐忠锋、南京大学王玮、同济大学张睿，牵头出版社项目负责人为科学出版社昌盛，联合出版社项目负责人为人民邮电出版社税梦玲、机械工业出版社张金奎、上海交通大学出版社李芳. 在项目研究过程中，我们调研了国内外信息化技术与大学物理课程教学融合的现状，分析了国内外大学物理课程新形态教材建设的现状，给出了普通高等教育理工类大学物理课程新形态教材体系构建与建设模式，该项目通过了教育部组织的专家评审和验收. 在汲取上述项目研究成果基础上，为适应新工科物理教学和新形态教材建设的发展需要，综合当前国内外高等学校大学物理课程教材改革动向以及我国大学物理课程教学实际情况，借鉴部分国内外优秀教材，结合作者长期在上海交通大学从事大学物理、大学物理(荣誉)、物理学引论等课程的教学实践，我们完成了这套新形态大学物理教材的编写，具有以下特点.

1. 教材体系结构未做大的调整，大学物理课程内容经过前辈长期研究、积累和实践，具有可教性、严谨性和系统性，我们在教材编写过程中不触动核心体系结构，在保证基本理论体系的系统性、完整性、科学性的基础上，对传统的内容结构做一些调整，各部分保持其相对独立性和系统性，同时也注意各部分之间的联系，使之构成一个有机整体. 本教材侧重于引导学生掌握基本的物理学概念、基本的物理学图像、基本的物理学规律、基本的物理学方法，适当提升教学内容的深度和广度，使教学内容具有高阶性、创新性、挑战度，以拓展研究性学习内容为突破点，唤起学生的好奇心与研究精神，产生学习与创造内驱力，营造一个有利于培养学生科学素养和创新意识的教学环境，注重引导学生进行深入思考、探索和研究，同时本教材始终注意由浅入深、循序渐进、讲清楚讲透相关内容，利于教学和自学.

2. 这是一套新形态教材，教材中引入了增强现实技术和计算机模拟可视化. 增强现实技术(Augmented Reality)简称AR，能实现将物理现象、物理过程直观地呈现于现实世界，构建便于学生探索和研究的教学环境，深化学生对物理概念和物理图像的理解，便于学生对各类物理问题进行探索和研究，我们在教材中各个AR内容的位置处设置了标识图，通过扫描AR标识图，可直接进入相应的AR内容操作空间，具体方法在教材中有详细说明. 计算机模拟可视化能帮助学生从复杂的现象、抽象的概念中构建物理图像，引导学生对物理问题进行探索和讨论. 计算机模拟可以从简单的理想模型出发，加入使模型更接近实际的一些特性，给学生提供一个接近实际问题的研究场景，有助于学生理解和探索复杂现象中所表现出来的物理规律. 我们在教材中各个计算机模拟可视化内容的位置处设置了二维码，通过扫描二维码，可直接观看这些计算机模拟可视化内容.

3. 在教材中适当地开设一些通向物理学前沿的窗口，不仅有利于拓展学生的视野，启迪学生的思维，而且有益于培养学生的求知欲望和探索未知的兴趣. 景益鹏院士为本教材撰写了宇宙起源的专题内容，雷啸霖院士为本教材撰写了量子霍尔效应、反常霍尔效应和自旋霍尔效应的专题内容，张杰院士为本教材撰写了强激光与物质相互作用物理前沿的专题内容. 这些专题内容有助于开阔学生的眼界，增强学生对于物理学前沿领域的兴趣，既扩展知识面，又启迪学生创造性思维，学生可将它们作为了解物理学前沿发展的窗口和进一步学习与研究它们的接口. 除此之外，我们还在教材中增设了延伸阅读的内容，这些内容有利于加强有关概念的理解，同时也为学生提供进一步钻研的学习材料，学生可选择所需的或感兴趣的延伸内容阅读. 对于这些延伸阅读的内容，扫描相应的二维码，便可直接进行阅读.

本教材编写过程中得到中国物理学会理事长、上海交通大学张杰院士、上海交通大学景益鹏院士、雷啸霖院士的支持和帮助，他们在百忙之际为本教材撰写了专题，在此谨致以衷心的感谢.

本教材的编写得到上海交通大学物理与天文学院领导和同事们的大力支持，赵玉民教授长期从事原子核结构理论的研究工作和教学工作，专门为本教材撰写了第21章原子核物理简介，邓晓高级工程师、张小灵高级工程师作为主要完成人参加了本教材AR教学资源、大学物理AR管理系统和计算机模拟可视化软件等研制工作，在此一并致谢.

限于作者学识水平有限，错误和不妥之处在所难免，恳请广大读者批评指正.

胡其图

2023年9月于上海交通大学

C O N T E N T S 目录

资源索引

AR 交互识别图

计算机模拟可视化二维码

绪论

1. 什么是物理学

物理学是研究物质的基本结构、基本运动形式、相互作用及其转化规律的自然科学. 自然界是由运动着的物质组成的, 一切物质都处于不断运动之中. 物理学主要研究一些最简单、最基本、最普遍的运动形式, 例如机械运动、热运动、电磁运动、微观粒子的运动……这些运动构成了更高级运动形式的基础.

早期, 人们对客观世界的认识起源于感觉. 宏观物体之间或物体内各部分之间的相对位置的变动称为机械运动. 机械运动是最常见的现象, 最便于人们直接观察, 力学的研究对象是机械运动, 所以力学是物理学中发展最早的分支. 在物理学中, 热学的研究对象是热运动, 电磁学的研究对象是电磁现象……电磁学与直观感觉的联系较少, 所以发展得比较晚, 直到 19 世纪才发展起来. 到 19 世纪末, 物理学逐渐形成了 3 种较为成熟的重要理论: 经典力学, 热力学和统计物理学, 电磁学. 此时, 经典物理学的理论体系已基本建成. 就在人们非常满足于这种成就的时候, 一系列与经典物理学的预言不相容的实验事实相继出现. 正是在这些实验事实的基础上, 20 世纪初, 爱因斯坦建立了狭义相对论, 普朗克、爱因斯坦、波尔、德布罗意、海森伯、薛定谔、玻恩等物理学家建立了量子力学. 狭义相对论和量子力学是近代物理学的理论基础. 到现在为止, 物理学中最重大的基本理论有 5 个: 经典力学, 热力学和经典统计物理学, 电磁学, 相对论, 量子力学. 每一个理论, 在它的适用范围内都是正确的. 例如, 研究宏观物体的机械运动时, 在低速范围内经典力学是正确的, 接近光速高速运动时经典力学是不正确的, 此时需要用狭义相对论来研究物体的运动.

2. 数量级的概念

物理学研究所涉及的数字范围极大, 为了方便, 需要引入科学计数法, 用来表示所测量出来的数据. 科学计数法就是把一个物理量的数值写成一个介于 1 和 10 之间的小数乘以 10 的幂次, 这时 10 的幂指数就是所谓的数量级. 在科学计数法中指数相差 1, 即代表数目大 10 倍或小 10 倍, 这叫作一个“数量级”. 这样的表示, 同时还可将其有效数字的位数表示出来, 例如 6900, 此数值是 4 位有效数字, 前 3 位是准确的, 最后一位是估读出来的, 是可疑数据, 我们用科学计数法可以把它写成 6.900×10^3, 这个数值同样代表的是 4 位有效数字, 如果用科学计数法把这个数值写成 6.90×10^3, 这个数值代表的是 3 位有效数字, 也就是说前 2 位 6 和 9 是精确的, 最后 1 位 0 是估读出来的、是有误差的, 所以, 6.900×10^3 和 6.90×10^3 是两个不一样的数据. 另外, 随着科学研究的深入, 人们需要处理的数据不断向极大和极小两个方向发展. 为了叙述方便, 人们还规定了一些词冠, 将基准单位(例如米、秒等)和它们的某些数量级变化对应起来. 在国际单位制中，人们在 10^{-24} 到 10^{24} 这 48 个数量级之间规定了 20 个词冠，如表 I -1 所示.

表 I -1　20 个词冠

数量级	英文名	缩写符号	中文译名	数量级	英文名	缩写符号	中文译名
10^{-1}	deci	d	分	10	deca	da	十
10^{-2}	centi	c	厘	10^{2}	hecto	h	百
10^{-3}	milli	m	毫	10^{3}	kilo	k	千
10^{-6}	micro	μ	微	10^{6}	mega	M	兆
10^{-9}	nano	n	纳[诺]	10^{9}	giga	G	吉[咖]
10^{-12}	pico	p	皮[可]	10^{12}	tera	T	太[拉]
10^{-15}	femto	f	飞[母托]	10^{15}	peta	P	拍[它]
10^{-18}	atto	a	阿[托]	10^{18}	exa	E	艾[可萨]
10^{-21}	zepto	z	仄[普托]	10^{21}	zetta	Z	泽[它]
10^{-24}	yocto	y	幺[科托]	10^{24}	yotta	Y	尧[它]

利用这些词冠，人们可以方便地表示一些数据.

3. 物理学的时空尺度

物理学研究所涉及的空间尺度从 10^{-15} 米到 10^{26} 米，经过 10^{0} 米，跨越了 42 个数量级.

原子是由原子核和电子构成的，原子核是由中子和质子构成的，原子核中的质子和中子称为核子，核子的空间尺度是 10^{-15} 米，甚至比这个尺度还要小. 宇宙的空间尺度是 10^{26} 米，这个空间尺度是如何得到的？通过天文观测，人们发现，来自遥远星系的光的光谱与地面光源的光的光谱相比较，显著地向长波端偏移，这称为谱线红移. 多普勒效应表明，这些遥远的星系正在朝着远离地球的方向而去. 其速率与离地球的距离成正比（哈勃定律），星系离地球越远，其远离地球的速率就越大. 那么，在距离地球 10^{26} 米的地方，根据哈勃定律算出星系远离地球的速率将达到真空中的光速，这可能对可以探知的宇宙的广延程度设置了一个天然的极限. 长度的基本单位是米，这是取自于人类本身的空间尺度. 比米大几个数量级，例如大 3 个数量级——10^{3} 米，恰好是高山的空间尺度；10^{8} 米是太阳的空间尺度；10^{13} 米是太阳系的空间尺度；10^{21} 米是银河系的空间尺度. 比米小几个数量级，例如分子的尺度相差巨大，一般非生物的分子尺度比原子大一个数量级，10^{-9} 米，属于微观世界. 蛋白质、核酸（DNA、RNA）等生物大分子包含的原子数多达几十万个，它们排成长长的链状，链子再盘成螺旋状，形成二级结构，且蛋白质分子在二级结构之上可能有更高级的复杂结构. 如果把缠绕盘旋的分子链拉直，长度可达 10^{-4} 米. 10^{-10} 米是原子的空间尺度，原子核的空间尺度大概在 10^{-14} 米到 10^{-15} 米的范围. 所以，至少从目前看，物理学研究所涉及的空间尺度从 10^{-15} 米，经过 10^{0} 米，到 10^{26} 米，跨越了 42 个数量级.

物理学研究所涉及的空间尺度是一个非常大的范围. 通常，尺度为米的物体及其附近几个数量级范围内的物体是人类可以看到的物体，通常我们称其为宏观物体，这个空间尺度的范围是宏观范围. 在更大的空间尺度范围，例如银河系、超星、超星系团，这个空间范围是宇观范围. 在原子的层次上，甚至比原子的层次还小的空间范围，是微观范围.

物理学研究所涉及的时间尺度从最短的 10^{-25} 秒到 10^{18} 秒，经过 10^{0} 秒，跨越了 44 个数量级，这是一个非常大的时间范围. 10^{-25} 秒是 Z_0 粒子的寿命，对于微观粒子，其中的绝大多数经过一定时间后就会衰变成为其他粒子，所谓粒子的寿命就是指粒子产生后到衰变前存在的平均时间. 大多数微观粒子的寿命都很短，μ 子的寿命是 10^{-6} 秒，τ 子的寿命是 10^{-13} 秒，Z_0 粒子的寿命最短，但电子、质子等粒子的寿命被认为接近无限长. 10^{18} 秒可视为宇宙年龄，对于宇宙年龄，理论值和观测推算值还比较粗糙，按照目前公认的“大爆炸”理论，时间的起点应该从爆炸开始时算起，那时宇宙的温度极高，物质密度极大，大约在最初 3 分钟后，宇宙的温度降低到 10^{9}K，开始合成较轻的原子核，之后温度逐渐降低，演化出天体星云，直至成为今天的宇宙. 作为大爆炸的痕迹，至今在整个宇宙中还残存温度约为 2.7K 的“微波背景辐射”，由此可以推算出宇宙的年龄在 100 亿年左右，也就是 10^{18} 秒. 时间的基本单位是秒，这取自于钟摆的周期. 地球自转的周期是 10^{5} 秒，此数量级对应的是 1 天，地球绕太阳公转的周期是 10^{7} 秒，此数量级对应的是 1 年，通常市电的交流电周期是 10^{-2} 秒.

4. 物理学的方法

长期以来，物理学家在了解我们周围的世界、探索我们周围的世界、研究我们周围的世界的科学研究过程中，形成了许多有效的、重要的、典型的方法，通常最典型、最常用的科学研究方法是：通过观测、实验、计算机模拟得到事实和数据，在此基础上用已知的可用的原理分析这些事实和数据，由此形成假说和理论以解释事实，并且预言新的事实和结果，然后进一步用新的事例修改和更新理论. 在上述研究过程中，建立物理模型通常是一个必要的研究环节，物理学家对其所研究的具体问题，突出主要因素，忽略次要因素，由此建立一个具体的物理模型，在此基础上形成假说和理论以解释事实. 在上述研究过程中，通常采用了分析、演绎、归纳、科学抽象等方法，有时还采用了设疑猜想、类比联想等方法.

5. 物理学与工程技术

18 世纪中叶开始了第一次工业革命，称为蒸汽机时代. 第一次工业革命促使了复杂机械的发展，蒸汽机的发明和使用，这是第一次工业革命的结果. 复杂机械的发展，蒸汽机的发明和使用，对物理学提出了要求，从而促使牛顿力学走向成熟，更使经典力学和热力学的研究迅猛发展；经典力学，特别是热力学理论又反过来促使技术得到提高. 第一次工业革命以“技术-物理-技术”的模式完成. 19 世纪 70 年代开展的第二次工业革命，称为电气时代，主要标志是电力的广泛应用和无线电通讯的实现，它们是电磁学发展的结果. 1785 年建立了库仑定律，1831 年法拉第发现了电磁感应现象，建立了电磁感应定律，在此期间众多物理学家努力探索，取得了许多重要的理论成果. 在此基础上，之后的半个世纪内各种交流、直流发电机和电动机的技术性研究应运而生，并被广泛应用. 1865 年麦克斯韦建立了电磁场理论，1888 年赫兹完成了电磁波实验. 由此才导致了马可尼与波波夫发明了无线电. 以电气化为代表的第二次工业革命的成功又促使物理学进一步发展，相对论和量子力学相继诞生. 第二次工业革命以“物理-技术-物理”的模式完成. 20 世纪中叶开始的第三次工业革命称为信息时代，它是近代物理学发展的结果，其中有一个共同的特点：几乎所有的高新技术领域(例如原子能、激光、信息技术等)的创立，在事前都经过了物理学长期的研究，在理论与实践上积累了大量的知识，在新技术革命中才迸发而出. 21 世纪以来开始的第四次工业革命称为智能时代，在此过程中，以物理学为基础形成了许多新兴突破性领域，例如人工智能、机器人、物联网、3D 打印、生物技术、材料科学、能源存储、量子计算等. 第四次工业革命将迎来新一轮的科技革命和产业变革，将颠覆现有的很多产业的形态、分工和组织方式，将重构人们的生活方式、学习方式和思维方式，乃至改变人与世界的关系.

由此可见，物理学的发展产生了一系列的高新技术，并不断地改变着世界的面貌. 物理学是现代工程技术的源泉，物理学的进展与突破推动着社会生产力向前飞跃地发展，在人类追求真理、探索未知世界的过程中，物理学深刻地影响着人类对物质世界的基本认识，物理学深刻地影响着人类的思维方式和社会生活，物理学是人类文明发展的基石.

第1章 质点运动学

力学的研究对象是机械运动，物体之间或物体内各部分之间的相对位置的变动称为机械运动，机械运动是物质最简单、最基本的运动形式，几乎在物质运动的所有形式中都包含机械运动. 因此，力学是物理学的基础，也是许多工程技术学科的基础. 力学通常被分为两大部分，其一是研究如何确定物体的空间位置、如何描述物体的运动状态以及物体运动的内在规律性，这被称为运动学；其二是研究物体间的相互作用以及它们对物体运动的影响，这被称为动力学. 作为讨论机械运动的基础，本章介绍质点运动学，包括如何描述质点的位置、速度和加速度，以及在不同的坐标系下这些物理量的表达形式等.

1.1 质点运动的描述

质点是一种理想模型，它没有大小，为数学上的点，但它具有质量. 质点在现实中并不存在，即使在抽象理论中它也有一定的问题，如质点没有大小，但有质量，因此其密度是无穷大. 无穷大的出现通常被认为是不合理的. 但这样的理想模型在物理学中又具有重要的意义. 一方面，这样的抽象能反映出物理规律中的本质特性；另一方面，其中的一些缺陷在实际体系中也可能消弭掉，如对于一个密度为 ρ 的物体，可以认为其是由无穷多的质点聚集而成的，此时每个质点的密度并不是无穷大，因为这时质点的质量大小是无穷小，这个无穷小质量和无穷小体积的比值是常数 ρ.

在物理研究中做近似是一种非常重要的方法. 好的近似在简化问题的同时又没有丢失其中重要的物理特性. 质点模型就是一种近似，很多时候有限大的物体也可以看成一个质点. 比如在考虑地球如何绕太阳运动的过程中，将太阳和地球都看成质点就是一个“足够好”的近似. 判断一个近似是否“足够好”的一个重要方法是，看近似所造成的误差大小与观测误差大小之间的关系. 如果近似所造成的误差远大于观测误差，那么这样的近似就不够好. 通常在物体大小与运动范围相比小得多的情况下，都是可以做质点近似的.

在实际观测中，不可能对物体上所有点的物理特性都进行测量，通常只能测量其上的几个点. 在测量中将假设所有的点的运动轨迹都是光滑曲线. 但实际上我们并不知道时间和空间是否是连续的，甚至我们并不知道讨论无限精度的测量是否有意义. 从实验的角度来看，考虑到存在测量误差，在误差精度内将运动轨迹看成光滑曲线是可行的. 这也是一种近似. 由此物体的运动在数学上就可以用一条曲线来表示. 当质点沿一条曲线运动时，将某个位置标记为起点，可以用函数 $s(t)$ 来表示质点从起点开始经过时间 t 运动过的路程长度.

如图 1-1 所示，设在时间间隔 Δt 内质点运动走过的路程为 Δs，则这段时间间隔中的平均速率定义为

$$\bar{v}=\frac{\Delta s}{\Delta t}. \tag{1.1.1}$$

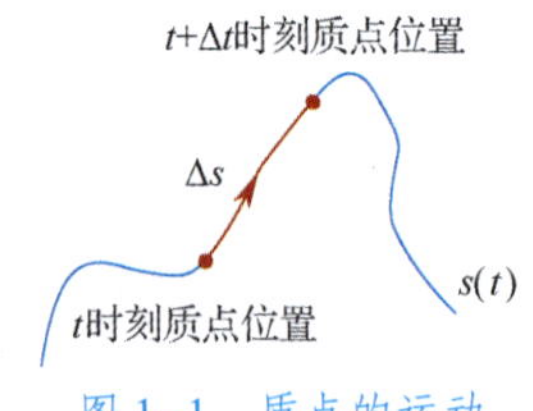

图 1-1 质点的运动

一般来说，Δt 不同时，所得到的平均速率也会不同. 但当将 Δt 变得越来越小时，所得到的平均速率会趋于一个常数. 此常数定义了瞬时速率，即

$$v(t)=\lim_{\Delta t\to 0}\frac{\Delta s}{\Delta t}=\frac{\mathrm{d}s}{\mathrm{d}t}, \tag{1.1.2}$$

$\frac{\mathrm{d}s}{\mathrm{d}t}$称为 s 对 t 的微分. 在实际测量中 Δt 不会是无穷小的，因此，实际测量出来的速率都是平均速率. 但只要 Δt 足够小，所得到的平均速率就是瞬时速率的很好的近似.

在知道了速率随时间变化——$v(t)$的情况后，如何计算经过一段时间后质点运动的距离呢？这和知道了路径计算速率是相反的过程. 类似地，我们也可以用近似取极限的方法.

考虑一系列时间间隔 Δt_i，$i=1,2,\cdots,N$. 如果在每个时间间隔中质点的平均速率为v_i，则总的运动距离应该为

$$s=\sum_{i=1}^{N}v_i\Delta t_i. \tag{1.1.3}$$

当让每个 Δt_i都趋于无穷小时(此时 N 趋于无穷大)，式(1.1.3)中的v_i将趋向瞬时速率. 将这样的极限记为

$$s=\int_0^t v(t)\,\mathrm{d}t, \tag{1.1.4}$$

这称为积分.

以上仅计算了质点运动速率，即速度的大小. 而速度是矢量，除其大小外，我们还需要知道质点的运动方向. 要得到完整的速度，就需要用矢量来表达. 如图 1-2 所示，当质点运动时，其位置矢量为时间的函数

$$\vec{r}=\vec{r}(t). \tag{1.1.5}$$

若在t_1 时刻质点位于$\vec{r}_1$，t_2 时刻质点位于$\vec{r}_2$，则位置矢量的增量

$$\Delta\vec{r}=\vec{r}_2-\vec{r}_1$$

称为质点在 t_1 到 t_2 这段时间内的位移. 质点的平均速度即可定义为位移除以时间间隔，即

$$\bar{\vec{v}}=\frac{\Delta\vec{r}}{\Delta t}, \tag{1.1.6}$$

其中 $\Delta t=t_2-t_1$. 当时间间隔趋于零时，即可得到质点的瞬时速度，为

$$\vec{v}=\lim_{\Delta t\to 0}\frac{\Delta\vec{r}}{\Delta t}=\frac{\mathrm{d}\vec{r}}{\mathrm{d}t}. \tag{1.1.7}$$

瞬时速度也称为速度，可描述质点位置变化的快慢和方向.

相应地，可得到速度的变化率

$$\vec{a}=\lim_{\Delta t\to 0}\frac{\Delta\vec{v}}{\Delta t}=\frac{\mathrm{d}\vec{v}}{\mathrm{d}t}=\frac{\mathrm{d}^2\vec{r}}{\mathrm{d}t^2},\tag{1.1.8}$$

$\vec{a}$ 称为质点的**加速度**，可描述质点速度变化的快慢和方向.

物体的运动经常放在直角坐标系下进行描述. 直角坐标系的 3 个坐标轴方向是恒定的，与物体所在的位置无关. 在直角坐标系下，位置矢量、速度、加速度表示如下：

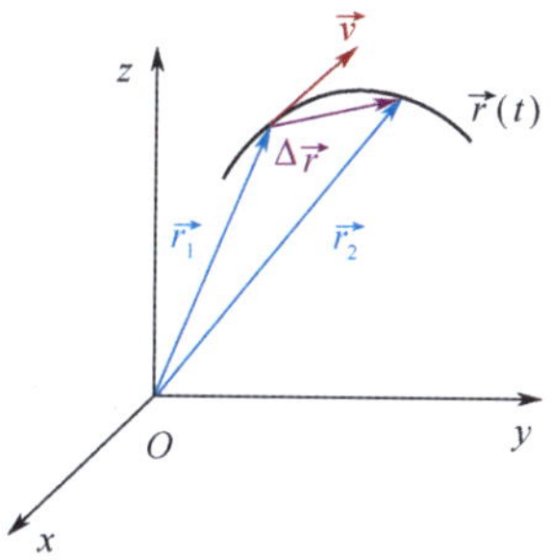

图 1-2 位移与速度

$$\vec{r}=x\vec{i}+y\vec{j}+z\vec{k},$$

$$\vec{v}=\frac{\mathrm{d}\vec{r}}{\mathrm{d}t}=\frac{\mathrm{d}x}{\mathrm{d}t}\vec{i}+\frac{\mathrm{d}y}{\mathrm{d}t}\vec{j}+\frac{\mathrm{d}z}{\mathrm{d}t}\vec{k},$$

$$\vec{a}=\frac{\mathrm{d}\vec{v}}{\mathrm{d}t}=\frac{\mathrm{d}^2x}{\mathrm{d}t^2}\vec{i}+\frac{\mathrm{d}^2y}{\mathrm{d}t^2}\vec{j}+\frac{\mathrm{d}^2z}{\mathrm{d}t^2}\vec{k}.\tag{1.1.9}$$

将速度记为

$$\vec{v}=v_x\vec{i}+v_y\vec{j}+v_z\vec{k},\tag{1.1.10}$$

其中v_x、v_y、v_z分别称为速度在 x 轴、y 轴、z 轴方向上的分量. 速度的大小，或者**速率**，为

$$v=\sqrt{v_x^2+v_y^2+v_z^2}=\sqrt{\left(\frac{\mathrm{d}x}{\mathrm{d}t}\right)^2+\left(\frac{\mathrm{d}y}{\mathrm{d}t}\right)^2+\left(\frac{\mathrm{d}z}{\mathrm{d}t}\right)^2}.\tag{1.1.11}$$

对于加速度，也可以类似表示.

例 1-1 若一个质点在运动过程中其位置矢量随时间的变化为

$$\vec{r}=3t\vec{i}+2t\vec{j}+6t^2\vec{k},\tag{1.1.12}$$

求其运动速度和加速度(国际单位制).

解 对于式(1.1.12)，求其对时间的一次和二次导数，即可得到速度和加速度，分别为

$$\vec{v}=\frac{\mathrm{d}\vec{r}}{\mathrm{d}t}=3\vec{i}+2\vec{j}+12t\vec{k}\,(\mathrm{m/s}),\tag{1.1.13}$$

$$\vec{a}=\frac{\mathrm{d}\vec{v}}{\mathrm{d}t}=12\vec{k}\,(\mathrm{m/s^2}).\tag{1.1.14}$$

例 1-2 一个质点初始时从坐标原点出发，以速度$\vec{v}_0=-2.0\vec{i}+4.0\vec{j}\,(\mathrm{m/s})$运动，运动过程中的加速度大小为$a=3.0\mathrm{m/s^2}$，方向为相对于 x 轴正方向 135°，求$t=5\mathrm{s}$时质点所在的位置.

解 加速度写成矢量形式为

$$\vec{a}=3.0\cos135°\vec{i}+3.0\sin135°\vec{j}=-1.5\sqrt{2}\vec{i}+1.5\sqrt{2}\vec{j}\,(\mathrm{m/s}),\tag{1.1.15}$$

则质点运动速度为

$$\vec{v}=(-2.0-1.5\sqrt{2}t)\vec{i}+(4.0+1.5\sqrt{2}t)\vec{j}\,(\mathrm{m/s}),\tag{1.1.16}$$

质点位置矢量为

$$\vec{r}=\left(-2.0t-\frac{3}{4}\sqrt{2}t^2\right)\vec{i}+\left(4.0t+\frac{3}{4}\sqrt{2}t^2\right)\vec{j}\,(\mathrm{m}).\tag{1.1.17}$$

将 $t=5\mathrm{s}$ 代入得

$$\vec{r}(t=5\mathrm{s})=-37\vec{i}+47\vec{j}\,(\mathrm{m}).\tag{1.1.18}$$

1.2 圆周运动和一般曲线运动

圆周运动是一种典型的曲线运动，即质点沿半径为 r 的圆运动. 由于圆周运动中半径不会发生改变，因此当以圆心为坐标系原点时，可以用位置矢量相对于 x 轴的夹角 θ 为变量来描述圆周运动，如图 1-3 所示. 当质点转过一个转角 $\Delta\theta$ 时(见图 1-3)，其经过的路程为

$$\Delta s = r\Delta\theta, \tag{1.2.1}$$

因此，质点运动速度的大小为

$$v = \lim_{\Delta t\to 0}\frac{\Delta s}{\Delta t} = \lim_{\Delta t\to 0}\frac{r\Delta\theta}{\Delta t}. \tag{1.2.2}$$

由图 1-3 可知，质点运动速度的方向为圆周的切向方向. 定义质点转动的**角速度**大小为

$$\omega = \lim_{\Delta t\to 0}\frac{\Delta\theta}{\Delta t} = \frac{\mathrm{d}\theta}{\mathrm{d}t}, \tag{1.2.3}$$

则质点的运动速度大小与其角速度大小的关系为

$$v = r\omega. \tag{1.2.4}$$

相应地，此时质点的运动速度又称为**线速度**.

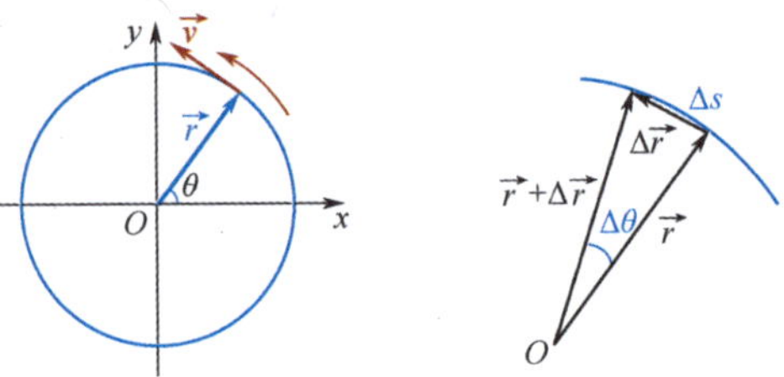

图 1-3 圆周运动

设质点的运动为匀速圆周运动，即质点的运动速度大小不变，当质点的位移大小为 Δs 时，其角度变化为 $\Delta\theta$，如图 1-4 所示，此时速度的变化量为

$$\Delta v = v\Delta\theta, \tag{1.2.5}$$

相应的加速度大小为

$$a = \lim_{\Delta t\to 0}\frac{v\Delta\theta}{\Delta t} = v\omega = r\omega^2 = \frac{v^2}{r}, \tag{1.2.6}$$

加速度方向为沿半径向内指向圆心，因此，该加速度称为**向心加速度**.

若质点的运动为变速圆周运动，即质点做圆周运动的速度会发生变化，这意味着角速度在运动过程中有变化，相应的速度大小为

$$a_{//} = \frac{\mathrm{d}v}{\mathrm{d}t} = \frac{\mathrm{d}(r\omega)}{\mathrm{d}t} = r\frac{\mathrm{d}\omega}{\mathrm{d}t}, \tag{1.2.7}$$

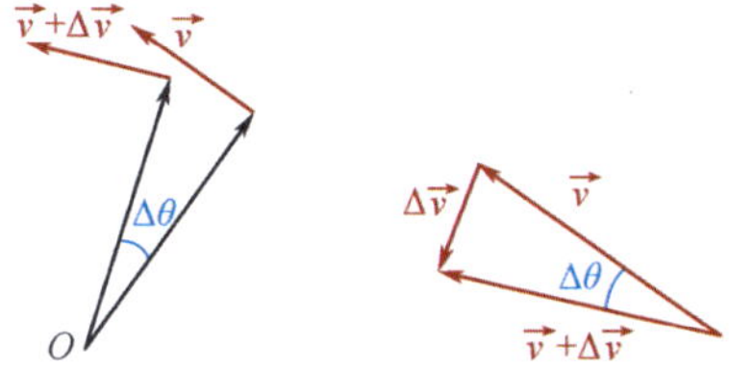

图 1-4 圆周运动的速度变化

该加速度的方向为圆周切向方向，因此称其为**切向加速度**，而$\frac{d\omega}{dt}$称为**角加速度**的大小. 因此，在变速圆周运动中质点的加速度有两个分量，即切向加速度和向心加速度(也称为法向加速度).

对于一般的平面运动，其与圆周运动的差别是：其相对于坐标系原点的距离会发生变化. 对于类似圆周运动的运动，用**平面极坐标系**来处理通常较为方便. 在平面极坐标系中，单位矢量的选择根据质点所在的位置而变化. 如图 1-5 所示，若质点的位置矢量为$\vec{r}$，则单位矢量$\vec{e}_r$的方向取位置矢量的方向，即

$$\vec{e}_r=\frac{\vec{r}}{r}. \tag{1.2.8}$$

另一单位矢量$\vec{e}_\theta$的方向取垂直于$\vec{e}_r$且指向 θ 角增大的方向，如图 1-5 所示. 在直角坐标系下这两个单位矢量可以表示为：

$$\begin{cases}\vec{e}_r=\cos\theta\vec{i}+\sin\theta\vec{j},\\ \vec{e}_\theta=-\sin\theta\vec{i}+\cos\theta\vec{j}.\end{cases} \tag{1.2.9}$$

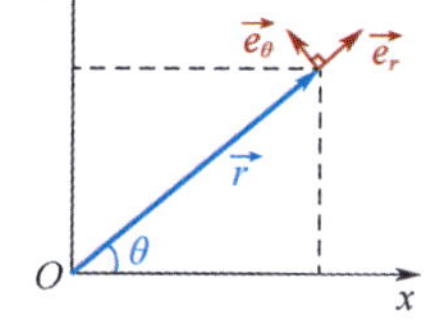

图 1-5 平面极坐标系

在平面极坐标系下，质点的位置矢量$\vec{r}$可写为

$$\vec{r}=r\vec{e}_r. \tag{1.2.10}$$

由于平面极坐标系的单位矢量随质点的位置而改变，因此用平面极坐标系处理矢量，在计算矢量变化率时，不仅要考虑矢量在单位矢量上投影的变化率，还要计算单位矢量的变化率. 位置矢量的变化率为

$$\frac{d\vec{r}}{dt}=\frac{dr}{dt}\vec{e}_r+r\frac{d\vec{e}_r}{dt}. \tag{1.2.11}$$

单位矢量的变化率可以利用它在直角坐标系下的投影进行计算，$\vec{e}_r$的变化率为

$$\begin{aligned}\frac{d\vec{e}_r}{dt}&=\frac{d\cos\theta}{d\theta}\frac{d\theta}{dt}\vec{i}+\frac{d\sin\theta}{d\theta}\frac{d\theta}{dt}\vec{j}\\&=-\frac{d\theta}{dt}\sin\theta\vec{i}+\frac{d\theta}{dt}\cos\theta\vec{j}\\&=\frac{d\theta}{dt}\vec{e}_\theta,\end{aligned} \tag{1.2.12}$$

由此可以得到平面极坐标系下速度的表达式

$$\vec{v}=\frac{d\vec{r}}{dt}=\frac{dr}{dt}\vec{e}_r+r\frac{d\theta}{dt}\vec{e}_\theta. \tag{1.2.13}$$

类似地，可以得到平面极坐标系下加速度的表达式

$$\vec{a}=\frac{\mathrm{d}\vec{v}}{\mathrm{d}t}=\frac{\mathrm{d}^2\vec{r}}{\mathrm{d}t^2}=\frac{\mathrm{d}^2r}{\mathrm{d}t^2}\vec{e}_r+\frac{\mathrm{d}r}{\mathrm{d}t}\frac{\mathrm{d}\vec{e}_r}{\mathrm{d}t}+\frac{\mathrm{d}r}{\mathrm{d}t}\frac{\mathrm{d}\theta}{\mathrm{d}t}\vec{e}_\theta+r\frac{\mathrm{d}^2\theta}{\mathrm{d}t^2}\vec{e}_\theta+r\frac{\mathrm{d}\theta}{\mathrm{d}t}\frac{\mathrm{d}\vec{e}_\theta}{\mathrm{d}t},\qquad(1.2.14)$$

其中

$$\begin{aligned}\frac{\mathrm{d}\vec{e}_\theta}{\mathrm{d}t}&=-\frac{\mathrm{d}\sin\theta}{\mathrm{d}\theta}\frac{\mathrm{d}\theta}{\mathrm{d}t}\vec{i}+\frac{\mathrm{d}\cos\theta}{\mathrm{d}\theta}\frac{\mathrm{d}\theta}{\mathrm{d}t}\vec{j}\\&=-\frac{\mathrm{d}\theta}{\mathrm{d}t}\cos\theta\vec{i}-\frac{\mathrm{d}\theta}{\mathrm{d}t}\sin\theta\vec{j}\\&=-\frac{\mathrm{d}\theta}{\mathrm{d}t}\vec{e}_r.\end{aligned}\qquad(1.2.15)$$

进一步可以得到加速度

$$\begin{aligned}\vec{a}&=\frac{\mathrm{d}^2r}{\mathrm{d}t^2}\vec{e}_r+\frac{\mathrm{d}r}{\mathrm{d}t}\frac{\mathrm{d}\theta}{\mathrm{d}t}\vec{e}_\theta+\frac{\mathrm{d}r}{\mathrm{d}t}\frac{\mathrm{d}\theta}{\mathrm{d}t}\vec{e}_\theta+r\frac{\mathrm{d}^2\theta}{\mathrm{d}t^2}\vec{e}_\theta-r\left(\frac{\mathrm{d}\theta}{\mathrm{d}t}\right)^2\vec{e}_r\\&=\left[\frac{\mathrm{d}^2r}{\mathrm{d}t^2}-r\left(\frac{\mathrm{d}\theta}{\mathrm{d}t}\right)^2\right]\vec{e}_r+\left[2\frac{\mathrm{d}r}{\mathrm{d}t}\frac{\mathrm{d}\theta}{\mathrm{d}t}+r\frac{\mathrm{d}^2\theta}{\mathrm{d}t^2}\right]\vec{e}_\theta.\end{aligned}\qquad(1.2.16)$$

式(1.2.16)在$\vec{e}_r$方向上，第一项为径向变化导致的加速度，第二项实际上就是向心加速度$\left[r\left(\frac{\mathrm{d}\theta}{\mathrm{d}t}\right)^2=r\omega^2\right]$；在$\vec{e}_\theta$方向上，第一项被称为科里奥利加速度，它与径向的速度和角速度相关，第二项为角速度发生变化时对应的加速度. 对于圆周运动，位置矢量的大小 r 不发生变化，因此式(1.2.16)中$\frac{\mathrm{d}^2r}{\mathrm{d}t^2}=0$、$\frac{\mathrm{d}r}{\mathrm{d}t}=0$；若不仅是圆周运动，而且是匀速圆周运动，则$\frac{\mathrm{d}^2\theta}{\mathrm{d}t^2}=0$，于是仅剩下向心加速度.

除了直角坐标系和平面极坐标系，经常使用的坐标系还有 3 种：柱坐标系、球坐标系和自然坐标系.

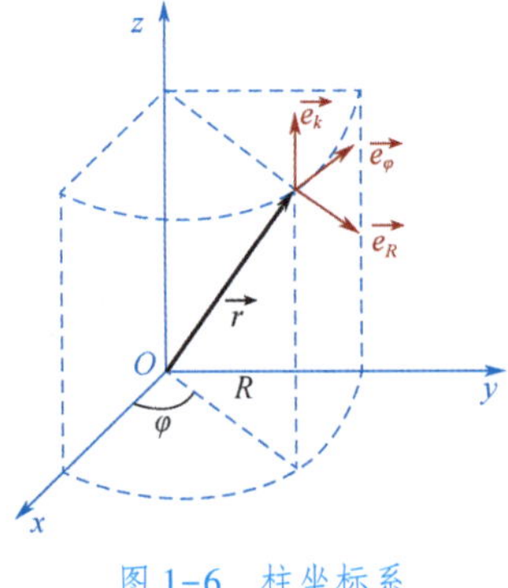

图 1-6 柱坐标系

柱坐标系

在平面极坐标系的基础上增加垂直于该平面的 z 轴后就扩展到柱坐标系. 考虑到通常将位置矢量用$\vec{r}$表示，因此将位置矢量在 xOy 平面内的投影记为 R. 另外，考虑到与后面的球坐标系间的一致性，通常将位置矢量在 xOy 平面内的投影与 x 轴间的夹角记为 φ，如图 1-6 所示.

在柱坐标系下，单位矢量取为 xOy 平面内平面极坐标系单位矢量$\vec{e}_R$和$\vec{e}_\varphi$，以及 z 轴方向的单位矢量$\vec{e}_k$. 这 3 个单位矢量与直角坐标系单位矢量的关系如下：

$$\begin{cases}\vec{e}_R=\cos\varphi\vec{i}+\sin\varphi\vec{j},\\\vec{e}_\varphi=-\sin\varphi\vec{i}+\cos\varphi\vec{j},\\\vec{e}_k=\vec{k}.\end{cases}\qquad(1.2.17)$$

因此，在柱坐标系下位置矢量可表示为

$$\vec{r}=R\vec{e}_R+z\vec{e}_k. \tag{1.2.18}$$

类似平面极坐标系的计算，可以得到速度和加速度的表达式：

$$\vec{v}=\frac{\mathrm{d}\vec{r}}{\mathrm{d}t}=\frac{\mathrm{d}R}{\mathrm{d}t}\vec{e}_R+R\frac{\mathrm{d}\varphi}{\mathrm{d}t}\vec{e}_\varphi+\frac{\mathrm{d}z}{\mathrm{d}t}\vec{e}_k,$$

$$\vec{a}=\left[\frac{\mathrm{d}^2R}{\mathrm{d}t^2}-R\left(\frac{\mathrm{d}\varphi}{\mathrm{d}t}\right)^2\right]\vec{e}_R+\left(2\frac{\mathrm{d}R}{\mathrm{d}t}\frac{\mathrm{d}\varphi}{\mathrm{d}t}+R\frac{\mathrm{d}^2\varphi}{\mathrm{d}t^2}\right)\vec{e}_\varphi+\frac{\mathrm{d}^2z}{\mathrm{d}t^2}\vec{e}_k. \tag{1.2.19}$$

球坐标系

球坐标系经常用于与三维转动有关的运动中，其变量选择为位置矢量的长度 r、位置矢量与 z 轴的夹角 θ，以及位置矢量在 xOy 平面内的投影与 x 轴的夹角 φ. 单位矢量选取如下：位置矢量方向的单位矢量

$$\vec{e}_r=\frac{\vec{r}}{r}, \tag{1.2.20}$$

垂直于位置矢量与 z 轴所形成平面且指向 φ 角增大方向的单位矢量 $\vec{e}_\varphi$（或位置矢量在 xOy 平面内的投影所对应的平面极坐标系中的单位矢量 $\vec{e}_\varphi$），位置矢量与 z 轴所形成平面内垂直于位置矢量且指向 θ 角增大方向的单位矢量 $\vec{e}_\theta$，如图 1-7 所示. $\vec{e}_r,\vec{e}_\theta,\vec{e}_\varphi$ 相互垂直，且

$$\vec{e}_r=\vec{e}_\theta\times\vec{e}_\varphi. \tag{1.2.21}$$

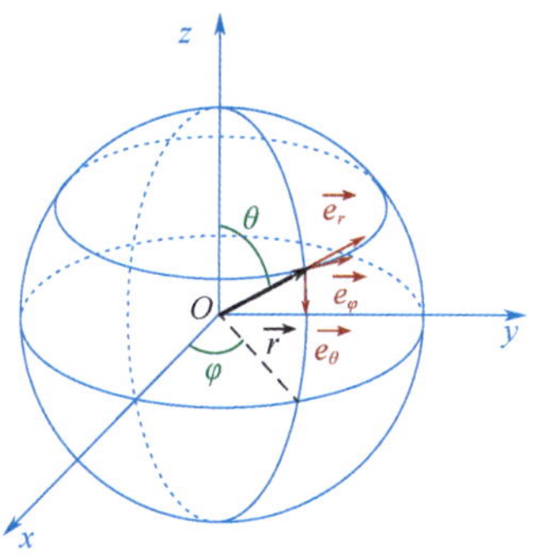

图 1-7 球坐标系

球坐标系单位矢量与直角坐标系单位矢量的关系如下：

$$\begin{cases}\vec{e}_r=\sin\theta\cos\varphi\vec{i}+\sin\theta\sin\varphi\vec{j}+\cos\theta\vec{k},\\ \vec{e}_\theta=\cos\theta\cos\varphi\vec{i}+\cos\theta\sin\varphi\vec{j}-\sin\theta\vec{k},\\ \vec{e}_\varphi=-\sin\varphi\vec{i}+\cos\varphi\vec{j}.\end{cases} \tag{1.2.22}$$

利用关系

$$\vec{e}_r=-\frac{\mathrm{d}\vec{e}_\theta}{\mathrm{d}\theta},\quad \vec{e}_\theta=\frac{\mathrm{d}\vec{e}_r}{\mathrm{d}\theta},\quad \vec{e}_\varphi=\frac{1}{\sin\theta}\frac{\mathrm{d}\vec{e}_r}{\mathrm{d}\varphi}=\frac{1}{\cos\theta}\frac{\partial\vec{e}_\theta}{\partial\varphi}, \tag{1.2.23}$$

可以得到

$$\frac{\mathrm{d}\vec{e}_r}{\mathrm{d}t}=\frac{\partial\vec{e}_r}{\partial\theta}\frac{\mathrm{d}\theta}{\mathrm{d}t}+\frac{\partial\vec{e}_r}{\partial\varphi}\frac{\mathrm{d}\varphi}{\mathrm{d}t}=\frac{\mathrm{d}\theta}{\mathrm{d}t}\vec{e}_\theta+\frac{\mathrm{d}\varphi}{\mathrm{d}t}\sin\theta\,\vec{e}_\varphi,$$

$$\frac{\mathrm{d}\vec{e}_\theta}{\mathrm{d}t}=\frac{\partial\vec{e}_\theta}{\partial\theta}\frac{\mathrm{d}\theta}{\mathrm{d}t}+\frac{\partial\vec{e}_\theta}{\partial\varphi}\frac{\mathrm{d}\varphi}{\mathrm{d}t}=-\frac{\mathrm{d}\theta}{\mathrm{d}t}\vec{e}_r+\frac{\mathrm{d}\varphi}{\mathrm{d}t}\cos\theta\,\vec{e}_\varphi,$$

$$\frac{\mathrm{d}\vec{e}_\varphi}{\mathrm{d}t}=-\cos\varphi\frac{\mathrm{d}\varphi}{\mathrm{d}t}\vec{i}-\sin\varphi\frac{\mathrm{d}\varphi}{\mathrm{d}t}\vec{j}=-\frac{\mathrm{d}\varphi}{\mathrm{d}t}\sin\theta\,\vec{e}_r-\frac{\mathrm{d}\varphi}{\mathrm{d}t}\cos\theta\,\vec{e}_\theta. \tag{1.2.24}$$

由此可以得到位置矢量、速度与加速度在球坐标系下的表达式，分别为

$$\vec{r}=r\vec{e}_r,$$

$$\vec{v}=\frac{\mathrm{d}\vec{r}}{\mathrm{d}t}=\frac{\mathrm{d}r}{\mathrm{d}t}\vec{e}_r+r\frac{\mathrm{d}\vec{e}_r}{\mathrm{d}t}=\frac{\mathrm{d}r}{\mathrm{d}t}\vec{e}_r+r\frac{\mathrm{d}\theta}{\mathrm{d}t}\vec{e}_\theta+r\frac{\mathrm{d}\varphi}{\mathrm{d}t}\sin\theta\,\vec{e}_\varphi,$$

$$\vec{a}=\frac{\mathrm{d}\vec{v}}{\mathrm{d}t}=\left[\frac{\mathrm{d}^2r}{\mathrm{d}t^2}-r\left(\frac{\mathrm{d}\theta}{\mathrm{d}t}\right)^2-r\left(\frac{\mathrm{d}\varphi}{\mathrm{d}t}\right)^2\sin\theta\right]\vec{e}_r+\left[r\frac{\mathrm{d}^2\theta}{\mathrm{d}t^2}+2\frac{\mathrm{d}r}{\mathrm{d}t}\frac{\mathrm{d}\theta}{\mathrm{d}t}-r\left(\frac{\mathrm{d}\varphi}{\mathrm{d}t}\right)^2\sin\theta\cos\theta\right]\vec{e}_\theta+$$

$$\left(r\frac{\mathrm{d}^2\varphi}{\mathrm{d}t^2}\sin\theta+2\frac{\mathrm{d}r}{\mathrm{d}t}\frac{\mathrm{d}\varphi}{\mathrm{d}t}\sin\theta+2r\frac{\mathrm{d}\theta}{\mathrm{d}t}\frac{\mathrm{d}\varphi}{\mathrm{d}t}\cos\theta\right)\vec{e}_{\varphi}. \tag{1.2.25}$$

由式(1.2.25)可以看出，在球坐标系下速度和加速度的表达式都比较复杂，因此在描述一般质点的运动时用球坐标系并不方便，但当质点做特殊运动时，如在一个球面上运动，用球坐标系就比较方便了.

自然坐标系

曲率半径

质点的抛体运动

质点的抛体运动-1

质点的抛体运动-2

质点的抛体运动-3

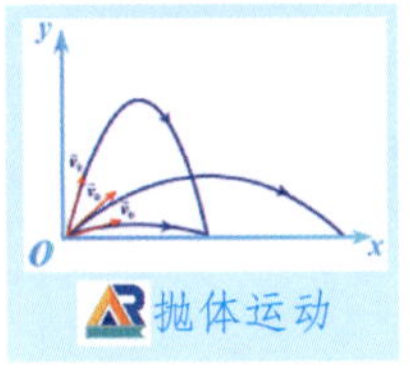
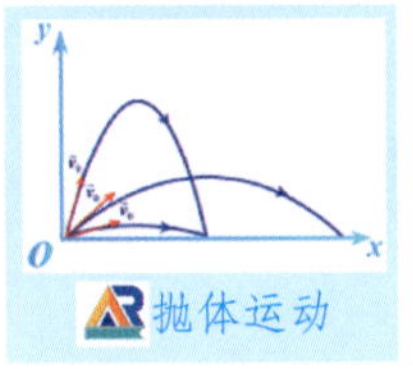

自然坐标系是基于质点运动轨道建立的坐标系，对于描述已知轨道的质点运动非常方便，如描述过山车的运动. 可以证明，在轨道上任意一点附近的充分小的曲线都可视为半径为 ρ 的圆上的弧线，ρ 称为曲线在该点的曲率半径. 自然坐标系依托该圆建立，如图 1-8 所示，令与该圆相切方向的单位矢量为$\vec{\tau}$，该方向称为**切向**；垂直于切向方向的单位矢量为$\vec{n}$，该方向称为**法向**，则质点在该点的速度为

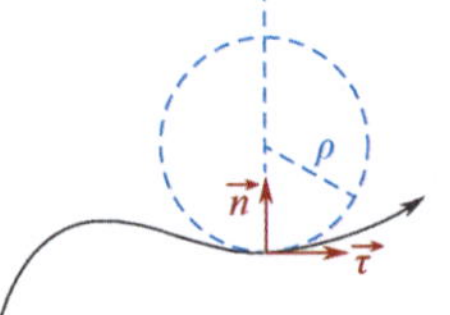

图 1-8 自然坐标系

$$\vec{v}=v\vec{\tau}, \tag{1.2.26}$$

加速度为

$$\vec{a}=\frac{\mathrm{d}v}{\mathrm{d}t}\vec{\tau}+v\frac{\mathrm{d}\vec{\tau}}{\mathrm{d}t}. \tag{1.2.27}$$

类似于之前对于圆周运动的讨论，可知式(1.2.27)中

$$\frac{\mathrm{d}\vec{\tau}}{\mathrm{d}t}=\frac{v}{\rho}\vec{n}, \tag{1.2.28}$$

因此，在自然坐标系下质点的加速度为

$$\vec{a}=\frac{\mathrm{d}v}{\mathrm{d}t}\vec{\tau}+\frac{v^2}{\rho}\vec{n}. \tag{1.2.29}$$

与圆周运动中的表述类似，式(1.2.29)第一项是质点运动速度大小的变化率，称为切向加速度；第二项类似于向心加速度，用以描述速度方向的改变，称为法向加速度.

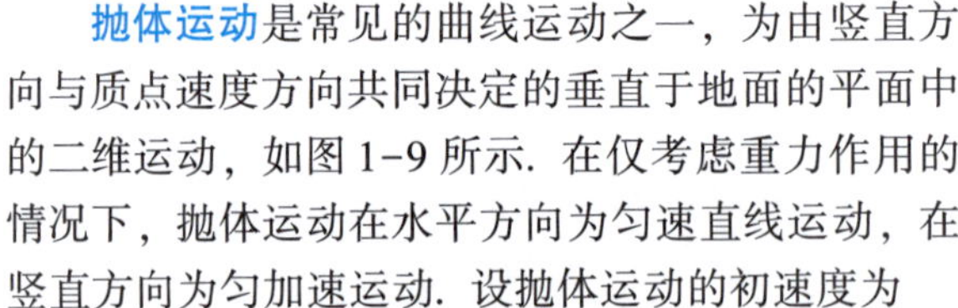

抛体运动是常见的曲线运动之一，为由竖直方向与质点速度方向共同决定的垂直于地面的平面中的二维运动，如图 1-9 所示. 在仅考虑重力作用的情况下，抛体运动在水平方向为匀速直线运动，在竖直方向为匀加速运动. 设抛体运动的初速度为

图 1-9 质点的抛体运动

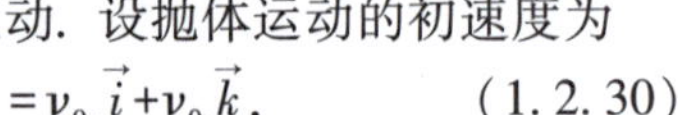

$$\vec{v}_0=v_{0x}\vec{i}+v_{0z}\vec{k}, \tag{1.2.30}$$

其中$\vec{k}$的方向为竖直向上方向，则抛体运动为

$$\vec{v}(t)=v_{0x}\vec{i}+(v_{0z}-gt)\vec{k}. \tag{1.2.31}$$

若该抛体运动为由地面出发的斜向上的抛体运动，则当垂直地面方向速度大小为零时，该质点上升到最高位置，该时刻为

$$t_H=\frac{v_{0z}}{g}. \tag{1.2.32}$$

由此可得该抛体最高上升距离为

$$H=\int_0^{\frac{v_{0z}}{g}}(v_{0z}-gt)\,\mathrm{d}t=\frac{1}{2}\frac{v_{0z}^2}{g}. \tag{1.2.33}$$

该抛体运动的上升过程和下落过程为恰好相逆的过程，因此上升时间和下落时间相同，由此可得抛体落地后距离出发点的水平距离为

$$L=2v_{0x}t_H=\frac{2v_{0x}v_{0z}}{g}. \tag{1.2.34}$$

例 1-3 水平面上两点距离 300m，现将一物体以初速率$v_0=80\mathrm{m/s}$从一点向另一点投掷，若想让物体准确落到目标点，物体初速度与地面的夹角应为多大？保持物体的初速度大小不变，物体投掷的最远距离是多少？

解 设物体初速度与地面的夹角为θ，则初速度的水平分量和竖直分量大小分别为

$$v_{0x}=v_0\cos\theta,$$
$$v_{0z}=v_0\sin\theta. \tag{1.2.35}$$

由式(1.2.34)可得对应的投掷距离为

$$L=\frac{2v_0^2\sin\theta\cos\theta}{g}=\frac{v_0^2}{g}\sin2\theta, \tag{1.2.36}$$

由此可得物体初速度与地面的夹角为

$$\theta=\frac{1}{2}\arcsin\left(\frac{gL}{v_0^2}\right)=\frac{1}{2}\arcsin\left(\frac{9.8\times300}{80^2}\right)=13.7°，76.3°. \tag{1.2.37}$$

保持物体的初速度大小不变，式(1.2.36)的最大值为

$$L=\frac{v_0^2}{g}=\frac{80^2}{9.8}=653(\mathrm{m}),$$

即投掷的最远距离为 653m，此时物体初速度与地面的夹角为 45°.

1.3 平移、旋转和伽利略变换

在处理具体问题时，经常会转换讨论问题的角度——在不同的坐标系下讨论问题. 这里说的转换坐标系并不是指从直角坐标系转换为球坐标系这样的变换，而是指诸如改变坐标系原点、改变坐标轴方向等方面的变换. 下面简单讨论几种常见的变换.

平移

考虑两个坐标系，如图 1-10 所示.

质点 P 在其中一个坐标系中的位置矢量为

$$\vec{r}=x\vec{i}+y\vec{j}+z\vec{k}, \tag{1.3.1}$$

在另一坐标系中的位置矢量为

$$\vec{r}'=x'\vec{i}+y'\vec{j}+z'\vec{k}. \tag{1.3.2}$$

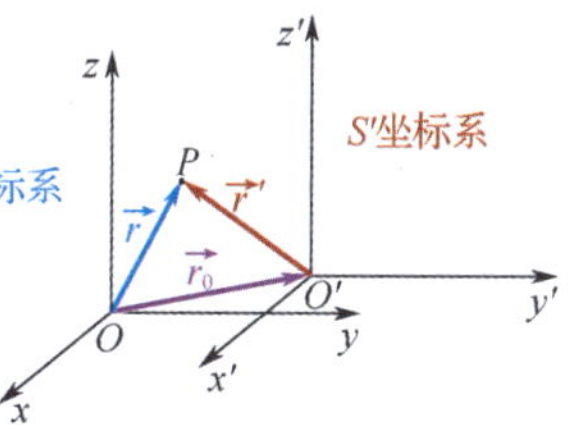

图 1-10 坐标系平移

两个坐标系的坐标轴方向一致，在 S 坐标系中 S'坐标系原点 O'的位置矢量为

$$\vec{r}_0=x_0\vec{i}+y_0\vec{j}+z_0\vec{k}, \tag{1.3.3}$$

则质点 P 在两个坐标系中位置矢量的关系为

$$\vec{r}=\vec{r}_0+\vec{r}', \tag{1.3.4}$$

写成分量形式为

$$\begin{aligned} x&=x_0+x', \\ y&=y_0+y', \\ z&=z_0+z', \end{aligned} \tag{1.3.5}$$

这样的变换称为平移变换.

伽利略变换

在平移变换中，如果 S' 坐标系原点相对于 S 坐标系匀速运动，初始时两个坐标系原点重合，即

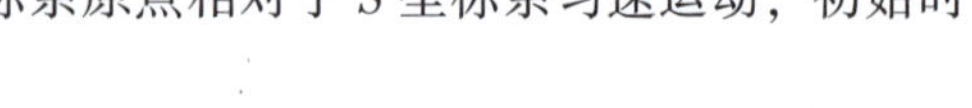

$$\vec{r}_0=\vec{v}t, \tag{1.3.6}$$

此时的坐标变换就可以写成

$$\vec{r}'=\vec{r}-\vec{v}_0 t, \tag{1.3.7}$$

相应地，速度变换关系可写为

$$\vec{v}'=\vec{v}-\vec{v}_0. \tag{1.3.8}$$

在做质点运动观测时，需要先确定是在什么样的体系中做观测，比如在地面上的一个实验室中做观测，或者在地面上一辆运动的车里做观测. 这样的观测体系被称为参考系. 在同一个参考系中又可以用不同的坐标系来描述质点的运动，既可以用直角坐标系、球坐标系等不同的坐标系统，又可以改变坐标系原点或坐标轴方向. 坐标系并不代表参考系. 但若在不同的参考系中选定了坐标系，那么坐标系之间的关系也可以表达参考系之间的关系. 因此，在这个意义下用两个相对运动的坐标系来描述同一个质点的运动，也可以认为是在两个相对运动的参考系中，分别用固定在自己的参考系中的坐标系来描述同一质点的运动. 这样式(1.3.7)就可以视为两个相对做匀速运动的参考系中的坐标变换.

对于不同的参考系，不仅质点的坐标发生了变化，两个参考系的时间也可能不同. 而牛顿力学中认为不同参考系中的时间都是相同的. 将此条件和平移运动下的坐标变换放在一起，就称为伽利略变换，即两个相对做匀速运动的参考系中的时间和坐标变换关系为

$$\begin{aligned} t'&=t, \\ \vec{r}'&=\vec{r}-\vec{v}_0 t, \end{aligned} \tag{1.3.9}$$

用分量表示为

$$\begin{aligned} t'&=t, \\ x'&=x-v_{0x}t, \\ y'&=y-v_{0y}t, \\ z'&=z-v_{0z}t, \end{aligned} \tag{1.3.10}$$

其中 $\vec{v}_0$ 为两个参考系的相对运动速度. 将伽利略变换对时间求导即得到速度变换关系

$$\vec{v}'=\vec{v}-\vec{v}_0. \tag{1.3.11}$$

由于相对运动速度$\vec{v}_0$为常矢量，因此容易证明在伽利略变换下，加速度在两个参考系中表达形式是一样的，有

$$\frac{\mathrm{d}^2\vec{r}}{\mathrm{d}t^2}=\frac{\mathrm{d}^2\vec{r}'}{\mathrm{d}t^2},\tag{1.3.12}$$

即

$$\vec{a}=\vec{a}'.\tag{1.3.13}$$

在牛顿力学体系中，伽利略变换可保证伽利略相对性原理的成立，即牛顿定律在不同惯性系中形式不变. 后来人们发现伽利略变换无法保证电磁学的基本方程组在不同惯性系中形式一致，也无法解释实验中发现的真空中的光速并不满足伽利略变换下的速度变换关系式(1.3.11). 在此基础上，伽利略变换将被洛伦兹变换取代，但在低速物理过程中，伽利略变换近似正确.

例 1-4 一船以 5m/s 的速度沿垂直于河流方向行驶，水流速度为 1m/s，则相对于河岸，船运动的偏角为多少?

解 设河流方向为x轴正方向，垂直于河流方向(船的朝向)为y轴正方向，则相对于河水，船的速度为

$$\vec{v}_{sr}=5\vec{j}.\tag{1.3.14}$$

河水相对于河岸的运动速度为

$$\vec{v}_r=1\vec{i},\tag{1.3.15}$$

船相对于河岸的运动速度为

$$\vec{v}_s=1\vec{i}+5\vec{j},\tag{1.3.16}$$

则相对于河岸，船运动的偏角正切为

$$\tan\theta=\frac{5}{1}=5,\tag{1.3.17}$$

即

$$\theta=\arctan5\approx78.69^\circ.\tag{1.3.18}$$

例 1-5 一半径为r的轮子垂直于地面滚动，其轮心以匀速$\vec{v}$沿x轴正方向做直线运动，轮子绕轮心转动的角速度为$\vec{\omega}$，且有关系$v=r\omega$. 求轮子边缘上任意一点相对于地面的运动速度和加速度.

解 如图 1-11 所示，设置相对地面静止的坐标系xOy，同时设置另外一个运动坐标系$x'O'y'$，在该坐标系下，原点O'始终处于轮心位置. 在运动坐标系上，轮子边缘上任意一点的坐标可以用极坐标(r,θ)表示，在静止坐标系中，其坐标为

$$\vec{r}=\vec{r}_{OO'}+\vec{r}',\tag{1.3.19}$$

相应的速度为

$$\vec{v}=\vec{v}_{OO'}+\vec{v}',\tag{1.3.20}$$

而

$$\vec{v}_{OO'}=v\vec{i}\tag{1.3.21}$$

是轮心的运动速度，

$$\vec{v}'=-r\omega\,\vec{e}_\theta=r\omega(\sin\theta\vec{i}-\cos\theta\vec{j}),\tag{1.3.22}$$

因此轮子边缘上任意一点相对于地面的运动速度为

$$\vec{v}=(v+r\omega\sin\theta)\vec{i}-r\omega\cos\theta\vec{j},\tag{1.3.23}$$

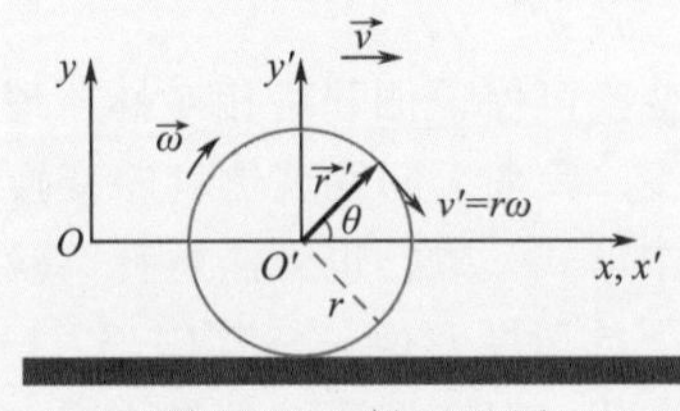

图1-11　例1-5图

其针对时间求导数，即可得到加速度，为

$$\vec{a}=-r\omega^2\cos\theta\vec{i}-r\omega^2\sin\theta\vec{j}.\tag{1.3.24}$$

习题1

1.1 一物体沿 x 轴运动，其运动方程为 $x=100t-5t^2$，式子中 x 的单位为m，t 的单位为s.

(1)计算物体在前3s内的平均速度，以及在 $t=3$s 时的瞬时速度和加速度.

(2)画出 $x-t$ 曲线，并标明在哪段时间内物体速度沿 x 轴正方向.

1.2 雨滴从2000m的云层落到地面，若不考虑空气阻力的影响，雨滴落到地面时的速率是多大?

1.3 两个小球从高度相差10m的位置同时由静止自由下落，10s后它们之间的距离是多少?若初始时位于较低处的小球在上面的小球下落了1s后才由静止开始自由下落，那么在它下落10s后，它是位于另一小球的上面，还是位于下面?它们之间的距离是多少?

1.4 一做阻尼振动的振子，其位移函数为 $x=Ae^{-\beta t}\cos\left(\omega_0 t+\dfrac{\pi}{3}\right)+B\cos\left(\omega t+\dfrac{\pi}{4}\right)$.

求振子的速度与加速度随时间变化的函数，并作图.

1.5 一各向同性的二维简谐振子，其运动方程为

$$x=A\cos\omega t,$$

$$y=B\sin\left(\omega t+\frac{\pi}{4}\right).$$

求该振子的轨道方程.

1.6 在距离水面高度为 H 的岸上，有人通过一根绳子以恒定速度大小 v 拖拉水面上的一艘船，初始时船与岸边的距离为 L，求船向岸边运动的速度和加速度.

1.7 一人从高 H 的楼上扔下一个皮球，在楼下与他水平距离为 L 的另一个人投掷出一只飞镖试图打中下落的皮球，飞镖出手时离地面的高度为 h.

(1)飞镖的初速度大小至少要多大才可能打中皮球?

(2)要打中皮球，飞镖出手时速度的方向是怎样的?

1.8 一堵墙高为 H，某人与墙间的距离为 L，他试图将一只皮球扔到墙的另一边，皮球出手时离地面的高度为 h. 若他能达到目标，求皮球出手时的最小速度和此时的投掷角度.

1.9 在一个半径为 r 的圆形草坪中间装置有一个洒水器，为了使洒出的水遍布整个草坪，水洒出的初速度至少为多大?

1.10 一过山车轨道的某段满足方程 $y=2x^2+3x+5$，若过山车在 $x=3.0\text{m}$ 处的速率为 5.0m/s，求此时过山车的法向加速度大小.

1.11 二维平面上，一运动物体的坐标随时间的变化函数为$\vec{r}=3t^2\vec{i}+(2t+5)\vec{j}$. 有一运动的观测者，其坐标随时间的变化函数为$\vec{r}'=-2t\vec{i}+4t^2\vec{j}$. 求在此观测者看来，运动物体的速度和加速度.

1.12 设地球和金星分别以角速度ω_1 和ω_2 在同一个平面内绕太阳做匀速圆周运动，轨道半径分别为r_1 和r_2，则从地球的视角看，太阳和金星分别做什么样的运动?

第2章 质点动力学

经典力学的基础为牛顿运动定律，其描述了质点在受力和不受力情况下的运动状态，以及作用力与反作用力之间的关系. 在经典力学中，惯性系占据了特别的地位，牛顿第一定律和牛顿第二定律在惯性系中才成立. 牛顿运动定律是经典力学的基础，流体力学、刚体力学、质点系力学等都是基于牛顿运动定律建立起来的. 但经典力学也有局限，只适用于宏观物体的低速运动. 当所研究的体系为原子级的微观体系，或者当质点的运动速度很快或质量很大时，经典力学将被狭义相对论、量子力学及广义相对论等其他的理论所取代. 本章主要研究作用于物体上的力和物体机械运动状态变化之间的关系，探究质点受力后的运动规律，介绍牛顿第二定律及其基本应用. 此外，本章还将讨论几种常见的相互作用力，如万有引力、弹性力、摩擦力等，以及在非惯性系中如何运用牛顿第二定律.

2.1 牛顿运动定律

质点运动学解决如何描述物体运动的问题. 另一个重要的问题是周围物体或环境如何影响一个物体的运动，这样的问题被称为质点的动力学问题.

物体之间的相互作用很多时候被称为力. 亚里士多德认为力是保持物体运动状态不变的原因，粗略的理由是用力推一辆车，可以让它运动起来，但之后如果把推力撤掉，车子就会停下来. 后来人们认识到亚里士多德对于这一过程的分析忽视了地面和车子之间的相互作用，或者说地面和车子之间也有力的存在.

伽利略为研究物体受力与其运动间的关系，设计了著名的斜坡实验：将两个倾斜放置的斜面对接到一起(见图 2-1)，然后将一个滑块放置在其中一个斜面高 h 的地方，并令其自由沿着斜面下滑；滑块下滑到最低点后会继续运动到对面的斜面上，并且沿着斜面一直运动到与下滑前具有相同高度 h 的地方. 当然，在实际实验中由于斜面的光滑程度并不理想，滑块不会上滑到高 h 的地方，而是会上滑到稍低一些的地方. 伽利略观察到这是由于斜面粗糙造成的，通过改善斜面的粗糙程度，让它光滑一些，滑块就会运动到更高的地方，但不会高过 h. 于是他设想如果斜面特别光滑，滑块应该会运动到与下滑前相同的高度 h 处. 这样的设想在现实的实验条件下无法实现，因此后来人们称之为理想实验. 利用理想实验进行研究，这样的方法现在已经成为物理学重要的研究手段之一.

计算机模拟

伽利略理想实验
——斜坡实验

伽利略进一步思考当两个斜面的坡度不同时会发生什么样的情况？例如，左边的斜面陡一些，右边的斜面缓一些. 通过实际实验与理想实验，他认为滑块依旧应该上滑到与下滑前相同的高度处. 此时，在水平方向上，滑块在坡度缓一些的斜面上将比在坡度陡一些的斜面上移动得更远. 那么，当右边的斜面逐渐降低坡度直至变化成水平面时，通过理想实验可以推出滑块将会永远运动下去. 由于在理想情况下，地面和滑块间是没有相互作用的，因此由此得到的结论是，滑块在没有受到其他物体对它的相互作用时，会一直运动下去.

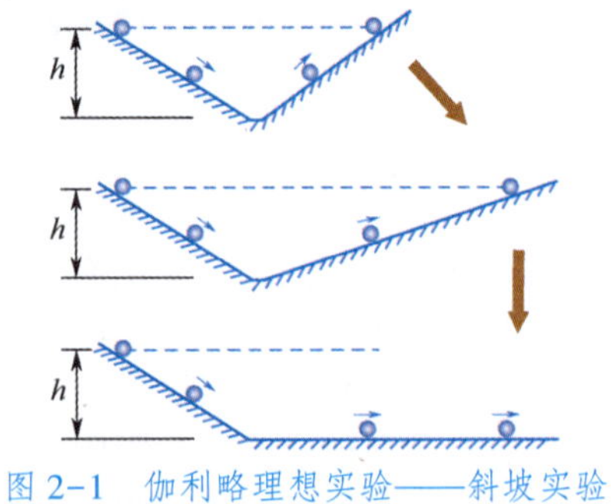

图 2-1 伽利略理想实验——斜坡实验

由此实验出发，牛顿发展出了**牛顿第一定律：自由质点将保持静止状态或匀速直线运动状态不变**. 自由质点是指不受任何相互作用的质点，它也是一个理想模型，在现实中很难找到完全不受任何相互作用的质点. 在现实情况下，可以通过近似来定义自由质点. 一种情况是当质点远离其他物体时，这种情况下其他物体对该质点的影响很小，该质点可被近似看作不受影响；另一种情况是当其他物体对该质点的相互作用彼此近似抵消时，也可将之近似看作自由质点. 自由质点保持运动状态不变的特性又被称为**惯性**，因此，牛顿第一定律也被称为**惯性定律**.

需要注意的是这个定律的成立是依赖于观察者的. 之前的斜坡实验是以相对地面不动的参考系进行观测的. 如果观测是在相对于地面运动的参考系中进行的，那么就可能会得出不同的结论. 例如，在一辆运动的公交车上固定一块光滑的平板，在其上放置一个光滑小球，由于公交车相对于地面的运动速度并不稳定，我们很容易看到小球并不会静止在平板上，而是会在平板上前后运动. 因此，从公交车这个参考系来看，牛顿第一定律并不成立. 牛顿第一定律成立的参考系被称为**惯性参考系**. 之所以用“**惯性**”这个词来描述这个特殊参考系，是为了强调在这个参考系中不受力或所受合力为零的质点会保持运动状态不变这个特性.

那么相对于地面静止的参考系就是惯性参考系吗？或者说地球是一个惯性参考系吗？如果我们进一步减小实验的系统误差和测量误差，或设计特别的实验，如利用傅科摆，就会发现地球并不是一个惯性参考系. 因此，确定哪个参考系是惯性参考系就成为物理学的一个重要任务. 物理史上对此的讨论一直没有停止. 从实践的角度来看，一个参考系是否可以作为惯性系主要取决于实验对于测量精度的要求. 比如对很多实验来说，把固定在地球上的参考系作为惯性参考系就可以满足要求了，要求再高一些就需要将固定在太阳上的参考系作为惯性参考系了. 而实际上对于“完美”惯性参考系的选择是很难的，历史上牛顿为了解决惯性参考系的问题，假设了绝对惯性参考系的存在，但对于具体哪个参考系是绝对惯性参考系却无法判断.

惯性参考系不止一个，而是有无数多个. 假设某个参考系 S 为惯性参考系，一个不受力的质点坐标为$\vec{r}$，其速度

$$\vec{v}=\frac{\mathrm{d}\vec{r}}{\mathrm{d}t} \tag{2.1.1}$$

为常数. 对于另外一个相对此参考系以速度$\vec{v}_r$匀速运动的参考系 S'，该质点的坐标为

$$\vec{r}'=\vec{r}-\vec{v}_r t, \tag{2.1.2}$$

速度为

$$\vec{v}'=\frac{d\vec{r}'}{dt}=\frac{d\vec{r}}{dt}-\vec{v}_r=\vec{v}-\vec{v}_r. \tag{2.1.3}$$

由于$\vec{v}$和$\vec{v}_r$都是常速度，因此其差$\vec{v}-\vec{v}_r$也为常速度. 也就是说，不受力的质点在参考系 S 中做匀速直线运动，在相对于参考系 S 做匀速运动的参考系 S'中，该质点依然做匀速直线运动. 牛顿第一定律在参考系 S 和 S'中都成立，即参考系 S 和 S'都是惯性系，由此可以得到一个推论：**如果一个参考系是惯性参考系，那么相对于这个参考系做匀速直线运动的另外一个参考系也是惯性参考系**.

牛顿第一定律说明如果在惯性参考系中进行观测，自由质点将保持静止或匀速直线运动. 而当质点受到其他物体的相互作用，且这些相互作用不能相互抵消时，质点的运动状态就可能发生改变. 物体间的相互作用，通常称为**力**. 经验告诉我们，**力不仅有大小而且有方向，因此是一个矢量，通常用$\vec{F}$来表示**. 而用来描述质点运动状态改变的量是加速度 $\vec{a}$. 加速度也是矢量. 通过实验和观察发现，力和加速度之间存在正比关系. 这就是**牛顿第二定律：作用在质点上的力等于质点的质量与其加速度的乘积**，即

$$\vec{F}=m\vec{a}. \tag{2.1.4}$$

在这个定律中，除了力和加速度之间的关系，还涉及两个物理量，一个物理量是力，另一个物理量是**质量**. 实验中发现力和加速度之间的关系是正比关系，而质量所起到的作用正是对应的比例系数. 因此，这里的质量又被称为**惯性质量**，因为它表达了物体惯性的大小. 由式(2.1.4)容易看出，在相同的力的作用下，质量大的质点比质量小的质点所获得的加速度要小，也就是说质量大的质点较难改变其运动状态. 因此，质量是对质点惯性的定量描述.

在牛顿力学中，惯性质量是一个与速度无关的标量. 但实质上，惯性质量是与物体的速度有关系的，根据狭义相对论有

$$m=m(v)=\frac{m_0}{\sqrt{1-\frac{v^2}{c^2}}}, \tag{2.1.5}$$

其中 m_0 被称为质点的**静止质量**，v 是质点的速度大小，c 是光速. 由式(2.1.5)可以看出，当物体的速度变大时，物体的惯性质量也变大，只不过在低速情况下，这个变大的程度非常小而被忽略了. 在相同的力的作用下，质量大的物体加速度小，也就是说，质量大的物体的运动状态比质量小的物体的运动状态更难以被改变，因此其惯性更大. 另外，牛顿第二定律可以作为力的大小的度量方法. 确定了物体的质量及其加速度，作用在这个物体上的力的大小就确定了.

若质点同时受到多个作用力$\vec{F}_1,\vec{F}_2,\cdots\cdots$作用，则式(2.1.4)中的$\vec{F}$为这

些力的合力，即

$$\vec{F}=\sum_i \vec{F}_i. \tag{2.1.6}$$

因此，式(2.1.4)可写成

$$m\vec{a}=\sum_i \vec{F}_i, \tag{2.1.7}$$

即质点同时受到多个力作用时的加速度与这些力的合力产生的加速度是相同的.

由于加速度可以写成坐标对时间的二阶导数，即

$$\vec{a}=\frac{\mathrm{d}^2\vec{r}}{\mathrm{d}t^2}, \tag{2.1.8}$$

因此式(2.1.4)又可以写成

$$\vec{F}=m\frac{\mathrm{d}^2\vec{r}}{\mathrm{d}t^2}. \tag{2.1.9}$$

这是坐标对时间的二阶微分方程，其解为坐标随时间变化的函数

$$\vec{r}=\vec{r}(t), \tag{2.1.10}$$

同时也可以得到速度随时间变化的函数

$$\vec{v}=\vec{v}(t). \tag{2.1.11}$$

二阶微分方程求解后会出现两个积分常数，对于方程(2.1.9)，这两个积分常数一般情况下对应于质点的初始坐标和初始速度. 例如，当力$\vec{F}$为常矢量时，方程(2.1.9)的解为

$$\vec{r}(t)=\vec{r}_0+\vec{v}_0t+\frac{1}{2}\frac{\vec{F}}{m}t^2, \tag{2.1.12}$$

其中$\vec{r}_0$和$\vec{v}_0$为积分常矢量. 当$t=0$时，质点的坐标为

$$\vec{r}(0)=\vec{r}_0, \tag{2.1.13}$$

而

$$\vec{v}(0)=\left.\frac{\mathrm{d}\vec{r}}{\mathrm{d}t}\right|_{t=0}=\vec{v}_0, \tag{2.1.14}$$

因此，$\vec{r}_0$为质点的初始坐标，$\vec{v}_0$为质点的初始速度.

式(2.1.4)是一个矢量方程，可以等价地写成3个分量方程

$$F_x=ma_x, F_y=ma_y, F_z=ma_z, \tag{2.1.15}$$

或

$$F_x=m\frac{\mathrm{d}^2x}{\mathrm{d}t^2}, F_y=m\frac{\mathrm{d}^2y}{\mathrm{d}t^2}, F_z=m\frac{\mathrm{d}^2z}{\mathrm{d}t^2}. \tag{2.1.16}$$

从分量方程可以看出，每个方向上的加速度是由该方向上的力的分量所引起的，跟其他方向上力的分量没有关系. 如果某一个方向上力的分量始终为零，那么这个方向上将一直没有加速度，因此在该方向上，物体的速度分量将保持不变.

此外还有**牛顿第三定律**：相互作用的两个物体之间的作用力和反作用力总是大小相等、方向相反，且作用在同一条直线上(见图2-2). 即当一个物体对另外一个物体施加一个作用力时，它同时会受到对方对自己的作

用力，而这两个作用力是大小相等、方向相反的，写成表达式为

$$\vec{F}_{AB}=-\vec{F}_{BA}, \tag{2.1.17}$$

其中$\vec{F}_{AB}$为物体 B 对物体 A 的作用力，$\vec{F}_{BA}$为物体 A 对物体 B 的作用力.

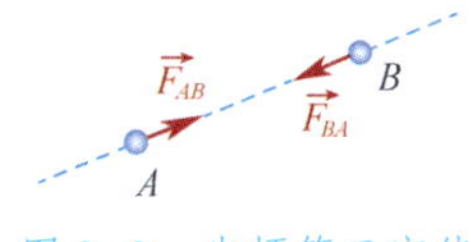

图 2-2　牛顿第三定律

牛顿第三定律研究的是物体之间相互作用制约联系的机制，研究的对象是两个质点. 对于多质点物体，可以分别讨论其中任意两个质点之间的相互作用. 作用力和反作用力是相互的，没有反作用力的作用力是不存在的. 同时力需要依托物体(物质)而存在. 牛顿第三定律也具有瞬时性，即作用力和反作用力的同时性，它们同时产生、同时消失、同时变化. 作用力与反作用力的地位是对等的，称哪个为作用力哪个为反作用力是无关紧要的. 作用力和反作用力必须是同一性质的力，即作用力为弹力，则反作用力也一定是弹力，反之亦然. 作用力和反作用力是分别作用在两个不同的物体上的，因此不能将它们加到一起从而相互抵消.

处理作用力与反作用力的问题时，常见的一个错误是对其进行错误的叠加. 例如，把一个弹簧秤固定在墙上，如图 2-3(a)所示，用大小为 F 的力拉其另外一端，问：弹簧秤上显示的拉力大小是多少？这个问题人们通常不会回答错误，弹簧秤将显示拉力大小为 F. 但是将问题略做转换，去掉墙，替换成一根绳子，并施加 F 大小的向左的拉力，如图 2-3(b)所示. 这时候常见的错误是认为弹簧秤将显示拉力大小为 $2F$，理由是两边各施加了 F 大小的力，共同作用就是 $2F$. 实际上如果把弹簧秤作为一个整体，两边各施加大小相同、方向相反的力，弹簧秤受到的合力为零. 弹簧秤处于静止不动的状态，而弹簧秤上显示的为弹簧秤上各质点间相互作用的力的大小. 将弹簧秤简化成一个一维的体系，考虑弹簧秤一端与外界接触的质点，它受到外界对它的向外拉力，同时也受到弹簧秤上内部质点对它的向内拉力，由于弹簧秤静止时其静止不动，因此这两个力大小相同，都为 F，但方向相反. 再考虑紧靠弹簧秤最外侧质点的内部质点. 它受到最外侧质点和更内部质点对它的作用力，同样，由于弹簧秤静止，这两个力依然是大小相同，都为 F，但方向相反. 同理可知弹簧秤上任何一个质点都受到来自左右的两个作用力作用，其大小都是 F. 因此，弹簧秤显示的拉力大小就是 F. 图 2-3 所示的两种情况本质上没有区别.

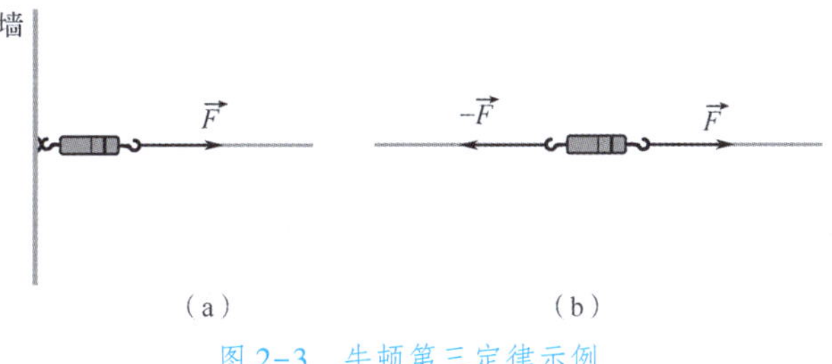

图 2-3　牛顿第三定律示例

延伸阅读

需要注意在以上的讨论中都是针对“质点”而言的，质点是一个理想模型，没有大小，而实际物体都是有大小的. 实际物体可以认为由无数质点组合而成，在实际过程中由于外界对物体的作用力可能作用在物体的不同位置上，因此其运动并不如牛顿第二定律式(2.1.4)所表达的那么简单，尽管该式运用到物体的每个质点上都是对的. 对于多质点体系的动力学问题，我们将在之后的章节中具体讨论.

2.2 SI单位和量纲

物理学中涉及很多物理量. 物理量由两部分组成，一部分是其数学表达，如其大小、方向等；另一部分表明该物理量的物理属性，如该属性是时间还是长度等，被称为单位. 不同的物理量之间有的相互无关，有的相互关联. 比如长度和时间是性质不同的两个物理量，它们之间没有直接关系. 而速度则为长度和时间的比值，相对长度和时间而言，它并不独立. 为了清晰准确表达物理量的性质，需要选择合适的独立物理量，如时间、长度、质量，并规定其单位，如秒(s)、米(m)、千克(kg). 这些物理量被称为基本物理量，其单位被称为基本单位. 而其他与这些物理量不相对独立的物理量，其单位则为这些基本单位的组合，称为导出单位.

在诸多物理量中选择哪些物理量作为基本单位具有一定的任意性，不同的选择方式就构成了不同的单位制. 物理学中目前最常用的单位制是国际单位制(SI). 在这个单位制中，选择时间、长度、质量、电流、热力学温度、物质的量及发光强度作为基本物理量，其单位为基本单位，其他物理量的单位则为导出单位. 在力学体系里仅涉及时间、长度和质量3个基本物理量(见表2-1).

表2-1　3个基本物理量的国际单位

物理量	单位	单位符号
时间	秒	s
长度	米	m
质量	千克	kg

在定义单位制的时候不仅涉及物理量的选择，还需定义基本单位的大小. 如在SI单位制中，时间是基本物理量，其单位为秒(s)，那么还需要定义1s具体是多长时间. 历史上曾定义平均太阳日的1/86400为1s，精度在10^{-8}左右，而平均太阳日的定义由天文学家制定，并测量其大小. 为了提高精度，1960年第11届国际计量大会将1900年定义为平均太阳年，并将秒定义为平均太阳年的1/31556925.9747，精度提高到10^{-9}. 1967年第13届国际计量大会再次修改了秒的定义：“1s是铯-133原子在基态下的两个超精细能级之间跃迁所对应的辐射的9192631770个周期的时间.”这样的定义既具有很高的精度，又具有客观性和稳定性. 表2-2给出了一些测量

量的时间间隔.

表 2-2 一些测量量的时间间隔的数量级

测量量	时间间隔/s	测量量	时间间隔/s
质子半衰期	1×10^{39}	人两次心跳间隔时间	8×10^{-1}
宇宙年龄	5×10^{17}	介子半衰期	2×10^{-6}
金字塔年龄	1×10^{11}	实验室最精确原子钟精度	1×10^{-18}
人类寿命估算	2×10^{9}	强相互作用质点半衰期	1×10^{-24}
一天	9×10^{4}	普朗克时间	1×10^{-43}

长度也是 SI 单位制中的基本物理量，其单位为米(m). 1889 年第 1 届国际计量大会批准国际米原器(铂铱米尺)的长度为 1m. 1927 年第 7 届国际计量大会对国际米原器所处的环境加以更加严格的要求. 1960 年第 11 届国际计量大会将米的定义更改为："米的长度等于氪-86 原子的 $2p^{10}$ 和 $5d^{5}$ 能级之间跃迁的辐射在真空中波长的 1650763.73 倍". 氪-86 长度基准的极限不确定度为 $\pm4\times10^{-9}$. 这种定义的客观性要好很多，不依赖于人造物体特性. 考虑到现代物理学大量实验表明真空中的光速为常数，不随参考系的改变而改变，1983 年 10 月第 17 届国际计量大会正式通过了如下的新定义："1m 是光在真空中在 1/299792458 s 内的行程". 图 2-4 所示为国际米原器.

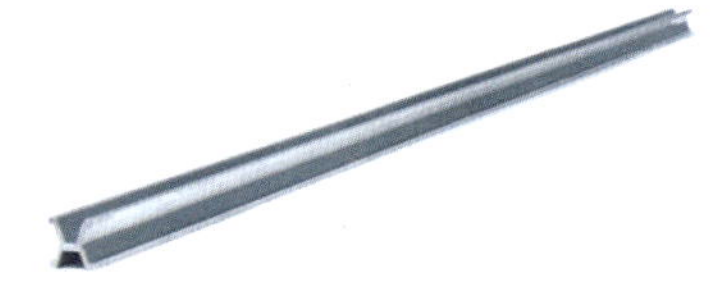

图 2-4 国际米原器

表 2-3 给出了一些测量量的长度的数量级.

表 2-3 一些测量量的长度的数量级

测量量	长度/m	测量量	长度/m
质子直径	10^{-15}	地月距离	10^{8}
氢原子直径	10^{-10}	地日距离	10^{11}
流感病毒大小	10^{-6}	太阳系直径	10^{13}
雨滴直径	10^{-3}	到太阳系外最近恒星距离	10^{16}
人的身高	10^{0}	银河系直径	10^{21}
地球直径	10^{7}	可观测宇宙直径	10^{26}

1889 年第 1 届国际计量大会批准了国际千克原器，并宣布今后以这个原器为质量单位. 图 2-5 所示为国际千克原器的一个复制品. 为了避免"重

量”一词在通常使用中意义发生含混，1901年第3届国际计量大会规定：千克(kg)是质量(而非重量)的单位，它等于国际千克原器的质量. 这个国际千克原器按照1889年第1届国际计量大会规定的条件，保存在国际计量局. 同样，为了消除人造物体特性的影响，2018年11月16日，第26届国际计量大会通过决议，将1kg定义为普朗克常数除以6.62607015 $\times10^{-34}\mathrm{m}^{-2}\cdot\mathrm{s}$. 在该定义中应用了电磁学和量子力学的基本性质. 图2-6所示为用于精确测量普朗克常数的Kibble天平(基布尔天平).

图2-5　国际千克原器复制品

图2-6　Kibble天平

基本单位的选择只涉及不同的比例关系而已，不影响对物理量的理解. 比如对于长度，可以将基本单位选为米，也可以选为英尺，二者间有固定的转换关系. 抛开物理量的具体单位及其大小，仅定性地描述物理量和物理量之间直接的关系，可以引入量纲的概念. 即将物理量的量纲定义为一个物理量是如何由基本物理量组合而成的. 表示一个物理量和基本物理量之间关系的式子被称为该物理量的量纲或量纲式. 在力学中，基本物理量为时间、长度和质量，其量纲表示为T,L,M，则力学中其他的物理量 Q 的量纲式可以表达为

$$[Q]=\mathrm{M}^a\mathrm{L}^b\mathrm{T}^c, \tag{2.2.1}$$

其中 $[Q]$ 表示物理量 Q 的量纲，指数 a,b,c 称为量纲指数. 例如，某物体的长度记为 A，则其量纲式为

$$[A]=\mathrm{L}. \tag{2.2.2}$$

常见物理量速度、加速度、力、能量的量纲式分别为

$$\begin{gathered}[v]=\mathrm{LT}^{-1},\\ [a]=\mathrm{LT}^{-2},\\ [F]=\mathrm{MLT}^{-2},\\ [E]=\mathrm{ML}^2\mathrm{T}^{-2}.\end{gathered} \tag{2.2.3}$$

不同的量纲代表不同的物理性质，因此在一个物理过程中，假设某物理量 Q 由其他物理量 $Q_1,Q_2,\cdots,Q_n$ 来确定，存在某个函数关系

$$Q=f(Q_1,Q_2,\cdots,Q_n), \tag{2.2.4}$$

那么等式两边的量纲必须相同. 函数 f 也许会被表达为一些项相加在一起，那么这些相加项的量纲也必须相同. 也就是说，只有具有相同量纲的物理量才能相加减. 例如，长度和长度相加是允许的，但是长度加上质量是没有物理意义的，也不允许这样相加. 相应地，诸如指数、对数、三角函数

等这样的函数，可以化成变量的多项式求和，若变量有量纲的话，则不同次方的项对应于不同的量纲，这样的加法就是非法的了. 因此，这些函数必须是无量纲的. 如指数函数

$$f(x)=\mathrm{e}^{x}=1+x+\frac{x^{2}}{2}+\frac{x^{3}}{3!}+\cdots, \tag{2.2.5}$$

若变量 x 有量纲，则 x^2, x^3 等项的量纲都不一样，因此在物理中要使式(2.2.5)合法，x 必须是无量纲量，相应地，$f(x)=\mathrm{e}^x$ 也是无量纲量.

在定义了量纲之后，可以应用量纲对物理体系进行定性半定量分析，这种分析往往能比较方便地简化问题. 对于 $Q=f(Q_1,Q_2,\cdots,Q_n)$，其量纲为

$$[Q]=[f(Q_1,Q_2,\cdots,Q_n)], \tag{2.2.6}$$

可以假设 Q 与其变量 $Q_1,Q_2,\cdots,Q_n$ 间的函数形式为

$$Q=\alpha Q_1^{a_1}Q_2^{a_2}\cdots Q_n^{a_n}, \tag{2.2.7}$$

其中系数 α 为无量纲量，则式(2.2.7)的量纲关系为

$$[Q]=[Q_1]^{a_1}[Q_2]^{a_2}\cdots[Q_n]^{a_n}, \tag{2.2.8}$$

通过配平等式两边的量纲，就可以知道指数 $a_1,a_2,\cdots,a_n$.

例 2-1 与单摆相关的物理量包括单摆的质量 m、重力加速度 g 和单摆的长度 l，这 3 个物理量的量纲分别为

$$[m]=\mathrm{M},[g]=\mathrm{LT}^{-2},[l]=\mathrm{L}. \tag{2.2.9}$$

实验中发现单摆做周期运动，而周期的量纲为

$$[T]=\mathrm{T}, \tag{2.2.10}$$

为了确定周期与上述 3 个物理量之间的关系，不妨假设它们满足关系式

$$T=\alpha m^{a_1}g^{a_2}l^{a_3}, \tag{2.2.11}$$

其中系数 α 为无量纲量. 等式两边的量纲应该相同，则有

$$[T]=[m]^{a_1}[g]^{a_2}[l]^{a_3}, \tag{2.2.12}$$

将各量纲分别代入得

$$T=\mathrm{M}^{a_1}(\mathrm{LT}^{-2})^{a_2}\mathrm{L}^{a_3}=\mathrm{M}^{a_1}\mathrm{L}^{a_2+a_3}\mathrm{T}^{-2a_2}, \tag{2.2.13}$$

等式两边的量纲要相同，则需要满足关系

$$a_1=0,a_2+a_3=0,-2a_2=1, \tag{2.2.14}$$

解得

$$a_1=0,a_2=-\frac{1}{2},a_3=\frac{1}{2}, \tag{2.2.15}$$

因此得到关系

$$T=\alpha\sqrt{\frac{l}{g}}. \tag{2.2.16}$$

这样得到的周期与小角度单摆的定量测量结果是相同的. 系数 α 在这里并没有确定下来. 在量纲分析中如果有无量纲的量，多数情况下是无法确定的. 但在某些情况下可以利用标度关系来确定. 由于重力加速度、绳长及周期的量纲都与质量无关，因此在最后的关系式中没有出现质量项.

另外，对于大角度运动的单摆，这个结果并不准确，这说明量纲分析的方法在定量方面并不是非常准确，因此这种方法被称为定性半定量分析.

此外，在进行一些复杂解析运算时，可以运用量纲来对推导的正确性做一定程度的判断，如果推导出的表达式在量纲上与目标物理量的量纲不同，那么推导过程中一定存在错误.

在SI单位制中，选择长度、质量、时间、电流、热力学温度、物质的量、发光强度作为基本物理量，其基本单位分别为米、千克、秒、安[培]、开[尔文]、摩[尔]、坎[德拉]，相关符号如表2-4所示.

表2-4 SI单位制

物理量	单位	单位符号	量纲符号
长度	米	m	L
质量	千克	kg	M
时间	秒	s	T
电流	安[培]	A	I
热力学温度	开[尔文]	K	Θ
物质的量	摩[尔]	mol	N
发光的亮	坎[德拉]	cd	J

2.3 万有引力和力学中常见的力

重力是最常见的，也是人们最早接触的作用力. 当人们跳跃起来，或者把物体抛起来后，人体或物体最终总要落下来. 于是人们认为物体受到了一个向下的拉力，称之为重力. 通过分析抛体运动或者斜面上下滑物体的运动，人们发现这种力与物体的质量成正比，在地球上固定的地点，其比例系数对不同物体来说是常数，即质量为 m 的物体受到的重力 $\vec{F}_g$ 为

$$\vec{F}_g = m\vec{g}. \tag{2.3.1}$$

比例系数 g 称为重力加速度，通常取 $g=9.8\mathrm{m/s^2}$. 对于地球上不同的地点，重力加速度的大小略有不同. 这与伽利略提出的不同物体从同一高度同时由静止开始下落，最终同时落地的结论相符合. 根据牛顿第二定律，在仅受到重力作用下的不同物体，其加速度

$$a=\frac{F_g}{m}=g \tag{2.3.2}$$

皆为重力加速度，因此在相同初始条件下的运动与物体的质量无关，也就是说不同的物体从相同的高度由静止开始自由下落，在相同时间内将下落相同高度.

另外，在天文方面，人们观测了大量星体的运动，也好奇为什么星体会做这样的运动. 17世纪，开普勒通过分析大量的行星运行观测数据，发

现了行星运动的3个规律，即开普勒三定律：

(1)行星沿椭圆轨道运动，而太阳则位于椭圆轨道的两个焦点之一；

(2)在相同时间内，太阳和运动中的行星的连线所扫过的面积是相等的；

(3)行星绕太阳运动的椭圆轨道半长轴的立方与周期的平方之比是一个常量.

牛顿通过分析开普勒三定律，并结合对物体动力学的理解，认为物体之间普遍存在一种相互吸引力，称之为万有引力，其大小与相互作用的两个质点的质量成正比，与两质点之间的距离成反比，即质点1与质点2之间的万有引力为

$$\vec{F}_{12}=-G\frac{m_1m_2}{|\vec{r}_2-\vec{r}_1|^2}\hat{r}_{12},\tag{2.3.3}$$

其中 $G=6.67259\times10^{-11}\,\mathrm{N\cdot m^2/kg^2}$，称为万有引力常数，$m_1$ 和 m_2 分别为两个质点的质量，$\vec{r}_1$ 和 $\vec{r}_2$ 分别为两个质点的位置矢量，而

$$\hat{r}_{12}=\frac{\vec{r}_2-\vec{r}_1}{|\vec{r}_2-\vec{r}_1|}\tag{2.3.4}$$

为由质点1指向质点2的单位矢量.

由于地球半径很大，因此物体在地面附近运动时，物体的尺寸及不同位置的高度差别可以忽略，物体可近似为一个质点，同样地球也可视为一个质点，其坐标位于地心处，物体与地心间的距离近似为地球半径

$$|\vec{r}_2-\vec{r}_1|\approx r_e.\tag{2.3.5}$$

质量为 m 的物体，其受到的万有引力大小可近似表示为

$$F_g=G\frac{M_e}{r_e^2}m,\tag{2.3.6}$$

其中 r_e 为地球半径，M_e 为地球质量. 因此，重力加速度大小为

$$g=G\frac{M_e}{r_e^2}.\tag{2.3.7}$$

由于地球上不同地点的地球半径略有不同，同时又受到地球自转的影响，因此在地球上的不同地点测得的重力加速度大小略有不同.

另外一种常见的力为弹簧的弹性力，又称为回复力. 多数物体发生形变的时候会产生抗拒形变的力，即回复力. 回复力的大小与物体的微观结构有关，最简单的情况是线性回复力. 对于一个线性弹簧，其长度发生 x 大小的形变时，所产生的回复力(见图2-7)大小为

$$F=-kx,\tag{2.3.8}$$

其中系数 k 为常数，称为弹性系数. 式中的负号表明回复力的方向与形变的方向相反. 对于多数物体，弹性系数并非常数，其大小与形变大小有关. 对于满足式(2.3.8)关系的弹簧，称之为线性弹簧，或软弹簧. 一般来说，当物体形变比较小的时候，都可以近似为线性弹簧.

在日常生活中可以看到当物体在平面上运动时，在没有施加拉力或推力的情况下，其运动速率会逐渐减小直至静止不动，这是因为物体受到了

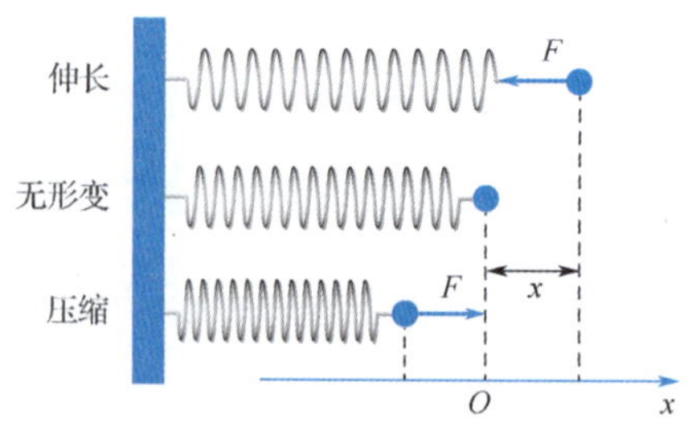

图 2-7 弹簧的弹性力(回复力)

平面给予的**摩擦力**的作用. 摩擦力来源于物体和平面的接触面几何上不光滑，以及分子间相互作用等因素的影响，形成原因较为复杂. 在简单的情形下，摩擦力的大小 F 与物体给予平面且垂直于平面的正压力大小 N 成正比，即有

$$F=\mu N, \tag{2.3.9}$$

其中比例系数 μ 称为滑动摩擦系数. 摩擦力的方向总是与物体运动方向相反，因此会阻碍物体运动.

将一个物体静止放置于平面上，并用一个较小的力去推物体，很可能并不能使物体运动起来. 我们可以判断此时物体一定受到了另一个力作用，从而抵消了所施予的推力. 这个力同样来自于平面，被称为**静摩擦力**，而之前滑动情况下的摩擦力称为**滑动摩擦力**. 静摩擦力的大小并不固定，其值与物体所受到的其他作用力的大小有关. 但静摩擦力具有最大值，其最大值通常也和正压力大小 N 成正比，有

$$F_{max}=\mu_s N, \tag{2.3.10}$$

比例系数μ_s 称为滑动摩擦系数. 多数情况下最大静摩擦力是大于滑动摩擦力的，即

$$\mu_s \geqslant \mu. \tag{2.3.11}$$

当推力小于最大静摩擦力时，物体不会运动；而当推力大于最大静摩擦力时，物体所受到的合力不为零，因此其将开始运动. 物体开始运动之后，静摩擦力将转变为滑动摩擦力.

在平面上推一个箱子要比推一个同样质量的轮子要费力，这说明滚动情况下的摩擦力比滑动情况下的摩擦力要小，这是因为两种情况下产生摩擦力的机理不同. 如果把滚动摩擦力大小 F_r 用一个滚动摩擦系数μ_r 来表征，则有

$$F_r=\mu_r N, \tag{2.3.12}$$

可知滚动摩擦系数是小于滑动摩擦系数的，即

$$\mu_r<\mu. \tag{2.3.13}$$

需要注意的是，在所谓的纯滚动情况下，轮子和平面的接触点处并没有相对滑动，此时轮子受到的摩擦力为静摩擦力.

当物体压迫平面时，平面也会对物体施加一个弹力，该力的大小根据具体情况而定，通常其方向是垂直于接触面的.

延伸阅读

2.4 动力学问题的求解

在处理动力学问题时需要先对物体受力进行分析. 做受力分析时需要先将体系的受力情况通过画图的方式表现出来，针对体系所涉及的每一个物体，分别将其受到的各个力用矢量图方式画出，并标出选取的坐标轴正方向.

例 2-2 如图 2-8 所示，两个放置在水平面上的滑块紧贴在一起，左边的滑块质量为 m_1，它受到 4 个力作用，水平向右的推力$\vec{F}=F\vec{i}$，重力 $m_1\vec{g}=-m_1g\vec{j}$，地面对它的支持力$\vec{N}_1=N_1\vec{j}$，以及右边滑块对它的作用力$\vec{f}_{12}=-f_{12}\vec{i}$；右边滑块质量为 m_2，它受到 3 个力作用，重力 $m_2\vec{g}=-m_2g\vec{j}$，地面对它的支持力$\vec{N}_2=N_2\vec{j}$，以及左边滑块对它的作用力$\vec{f}_{21}=f_{21}\vec{i}$.

确定了体系中每个物体的受力情况之后，就可以针对每个物体列出其动力学方程，并建立相关物理量之间的关系. 对于本例，考虑滑块紧贴在一起沿地面运动，无竖直方向的运动，因此在 y 轴方向上合力为零，即有

$$m_1\vec{g}+\vec{N}_1=-m_1g\vec{j}+N_1\vec{j}=0, \tag{2.4.1}$$

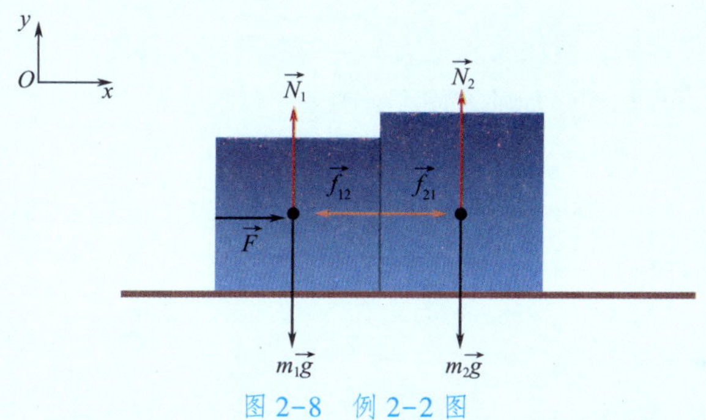

图 2-8 例 2-2 图

则

$$\vec{N}_1=m_1g\vec{j}. \tag{2.4.2}$$

同理可得

$$\vec{N}_2=m_2g\vec{j}. \tag{2.4.3}$$

左边滑块的动力学方程为

$$m_1\vec{a}_1=\vec{F}+\vec{f}_{12}+m_1\vec{g}+\vec{N}_1=(F-f_{12})\vec{i}, \tag{2.4.4}$$

则左边滑块的加速度为

$$\vec{a}_1=\frac{F-f_{12}}{m_1}\vec{i}. \tag{2.4.5}$$

注意力$\vec{f}_{12}$的产生是由于左边滑块受到力$\vec{F}$作用后挤压右边的滑块从而产生的反作用力，其大小不会超过 F，因此加速度$\vec{a}_1$ 的方向是朝右的. 力$\vec{f}_{12}$和力$\vec{f}_{21}$为一对作用力和反作用力，因此有

$$\vec{f}_{12}=-\vec{f}_{21}. \tag{2.4.6}$$

右边滑块的动力学方程为

$$m_2\vec{a}_2=\vec{f}_{21}+m_2\vec{g}+\vec{N}_2=f_{21}\vec{i}, \tag{2.4.7}$$

其加速度为

$$\vec{a}_2=\frac{f_{12}}{m_2}\vec{i}. \tag{2.4.8}$$

由于两个滑块紧贴着运动，因此它们的加速度是一样的，有

$$\vec{a}_1=\vec{a}_2. \tag{2.4.9}$$

将式(2.4.5)和式(2.4.8)相加，并利用式(2.4.6)和式(2.4.9)，容易得到

$$\vec{a}_1=\vec{a}_2=\frac{F}{m_1+m_2}\vec{i}. \tag{2.4.10}$$

由此可以看出在这个体系中，完全可以把两个滑块当成一个质量为 m_1+m_2 的大滑块在外力$\vec{F}$的作用下运动，无须考虑两个滑块间的相互作用. 这一结论将在后续章节中针对一般性的多质点体系进行推广.

例 2-3 如图 2-9 所示，一质量为 m 的滑块沿着倾角为 θ 的三角斜面下滑，三角斜面固定在地面上，求其加速度.

如图沿斜面建立坐标系，滑块受到重力$\vec{F}_g=m\vec{g}$和斜面对其的支持力$\vec{F}_N$的作用，将重力投影到坐标轴方向上，有

$$\vec{F}_g=F_{gx}\vec{i}+F_{gy}\vec{j},$$

$$F_{gx}=mg\sin\theta, F_{gy}=-mg\cos\theta. \tag{2.4.11}$$

在 y 轴方向上滑块没有运动，因此该方向合力为零，可得

$$\vec{F}_N=-\vec{F}_{gy}=mg\cos\theta\vec{j}. \tag{2.4.12}$$

滑块的动力学方程为

$$m\vec{a}=\vec{F}_g+\vec{F}_N=mg\sin\theta\vec{i}, \tag{2.4.13}$$

因此加速度为

$$\vec{a}=g\sin\theta\vec{i}. \tag{2.4.14}$$

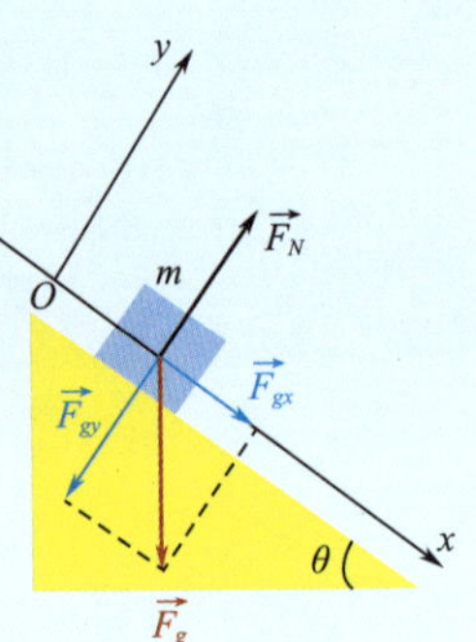

图 2-9 斜面固定

现将此问题加以变化，假设三角斜面的质量为 M，且可以在地面上无摩擦滑动，求此时滑块和三角斜面的加速度.

由于三角斜面可能要发生变速运动，因此以三角斜面为参考系并不合适，现选地面为参考系，并将水平向右方向设定为 x 轴正方向，如图 2-10 所示. 由于斜面和滑块在做整体的平动，因此其上任意一点的运动都可以代表整体的运动. 选滑块的右下顶点为代表点，其坐标为

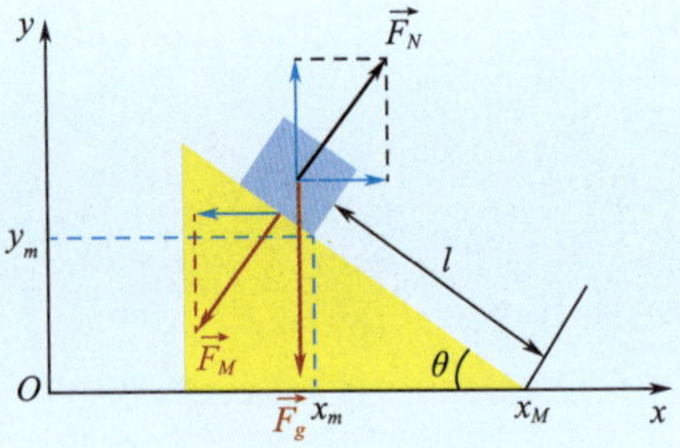

图 2-10 斜面可滑动

$$\vec{r}_m=x_m\vec{i}+y_m\vec{j}. \tag{2.4.15}$$

选取斜面的右下顶点为代表点，由于斜面仅在水平方向上运动，因此只需考虑该代表点的水平坐标x_M. 滑块受力情况与之前类似，其动力学方程为

$$m\vec{a}_m=\vec{F}_g+\vec{F}_N=F_N\sin\theta\vec{i}+(F_N\cos\theta-mg)\vec{j}, \tag{2.4.16}$$

则加速度为

$$\vec{a}_m=\frac{F_N\sin\theta}{m}\vec{i}+\frac{F_N\cos\theta-mg}{m}\vec{j}, \tag{2.4.17}$$

该式又可以写成分量式

$$a_{mx}=\frac{\mathrm{d}^2x_m}{\mathrm{d}t^2}=\frac{F_N\sin\theta}{m},$$

$$a_{my}=\frac{\mathrm{d}^2y_m}{\mathrm{d}t^2}=\frac{F_N\cos\theta-mg}{m}. \tag{2.4.18}$$

斜面受到重力、地面对其的支持力及滑块对其的压力作用，前两个力都在竖直方向上，而斜面无此方向的运动，因此略去该方向上受力的细致分析. 滑块对斜面的压力$\vec{F}_M$与斜面对滑块的支持力$\vec{F}_N$为一对作用力和反作用力，满足

$$\vec{F}_N=-\vec{F}_M, \tag{2.4.19}$$

因此斜面在水平方向上的动力学方程为

$$Ma_M\vec{i}=-F_M\sin\theta\vec{i}=-F_N\sin\theta\vec{i}, \tag{2.4.20}$$

其加速度为

$$a_M=\frac{\mathrm{d}^2x_M}{\mathrm{d}t^2}=-\frac{F_N\sin\theta}{M}. \tag{2.4.21}$$

式(2.4.18)和式(2.4.21)并不独立，由于滑块在下滑过程中始终在斜面上，因此其坐标与斜面坐标存在约束关系

$$x_m=x_M-l\cos\theta,$$

$$y_m=l\sin\theta, \tag{2.4.22}$$

对其求关于时间的二阶导数，可得

$$\frac{\mathrm{d}^2x_m}{\mathrm{d}t^2}=\frac{\mathrm{d}^2x_M}{\mathrm{d}t^2}-\frac{\mathrm{d}^2l}{\mathrm{d}t^2}\cos\theta,$$

$$\frac{\mathrm{d}^2y_m}{\mathrm{d}t^2}=\frac{\mathrm{d}^2l}{\mathrm{d}t^2}\sin\theta. \tag{2.4.23}$$

利用该式可以将F_N消掉，最终得

$$\frac{\mathrm{d}^2x_M}{\mathrm{d}t^2}=-\frac{m\cos\theta\sin\theta}{M+m\sin^2\theta}g, \tag{2.4.24}$$

$$\frac{\mathrm{d}^2x_m}{\mathrm{d}t^2}=\frac{M\cos\theta\sin\theta}{M+m\sin^2\theta}g, \tag{2.4.25}$$

$$\frac{\mathrm{d}^2y_m}{\mathrm{d}t^2}=-\frac{(M+m)\sin^2\theta}{M+m\sin^2\theta}g. \tag{2.4.26}$$

例 2-4 如图 2-11(a)所示，一个质量为 m_1 的木块在拉力$\vec{F}$的作用下在一平面上运动，拉力$\vec{F}$与水平方向的夹角为 θ. 在该木块上还放着一块质量为 m_2 的木块，木块与木块及木块与平面之间存在滑动摩擦力，摩擦系数皆为μ，最大静摩擦系数皆为μ_s. 若在运动过程中平面没有脱离地面，分析当拉力$\vec{F}$大小不同时，该体系的运动状态.

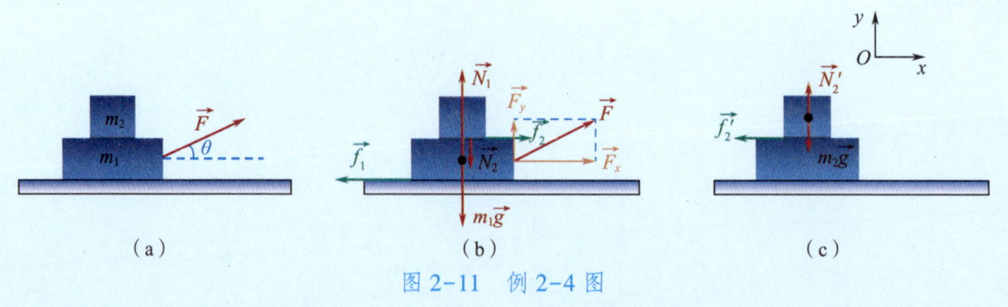

图 2-11 例 2-4 图

设水平向右方向为 x 轴正方向，y 轴正方向为垂直地面向上. 先对该体系的两个木块分别做受力分析，如图 2-11(b)和图 2-11(c)所示，下面木块除了受到拉力$\vec{F}$作用，还受到垂直向下的重力 $m_1\vec{g}$、地面对其的支持力$\vec{N}_1$、上面木块对其的压力$\vec{N}_2$、地面对其的摩擦力 $\vec{f}_1$、上面木块对其的摩擦力 $\vec{f}_2$ 作用. 其中 $\vec{f}_2$ 的方向仅是暂假设其沿 x 轴正方向，若最后计算结果显示其值为负，则说明实际上该力的方向沿 x 轴负方向. 拉力$\vec{F}$可分解到 x 轴方向和 y 轴方向，有

$$\vec{F}=F_x\vec{i}+F_y\vec{j}. \tag{2.4.27}$$

下面木块受到的合力为

$$\vec{F}_1=(F\cos\theta-f_1+f_2)\vec{i}+(F\sin\theta-m_1g-N_2+N_1)\vec{j}. \tag{2.4.28}$$

上面的木块则受到重力 $m_2\vec{g}$、下面木块对其的支持力$\vec{N}_2'(\vec{N}_2'=-\vec{N}_2)$、下面木块对其的摩擦力 $\vec{f}_2'(\vec{f}_2'=-\vec{f}_2)$作用. 需要注意的是，此时已经应用了牛顿第三定律来确定两木块间的压力/支持力和摩擦力. 因此，上面木块受到的合力为

$$\vec{F}_2=-f_2\vec{i}+(m_2g-N_2)\vec{j}. \tag{2.4.29}$$

由于木块在与地面垂直方向上没有做运动，因此在该方向上两个木块受到的合力皆为零，有

$$\begin{aligned}F\sin\theta-m_1g-N_2+N_1=0,\\ m_2g-N_2=0,\end{aligned} \tag{2.4.30}$$

解得

$$\begin{aligned}N_1=m_1g+m_2g-F\sin\theta,\\ N_2=m_2g.\end{aligned} \tag{2.4.31}$$

拉力$\vec{F}$在从无到有、从小到大的过程中，我们可以很容易得出体系在拉力比较小的时候是不动的，此时摩擦力为静摩擦力. 而静摩擦力的有无取决于物体受到的其他外力及相对运动趋势，当下面木块未动的时候，上面的木块也不会运动，这样两个木块之间不存在相对运动的趋势，因此两木块间的摩擦力为零，即有

$$f_2=0. \tag{2.4.32}$$

而对于下面的木块，因无运动，其在水平方向所受合力也为零，则其与平面间的摩擦力大小为

$$f_1=F\cos\theta. \tag{2.4.33}$$

由于木块与平面间的静摩擦力有最大值

$$f_{1\max}=\mu_s N_1=\mu_s(m_1g+m_2g-F\sin\theta), \tag{2.4.34}$$

当拉力 $\vec{F}$ 的水平分力大于最大静摩擦力时，下面的木块开始运动，此时有

$$F\cos\theta>\mu_s(m_1g+m_2g-F\sin\theta), \tag{2.4.35}$$

即

$$F>\frac{\mu_s(m_1g+m_2g)}{\cos\theta+\mu_s\sin\theta}. \tag{2.4.36}$$

下面的木块开始运动，当加速度不大的时候，上面的木块仍与下面的木块保持相对静止，即具有相同的水平加速度，且

$$a=\frac{F\cos\theta-f_1}{m_1+m_2}=\frac{F\cos\theta-f_1+f_2}{m_1}=-\frac{f_2}{m_2}. \tag{2.4.37}$$

而

$$f_1=\mu N_1=\mu(m_1g+m_2g-F\sin\theta), \tag{2.4.38}$$

可解得

$$f_2=\frac{m_2}{m_1+m_2}(f_1-F\cos\theta)=\mu m_2g-\frac{m_2}{m_1+m_2}F(\mu\sin\theta+\cos\theta),$$

$$a=\frac{1}{m_1+m_2}F(\mu\sin\theta+\cos\theta)-\mu g. \tag{2.4.39}$$

两木块间的静摩擦力也存在最大值

$$f_{2\max}=\mu_s N_2=\mu_s m_2 g, \tag{2.4.40}$$

则当两木块间的摩擦力大于该值时，上下两木块之间将发生相对运动. 根据上下两木块间的相对运动趋势，可以得知 f_2 应该为负，因此有

$$|f_2|=\frac{m_2}{m_1+m_2}F(\mu\sin\theta+\cos\theta)-\mu m_2g>\mu_s m_2 g, \tag{2.4.41}$$

即当

$$F>\frac{m_1+m_2}{m_2}\frac{\mu_s m_2g+\mu m_2g}{\mu\sin\theta+\cos\theta} \tag{2.4.42}$$

时，上下两木块间发生相对运动，摩擦力分别为

$$f_1=\mu(m_1g+m_2g-F\sin\theta),$$

$$f_2=-\mu m_2g, \tag{2.4.43}$$

此时两木块的加速度分别为

$$a_1=\frac{F\cos\theta-f_1+f_2}{m_1}=\frac{1}{m_1}[F\cos\theta-\mu(m_1g+2m_2g-F\sin\theta)], \tag{2.4.44}$$

$$a_2=-\frac{f_2}{m_2}=\mu g. \tag{2.4.45}$$

2.5 非惯性系和惯性力

牛顿第二定律是建立在惯性参考系(简称惯性系)基础上的，但是在很多场合下，对物理体系的观测是在非惯性系下进行的. 例如，由于地球在绕自身的转轴自转并绕太阳公转，因此固定在地球上的参考系并不是惯性系. 在类似的情况下直接使用非惯性系是比较方便的，但需要得到非惯性系下的动力学方程.

先考虑较简单的情况. 惯性系 S 中固定一坐标系，质量为 m 的质点在其中的坐标为$\vec{r}$，非惯性系 S'中也固定一坐标系，质点在其中的坐标为$\vec{r}'$，非惯性系中的坐标系原点相对于惯性系中的坐标系原点，其坐标为$\vec{r}_{S'}$，则应有

$$\vec{r}=\vec{r}_{S'}+\vec{r}'. \tag{2.5.1}$$

假设非惯性系中的坐标系相对于惯性系中的坐标系没有转动，也就是说非惯性系相对于惯性系无转动. 式(2.5.1)对时间求两次导数后可得

$$\vec{a}=\vec{a}_{S'}+\vec{a}', \tag{2.5.2}$$

$$\vec{a}=\frac{\mathrm{d}^2\vec{r}}{\mathrm{d}t^2},\quad \vec{a}_{S'}=\frac{\mathrm{d}^2\vec{r}_{S'}}{\mathrm{d}t^2},\quad \vec{a}'=\frac{\mathrm{d}^2\vec{r}'}{\mathrm{d}t^2}, \tag{2.5.3}$$

其中 $\vec{a}$ 为质点在惯性系中的加速度，$\vec{a}'$为质点在非惯性系中的加速度，而$\vec{a}_{S'}$为非惯性系相对于惯性系的加速度. 由牛顿第二定律可得

$$\vec{F}=m\vec{a}=m\vec{a}_{S'}+m\vec{a}', \tag{2.5.4}$$

即

$$m\vec{a}'=\vec{F}-m\vec{a}_{S'}. \tag{2.5.5}$$

令

$$\vec{F}_{S'}=-m\vec{a}_{S'}, \tag{2.5.6}$$

则

$$m\vec{a}'=\vec{F}+\vec{F}_{S'}. \tag{2.5.7}$$

这就是在这种假设情况下非惯性系中质点的动力学方程. $\vec{F}_{S'}$称为惯性力，它并不是一个真正的力，而是由非惯性系和惯性系间的坐标变换得到的一种等效力. 在有了惯性力这一概念后，并认为质点在非惯性系中除了受到真实的力作用，还受到惯性力的作用，非惯性系中的质点动力学方程和惯性系中的质点动力学方程形式上就相同了.

例如，在一个自由下落的电梯中释放一个物体(见图 2-12)，从惯性系中看，该物体此时仅受到重力的作用，将做加速度为$\vec{g}$的自由落体运动. 电梯也以加速度$\vec{g}$自由下落，因此电梯参考系为非惯性系. 从电梯参考系来看，物体除了受到重力作用，还受到惯性力作用，且

$$\vec{F}_{S'}=-m\vec{g}, \tag{2.5.8}$$

其大小和重力大小相同，但方向与重力方向相反. 因此，从电梯参考系来看，物体受到的合力为零，在电梯参考系中物体将无加速度，并且由于释放时其相对于电梯无运动速度，其将静止(悬浮)于电梯之中.

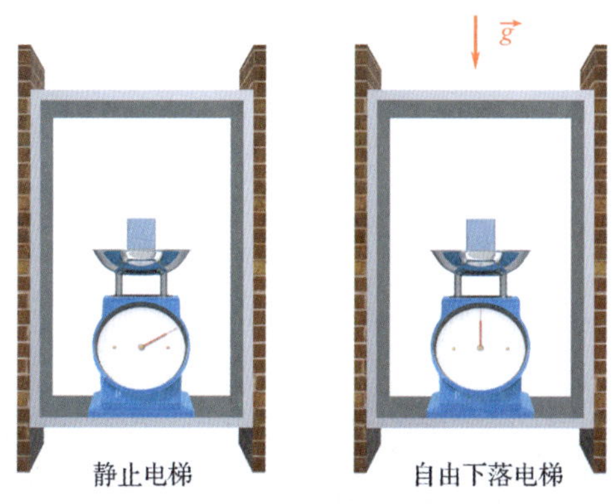

图 2-12 电梯中称重

可以证明，当非惯性系相对于惯性系转动时，也可以定义相应的惯性力，在考虑惯性力对质点的作用之后，非惯性系中质点的动力学方程和惯性系中质点的动力学方程形式相同.

若一非惯性系相对于惯性系仅做匀速转动，如一做定轴匀速转动的圆盘，角速度大小为 ω，令轴所在方向的单位矢量为$\vec{k}$，转动方向与$\vec{k}$的方向为右手螺旋关系，定义角速度矢量

$$\vec{\omega}=\omega\vec{k}, \tag{2.5.9}$$

可以证明在这种情况下惯性力为

$$\vec{F}_{S'}=m\omega^2 r\vec{e}_r+2m\vec{v}\times\vec{\omega}, \tag{2.5.10}$$

其中 $m\omega^2 r\vec{e}_r$称为离心力，方向为径向方向；$2m\vec{v}\times\vec{\omega}$称为科里奥利力，方向始终与速度方向垂直. 由于科里奥利力的方向与速度的方向垂直，因此它不会改变速度大小，仅改变速度的方向. 由于地球的自转，在地球上运动的物体会受到科里奥利力的作用，但由于地球自转速度较小，需要长时间作用才能使科里奥利力的作用效果显现出来，季风和台风的转动都是这种作用的后果.

如图 2-13 所示，在地面参考系中一小球自北向南做匀速直线运动，此时一个观测者固定在一个转动的圆盘中进行观测. 对地面参考系而言，小球在做直线运动，转动的圆盘和观测者在做圆周运动. 而对圆盘上的观测者来说，自身没有运动，小球在做偏东的曲线运动. 对这个观测者来说，他会认为小球在运动过程中受到了一个垂直于速度方向的力的作用，从而使小球的运动速度方向发生了变化. 这个力就是科里奥利力，是由于参考系变换导致的等效效应，而并非真实的力，也无施力者.

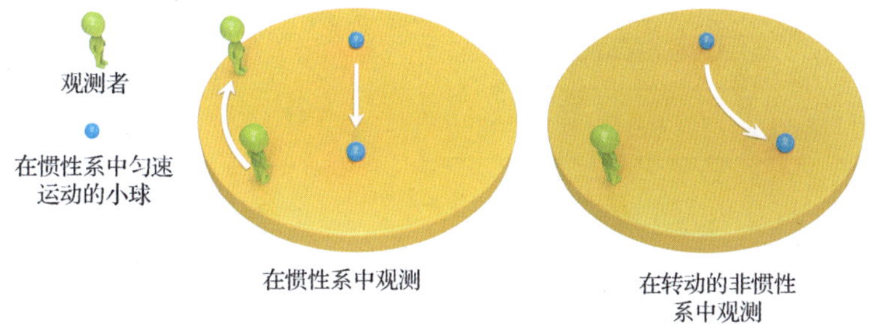

图 2-13 在惯性系与转动的非惯性系中观测小球的运动情况

习题 2

2.1 如果一个质量为1kg的质点，受力后沿东偏北30°方向以$2\mathrm{m/s^2}$的加速度大小运动，则该质点受到的力作用，用矢量如何表示？

2.2 一质量为3kg的质点，受到的作用力为$\vec{F}=(2.00\mathrm{N})\vec{i}-(3.50\mathrm{N})\vec{j}+(1.30\mathrm{N})\vec{k}$，求其加速度.

2.3 轻质绳绕过一个竖直固定无摩擦的滑轮，其两端下垂，分别挂有质量为m_1和m_2的滑块，求滑块的加速度、绳子中的张力及滑轮的受力.

2.4 利用量纲分析推导真空中自由落体的速度与重力加速度和高度的关系.

2.5 质量为m的物体与一个长度为l、弹性系数为k的轻质弹簧相连，弹簧的另一端固定，将弹簧拉长a后释放，利用量纲分析推导物体的振动周期.

2.6 黑洞是一种由于具有很强大的引力，以致光也无法远离的天体. 简单起见，黑洞视界可视为以光速绕黑洞做圆周运动时所对应的轨道所在位置，求黑洞视界半径与黑洞质量间的关系.

2.7 一辆以60km/h的速率行驶的汽车撞到桥墩上，车内乘客受到了安全气囊保护. 乘客相对于路面向前移动了70cm后停止运动，若乘客上半身质量约为40kg，安全气囊对乘客的作用力为恒力，则乘客的上半身承受了多大的力？

2.8 质量为5kg的箱子放置在水平地面上，箱子与地面的静摩擦系数为0.6，滑动摩擦系数为0.5. 现斜向下30°推箱子，至少应施加多大的推力才能将箱子推动？如果推力大小为100N，则箱子的加速度为多大？重力加速度大小取$10\mathrm{m/s^2}$.

2.9 一个质量为m的箱子放置在水平地面上，箱子与地面间的摩擦系数为μ，利用一根绳子施加拉力$\vec{F}$斜拉箱子，拉力方向与水平面夹角为θ，若保持拉力大小不变，则角度θ为多大时能起到最佳的拉拽作用？

2.10 一滑块放在倾角为θ的斜面上，滑块与斜面间的静摩擦系数为0.35，滑动摩擦系数为0.3，斜面倾角至少为多大时滑块才会开始滑动？此时滑块的加速度是多大？重力加速度大小取$10\mathrm{m/s^2}$.

2.11 质量为M的木板静置于水平桌面上(见图2-14)，一端与桌边对齐，木板上放着一质量为m的小物体，它与板的A端距离为l，桌面长L. 现在板的另一端有一恒定的水平力F作用，要将木板从小物体下抽出，又不至于使小物体从桌边落到地上. 若各接触面的摩擦系数均为μ，F至少多大？

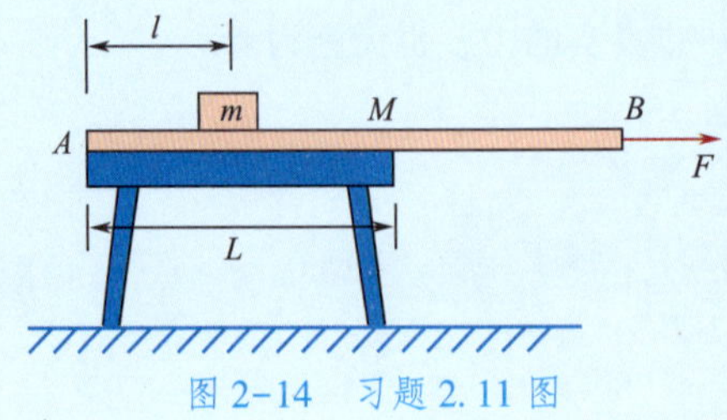

图2-14　习题2.11图

2.12 如图2-15所示，一根很长且质量为m_2的直杆上套有一个质量为m_1的小环，小环和直杆间的摩擦力大小为f. 固定小环让直杆垂直下落，当直杆的速度大小为v时释放小环. 求当小环和直杆的运动速度达到相同时体系的下落速度，以及从释放小环开始到此刻小环相对于直杆运动了多长距离.（假设直杆够长，小环不会滑离直杆.）

图2-15　习题2.12图

2.13 如图2-16所示，滑轮及绳子质量均可忽略不计，假设所有的接触均是光滑的，分①使m_1,m_2,M之间无相对运动、②使M保持静止两种情况，求：施予M的水平力F多大？M对水平面的压力N多大？

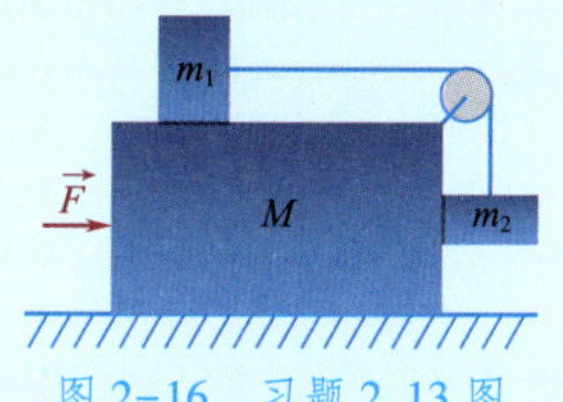

图2-16　习题2.13图

2.14 一圆盘以3rad/s的角速度大小在水平面上做定轴匀速转动，其上放置一个质量为10kg的滑块，滑块与圆盘间的静摩擦系数为0.4，为了使初始相对于圆盘静止的滑块不会滑出圆盘，滑块与转轴的距离最大是多少？

2.15 一硬杆上套一个质量为m的小环，小环可以在杆上滑动，静摩擦系数为μ. 杆绕通过其一端的固定竖直轴以恒定角速度大小ω旋转，杆与竖直轴的夹角为$\theta\left(\theta<\frac{\pi}{2}\right)$. 若旋转时小环相对于杆静止，则小环应该处于杆上什么位置？

2.16 如图2-17所示，一个半径为r的圆弧形斜坡上放置一质量为m_1的滑块，滑块通过轻质绳和无摩擦的滑轮与一悬空的质量为m_2的物体相连. 滑块与斜坡间的静摩擦系数为μ. 若某时刻物体的运动速度朝下，推导此时的微分运动方程.

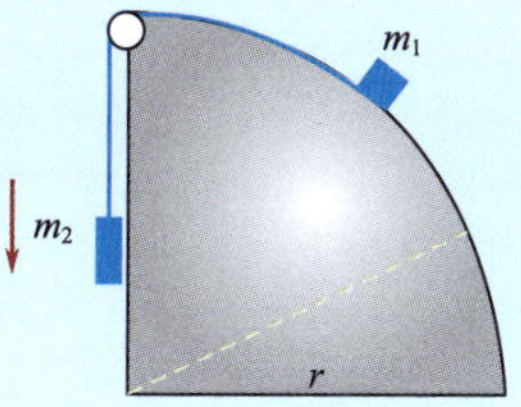

图2-17　习题2.16图

2.17 一质量为 m 的小球，以速度 $\vec{v}$ 垂直进入水面，小球在水中受到的黏滞阻力与小球的运动速度成正比，$\vec{f}=c\vec{v}$，其中 c 为阻尼系数. 设小球在水中受到的浮力可忽略不计，求小球在水中的运动速度随时间的变化函数.

2.18 一个质量为20kg的箱子上系有一根轻质绳，绳子另一端绕过固定在高处的无摩擦滑轮. 一只质量为15kg的猴子抓住这一端加速向上爬，则猴子的加速度至少要为多大，箱子才会离地向上运动？如果在箱子被拉起到空中后，猴子突然停止爬动，此时猴子的加速度是多大，方向如何？绳子中的张力多大？

2.19 质量为500kg的电梯从静止开始下落，启动期的加速度大小为3m/s^2，经过一段时间后以相同大小的加速度进行减速至静止. 求悬挂电梯的钢缆在这两个期间的张力大小.

2.20 在一架飞机上测量体重，飞机处于赤道上空，由东向西运动，航速为900km/h，飞行高度为10000m，则测量出的体重与在赤道表面测量出的体重有多大差别？地球半径取6370km.

第3章 相对论

经典力学只适用于低速运动的宏观物体，是建立在绝对时空观基础上的. 伽利略变换保证了经典力学规律在不同惯性系中具有相同的形式，也就是说经典力学规律对于所有惯性系都是等价的. 物理学中许多重要问题都涉及运动速度接近或等于真空中光速的物理过程，物理学研究深入到这些高速运动领域时，经典力学的绝对时空观显现出严重的矛盾. 1905 年，爱因斯坦创建了狭义相对论，为这些问题的解决提供了理论基础. 1915 年，爱因斯坦建立了广义相对论，它既是狭义相对论的发展，也是经典引力理论的发展. 爱因斯坦相对论包括狭义相对论和广义相对论，前者只适用于惯性系，后者则涉及非惯性系. 爱因斯坦是 20 世纪伟大的物理学家，对自然科学的贡献是多方面的，其中最重要的贡献是建立了相对论.

本章将介绍狭义相对论的一些基础知识，主要包括同时的相对性、运动时钟的变慢、运动物体长度的缩短、时钟佯谬、高速运动物体的视形状等内容，并对其中若干问题做较为深入的讨论. 狭义相对论是在引力场可以忽略的条件下关于时间、空间与物体运动之间关系的理论，虽然狭义相对论也可用于讨论引力场可忽略时非惯性系中的问题，但本章仅限于讨论物体在惯性系中的运动.

3.1 经典力学的困难

19 世纪末以前，人们研究的是经典物理学，它的核心是经典力学、经典热力学和经典电磁学. 经典物理学具有相当严密和完整的理论体系，并在生产实践和科学实验中经过了反复的考验和证明. 然而经典物理学仍存在一些内在的根本性缺陷，特别在牛顿时空观等基本观念方面尤为突出，集中表现在伽利略力学相对性原理上，其数学形式是伽利略变换.

计算机模拟

恒星的光行差

延伸阅读

物理规律都是相对于一定参考系表述出来的. 在经典力学中，我们知道力学的基本运动定律对所有惯性系成立，并且根据伽利略力学相对性原理，力学的基本运动定律在所有惯性系中可以表示为相同形式. 关于电磁现象，人们从长期实践中总结出电磁场的基本规律，在此基础上必然提出参考系问题，即所总结出来的电磁现象的基本规律究竟适用于什么参考系？由于宏观电磁现象的普遍规律可以表示为麦克斯韦方程组，那么麦克斯韦方程组究竟在哪些参考系中成立呢？

根据麦克斯韦方程组，真空中电磁波的传播速率 c 是一个常量，且 $c=\frac{1}{\sqrt{\varepsilon_0\mu_0}}$. 按照经典力学的概念，如果电磁波在某一惯性系中沿各个方向的传播速率都为 c，则在另一个与它有相对运动的惯性系中，该电磁波就不可能沿各个方向的传播速率都为 c. 如果确实如此，则麦克斯韦方程组只对一个特定的惯性系成立，伽利略力学相对性原理在电磁现象中就不再成立. 显然，这个特定的惯性系比其他惯性系都优越，所以称它为绝对惯性系. 接着而来的问题是，这一绝对惯性系在何处？

寻找这个特殊的惯性系和确定地球相对于这个惯性系的运动成为 19

世纪末物理学的一个重要课题. 起初有人为了解释实验事实，引入一种假想物质“以太”，并赋予它许多特殊的性质. 例如，以太不具有质量，不仅在真空中存在，而且无处不在，存满整个世界，并且可以渗透到一切物质的内部，用来传播电磁波，同时它对宏观物体的运动没有任何拖曳. 由于当时以太理论在人们的头脑中根深蒂固，所以大多数物理学家认为以太就是那个特殊的绝对惯性系. 当时，人们发现早期英国天文学家布拉特莱(J. Bradley)发现的恒星的光行差现象以及斐索(H. L. Fizeau)曾经做过的一个实验可以说明以太的存在.

各国许多科学家为了寻找以太，做了许多观测和实验，但早先因为受到技术水平的限制，实验精度不高，直到 19 世纪中期以后才能做比较精确的实验. 19 世纪 80 年代，迈克耳孙-莫雷实验的观测结果否定了以太的存在，亦即否定了绝对惯性系的存在.

计算机模拟

斐索实验

迈克耳孙-莫雷实验

按照经典力学的概念，光沿任意方向的速率只有在某个特定的惯性系(以太参考系)中才等于 c，按照伽利略速度变换，在相对于以太参考系以速度$\vec{v}$运动的参考系中，光沿各个方向的速率不相同，这样在地球上如果能够精确测定各个方向光速的差异，就可以确定地球相对于以太的运动，19 世纪末的科学发展水平已使这种精确测定成为可能.

延伸阅读

迈克耳孙(A. A. Michelson)发明了一种特别灵敏的仪器——迈克耳孙干涉仪，1881 年首次用它做了观测实验，得出了否定的结果(即观察不到地球相对于以太的运动). 之后，迈克耳孙与莫雷(E. W. Morley)合作改进了仪器，提高了灵敏度，在 1887 年进行了更精确的测量，仍然得出了否定的结果. 这就是著名的迈克耳孙-莫雷实验.

计算机模拟

迈克耳孙-莫雷实验

迈克耳孙-莫雷实验装置如图 3-1 所示，由光源 S 发出的单色光在半镀银平面镜 M 上分为两束，一束透过 M，被 M_1 反射回到 M，再被 M 反射而到达接收器 R；另一束被 M 反射至 M_2，再反射回 M 而直达接收器 R. 这两束光在相遇时发生干涉. 干涉仪两臂的长度分别为l_1 和l_2，它们互相垂直. 仪器安装在一块大石板上，石板浮在水银面上，以便转动.

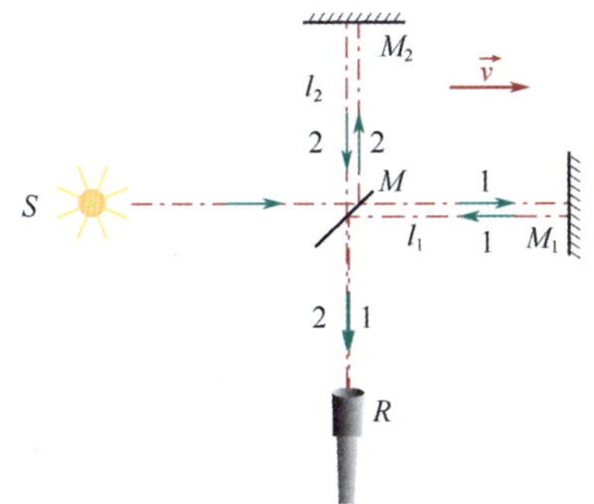

图 3-1 迈克耳孙-莫雷实验装置

按照经典力学的概念，设地球相对于以太以速度$\vec{v}$沿 MM_1 的方向运动，则在地球上观测，光束 1 从 M 到 M_1 再回到 M 所需的时间为

$$t_1=\frac{l_1}{c-\nu}+\frac{l_1}{c+\nu}=\frac{2l_1}{c\left(1-\frac{\nu^2}{c^2}\right)}. \tag{3.1.1}$$

对以太来说，光束 2 从 M 到 M_2 再回到 M 的路径如图 3-2 所示，所需时间为t_2，则由图 3-2 可知

$$ct_2=2\left[l_2^2+\left(\frac{\nu t_2}{2}\right)^2\right]^{\frac{1}{2}},$$

得

$$t_2=\frac{2l_2}{c\left(1-\frac{\nu^2}{c^2}\right)^{\frac{1}{2}}}. \tag{3.1.2}$$

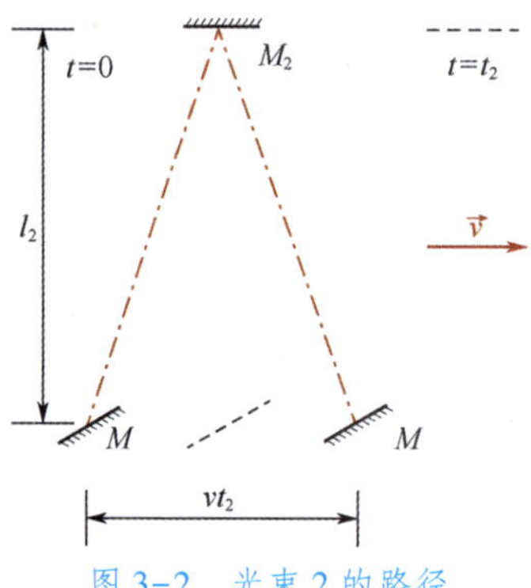

图 3-2 光束 2 的路径

t_2 是在以太参考系中计算得到的，由于时间在经典力学中是绝对的，所以我们也可以认为此t_2 是在地球上观测得到的.

两束光满足关系

$$c\Delta t=c(t_2-t_1)=2\left(\frac{l_2}{\sqrt{1-\frac{\nu^2}{c^2}}}-\frac{l_1}{1-\frac{\nu^2}{c^2}}\right).$$

把仪器转 90°，则l_1 臂垂直于$\vec{\nu}$，而l_2 臂平行于$\vec{\nu}$，相应的时间加撇表示，按照上面的分析，这时两束光满足关系

$$c\Delta t'=c(t_2'-t_1')=2\left(\frac{l_2}{1-\frac{\nu^2}{c^2}}-\frac{l_1}{\sqrt{1-\frac{\nu^2}{c^2}}}\right).$$

这一旋转导致如下结果：

$$\begin{aligned}\delta&=c\Delta t'-c\Delta t=2(l_1+l_2)\left(\frac{1}{1-\frac{\nu^2}{c^2}}-\frac{1}{\sqrt{1-\frac{\nu^2}{c^2}}}\right)\\&\approx(l_1+l_2)\frac{\nu^2}{c^2}.\end{aligned} \tag{3.1.3}$$

因此，根据干涉原理，我们应能观察到干涉条纹移动的数目为

$$\Delta N=\frac{\delta}{\lambda}=\frac{l_1+l_2}{\lambda}\cdot\frac{v^2}{c^2}. \tag{3.1.4}$$

在迈克耳孙-莫雷实验中，$l_1=l_2=11\text{m}$，$\lambda=589.3\text{nm}$，地球绕太阳运动的速度大小约为 $3\times10^4\text{m}\cdot\text{s}^{-1}$，假定以太相对于太阳静止，则这个速度便是地球相对于以太的速度$\vec{v}$，把这些数值代入式(3.1.4)，算出干涉条纹移动的数目为 $\Delta N=0.4$ 个. 他们所用的仪器灵敏度很高，干涉条纹移动 $\Delta N=0.01$ 个就可以被观察到. 但是，在他们仪器的灵敏度范围内，他们实际上没有观察到条纹的移动，即得到了否定的结果. 这就是说，不存在地球相对于以太的运动.

这个零结果(干涉条纹移动为零)对以太假说的检验非常重要，从而导致这之后的近百年，不断有人重复做这个实验，尽管观察方法不断改进，仪器灵敏度不断提高，但是都观察不到干涉条纹的移动.

3.2 狭义相对论的基本原理和洛伦兹变换

1905 年 9 月，爱因斯坦在德国的《物理学年鉴》期刊上发表了《论动体的电动力学》这篇著名论文，建立了狭义相对论. 在这篇论文中，爱因斯坦扬弃了以太假说和绝对参考系的想法，提出了下述两条假设，作为狭义相对论的两条基本原理.

相对性原理：所有惯性系都是等价的. 物理定律在一切惯性系中都可以表示为相同的形式.

光速不变原理：真空中的光速相对于任何惯性系沿任一方向恒为 c，并与光源运动无关.

这里要注意的是：对于不同的惯性系，伽利略力学相对性原理只在伽利略变换下对力学定律成立，而爱因斯坦的相对性原理，却是在一种新的变换(称为洛伦兹变换)下对所有的物理定律都成立.

狭义相对论的基本假设是和旧时空概念相矛盾的. 旧时空概念是从低速力学现象中总结、归纳出来的，集中反映在关于惯性系间的伽利略变换上.

光速不变原理的内涵

我们通过一个例子来说明光速不变原理与旧时空观的矛盾，由此来理解光速不变原理蕴含的新观念.

如图 3-3 所示，地面参考系为 S 系，车厢参考系为 S'系，在车厢的中点 O'有一个点光源，在车厢的前壁P_1'和后壁P_2'各有一个接收仪器，我们在惯性系 S' 上观察闪光的发射和接收. 取光源发出闪光时刻所在点为 S'系的坐标系原点O'，在 S'系上观察，Δt 后光波同时到达相距光源

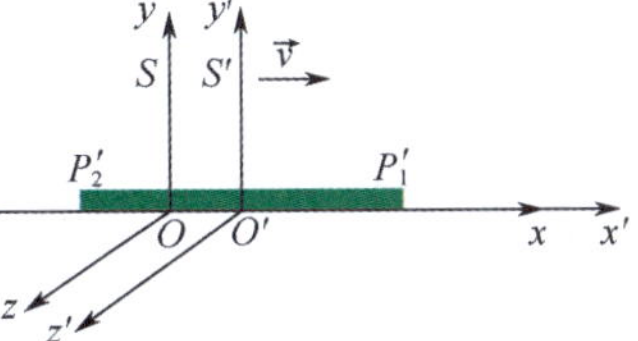

图 3-3　分别在 S' 系和 S 系上观察

为 $c\Delta t$ 的车厢前壁P_1'和后壁P_2'，这时处于车厢前壁P_1'处的接收器和后壁P_2'处的接收器同时接收到光信号. 现在我们来考察在另一个惯性系 S 中对所发生的物理事件是怎样描述的，设 S'系相对于 S 系以速度$\vec{v}$沿 x 轴正方向运动，并取光源发出闪光时刻所在点为 S 系的坐标原点 O，即在光源发出闪光时刻，两个参考系 S 和 S'的坐标原点 O 和O'重合(此时 $t=t'=0$). 当接收器接收到光信号时，O'已经离开 O，如图 3-3 所示，当P_2'和P_1'处的接收器接收到光信号时，O 距P_2'较近，而距P_1'较远. 但由于 S 系上所测得的光速仍然是 c，因此，S 系上的观察者认为光信号到达车厢后壁P_2'的时刻较到达车厢前壁P_1'的时刻要早. 原来在 S'系上观察到同时发生的两事件(P_1'和P_2'处接收器同时接收到光信号)，在 S 系上观察就变为不同时. 显然，这是与经典概念相悖的.

如上所述，光速不变所导致的时空概念是和经典时空观有深刻矛盾的. 所有最基本的时空概念，如同时性、距离、时间等都要根据新的实验事实重新加以探讨.

在狭义相对论里，要确定物体在某一时刻的位置，不仅要给出该物体在某惯性系中的位置坐标，而且要给出该物体处于该位置的时刻(时间坐标)，并且是用该惯性系中的时钟记录时间的. 正如上面所说明的，在不同的惯性系中，$t\neq t'$，所以，各参考系都要带上自己的时钟，这是狭义相对论与经典物理学的重要区别.

洛伦兹变换

从狭义相对论的两条基本假设出发，可以得到某一事件在任意两个惯性系中的时空坐标之间的变换关系，此变换就是洛伦兹变换.

设有两个惯性系 S 和 S'，它们的坐标轴彼此平行，S'系相对于 S 系以速度$\vec{v}$沿 x 轴正方向运动，两个惯性系的原点重合时，同时开始计时(取 $t=t'=0$). 现有一事件 P，在 S 系上观察，是在 t 时刻、(x,y,z)点发生的；在 S'系上观察，是在t'时刻、(x',y',z')点发生的. 如图 3-4 所示，为方便起见，事件 P，在 S 系上的时空坐标记作(x,y,z,t)，在 S'系上的时空坐标记作(x',y',z',t').

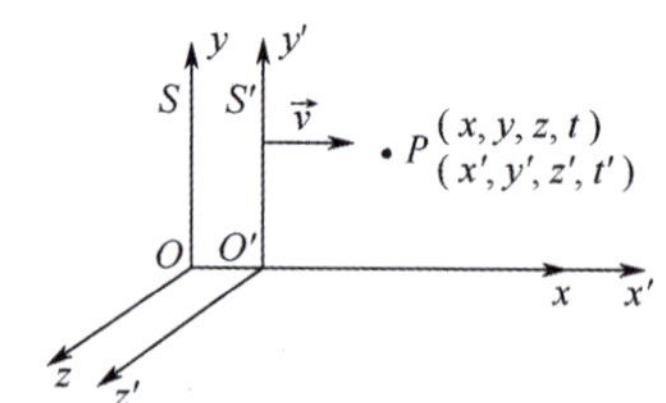

图 3-4　事件 P 在 S 系和 S'系中的时空坐标

从 S 系到 S'系的变换式为

$$x'=\frac{x-vt}{\sqrt{1-\frac{v^2}{c^2}}},$$

$$y'=y,$$

$$z'=z, \qquad (3.2.1)$$

$$t'=\frac{t-\frac{v}{c^2}x}{\sqrt{1-\frac{v^2}{c^2}}}.$$

由式(3.2.1)解出 x,y,z,t 可得反变换式. 用相对性原理可以更简单地得到反变换式. 因为 S'系和 S 系是等价的, 所以从 S 系到 S'系的变换应该与从 S'系到 S 系的变换具有相同形式. 若 S'系相对于 S 系的运动速度为$\vec{v}$(沿 x 轴正方向), 则 S 系相对于 S'系的运动速度为$-\vec{v}$. 因此, 只要把式(3.2.1)中的 v 改为$-v$, 把带撇的变量与不带撇的变量相应互换, 即得反变换式:

$$x=\frac{x'+vt'}{\sqrt{1-\frac{v^2}{c^2}}},$$

$$y=y',$$

$$z=z', \qquad (3.2.2)$$

$$t=\frac{t'+\frac{v}{c^2}x'}{\sqrt{1-\frac{v^2}{c^2}}}.$$

变换式(3.2.1)和式(3.2.2)称为**洛伦兹变换式**. 它们反映的是同一件事在两个不同惯性系上观察时时空坐标之间的关系. 洛伦兹变换反映狭义相对论的时空观. 当 $v\ll c$ 时, 洛伦兹变换过渡到伽利略变换, 这表明伽利略变换只是在低速运动下洛伦兹变换的一种近似. 因此, 作为一种很好的近似, 在低速情况下牛顿经典力学仍然可以广泛应用.

延伸阅读

3.3 狭义相对论的时空观

空间不同地点的时钟校准

洛伦兹变换表达的是同一事件在两个惯性系中的时空坐标之间的关系. 为了测出在每个惯性系中事件发生的时刻, 测量方法是: 在 S 系的空间每一点都放一个时钟, 每一点都有一个观察者, 发生在 A 点的事件就用 A 点处的时钟做时间记录, 读数写作t_A, 由 A 点处的观察者做空间位置记录, 记作(x,y,z); 同样地, 在 S'系的空间每一点都放一个时钟, 每一点都有一个观察者, 发生在A'点处的事件就用放在A'点的时钟做时间记录, 读数写作t'_A, 由A'点处的观察者做空间位置记录, 记作(x',y',z'). 对于其他参考系, 可以同理类推. 为了使这样的测量有实际意义, 必须满足如下先决条件: 每个参考系上的所有时钟都是校准好了的, 使这些时钟保持同步(同步的意思是都有同一指示). 为此, 我们首先必须找到一个合理可行的校钟方法.

计算机模拟

空间不同地点的时钟校准

空间不同地点的时钟校准可采用等距光信号方法. 例如，校准异地时钟时可在其中间位置处(假设位于坐标系原点 $x=0$ 处)放置一个时钟，$t=0$ 时由该时钟发出一光信号，根据光速不变原理，光信号在两个方向上的传播速度相同，光信号传至$\pm x_1$ 处时，$x=0$ 处的时钟和 $x=\pm x_1$ 处的时钟同指示为$t_1=\dfrac{x_1}{c}$；光信号传至$\pm x_2$ 处时，$x=0$ 处的时钟、$x=\pm x_1$ 处的时钟和 $x=\pm x_2$处的时钟同指示为$t_2=\dfrac{x_2}{c}$……用这种方法可以校准分别固定在某惯性系中各点的所有时钟. 这样，发生在空间某点处的事件就可以用该点的时钟读数来表示其发生的时刻.

同时的相对性

设在 S 系中发生两个事件P_1 和P_2，其时空坐标分别用(x_1, t_1)和(x_2, t_2)表示(事件的 y、z 坐标在我们所讨论的问题中皆不变，可不予讨论)，且事件P_1 和事件P_2 同时发生，即有$t_2=t_1$；S'系中的观察者则观测到这两个事件的时空坐标分别为(x_1', t_1')和(x_2', t_2'). 由洛伦兹变换可得

$$t_1'=\frac{t_1-\dfrac{v}{c^2}x_1}{\sqrt{1-\dfrac{v^2}{c^2}}},$$

$$t_2'=\frac{t_2-\dfrac{v}{c^2}x_2}{\sqrt{1-\dfrac{v^2}{c^2}}},$$

两式相减，得到

$$t_2'-t_1'=\frac{\dfrac{v}{c^2}(x_1-x_2)}{\sqrt{1-\dfrac{v^2}{c^2}}}. \tag{3.3.1}$$

根据式(3.3.1)可做如下讨论.

对于 S 系中同地发生的两个同时事件P_1 和P_2，有

$$x_1=x_2,\ t_2'=t_1'.$$

这表明对于同地发生的两个同时事件，在任何一个惯性系中观察都是同时的.

延伸阅读

对于 S 系中不同地点发生的两个同时事件P_1 和P_2，有以下两种情况：

①如果$x_1>x_2$，则 $t_2'>t_1'$；

②如果$x_1<x_2$，则 $t_2'<t_1'$.

计算机模拟
不同惯性系中同时的相对性

这表明，如果在某一惯性系中两个不同地点发生的事件同时，则在其他惯性系中这两个事件就一定不是同时事件. 这就是同时的相对性. 必须强调指出的是，同时的相对性只是对不同地点的事件而言，对同地事件来说，同时是绝对的.

运动时钟变慢

运动时钟变慢

设在 S' 系中发生两个同地异时事件 P_1 和 P_2，其时空坐标分别为 (x_1', t_1') 和 (x_2', t_2')，且 $x_1'=x_2'$；S 系中的观察者则观测到这两个事件的时空坐标分别为 (x_1, t_1) 和 (x_2, t_2). 由洛伦兹变换，得

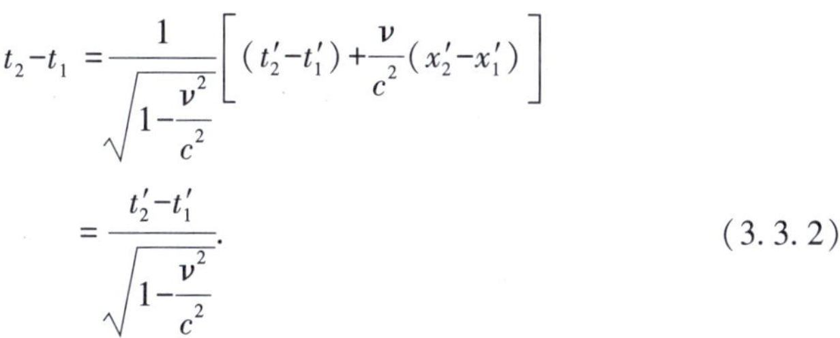

$$t_2-t_1=\frac{1}{\sqrt{1-\frac{v^2}{c^2}}}\left[(t_2'-t_1')+\frac{v}{c^2}(x_2'-x_1')\right]=\frac{t_2'-t_1'}{\sqrt{1-\frac{v^2}{c^2}}}. \tag{3.3.2}$$

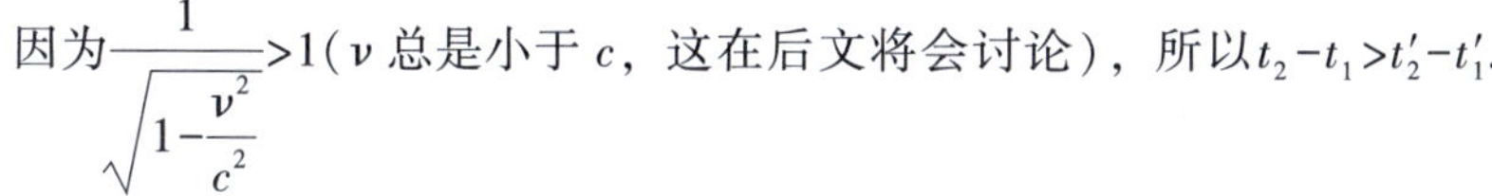

因为 $\frac{1}{\sqrt{1-\frac{v^2}{c^2}}}>1$（$v$ 总是小于 c，这在后文将会讨论），所以 $t_2-t_1>t_2'-t_1'$. 这表明，在不同惯性系中，同样两个事件之间的时间间隔是不同的. 在某一惯性系（S' 系）中为同地的两事件在该惯性系中测得的时间间隔 $(t_2'-t_1')$ 为最短.

如果我们研究的是某物体内部相继发生的两个事件 P_1 和 P_2（如分子振动一个周期的始点和终点），选该物体为 S' 系，P_1 和 P_2 的时空坐标分别为 (x_p, t_1') 和 (x_p, t_2')，这两个事件是同地事件，其时间间隔记作 $\Delta t'=t_2'-t_1'$. 在另一惯性系 S 上观察，该物体以速度 $\vec{v}$ 做速度恒定的运动，第一个事件 P_1 发生的地点不同于第二个事件 P_2 发生的地点，设在 S 系上观察到这两个事件的时空坐标分别为 (x_1, t_1) 和 (x_2, t_2)，其时间间隔记作 $\Delta t=t_2-t_1$. 由式(3.3.2)可得

$$\Delta t=\frac{\Delta t'}{\sqrt{1-\frac{v^2}{c^2}}}. \tag{3.3.3}$$

由此可见，$\Delta t>\Delta t'$. 这表示运动物体上发生的自然过程比起静止物体的同样过程延缓了. 物体运动速度越大，所观察到的它的内部物理过程进行得越缓慢，这称为运动时钟延缓.

当我们所研究的物体是 S' 系内的一个时钟 O' 时，发生在时钟 O' 上的两个事件可以是时钟 O' 的两个指示 t_1' 和 t_2'，其时间间隔为固有时 $\Delta\tau=t_2'-t_1'$，如图 3-5 所示. 在 S 系上观察，当时钟 O' 的指示为 t_1' 时，时钟 O' 与 S 系上的时钟 O 相遇，S 系上的时钟都指示同一时刻 t_1，并且时钟 O、O' 都指示零点，$t_1=t_1'=0$. 当时钟 O' 的指示为 t_2' 时，时钟 O' 与 S 系上的时钟 B 相遇，S 系上的时钟都指示同一时刻 t_2. 上述两个事件的时间间隔为 $\Delta t=t_2-t_1$，时钟 O' 相对于 S 系做速度恒定的运动，由于 $\Delta t>\Delta\tau$，则 S 系上的观察者观测到运动时钟走得比静止时钟慢一些，这称为运动时钟变慢.

时钟疑难

运动时钟变慢(或运动时钟延缓)是由时空的基本属性决定的，与时钟的具体结构无关，它不过是时间量度具有相对性的客观反映，现代物理实验为运动时钟变慢提供了大量有力的证据.

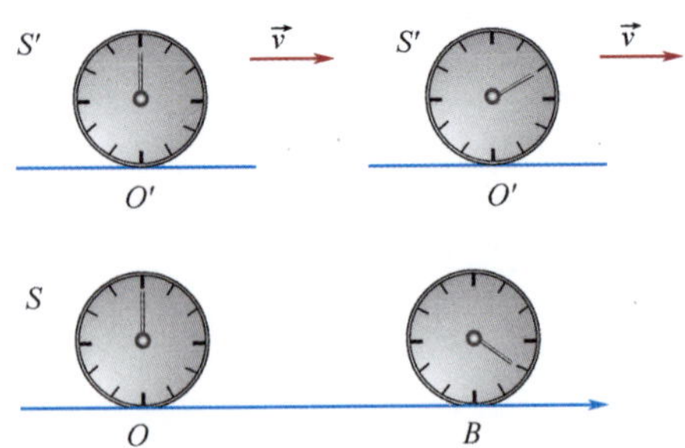

图 3-5 运动时钟变慢

运动物体长度缩短

如图 3-6 所示，在 S 系中，设物体沿 x 轴正方向运动，以固定于该物体上的惯性系为 S'系，我们现在要在 S 系和 S'系中分别测量该物体的长度. 对 S 系来说，物体做匀速运动，我们要测量的是运动物体的长度，要测量出它的长度，只要测出它两端的坐标，再相减就行了，关键是必须对两端进行同时测量. 如果先测 a 端，后测 b 端，将会把该物体测长了；如果先测 b 端，后测 a 端，将会把该物体测短了. 测量每一端的坐标都是一个事件，同时测量意味着是两个同时事件，设在 S 系中，这两个事件的时空坐标分别为(x_a,t_a)和(x_b,t_b)，由洛伦兹变换得

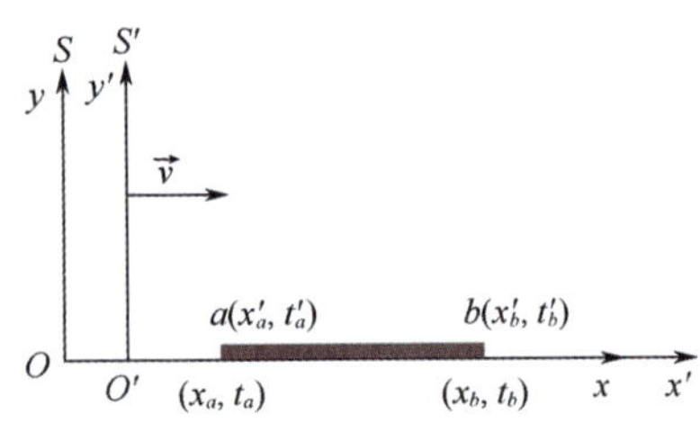

图 3-6 运动物体长度缩短

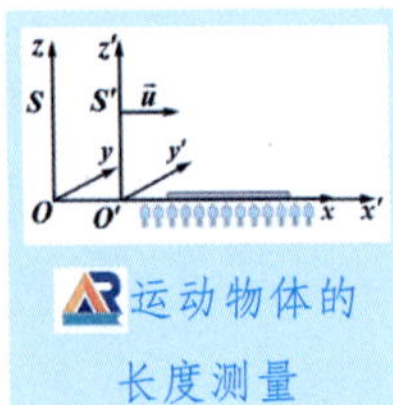

$$x_a'=\frac{x_a-vt_a}{\sqrt{1-\frac{v^2}{c^2}}},\quad x_b'=\frac{x_b-vt_a}{\sqrt{1-\frac{v^2}{c^2}}},$$

两式相减，再由$t_a=t_b$，得

$$x_b'-x_a'=\frac{x_b-x_a}{\sqrt{1-\frac{v^2}{c^2}}}. \tag{3.3.4}$$

式(3.3.4)中，x_b-x_a 为 S 系上测得的物体长度 l(坐标x_a 和x_b是在 S 系上同时测定的)，$x_b'-x_a'$为 S'系上测得的物体静止长度，由于物体对 S'系静止，所以对测量时刻t_a'和t_b'没有任何限制. 因此，该长度也称固有长度，记作$l_0=x_b'-x_a'$.由式(3.3.4)得

$$l=l_0\sqrt{1-\frac{v^2}{c^2}}. \tag{3.3.5}$$

由于 $\sqrt{1-\frac{v^2}{c^2}}<1$，则 $l<l_0$，这表明运动物体的长度缩短了. 物体在运动方向上的长度在与其相对静止的参考系中测得的最长，在其他参考系中所测得的都较短些. 和运动时钟变慢效应一样，运动物体长度缩短也是由时空的基本属性决定的，与物体内部结构无关.

必须指出的是，运动物体长度缩短是指物体在运动方向上缩短，而在与运动垂直的方向上则不发生缩短.

运动物体长度缩短也是相对效应，上述说明了在 S 系上观察固定于 S' 系上的物体，其长度缩短了. 同样，在 S' 系上观察固定于 S 系上的物体，其长度也缩短了. 这时要求在 S' 系上同时测定该物体两端的坐标，即要求 $t_a'=t_b'$. 由洛伦兹变换得

$$x_b-x_a=\frac{x_b'-x_a'}{\sqrt{1-\frac{v^2}{c^2}}}, \tag{3.3.6}$$

式中 x_b-x_a 为固有长度 l_0，$x_b'-x_a'$ 为运动长度 l，因此由式(3.3.6)得

$$l=l_0\sqrt{1-\frac{v^2}{c^2}}. \tag{3.3.7}$$

注意式(3.3.6)与式(3.3.4)并不矛盾，因为式(3.3.4)是在条件 $t_a=t_b$ 下成立的，而式(3.3.6)则是在条件 $t_a'=t_b'$ 下成立的.

运动时钟变慢与运动物体长度缩短是相关的. 例如，由外层空间进入地球大气层的宇宙射线所产生的 μ 子，μ 子在高层大气中产生，μ 子在相对自身静止的惯性系中的平均寿命大约为 2.0×10^{-6}s. 如果不是由于相对论效应，这些 μ 子以接近光速运动时只能飞越约 600m. 但实际上很大部分 μ 子都能穿透大气层到达底部，在地面上的观测者把这种现象描述为运动 μ 子寿命延长效应；但在固定于 μ 子的参考系上的观测者看来，它的寿命没有延长，而是观测到大气层相对于 μ 子做高速运动，大气层的厚度缩小了，因此在 μ 子寿命内其可穿透大气层.

例 3-1 μ 子在相对自身静止的惯性系中的平均寿命 $\tau_0\approx2.0\times10^{-6}$s，设在距地面 9000m 的高层大气中产生了 10^8 个 μ 子，它们以 $v=0.998c$ 的速率（c 为真空中的光速）向下运动并衰变. 根据放射性衰变定律，相对于给定惯性系，若 $t=0$ 时刻的粒子数为 $N(0)$，t 时刻剩余的粒子数为 $N(t)$，则有 $N(t)=N(0)\mathrm{e}^{-\frac{t}{\tau}}$，式中 τ 为相对于该惯性系粒子的平均寿命. 试估算能到达地面的 μ 子数，并与不考虑相对论效应时得到的结果比较. 忽略重力和地磁场对 μ 子运动的影响.

解 μ 子在相对于自身静止的惯性系中的平均寿命为 $\tau_0\approx2.0\times10^{-6}$s，在地球上观测到 μ 子的平均寿命为

$$\tau=\frac{\tau_0}{\sqrt{1-\left(\frac{v}{c}\right)^2}}=\frac{2.0\times10^{-6}}{\sqrt{1-\left(\frac{0.998c}{c}\right)^2}}=3\times10^{-5}\,\text{s}.$$

相对于地面，μ 子到达地面所需时间为

$$t=\frac{9000}{0.998c}=3\times10^{-5}\,\text{s}.$$

能到达地面的 μ 子数为

$$N(t)=N(0)\,\mathrm{e}^{-\frac{t}{\tau}}=10^8\mathrm{e}^{-1}=3.68\times10^7.$$

若不考虑相对论效应，则有

$$\frac{t}{\tau}=15.$$

因此，若不考虑相对论效应，能到达地面的 μ 子数仅为

$$N(t)=N(0)\,\mathrm{e}^{-\frac{t}{\tau}}=10^8\mathrm{e}^{-15}=30.6.$$

速度变换公式

延伸阅读

前面已指出，任何物质的运动速度都不可能超过真空中的光速 c，这是经典力学无法接受的. 例如，物体 P 在惯性系 S' 中的运动速度为 $\vec{u}'$，而 S' 系又相对于另一惯性系 S 以速度 $\vec{v}$ 运动，运动方向都沿 x 轴正方向，如图 3-7所示. 按经典速度变换公式 $u=u'+v$，只要 u' 和 v 均大于 $\frac{c}{2}$，则物体 P 在 S 系中运动速度 $\vec{u}$ 的值就会大于真空中的光速 c. 在狭义相对论中，上述经典速度变换公式不再适用，因为 u' 和 v 是在不同的参考系中测量的，它们不能直接相加，正确的结果应通过洛伦兹变换得到.

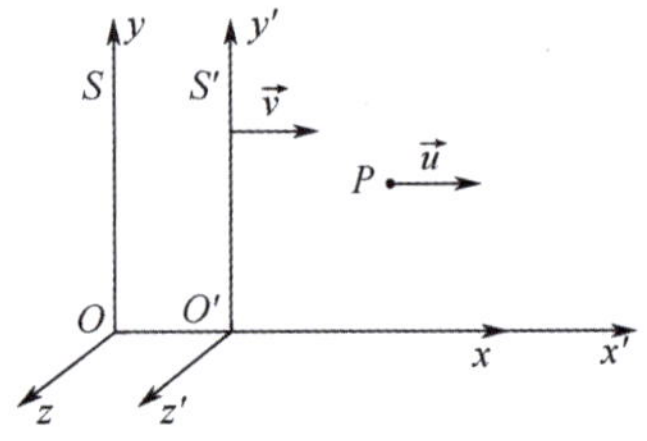

图 3-7　速度变换

利用洛伦兹变换，可以推出狭义相对论的速度变换公式. 考虑到洛伦兹变换是线性的，它和它的微分形式必有相同的形式，即

$$\begin{aligned}\mathrm{d}x'&=\frac{\mathrm{d}x-v\mathrm{d}t}{\sqrt{1-\frac{v^2}{c^2}}},\\ \mathrm{d}y'&=\mathrm{d}y,\\ \mathrm{d}z'&=\mathrm{d}z,\\ \mathrm{d}t'&=\frac{\mathrm{d}t-\frac{v}{c^2}\mathrm{d}x}{\sqrt{1-\frac{v^2}{c^2}}}.\end{aligned}\tag{3.3.8}$$

设物体相对于 S 系的速度为

$$u_x=\frac{\mathrm{d}x}{\mathrm{d}t},\qquad u_y=\frac{\mathrm{d}y}{\mathrm{d}t},\qquad u_z=\frac{\mathrm{d}z}{\mathrm{d}t},$$

物体相对于 S' 系的速度为

$$u_x'=\frac{\mathrm{d}x'}{\mathrm{d}t'},\qquad u_y'=\frac{\mathrm{d}y'}{\mathrm{d}t'},\qquad u_z'=\frac{\mathrm{d}z'}{\mathrm{d}t'},$$

则由式(3.3.8)可以得到

$$\begin{aligned}u_x'&=\frac{u_x-v}{1-\frac{vu_x}{c^2}},\\ u_y'&=\frac{u_y\sqrt{1-\frac{v^2}{c^2}}}{1-\frac{vu_x}{c^2}},\\ u_z'&=\frac{u_z\sqrt{1-\frac{v^2}{c^2}}}{1-\frac{vu_x}{c^2}},\end{aligned}\tag{3.3.9}$$

其逆变换式为

$$\begin{aligned}u_x&=\frac{u_x'+v}{1+\frac{vu_x'}{c^2}},\\ u_y&=\frac{u_y'\sqrt{1-\frac{v^2}{c^2}}}{1+\frac{vu_x'}{c^2}},\\ u_z&=\frac{u_z'\sqrt{1-\frac{v^2}{c^2}}}{1+\frac{vu_x'}{c^2}}.\end{aligned}\tag{3.3.10}$$

式(3.3.9)和式(3.3.10)即为狭义相对论的速度变换公式. 非相对论极限下($v\ll c$, $|\vec{u}|\ll c$)有

$$u_x'\approx u_x-v,$$
$$u_y'\approx u_y,$$
$$u_z'\approx u_z,$$

即过渡到经典速度变换公式.

作为速度变换公式应用的一个例子，我们考虑斐索实验.

设折射率为 n 的水(S'系)相对于实验室(S 系)在 x 轴正方向上以速度$\vec{v}$流动，光的传播方向与$\vec{v}$同向或反向. 在 S'系中，光速为$u'=u_x'=\frac{c}{n}$；在实

验室参考系(S系)中，光速为$u=u_x$. 按照式(3.3.10)计算，并略去$\frac{v}{c}$的高次项，得到

$$u=\frac{\frac{c}{n}\pm v}{1\pm\frac{v}{cn}}\approx\left(\frac{c}{n}\pm v\right)\left(1\mp\frac{v}{cn}\right),$$

因此

$$u=\frac{c}{n}\pm v\left(1-\frac{1}{n^2}\right),\tag{3.3.11}$$

即在$\frac{v}{c}$的精确度上与菲涅耳在研究流动介质中光传播速度时预言的结果一致. 式(3.3.11)为斐索实验所证实.

例 3-2 一静止长度为l_0的车厢，以速率v相对于地面做匀速直线运动. 在车厢内，从后壁以速率u_0向前推动一个小球，求地面观察者测得的小球从后壁运动到前壁所经历的时间.

解 设固定于车厢上的参考系为S'系，选地面为S系，小球从后壁脱离为事件P_1，小球与前壁相碰为事件P_2. P_1和P_2在S系上的时空坐标分别为(x_1,t_1)和(x_2,t_2)，P_1和P_2在S'系上的时空坐标分别为(x_1',t_1')和(x_2',t_2')，由洛伦兹变换得

$$t_2-t_1=\frac{1}{\sqrt{1-\frac{v^2}{c^2}}}\left[(t_2'-t_1')+\frac{v}{c^2}(x_2'-x_1')\right],$$

其中

$$t_2'-t_1'=\frac{l_0}{u_0},\quad x_2'-x_1'=l_0,$$

则

$$t_2-t_1=\frac{l_0}{u_0}\frac{\left(1+\frac{u_0v}{c^2}\right)}{\sqrt{1-\frac{v^2}{c^2}}}.$$

上式即为所求.

本例的另外一种解法如下.

设在S系上观察，小球的速率为u，则有

$$u=\frac{u_0+v}{1+\frac{u_0v}{c^2}}.$$

又设在S系上测得的时间间隔为$\Delta t=t_2-t_1$，则$u\Delta t$应等于在S系上观察，车厢的长度再加上在Δt时间间隔内车厢前进的距离，即

$$u\Delta t=l_0\sqrt{1-\frac{v^2}{c^2}}+v\Delta t.$$

进而得

$$\Delta t=\frac{l_0\sqrt{1-\frac{v^2}{c^2}}}{u-v}.$$

将 u 的表达式代入，经整理即得

$$\Delta t=\frac{l_0}{u_0}\frac{\left(1+\frac{u_0 v}{c^2}\right)}{\sqrt{1-\frac{v^2}{c^2}}}.$$

例 3-3 有一列“火车”$A'B'$固定在一参考系中时长度$l_0=8.64\times10^8$km，“火车”以速率 $v=$ 240000km/s 从“站台”旁边经过，“站台”在自己的静止参考系内，有与“火车”相同的长度. 在“火车”的车头B'和A'，有两个同样的彼此同步的时钟. 在“站台”的起点 A 和终点 B 也有两个这样的时钟. 当“火车”的车头与“站台”的起点对齐时，重合的时钟指示 12:00:00. 试回答下面的问题.

(1)这时每一个时钟指示的时间是多少?

(2)当“火车”的车尾与“站台”的起点对齐时，每一个时钟指示的时间是多少?

(3)当“火车”的车头与“站台”的终点对齐时，每一个时钟指示的时间是多少?

计算机模拟
火车参考系和站台参考系上的时钟

解 设固定于“火车”上的参考系为 S'系，选“站台”为 S 系. 由题目所给条件，得

$$\sqrt{1-\frac{v^2}{c^2}}=0.6,$$

则有

$$x'=\frac{x-vt}{0.6}, \tag{3.3.12}$$

$$t'=\frac{t-\frac{v}{c^2}x}{0.6}, \tag{3.3.13}$$

$$x=\frac{x'+vt'}{0.6}, \tag{3.3.14}$$

$$t=\frac{t'+\frac{v}{c^2}x'}{0.6}. \tag{3.3.15}$$

(1)在 S 系上观察，如图 3-8 所示. $t_A=t_B=12:00:00$，$t'_{B'}=12:00:00$，$t'_{A'}=?$

由式(3.3.15)得

$$0=\frac{t'+\frac{v}{c^2}(-l_0)}{0.6},$$

代入数据得 $t'=38.4$min，即$t'_{A'}=12:38:24$.

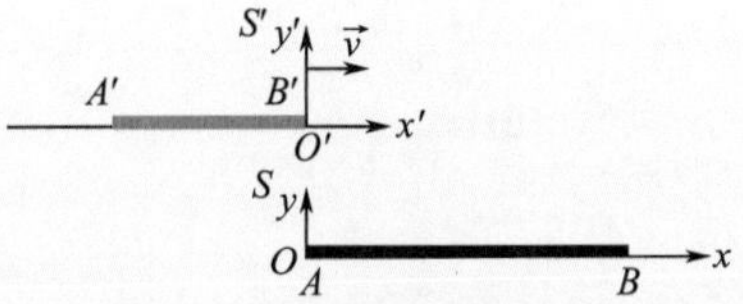

图 3-8 例 3-3(1)图：在 S 系上观察

在 S'系上观察，如图 3-9 所示. $t'_{A'}=t'_{B'}=12:00:00$，$t_A=12:00:00$，$t_B=?$

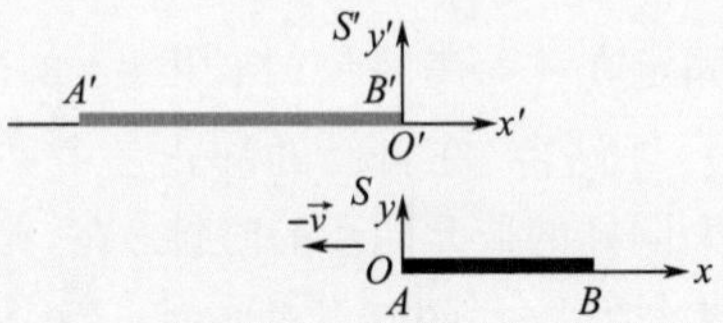

图 3-9 例 3-3(1)图：在 S'系上观察

由式(3.3.13)得

$$0=\frac{t-\frac{v}{c^2}l_0}{0.6},$$

代入数据得 $t=38.4\text{min}$，即$t_B=12:38:24$.

(2)在 S'系上观察，如图 3-10 所示.

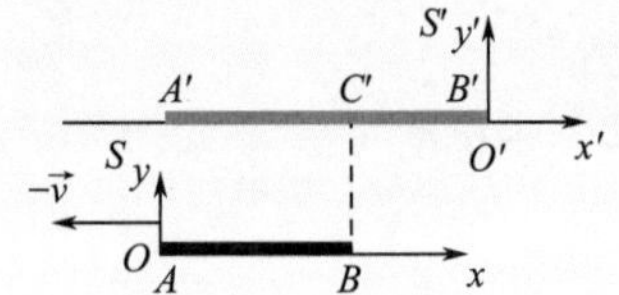

图 3-10 例 3-3(2)图：在 S'系上观察

设“站台”的起点 A 从B'运动到 A'所经历的时间为 $\Delta t'$，则有

$$\frac{l_0}{\Delta t'}=v,$$

于是 $\Delta t'=\frac{l_0}{v}=60\text{min}$.

所以，$t'_{A'}=12:00:00+60\text{min}=13:00:00$.

利用上面所得结果可求出t_A. 由于此时 A 与A'对齐，则由式(3.3.15)得

$$t=\frac{60+\frac{v}{c^2}(-l_0)}{0.6},$$

代入数据得 $t=36\text{min}$，即$t_A=12:36:00$.

$t'_{A'}=t'_{B'}=t'_{C'}=13:00:00$，$t_B=?$

由式(3. 3. 13)得

$$60=\frac{t-\frac{v}{c^2}l_0}{0.6},$$

代入数据得 $t=74.4\text{min}$，即 $t_B=13:14:24$.

在 S 系上观察，如图 3-11 所示.

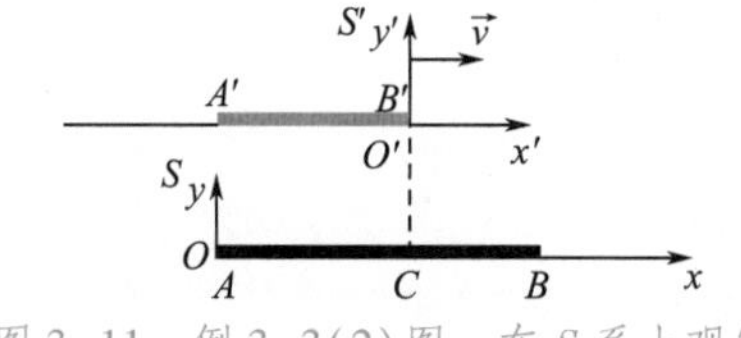

图 3-11 例 3-3(2)图：在 S 系上观察

$t_A=t_B=t_C=12:36:00$，$t'_{A'}=13:00:00$，$t'_{B'}=?$

由式(3. 3. 15)得

$$36=\frac{t'+\frac{v}{c^2}\cdot 0}{0.6},$$

代入数据得$t'=21.6\text{min}$，即 $t'_{B'}=12:21:36$.

(3)在 S 系上观察，如图 3-12 所示.

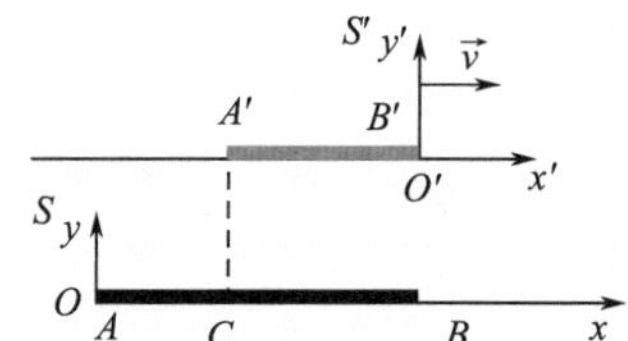

图 3-12 例 3-3(3)图：在 S 系上观察

$t_A=t_B=t_C=12:00:00+\frac{l_0}{v}=13:00:00$，$t'_{B'}=?$ $t'_{A'}=?$

由式(3. 3. 13)得

$$t'=\frac{60-\frac{v}{c^2}l_0}{0.6},$$

代入数据得 $t'=36\text{min}$，即$t'_{B'}=12:36:00$.

由式(3. 3. 15)得

$$60=\frac{t'+\frac{v}{c^2}(-l_0)}{0.6},$$

代入数据得$t'=74.4\text{min}$，即 $t'_{A'}=13:14:24$.

在 S' 系上观察，如图 3-13 所示.

$t'_{B'}=t'_{A'}=t'_{C'}=12:36:00$，$t_B=13:00:00$，$t_A=?$

由式(3.3.13)得

$$36=\frac{t-\frac{v}{c^2}\cdot 0}{0.6},$$

代入数据得 $t=21.6\text{min}$，即$t_A=12:12:36$.

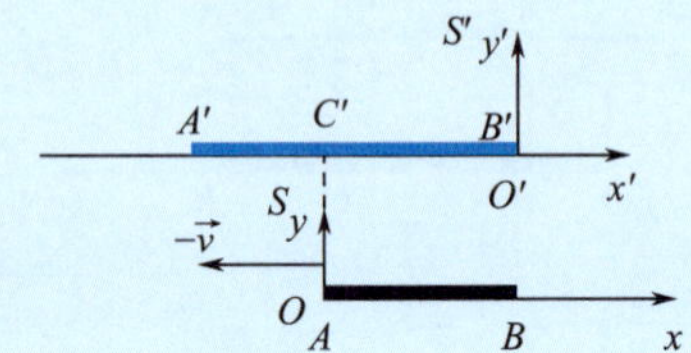

图 3-13　例 3-3(3)图：在 S' 系上观察

3.4 时钟佯谬

时钟佯谬通常又称为双生子佯谬.

人们常设想这样一个有趣、假想的宇宙航行：有两个双生子甲和乙，其中甲留在地球上，乙乘极高速的飞船到远方宇宙空间去旅行，经过若干年后，飞船重新返回地球，双生子甲和乙重逢时，地球上的甲认为乘飞船航行的乙比他年轻，而在飞船上的乙看来，应是地球上的甲更年轻. 这显然是相互矛盾的，通常称为双生子佯谬.

正确的答案是：双生子甲和乙重逢时，乘飞船归来的乙要比留在地球上的甲年轻一些.

在解释这种佯谬时，为了突出问题的实质，可以这样来比较两个时钟. 将时钟 A 留在地球上(忽略地球自转，并认为它静止于惯性系 S 中)，时钟 B 静止于飞船内. 在开始一段时间内，飞船静止于惯性系 S' 中，当 S' 系与 S 系的原点重合时，时钟 A 和时钟 B 都指示零点，飞船以匀速 v 飞离地球，然后飞船经历了减速、转向、再加速，最后静止于惯性系 S'' 中，以匀速 v 飞回地球. 设时钟 A 与时钟 B 相遇时，时钟 A 的读数为t_A，时钟 B 的读数为t'_B. 地球上的观察者(S 系)认为$t'_B<t_A$；而飞船上的观察者却认为$t_A<t'_B$. 这显然是相互矛盾的，这便是著名的时钟佯谬.

正确的答案是：时钟 A 与时钟 B 相遇时，$t'_B<t_A$.

矛盾出在哪里呢？关键是不适当地运用了狭义相对论，狭义相对论的前提是地球和飞船应是两个完全等价的惯性系，而本问题不满足这一条件. 时钟 A 始终静止于同一惯性系 S 中，而时钟 B 先静止于惯性系 S' 中，然后静止于非惯性系(加速参考系)K 中，最后又静止于惯性系 S'' 中. 由此可见，时钟 A 和时钟 B 的地位并不是等价的，从而就解释了为什么发生佯谬.

时钟佯谬的进一步说明

首先，我们用狭义相对论来讨论在 S 系中观察时钟 B 的运动. 如图 3-14 所示，我们考察一个特殊的过程，在此过程中时钟 B 经历了 3 个阶段：它先静止于 S'系中，S'系以匀速 v 相对于 S 系沿 x 轴正方向运动；当时钟 B 与 S 系上的时钟 C 相遇后，开始减速，运动到 P 点时速度减至零，然后转向、加速，当运动到与时钟 C 相遇时，速度又增至 v，在这一阶段，时钟 B 静止于非惯性系 K 中；在此之后，时钟 B 静止于 S''系中. 当时钟 B 处于 S'、S''系中时，因 S'、S''系都是惯性系，可以直接利用洛伦兹变换. 由于无论时钟静止在 S'系或 S''系中，S 系上的观察者认为时钟 B 都是一个运动的时钟，故它的读数都比 S 系的时钟小. 设在第一、第三阶段，时钟 B 所记录的时间间隔分别为t'_{B1}和t'_{B3}，相应地，S 系上的时钟所记录的时间间隔分别为t_{A1}和t_{A3}，则应有

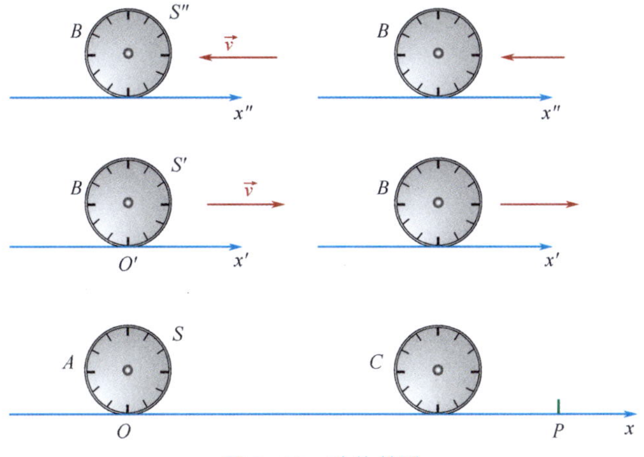

图 3-14 时钟佯谬

$$t'_{B1}=t_{A1}\sqrt{1-\frac{v^2}{c^2}}, \tag{3.4.1}$$

$$t'_{B3}=t_{A3}\sqrt{1-\frac{v^2}{c^2}}. \tag{3.4.2}$$

现在讨论时钟 B 处于加速状态的第二阶段. 在这一阶段，由 S 系所测量到的时间间隔为t_{A2}，相应地，在 K 系中的时间间隔为t'_{B2}. 由于在惯性系 S 中，时钟 B 所走的每一个充分小的距离范围内都对应一个瞬时惯性系，即在t_{A2}这一阶段加速参考系 K 可分解为许多个瞬时惯性系，固定在每一瞬时惯性系上的时钟相对于 S 系上的时钟都存在如下关系：

$$\mathrm{d}\tau=\mathrm{d}t\sqrt{1-\frac{u^2}{c^2}}. \tag{3.4.3}$$

而

$$t'_{B2}=\int\mathrm{d}\tau=\int\mathrm{d}t\sqrt{1-\frac{u^2}{c^2}}, \tag{3.4.4}$$

$$t_{A2}=\int \mathrm{d}t. \tag{3.4.5}$$

请注意，式(3.4.4)中 u 为变量，其变化范围从 0 到 v. 很明显，将式(3.4.4)与式(3.4.5)对比，可得

$$t_{A2}>t'_{B2}. \tag{3.4.6}$$

应当指出，在惯性系中观察时，加速或减速过程对时钟不产生影响，这已被许多实验所证实，所以式(3.4.3)是正确的.

显然，$t_A=t_{A1}+t_{A2}+t_{A3}$，$t'_B=t'_{B1}+t'_{B2}+t'_{B3}$，所以 $t_A>t'_B$.

很容易做到，使t_{A2}、t'_{B2}远比t_{A1}、t'_{B1}小，以及$t_{A1}=t_{A3}$、$t'_{B1}=t'_{B3}$. 此时有$t'_B\approx t_A\sqrt{1-\dfrac{v^2}{c^2}}$. 如果取 $v=0.9c$，当$t_A=50$ 年时，$t'_B\approx 22$ 年. 这就是说，当飞船的宇宙航行速度大小为 $0.9c$ 时，如果留在地球上的甲过了 50 年，则飞船上的乙却只过了 22 年.

需要说明的是：为了更有说服力，还应讨论在时钟 B 静止的参考系上观察时钟 A 的运动，这必然遇到在非惯性系 K 上观察时钟 A 的运动，这已超出狭义相对论的范围，必须用广义相对论来处理.

如图 3-14 所示，第一阶段是在惯性系 S' 上观察时钟 A 的运动，第三阶段是在惯性系 S'' 上观察时钟 A 的运动. 只有第二阶段是在非惯性系 K 上观察时钟 A 的加速运动.

在第一阶段和第三阶段，时钟 A 为一个运动的时钟，可得

$$t_{A1}=t'_{B1}\sqrt{1-\frac{v^2}{c^2}}, \tag{3.4.7}$$

$$t_{A3}=t'_{B3}\sqrt{1-\frac{v^2}{c^2}}. \tag{3.4.8}$$

由此可见，在第一、第三阶段，时钟 A 所记录的时间间隔都比时钟 B 所记录的时间间隔小，这是合理的. 关键问题是在第二阶段，根据广义相对论，可证明在此阶段内时钟 B 所记录的时间间隔比时钟 A 所记录的时间间隔小得多. 总计之后，仍可得到$t_A>t'_B$的结论.

3.5 “看见”与“测量”

在狭义相对论中，处处要提到观察者. 我们常说某惯性系上的观察者，其确切意义应是：在该惯性系的空间各点放置无穷多的时钟，这些时钟与该惯性系保持相对静止，并且彼此同步，一个事件的时空坐标(x,y,z,t)可以由该事件发生的地点及该处的时钟记录下来. 这样，所谓观察者就是用这种方法获得测量结果的人员.

由于光速有限，对观察者来说，一个运动的物体各个部分同一时刻发出的光不会同时到达观察者的视网膜. 因此，一旦提到“看见”时，我们就需要十分小心了. 所谓“看见”，当我们看见一个物体时，我们记录下来的是由物体上各点发出的同时到达观察者的视网膜的那些光信号. 由于物体

上各点到视网膜的距离不同，而光信号的传播速率却相同，所以同时到达视网膜的各个光信号是由物体上的各点在不同时刻发出的. 较远的点发出光信号的时刻比较近的点发出光信号的时刻要早些. 由于物体处于运动状态，物体的各个部分在发出光信号的时候，处于不同的位置上. 因此，我们的眼睛所看到的物体的形状是变了形的.

首先以一运动的细棒为例，如图 3-15 所示.

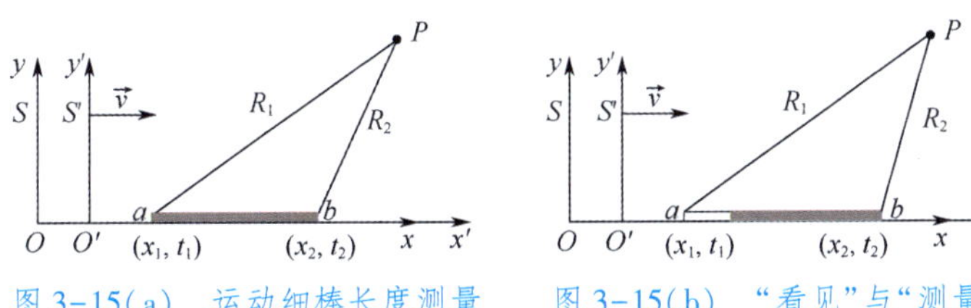

图 3-15(a) 运动细棒长度测量　　图 3-15(b) “看见”与“测量”

根据

$$x_2'-x_1'=\frac{1}{\sqrt{1-\frac{v^2}{c^2}}}\left[(x_2-x_1)-v(t_2-t_1)\right], \tag{3.5.1a}$$

当$t_2=t_1$ 时，

$$x_2-x_1=(x_2'-x_1')\sqrt{1-\frac{v^2}{c^2}}. \tag{3.5.1b}$$

这就是说，当静止长度为$x_2'-x_1'$的细棒沿其长度方向相对于观察者以速度$\vec{v}$运动时，对观察者来说，细棒长度要产生洛伦兹收缩，长度变为式(3.5.1b)中的x_2-x_1，这就是测量的结果. 但观察者用眼睛看到的细棒长度并不是式(3.5.1b)中的x_2-x_1，而是另一个长度. 例如，在图 3-15(b)中 P 点t_0 时刻看该细棒的长度，由于细棒两端发出的光信号必须在t_0 时刻同时到达 P 点，所以细棒x_1 端的光信号是在t_1 时刻发出的，$t_1=t_0-\frac{R_1}{c}$，而细棒x_2 端的光信号是在t_2 时刻发出的，$t_2=t_0-\frac{R_2}{c}$，$t_1\neq t_2$，由此可得

$$t_2-t_1=\frac{1}{c}(R_1-R_2). \tag{3.5.2}$$

细棒两端发出的光信号如果在t_0 时刻同时到达 P 点，则必须满足式(3.5.2)，将式(3.5.2)代入式(3.5.1a)得

$$x_2'-x_1'=\frac{1}{\sqrt{1-\frac{v^2}{c^2}}}\left[(x_2-x_1)-\frac{v}{c}(R_1-R_2)\right],$$

则

$$x_2-x_1=(x_2'-x_1')\sqrt{1-\frac{v^2}{c^2}}+\frac{v}{c}(R_1-R_2). \tag{3.5.3}$$

计算机模拟

高速运动的细棒

延伸阅读

上述结果中的x_2-x_1正是P处的观察者观测到的运动细棒长度. 由此可见，"看见"到的运动细棒长度与"测量"到的运动细棒长度不一样，因为式(3.5.3)比式(3.5.1b)多一项，而且在不同空间点看，结果也不同，因为R_1-R_2与P点位置有关，只有当观察者在垂直于细棒运动方向上看细棒时($R_1=R_2$)，两式所得结果才一致，即"看见"的结果与"测量"的结果才一致. 由此可见，区别"看见"与"测量"实属必要.

3.6 狭义相对论动力学基础

由于狭义相对论时空观的建立，洛伦兹变换代替了伽利略变换. 我们知道，经典力学定律在伽利略变换下形式不变，然而这些定律在洛伦兹变换下不再是形式不变的，也就是说，经洛伦兹变换后，这些定律在不同惯性系中具有不同的形式. 因此，人们必须对经典力学加以改造，使新的力学规律在洛伦兹变换下保持形式不变，以满足狭义相对论的相对性原理. 由于牛顿定律在低速($v \ll c$)情况下已在很高精度上被证明是正确的，所以新的力学规律必须在低速($v \ll c$)条件下与牛顿定律相一致.

本节将从几个守恒定律出发，根据狭义相对论时空观的基本结论来得到诸如质量、能量和动量这些重要物理量在狭义相对论中的表达式以及它们之间的关系. 大量实验事实表明，动量守恒定律、能量守恒定律和质量守恒定律是自然界普遍遵守的规律，这是以下讨论的基本前提.

质量和速度的关系

经典力学中，物体的质量被认为是恒量，与参考系无关. 如果物体受到恒力作用，那么该物体所获得的加速度也是恒定的. 这样，该物体的速度将不断增加. 只要加速时间足够长，最后速度大小总可以超过真空中的光速c. 这与狭义相对论关于真空中的光速c是一切运动物体的极限速度大小的论断相冲突. 因此，经典力学中的质量概念必须按照狭义相对论的要求做必要的修改.

如果物体在高速运动时，质量随着速度的增大而迅速增大，那么速度越大时，它的加速度就越小，即物体难于加速，这样就有可能存在一个速度大小的极限——真空中的光速c. 1901年，考夫曼(W. Kaufmann)就已经从放射性镭放出的高速电子流(β射线)实验中发现了电子质量随速度增大而增大的现象. 此后的大量近代物理实验都证实了物体的质量与物体的运动状态有关. 因此，在狭义相对论中，物体的质量不是恒量，而与速度有关. 下面我们通过一个特殊的力学过程来导出质量和运动速度之间的关系.

设有两个惯性系S和S'，S'系相对于S系以速率v沿x轴正方向运动. 在S'系上有两个全同粒子，它们以速率$u'=v$相向运动并做完全非弹性对心碰撞，碰撞后变为静止的复合粒子. 如图3-16(a)所示，在S系上观察同一过程，碰撞前两粒子的速率可由速度变换公式得到.

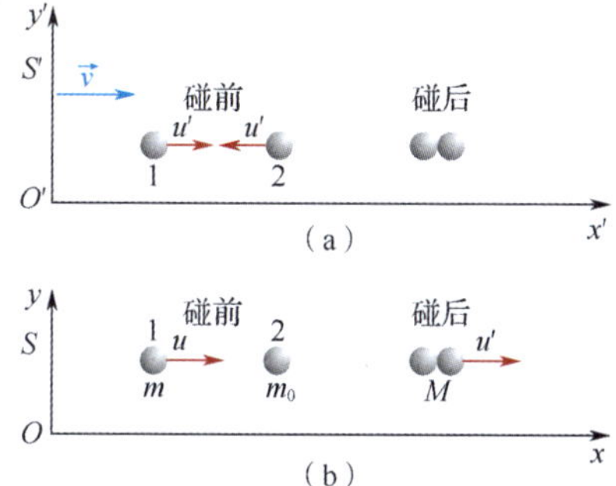

图 3-16 两个粒子做完全非弹性对心碰撞

粒子 1 的速率为

$$u_1=\frac{u'+v}{1+\frac{vu'}{c^2}}=\frac{2u'}{1+\left(\frac{u'}{c}\right)^2}. \tag{3.6.1}$$

粒子 2 的速率为

$$u_2=\frac{-u'+v}{1+\frac{v(-u')}{c^2}}=\frac{-u'+u'}{1-\left(\frac{u'}{c}\right)^2}=0.$$

由此可见，在 S 系上观察时，粒子 1 以速率 $u=u_1$ 运动，设其质量为 m；粒子 2 静止，其质量为静止质量，用 m_0 表示. 两粒子碰撞后的复合粒子相对于 S' 系静止，因此其相对于 S 系以速率 $v=u'$ 运动，设其质量为 M，如图 3-16(b)所示. 狭义相对论中的动量仍定义为质量与速度的乘积，即

$$\vec{p}=m\vec{u}.$$

根据动量守恒定律和质量守恒定律，有

$$mu=Mu',$$

$$m+m_0=M,$$

由上两式消去 M 得

$$m=m_0\frac{u'}{u-u'}. \tag{3.6.2}$$

由式(3.6.2)我们可以看出，质量 m 是速率 u 的显函数.

由式(3.6.1)并考虑到 $u=u_1$，可得

$$u'^2-2\frac{c^2}{u}u'+c^2=0,$$

解上述方程得

$$u'=\frac{c^2}{u}\left[1\pm\sqrt{1-\left(\frac{u}{c}\right)^2}\right].$$

在经典力学情况下($v<<c$)，$u'=\frac{u}{2}$，所以上式应取负号$\left(\text{由于}u'\approx\frac{c^2}{u}\left[1-\left(1-\frac{u^2}{2c^2}\right)\right]=\frac{u}{2}\right)$，即

$$u' = \frac{c^2}{u}\left[1-\sqrt{1-\left(\frac{u}{c}\right)^2}\right].$$

于是

$$u-u' = u-\frac{c^2}{u}\left[1-\sqrt{1-\left(\frac{u}{c}\right)^2}\right] = \frac{c^2}{u}\left(\frac{u^2}{c^2}-1+\sqrt{1-\frac{u^2}{c^2}}\right)$$

$$= \frac{c^2}{u}\sqrt{1-\frac{u^2}{c^2}}\left(1-\sqrt{1-\frac{u^2}{c^2}}\right),$$

则

$$\frac{u'}{u-u'} = \frac{1}{\sqrt{1-\frac{u^2}{c^2}}}.$$

把上式代入式(3.6.2)得

$$m = \frac{m_0}{\sqrt{1-\frac{u^2}{c^2}}}. \tag{3.6.3}$$

式(3.6.3)称为**质量与速度的关系式**. 式中 m_0 为物体的**静止质量**, m 为物体相对于观察者以速率 u 运动时的质量. 式(3.6.3)是通过一个特殊的力学过程导出的, 但它是普遍适用的.

由质量和速度的关系式可知: 物体的质量随着物体运动状态的变化而变化, 物体在运动时, 它的质量 m 大于它的静止质量 m_0, 而且速率越大, 质量也就越大. 另外, 由于同一物体的速度相对于不同参考系是不同的, 因而不同惯性系上的观察者所测得的同一物体的质量也将是不同的.

相对论力学的基本方程

因为质量是随着速度而变化的, 因而在狭义相对论中, 力学的基本方程不能再取$\vec{F}=m\vec{a}$的形式, 而是写成

$$\vec{F} = \frac{\mathrm{d}\vec{p}}{\mathrm{d}t} = \frac{\mathrm{d}}{\mathrm{d}t}\left(\frac{m_0}{\sqrt{1-\frac{u^2}{c^2}}}\vec{u}\right), \tag{3.6.4}$$

式中 t,$\vec{F}$和$\vec{p}$是在同一惯性系中的观测值. 式(3.6.4)是相对论力学的基本方程.

由式(3.6.4)可知, 质点在恒力作用下, 其加速度并不恒定. 由于质量 m 随速度$\vec{u}$的增大而增大, 因此, 当$u\to c$ 时, $m\to\infty$, 这时无论质点受到多大的力, 加速度大小 $a\to 0$. 所以不可能把质点加速到超过真空中的光速 c.

由式(3.6.4)我们还可以看出, 当 $u \ll c$ 时, 该方程还原为牛顿第二定律:

$$\vec{F} = \frac{\mathrm{d}}{\mathrm{d}t}(m_0\vec{u}) = m_0\frac{\mathrm{d}\vec{u}}{\mathrm{d}t} = m_0\vec{a}.$$

质量和能量的关系

将经典力学中功的定义推广到狭义相对论中，即力对质点所做的元功 $\mathrm{d}A$ 定义为作用在质点上的力$\vec{F}$与质点在力的作用方向上的位移 $\mathrm{d}\vec{l}$的乘积：

$$\mathrm{d}A=\vec{F}\cdot\mathrm{d}\vec{l}.$$

如果全部功都用于增加质点的动能，则动能的增量为

$$\mathrm{d}E_{\mathrm{k}}=\vec{F}\cdot\mathrm{d}\vec{l}=\vec{F}\cdot\vec{u}\mathrm{d}t.$$

式中$\vec{u}=\frac{\mathrm{d}\vec{l}}{\mathrm{d}t}$是质点的速度.

上式可改写为

$$\frac{\mathrm{d}E_{\mathrm{k}}}{\mathrm{d}t}=\vec{F}\cdot\vec{u},$$

再结合式(3.6.3)和式(3.6.4)，得

$$\frac{\mathrm{d}E_{\mathrm{k}}}{\mathrm{d}t}=\frac{\mathrm{d}}{\mathrm{d}t}(m\vec{u})\cdot\vec{u}=m\frac{\mathrm{d}\vec{u}}{\mathrm{d}t}\cdot\vec{u}+u^2\frac{\mathrm{d}m}{\mathrm{d}t}. \tag{3.6.5}$$

由$\frac{\mathrm{d}}{\mathrm{d}t}(\vec{u}\cdot\vec{u})=2\frac{\mathrm{d}\vec{u}}{\mathrm{d}t}\cdot\vec{u}$，得

$$\frac{\mathrm{d}\vec{u}}{\mathrm{d}t}\cdot\vec{u}=\frac{1}{2}\frac{\mathrm{d}}{\mathrm{d}t}(u^2)=u\frac{\mathrm{d}u}{\mathrm{d}t}.$$

又

$$\frac{\mathrm{d}m}{\mathrm{d}t}=\frac{\mathrm{d}m}{\mathrm{d}u}\frac{\mathrm{d}u}{\mathrm{d}t}=\frac{\frac{m_0u}{c^2}}{\left(1-\frac{u^2}{c^2}\right)^{\frac{3}{2}}}\frac{\mathrm{d}u}{\mathrm{d}t},$$

将上述两式代入式(3.6.5)，得

$$\begin{aligned}\frac{\mathrm{d}E_{\mathrm{k}}}{\mathrm{d}t}&=\frac{m_0u}{\sqrt{1-\frac{u^2}{c^2}}}\frac{\mathrm{d}u}{\mathrm{d}t}+\frac{\frac{m_0u^3}{c^2}}{\left(1-\frac{u^2}{c^2}\right)^{\frac{3}{2}}}\frac{\mathrm{d}u}{\mathrm{d}t}=\frac{m_0u\left(1-\frac{u^2}{c^2}+\frac{u^2}{c^2}\right)\frac{\mathrm{d}u}{\mathrm{d}t}}{\left(1-\frac{u^2}{c^2}\right)^{\frac{3}{2}}}\\&=\frac{m_0u}{\left(1-\frac{u^2}{c^2}\right)^{\frac{3}{2}}}\frac{\mathrm{d}u}{\mathrm{d}t}=\frac{\mathrm{d}}{\mathrm{d}t}\left(\frac{m_0c^2}{\sqrt{1-\frac{u^2}{c^2}}}\right),\end{aligned}$$

积分后得

$$E_{\mathrm{k}}=\frac{m_0c^2}{\sqrt{1-\frac{u^2}{c^2}}}+c_1,$$

式中c_1是积分常数. 当 $u=0$ 时，动能$E_{\mathrm{k}}=0$，则$c_1=-m_0c^2$，将其代入上式，得

$$E_{\mathrm{k}}=\frac{m_0c^2}{\sqrt{1-\frac{u^2}{c^2}}}-m_0c^2, \tag{3.6.6a}$$

或

$$E_k=mc^2-m_0c^2. \tag{3.6.6b}$$

现在我们求低速时E_k的表达式. 用二项式定理把$\frac{1}{\sqrt{1-\frac{u^2}{c^2}}}$展开，则式(3.6.6a)变为

$$\begin{aligned}E_k&=\left(1+\frac{1}{2}\frac{u^2}{c^2}+\frac{3}{8}\frac{u^4}{c^4}+\cdots-1\right)m_0c^2\\&=\frac{1}{2}m_0u^2+\frac{3}{8}m_0u^2\frac{u^2}{c^2}+\cdots.\end{aligned}$$

当$u<<c$时，$E_k=\frac{m_0u^2}{2}$，此式恰为经典力学中质点的动能表达式. 由此可见，动能表达式(3.6.6a)在低速($v<<c$)条件下与经典力学中的定义相一致.

式(3.6.6b)表明，静止质量为m_0的物体以速度u运动时，其动能E_k为mc^2与m_0c^2两项之差，可见，mc^2和m_0c^2也具有能量的含义. 爱因斯坦从这里提出了经典力学中从未有过的独特见解，把m_0c^2称为物体的**静止能量**，把mc^2称为物体的**总能量**，分别用E_0和E表示，

$$E_0=m_0c^2, \tag{3.6.7}$$

$$E=mc^2. \tag{3.6.8}$$

式(3.6.8)称为物体的**质能关系式**.

根据式(3.6.8)，当某一物体的质量发生变化Δm时，必然伴随能量的变化ΔE，反过来也是一样的，关系式是

$$\Delta E=c^2\Delta m. \tag{3.6.9}$$

质能关系式已被许多精确的实验所证实，已成为近代物理中极为重要的基本关系式.

由于c^2是个极大的量，因此各种物体都具有极大的静止能量. 例如，1kg静止质量的任何物体，它具有的静止能量为

$$E_0=1\times(3\times10^8)^2=9\times10^{16}(\mathrm{J}).$$

这是一个相当惊人的数字，大约相当于2.5×10^{10}kW · h，可供100W的灯泡使用10^{10}天以上，即大约3000万年！问题在于，直到目前，人类还无法有效地利用静止能量. 各种能源，大多只是利用静止能量中微不足道的一小部分.

人们正是通过质能关系式才知道利用原子核反应可以得到巨大的能量. 当重原子核在分裂成两个或两个以上较轻的原子核时，这些较轻的原子核的静止质量的总和将比原来重原子核的静止质量要小，这种现象称为**质量亏损**. 由于在核裂变过程中总质量仍然是守恒的，质量亏损现象意味着一部分静止质量转变成了外界的运动质量. 根据质能关系，原来重原子核的静止能量也就要有相应的一部分被释放到外界，转变成可以利用的各种形式的能量，如机械能、热能和多种形式

的辐射能. 另外, 当较轻的原子核聚合时, 也会发生质量亏损, 相对于相同质量的核物质(与核裂变过程比较)将会放出更多的能量. 这种能量称为**核聚变能量**.

动量和能量的关系

延伸阅读

根据动量的表示式 $\vec{p}=m\vec{u}$ 和质能关系式 $E=mc^2$, 可以得到狭义相对论中的另一个重要关系式——动量和能量之间的关系式.

将 $\vec{p}=m\vec{u}$ 两边各自做点积再乘以 c^2, 得

$$p^2c^2=m^2u^2c^2.$$

上式两边同时加上 $m_0^2c^4$, 得

$$\begin{aligned} p^2c^2+m_0^2c^4&=m^2u^2c^2+m_0^2c^4\\ &=\frac{m_0^2u^2c^4+m_0^2c^4\left(1-\dfrac{u^2}{c^2}\right)}{1-\dfrac{u^2}{c^2}}=\frac{m_0^2c^4}{1-\dfrac{u^2}{c^2}}=E^2, \end{aligned}$$

因此

$$E=\sqrt{p^2c^2+m_0^2c^4}. \tag{3.6.10}$$

这就是狭义相对论中**动量和能量的关系式**.

3.7 广义相对论简介

在牛顿发现牛顿力学之后, 物理学不断地发展, 逐步发展出了热力学与统计力学、电磁学、狭义相对论、量子力学等, 这一方面扩大了人们对宇宙的基本规律的认识范围, 另一方面极大地加深了人们认识的深度, 尤其是狭义相对论和量子力学, 它们所描述的高速和微观情况下的物理突破了人们以往对周边事物的认识. 1915 年爱因斯坦基于对万有引力的研究发表了广义相对论, 这一理论再次打破了人们对时空的认识, 其揭示了在物质的作用下, 时空结构是弯曲的. 广义相对论的问世又推动了人们对宇宙的认识, 之后人们发现了黑洞、引力波以及宇宙演化的可能方式.

等效原理

在万有引力定律中, 所有有质量的物体之间都存在一种相互吸引作用, 这种作用力与物体的质量成正比, 与它们的相对距离的平方成反比. 即对于具有质量 m_1 和 m_2 的两个物体, 物体 1 对物体 2 的万有引力为

$$\vec{F}_{12}=-G\frac{m_1m_2}{|\vec{r}_2-\vec{r}_1|^2}\hat{r}_{12}, \tag{3.7.1}$$

其中 $\vec{r}_1$ 和 $\vec{r}_2$ 为两物体的坐标, $G=6.67259\times10^{-11}\,\mathrm{N\cdot m^2/kg^2}$ 为万有引力常数. 但这里存在一个奇怪的问题: 质量这个物理量最初出现在牛顿第二定律

$$\vec{F}=m\frac{\mathrm{d}^2\vec{r}}{\mathrm{d}t^2} \tag{3.7.2}$$

中，是用来描述物体所具有的惯性大小的，即当物体受力之后速度变化的程度. 而万有引力描述的是两个物体之间的相互作用，其中的质量为产生万有引力的力荷大小. 描述惯性的物理量居然作为某种相互作用力的力荷，这是一个非常特殊的现象. 对比静电相互作用，就可以看出这个特殊性来. 在静电相互作用中静电力的大小是与物体所具有的电量大小成正比的. 而电量这个物理量是独立于质量这个物理量的. 因此，对于万有引力一个合理的设想应该是万有引力与物体所具有的某种引力荷成正比. 为了不与牛顿的万有引力定律差异太大，可以把这种引力荷称为引力质量，记为 m_g. 同时把表述惯性的质量称为惯性质量，记为 m_i. 这样万有引力定律和牛顿第二定律分别重新写成

$$\vec{F}_{12}=-G\frac{m_{g1}m_{g2}}{|\vec{r}_2-\vec{r}_1|^2}\hat{r}_{12} \tag{3.7.3}$$

和

$$\vec{F}=m_i\frac{\mathrm{d}^2\vec{r}}{\mathrm{d}t^2}. \tag{3.7.4}$$

如果只研究一个物体受到其他物体的万有引力，万有引力定律又可以写成

$$\vec{F}_g=m_g\vec{g}, \tag{3.7.5}$$

其中矢量 $\vec{g}$ 是其他物体的位置和引力质量的函数. 如果该物体仅受引力作用，由牛顿第二定律，应满足方程

$$m_g\vec{g}=m_i\vec{a}, \tag{3.7.6}$$

则物体的加速度为

$$\vec{a}=\frac{m_g}{m_i}\vec{g}. \tag{3.7.7}$$

如果对于不同的物体，比值$\frac{m_g}{m_i}$不同，那么在相同引力环境下其加速度就会不同. 但是在实验上，通过观测各种与万有引力相关的物体运动，可以发现这个比值对于不同的物体几乎都是相同的. 比如自由落体同时落地，单摆的周期与所用的摆球无关等. 1830 年弗里德里希・威廉・贝赛尔(Friedrich Wilbelm Besel)更精确地证实了这一结果. 1889 年厄缶(Roland von Eötvös)用扭摆证明了对于不同的物质，比值$\frac{m_g}{m_i}$的差别小于10^{-9}. 最新的实验表明这个差别小于10^{-15}. 这些实验的结果说明引力质量和惯性质量的确在很大程度上是可以看成一个物理量的.

爱因斯坦对引力质量和惯性质量及其一致的实验结果进行了进一步的思考. 他将万有引力和加速参考系联系了起来，设想在一个密闭的实验室中做实验，通过实验试图发现所处的实验室是否是一个惯性系. 实验者通过释放一个物体来做此判断. 若实验者观测到物体由相对实验室静止释放后以加速度 $\vec{a}$ 做匀加速度直线运动，那么以此实验结果，实验者可以做出两种不同的猜测：一种猜测是该实验室是一个惯性系，且置于一个具有万有引力的环境中，其引力加速度为 $\vec{a}$，即

$$\vec{g}=\vec{a};\tag{3.7.8}$$

另一种猜测是该实验室处于一个没有万有引力的环境中，如在太空中远离其他的星体(见图3-17)，但实验室并不是一个惯性参考系，而是以加速度$-\vec{a}$运动的加速参考系，在这个非惯性系中物体将受到惯性力的作用，有

$$\vec{F}=m\vec{a},\tag{3.7.9}$$

从而物体具有加速度$\vec{a}$. 那么能否根据这个实验去判断实际是两种猜测中的哪一种？或者能否通过更多的实验去区分这两种猜测？如果区分不开这两种猜测，那就说明这两种猜测是等价的. 类似地，可以在一个在引力场中做自由落体运动的电梯中做实验. 在这个电梯中相对电梯静止释放一个物体，此时会发现物体会保持相对电梯静止的状态，而不会相对电梯下落. 这与处在太空中远离其他天体从而没有引力场的惯性参考系中释放静止物体观测到的现象是一致的. 由此爱因斯坦提出了等效原理：引力质量与惯性质量是相同的，从而在任意引力场中的每一个时空点都可以在该点附近足够小的区域里找到一个局域参考系，即自由落体参考系，在该参考系中物理规律就同在一个无引力的惯性参考系中的物理规律一样. 等效原理有不同的版本. 如果这里的物理规律仅限于力学规律的话则称之为弱等效原理；如果指所有物理规律则称为强等效原理. 等效原理的核心就是假设引力质量与惯性质量相同.

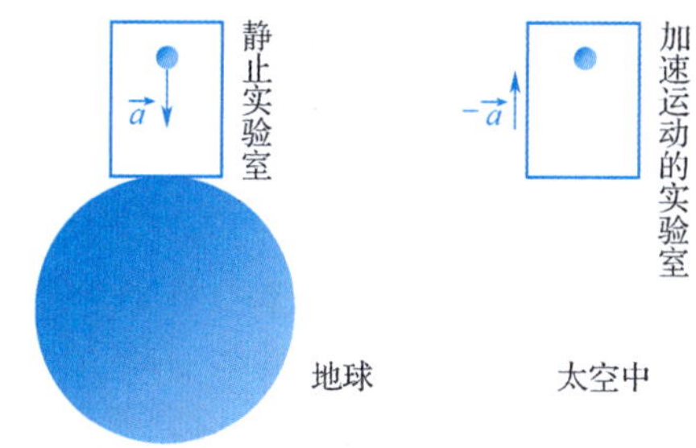

图3-17　等效原理

在等效原理中需要特别注意一点：引力场和加速参考系之间的等效是在局域上的. 所谓局域就是指时空点附近足够小区域，若用数学表达则需用极限的概念，也就是某时空点附近无限小的区域. 需要用局域的概念是因为引力场通常是非均匀的，因此无法找到一个整体的加速参考系来等效整个时空的引力场. 这也是在广义相对论中，时空会变得弯曲的根本原因.

广义相对性原理

在等效原理的基础上再考虑狭义相对论时会发现存在问题. 这与在狭义相对论中，加速参考系中时间会受到影响有关. 如图3-18所示，考虑一个以加速度$\vec{a}$加速运动的飞船，若在船体的前部A点按相同时间间隔发出光脉冲，在船体的后部B点接收这些脉冲信号. 在$t=0$时A点发出第一个光脉冲，经过了一段时间该光脉冲到达了B点. 经过了Δt_1后，A点发出第二个光脉冲，再经过了一段时间，第二个光脉冲到达了B点. 在B点观

测到两个光脉冲的时间间隔为 Δt_2，会发现 $\Delta t_2<\Delta t_1$，原因是船体在做加速运动，两个光脉冲到达 B 点时速度并不相同，第二个光脉冲到达 B 点时的运动速度要比第一个光脉冲到达 B 点时的运动速度快，这就意味着两个光脉冲从 A 点到 B 点运动时跨越的距离并不相同，第二个光脉冲跨越的距离会更短一些，从而花费了更少的时间. 若从 A 点发出的不是光脉冲，而是连续的光波，那么在 B 点观测到的光波周期就会比在 A 点观测到的光波周期短，相应的频率就会更高，也就是说光波的颜色会发生蓝移. 这意味着在一个加速参考系中，沿加速度方向不同的两点的时钟会不同，沿加速度方向靠后的位置处的时钟跑得慢一些.

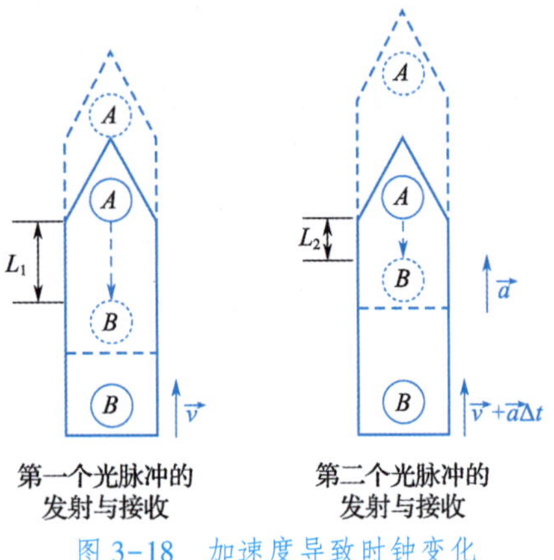

图 3-18　加速度导致时钟变化

在考虑等效原理之后，由于引力场可以等效为加速参考系，引力场与加速参考系等价就表明在引力场中时间也会受到影响，由此可以推出在引力场中狭义相对论将被破坏. 其原因是在等效原理中引力场和加速参考系的等效是局域的，也就是说在不同的时空点时间所受到的影响是不同的，其大小与该时空点的引力大小有关. 而洛伦兹变换本身是整体的，不是局域的. 若将洛伦兹变换写成矩阵的表达形式，则可以写为

$$\begin{pmatrix} x' \\ y' \\ z' \\ t' \end{pmatrix}=\begin{pmatrix} \dfrac{1}{\sqrt{1-\dfrac{v^2}{c^2}}} & 0 & 0 & \dfrac{-v}{\sqrt{1-\dfrac{v^2}{c^2}}} \\ 0 & 1 & 0 & 0 \\ 0 & 0 & 1 & 0 \\ \dfrac{-\dfrac{v}{c^2}}{\sqrt{1-\dfrac{v^2}{c^2}}} & 0 & 0 & \dfrac{1}{\sqrt{1-\dfrac{v^2}{c^2}}} \end{pmatrix}\begin{pmatrix} x \\ y \\ z \\ t \end{pmatrix}. \tag{3.7.10}$$

其中的方阵称为洛伦兹变换矩阵，可以看到这个矩阵只与两个惯性系间的相对运动速度大小 v 和光速 c 有关，而与坐标无关. 这就表明洛伦兹变换是整体的，即对于不同的时空点，其变换的方式是相同的. 而局域变换的变换矩阵则与时空坐标有关. 这样在引力的作用下所产生的效应就破坏了

洛伦兹变换，进而导致狭义相对论出现问题．由此可以得到的一个结论是：狭义相对论只是在没有引力场时正确．

洛伦兹变换的破坏说明此时的相对性原理出现了问题．牛顿力学中相对性原理给予惯性系以特殊的地位，牛顿第一定律和牛顿第二定律仅在惯性系中成立．从牛顿力学发展到狭义相对论，惯性系的特殊地位并没有发生动摇，只是坐标变换关系从伽利略变换改变为洛伦兹变换．从牛顿开始，人们一直在为惯性系的特殊地位感到疑惑，为了确定什么样的参考系为惯性系，牛顿还提出绝对参考系的概念，但他没有确认到底哪个参考系才是绝对参考系．在考虑引力场与非惯性系间的等效效应后，爱因斯坦终于改变了惯性系的特殊地位．在牛顿力学和狭义相对论中，相对性原理假设物理定律在所有的惯性系中是相同的，而爱因斯坦提出的广义相对性原理则认为物理定律应该在所有的参考系中都是相同的，惯性系并没有之前所具有的特殊地位，并由此提出时空坐标间的变换关系为一般线性变换，同时这样的变换是局域的，并不是整体的．在引力场中的任意点都可以引入局域惯性系，其中狭义相对论是成立的．但这并不意味着局域惯性系有特殊的地位，只是这个概念的引入会简化一些计算而已．

爱因斯坦方程

在狭义相对论中定义了时空间隔

$$ds^2=dx^2+dy^2+dz^2-c^2dt^2, \tag{3.7.11}$$

这个物理量在洛伦兹变换下是保持不变的，即在另外一个惯性系中，ds^2 是保持不变的，

$$ds^2=dx'^2+dy'^2+dz'^2-c^2dt'^2. \tag{3.7.12}$$

若定义

$$x_1=x, x_2=y, x_3=z, x_4=ct, \tag{3.7.13}$$

则可以把时空间隔写成

$$ds^2=\sum_{\mu,\nu=1}^{4} g_{\mu\nu}dx_\mu dx_\nu, \tag{3.7.14}$$

其中 $g_{\mu\nu}$ 称为度规张量，此处为

$$(g_{\mu\nu})=\begin{pmatrix}1&0&0&0\\0&1&0&0\\0&0&1&0\\0&0&0&-1\end{pmatrix}. \tag{3.7.15}$$

这个形式的度规张量称为闵可夫斯基度规．数学上式(3.7.14)具有一般性意义，它指出了如何测量空间不同点间的“距离”．不同度规描述了具有不同几何特性的数学空间．具有闵可夫斯基度规的空间称为闵可夫斯基空间，这样的空间是平直的，只是其中的空间部分与时间部分具有不同的特性．对于一般性的度规，即度规张量不是仅有为+1或−1的对角元，而是具有更复杂的形式，甚至其中的每个矩阵元都与坐标有关，这样的度规对应的空间往往是弯曲的．对于弯曲空间中的两点，其间的连线长短不同，沿着这些连线对 ds 积分即可得到这些连线的长度．考虑在一个弯曲的二维面如

何沿着表面测量两点间的距离，就可以知道此时是不能用闵可夫斯基度规来进行测量的，即一般性的度规是描述弯曲空间的.

这里我们并不去论证如何在等效原理和广义相对性原理的基础上导出相应的物理学方程——爱因斯坦方程，仅给出该方程的基本形式和一些典型的推论.

爱因斯坦方程的基本形式用张量表示为

$$R_{\mu\nu}-\frac{1}{2}g_{\mu\nu}R=\frac{8\pi G}{c^4}T_{\mu\nu},\ \mu,\nu=1,2,3,4, \tag{3.7.16}$$

其中 $R_{\mu\nu}$ 称为曲率张量，R 称为标曲率，它们都是度规张量 $g_{\mu\nu}$ 的函数，与时空的弯曲形式有关；G 为万有引力常数，$T_{\mu\nu}$ 称为能量-动量张量，描述了时空中物质的分布及其运动. 因此，爱因斯坦方程的左边描述了时空的弯曲，右边则描述了物质的特性，这表明当时空中存在物质时，将导致时空发生弯曲，同时物质的运行方式会被时空的弯曲所约束.

在广义相对论中，万有引力转化为时空的弯曲，因此在弯曲时空中做自由运动就是在引力场中运动. 在平直空间，自由运动的粒子的运动轨迹为直线，而在弯曲空间中自由运动粒子的运动轨迹为短程线. 短程线即弯曲空间中两点间“距离”最短的路线，例如球面上两点间的短程线就是经过这两点的大圆所对应的弧线. 四维时空中的短程线对应的是两个时空点间的间隔最短的路线，即沿两点间的不同路线对 ds 做积分，其中积分值最小的就是短程线. 仍以二维球面为例，如图 3-19 所示，一粒子从 A 点出发沿赤道线运动一段距离之后到达 B 点，再沿纬线运动到北极点，之后再沿着另外一条纬线回到 A 点. 在此运动过程中，粒子始终沿着短程线运动，路线在球面上构成了一个三角形，但这个三角形的内角和是大于 180°的. 这与平面几何中三角形内角和等于 180°是不一致的，因此弯曲空间的几何又称为非欧几何. 利用这一特点，在实验上可以通过测量空间中 3 点间构成的三角形的内角和来判断时空是不是弯曲，其中 3 点间的连线可以利用光线来实现.

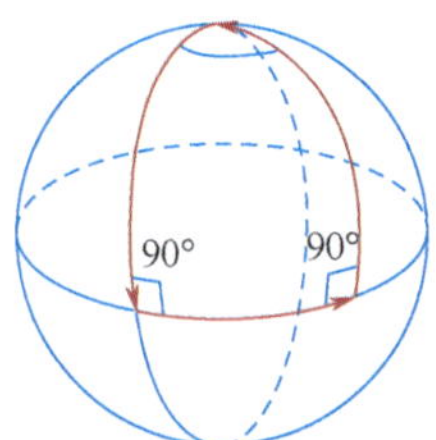

图 3-19 球面上的三角形内角和大于 180°

引力场中的几个常见效应

1. 引力导致时钟变慢

由之前的讨论可知局域上引力场等效于加速参考系，而在加速参考系中不同位置上的时钟运行的快慢不同，引力势能小的地方时钟运行比引力势能大的地方慢. 相应地，光从引力势能小的地方向引力势能大的地方运动其周期会变长，频率变小，这种现象称为引力红移. 当引力不是很强的时候，广义相对论的近似计算结果与之前在加速参考系中利用狭义相对论推导出来的结果相同. 例如，当光线在地球周围运动时，其在不同的 A、B 两点处引力场的差别产生的相对频率变化为

$$\frac{\Delta\nu}{\nu}=\frac{\varphi_B-\varphi_A}{c^2}=\frac{GM}{c^2}\left(\frac{1}{r_A}-\frac{1}{r_B}\right)=\frac{GM}{c^2}\frac{r_B-r_A}{r_Ar_B}, \tag{3.7.17}$$

若 $r_B \gg r_A$，则上式可以近似为

$$\frac{\Delta\nu}{\nu}\approx\frac{GM}{c^2 r_A}. \tag{3.7.18}$$

对在地球上方运行的 GPS 卫星而言，其轨道半径远大于地球半径，于是上式是适用的，地球质量 $M=5.985\times10^{24}\mathrm{kg}$，半径 $r=6.371\times10^{6}\mathrm{m}$，代入后可得电磁波从 GPS 卫星传到地球表面时其频率的相对变化为

$$\frac{\Delta\nu}{\nu}\approx\frac{6.674\times10^{-11}\times5.985\times10^{24}}{(2.998\times10^{8})^2\times6.371\times10^{6}}\approx6.976\times10^{-10}, \tag{3.7.19}$$

这样的频率变化对应着时间的不同. 看上去这个差别很小，但考虑到 GPS 卫星定位需要卫星上的时钟与地面上的时钟同步，而这样的时钟误差经过一段时间积累之后就会变得较大. GPS 卫星定位时是利用电磁波传到地面所花费的时间，与光速相乘，从而得到卫星到测量点的距离. 通过多个卫星的测量配合，进而得到测量点的精确位置，如图 3-20 所示. 由于时间积累后的时钟误差可能影响卫星到地面距离的精确测量，因此在 GPS 卫星定位的过程是需要考虑广义相对论效应的. 同时，由于卫星相对地球在做圆周运动，具有较快的运动速度，这同样会因为狭义相对论效应产生时钟快慢不同的问题，所造成的误差也需要考虑.

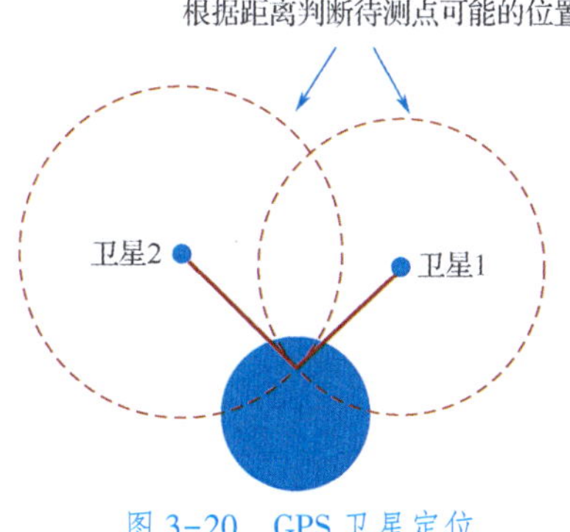

图 3-20 GPS 卫星定位

2. 光线弯曲

狭义相对论中的质能关系表明质量和能量具有等价关系，

$$E=mc^2. \tag{3.7.20}$$

物质所具有的总能量可由质能关系式来确定. 相应地，能量也将具有质量. 光子的静止质量为零，但当光子具有速度时，由质能关系，它将具有质量，从而会受到引力的影响. 因此在引力场中，光子可能并不走直线，而

是受到万有引力的作用使其运动路线发生弯曲. 在广义相对论中, 光子自由运动时是走短程线的, 而弯曲空间中的短程线通常并非直线, 因此同样可以得到光子在引力场中运动路线会发生弯曲的结论. 但是对于光子在引力场中的运动轨迹, 从狭义相对论计算得到的结果并不与从广义相对论计算得到的结果一致. 观测表明广义相对论的计算是正确的.

考虑遥远的一颗恒星, 若在此恒星与地球之间存在一个质量很大的天体, 那么从这颗恒星发出的光线将受到这个大质量天体的影响而发生弯曲. 如图 3-21 所示, 这样的弯曲光线可以通过不同的方向传播到地球而被我们观测到. 我们会认为光是走直线的, 从而认为恒星所处的位置并非它真实所在的地方, 而是在我们接收到的光线的直线延长线上. 考虑到对称性, 我们会观测到该恒星的光线围绕大质量天体形成一个圆环, 这被称为爱因斯坦环, 这种效应也被称为引力透镜效应. 引力透镜效应最早于 1919 年 5 月 25 日, 由英国天文学家爱丁顿率领的观测队在非洲普林西比岛通过日全食观测所验证. 现代天文观测也观测到了大量爱因斯坦环, 并借此效应来观测不发光的黑洞.

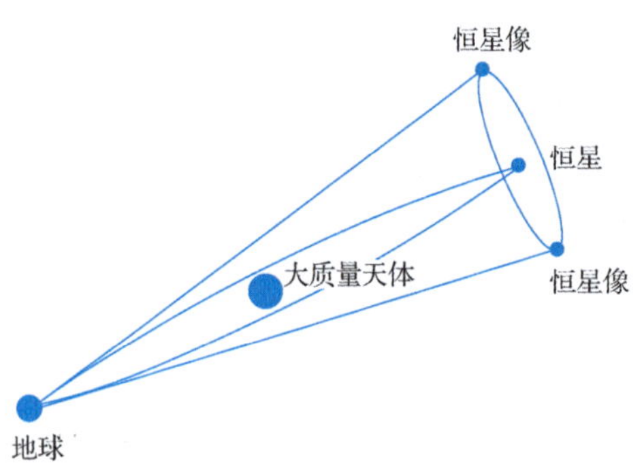

图 3-21 引力透镜效应

3. 水星进动

在牛顿得到了万有引力定律之后, 人们就将其应用到天文观测上. 理论上预言在太阳引力的作用下行星轨道应该是椭圆, 这也与开普勒定律相一致. 但是精细的观测发现行星的轨道并不是完美的椭圆, 而是长短轴在发生转动的椭圆, 这样的运动被称为进动. 一开始, 人们认为行星轨道会发生进动是因为行星不仅受到太阳的引力作用, 还受到其他行星的引力作用, 后者相对前者来说很小, 可以认为是微小的扰动, 因此大体上并没有影响行星椭圆轨道的形式, 仅使行星发生了进动. 人们基于这样的想法开展了大量的计算, 并根据计算与观测相互配合还发现了海王星和天王星. 但是对于水星的进动, 进展并不是很顺利, 在计入已知天体的影响之后, 水星进动的问题仍未解决, 计算与观测之间存在微小的差别, 具体来说就是每 100 年会有 43.11" 的差别. 为解释这一微小的差别, 人们曾预言在水星附近应该有一个还没有观测到的行星, 但是此预言失败了, 人们并没有在预言的位置找到这一没有看到过的行星. 在获得爱因斯坦方程后, 人们对于水星进动重新进行了计算, 发现之前理论和观测间的差异其实来源于广义相对论效应. 由于水星距离太阳很近，太阳的引力造成的时空弯曲导致了这一差异.

4. 黑洞

在得到万有引力定律之后，利用牛顿第二定律就可以计算第一、第二和第三宇宙速度，即物体绕地球做圆周运动的最小速度、物体脱离地球束缚所需要的最小速度、物体脱离太阳系的束缚所需要的最小速度. 18世纪，法国数学家拉普拉斯想象在宇宙当中有可能存在一种天体，它非常致密，以至于从它自身发出的光都不能够从它周围逃脱出来. 现在看来这天体就是最朴素的对于黑洞的一种想法. 我们利用类似计算第二宇宙速度的方式进行计算，如果一个天体的半径为 r，质量为 M，当一个光子垂直天体向上运动的时候，其能量将全部转化为引力能，即

$$mc^2=G\frac{Mm}{r}, \tag{3.7.21}$$

由此可以得到该天体的半径需满足关系

$$r=\frac{GM}{c^2}. \tag{3.7.22}$$

也就是说一个质量为 M 的天体，如果其半径小于上式，则从该天体上发出的光线将不会传递到远方，即在远方是看不到这个天体的.

在广义相对论中考虑物质为球对称分布情况时，可以得到爱因斯坦方程的一个解，称为史瓦西解，此时在球坐标系下的时空间隔表达式为

$$\mathrm{d}s^2=\left(1-\frac{2GM}{c^2r}\right)^{-1}\mathrm{d}r^2+r^2(\mathrm{d}\theta^2+\sin^2\theta\mathrm{d}\varphi^2)-c^2\left(1-\frac{2GM}{c^2r}\right)\mathrm{d}t^2, \tag{3.7.23}$$

由此式可以看出，在半径 r 满足关系

$$r=\frac{2GM}{c^2} \tag{3.7.24}$$

处出现奇点，此半径被称为史瓦西半径. 若物质分布在以史瓦西半径为半径的球内，可以证明球内物质，包括光在内，是无法跑到球外的. 这就是我们现在所说的黑洞. 史瓦西半径所对应的球面称为视界. 人们曾一度认为黑洞仅存在于理论当中，现实里是没有的，但随着观测能力的提升，人们开始有能力观测黑洞，如利用引力透镜效应或根据某处附近恒星的运动轨迹来进行判断. 1964年，人们观测到一个高能量X射线源，它是一个被称为天鹅座X-1的双星系统，由一个质量为20~40倍太阳质量的超巨星和一颗具有太阳的21倍质量的致密星组成. 后来人们确认该致密星就是一个黑洞，它也是第一个被确认的黑洞. 2019年，事件视界望远镜(Event Horizon Telescope，EHT)合作组得到第一张黑洞照片[见图3-22(a)]，这个黑洞近邻巨椭圆星系M87的中心，其质量约为太阳的65亿倍. 黑洞自身并不发光，但当其他光线路过黑洞时，会因为引力透镜效应弯折光线，使黑洞视界之外的区域变得明亮，从而显现黑洞占据的区域. 2022年事件视界望远镜合作组又得到了位于银河系中心的超大质量黑洞——人马座 A^*(Sgr A^*)的首张照片[见图3-22(b)]，其质量约为太阳质量的431万倍. 按理论估计，仅在银河系中就存在上亿个黑洞，但由于观测的难度很

大，到目前为止仅观测到了几十个.

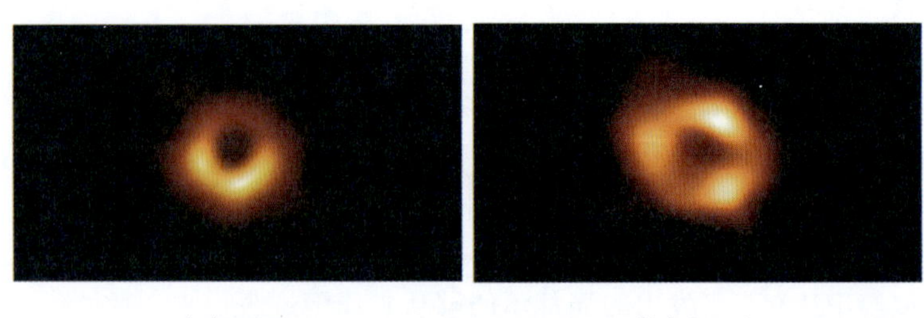

(a) M87*　　(b) Sgr A*

图 3-22　黑洞照片

5. 引力波

在牛顿力学中万有引力的传递是不花费时间的，即这种相互作用是一种瞬时的相互作用，当一个物体的位置发生改变时，其他物体立刻就可以感受到来自于该物体的万有引力发生了变化. 但在广义相对论中，引力的传播速度并非无限大，而是与真空中电磁场的传播速度相同，即为真空中的光速. 因此，当物体的质量或者位置发生变化时，会先导致周边的时空弯曲情况发生变化，这样的变化再逐渐传递到远方. 这与电荷运动时电磁场传播的物理过程类似，只是在电磁波传播时是由近及远引起电磁场的强度发生变化，而不是引起时空结构发生变化. 时空结构的变化也是以波动的方式传播开的，被称为引力波. 由于质量只有正值，没有负质量，因此在引力辐射中没有偶极辐射. 同时由于引力强度本身就很弱，从而导致通过引力波传递的能量通常都非常小，如地球绕太阳旋转所产生的引力波辐射的功率仅约为 200W，因此长期以来人们都没有测量到引力波. 1974 年，天文学家(拉塞尔·赫尔斯)Russell A. Hulse 和约瑟夫·泰勒(Joseph H. Taylor)发现了脉冲双星系统 PSR B1913+16，并通过脉冲观测发现了双星相互绕转过程中的轨道周期变化. 产生这种轨道周期变化是由于双星绕转时会发出引力波，并因此将体系能量辐射到周围空间，于是自身的能量降低了. 这一观测结果间接验证了引力波的存在，拉塞尔·赫尔斯和约瑟夫·泰勒两人因此获得 1993 年的诺贝尔物理学奖. 2015 年激光干涉仪引力波天文台(Laser Interferometer Gravitational wave Observatory，LIGO)的物理学家利用臂长 4km 的迈克尔孙干涉仪第一次直接探测到了引力波，并获得了 2017 年的诺贝尔物理学奖. 这一引力波来源于一个 36 倍太阳质量的黑洞和一个 29 倍太阳质量的黑洞并合产生了一个 62 倍太阳质量的黑洞的过程. 当引力波经过时，空间会产生波动，使迈克尔孙干涉仪上的镜片发生晃动，从而人们可以观测到干涉条纹的变化. 尽管两个黑洞并合是一个极其剧烈的天体运动过程，但由于引力波强度本身就比较弱，事件发生地点又距离地球非常远，因此当引力波传播到地球时引起的空间波动非常微弱，而 LIGO 探测器的精度达到了$\frac{1}{1000}$质子大小，也就是10^{-18}m，这才得以探测到这次引力波事件.

6. 宇宙大爆炸与暗能量

在爱因斯坦发展出广义相对论之后，他将之用于研究整个宇宙. 但通过计算他发现，从理论上来说，宇宙是不稳定的，会发生膨胀或者收缩. 他不满意这样的宇宙模型，认为合理的宇宙模型应该是一个稳定的宇宙，于是他使模型中的宇宙静止，在其方程中增加了一项，爱因斯坦方程变成

$$R_{\mu\nu}-\frac{1}{2}g_{\mu\nu}R+\Lambda g_{\mu\nu}=\frac{8\pi G}{c^4}T_{\mu\nu},\ \mu,\nu=1,2,3,4, \tag{3.7.25}$$

其中参数 Λ 是一个标量，称为宇宙常数，增加的项 $\Lambda g_{\mu\nu}$ 也就称为宇宙常数项. 宇宙常数的物理意义是增加了一种额外的引力或者斥力，从而可以抵抗宇宙的膨胀或者收缩.

但在爱因斯坦修正了爱因斯坦方程近 10 年后，美国天文学家爱德温·哈勃(Edwin Hubble)通过天文观测发现宇宙真的是在膨胀中，来自遥远星系的光线表明它们都彼此远离，而且越远的星系远离的速度越快. 之后比利时物理学家乔治·勒梅特(Georges Lemaître)意识到既然宇宙现在在膨胀中，那么回溯到过去，宇宙很可能起源于一个炽热、致密、快速膨胀的物质、辐射集合体. 这样的假说即宇宙大爆炸模型. 最初这一模型并不被广为接受，直至 1964 年贝尔实验室的工程师阿诺·彭齐亚斯(Arno Penizas) 和威尔逊 (Wilson)观测到了宇宙微波背景辐射. 他们最初是在研究微波天线的噪声问题，发现有一些微弱的不明噪声无法确定来源，最后他们确定这个不明来源的噪声来自宇宙. 如果宇宙起源于很久之前的一次大爆炸，之后宇宙不断膨胀，其温度将随着膨胀逐渐降低，演化到现在应该存在温度很低的黑体辐射，称为宇宙微波背景辐射，而阿诺·彭齐亚斯和威尔逊发现的就是这样的辐射. 宇宙微波背景辐射的发现对宇宙大爆炸模型给予了强有力的支持. 因为宇宙微波背景辐射的发现，阿诺·彭齐亚斯和威尔逊获得了 1978 年的诺贝尔物理学奖.

为了研究宇宙的演化，科学家们用各种方式观测宇宙的膨胀模式. 1998 年美国科学家萨尔·波尔马特(Saul Perlmutter)、美国-澳大利亚科学家布莱恩·施密特(Brian P. Schmidt)和美国科学家亚当·里斯(Adam G. Riess)所领导的两个研究团队几乎同时发现宇宙在加速膨胀. 按照爱因斯坦方程，宇宙的膨胀应该是减速膨胀，而加速膨胀的发现意味着存在一种未知的力量在推动宇宙膨胀，这一力量被称为暗能量，它应该具有负压强，表现为一种斥力. 萨尔·波尔马特、布莱恩·施密特和亚当·里斯由于发现了宇宙加速膨胀而获得了 2011 年的诺贝尔物理学奖. 人们对于暗能量的物理本质并不清楚，爱因斯坦提出的宇宙常数是可能的解释之一.

习题3

3.1 S'系相对于S系以速率$v=0.6c$运动，当这两个惯性系的坐标系原点重合时开始计时，即$x=x'=0$处，$t=t'=0$. 现在S系中先后发生了两个事件，事件1的时空坐标为$x_1=10\text{m}$、$t_1=2\times10^{-7}\text{s}$，事件2的时空坐标为$x_2=50\text{m}$、$t_2=3\times10^{-7}\text{s}$. 在$S'$系中测得这两个事件的空间间隔是多少？时间间隔又是多少？

3.2 两个惯性系S与S'中坐标轴相互平行，S'系相对于S系沿x轴做匀速运动，在S'系的x'轴上，相距为L'的A'和B'两点各有一个已经彼此对准、同步的时钟，试问在S系中的观察者能否观测到这两个时钟对准了？为什么？

3.3 μ子是一种基本粒子，在相对于μ子静止的坐标系中测得其寿命为$\tau=2.2\times10^{-6}\text{s}$. 如果μ子相对于地球的运动速率为$v=0.988c$，则在地球参考系中测出的μ子的寿命是多少？

3.4 在惯性系S中，有两个事件同时发生在x轴上相距1000m的两点，而在另一惯性系S'(沿x轴正方向相对于S系运动)中测得这两个事件发生的地点相距2000m. 试计算在S'系中测得的这两个事件的时间间隔.

3.5 两个惯性系S与S'中坐标轴相互平行，S'系相对于S系沿x轴做匀速运动，惯性系S上的观察者测得在同一地点发生的两个事件的时间间隔为4s，而惯性系S'上的观察者测得这两个事件的时间间隔为5s，试计算：

(1)S'系相对于S系的运动速度；

(2)惯性系S'上的观察者测得的这两个事件发生的地点之间的距离.

3.6 宇宙飞船相对于地面以速率v做匀速直线飞行，某一时刻飞船头部的宇航员向飞船尾部发出一个光信号，在飞船上经过Δt时间后，该光信号被尾部的接收器收到，试计算飞船的固有长度.

3.7 S系与S'系是坐标轴相互平行且x轴和x'轴重合的两个惯性系，S'系相对于S系沿x轴正方向匀速运动. 一根细棒静止在S'系中，与x'轴成30°角. 现在S系中观测到该细棒与x轴成45°角，则S'系相对于S系的运动速度是多大？

3.8 静止时边长为50cm的立方体，当它沿着与它的一个棱边平行的方向相对于地面以匀速率$2.4\times10^8\text{m/s}$运动时，在地面上测得它的体积是多少？

3.9 观测由外层空间进入地球大气层的宇宙射线所产生的μ子，假设μ子在距离地面6000m的大气顶层产生，μ子的平均固有寿命为$\tau=2.2\times10^{-6}\text{s}$，μ子以$v=0.995c$的速率向地球运动，问：μ子能否穿越此6000m厚的大气层到达地面？请给出你的依据.

3.10 如图3-23所示，在S系上相距$259.2\times10^{10}\text{m}$的两地点有校准了的时钟$O$和$B$. 在$S$系上观察，时钟$O'$以速率$v=2.4\times10^8\text{m/s}$运动. 假定当时钟$O'$和时钟$O$对齐时，时钟$O'$和时钟$O$都指示12:00:00. 当时钟$O'$经过时钟$B$时，$S$系上的时钟都指示15:00:00，这时两时钟$B$和$O'$在同一地点，因而可以直接比较. 此时在$S$系上时钟$B$处的观察者看到时钟$O'$指示时刻$\tau$，并且看到时钟$O'$变慢. 此时在$S'$系上时钟$O'$处的观察者看到时钟$B$所指示的读数15:00:00大于时钟$O'$所指示的读数$\tau$. 请问在此时刻时钟$O'$所指示的读数$\tau$为多少？$S'$系上的观察者是否会认为$S$系上的时钟变快了呢？请给出你的依据.

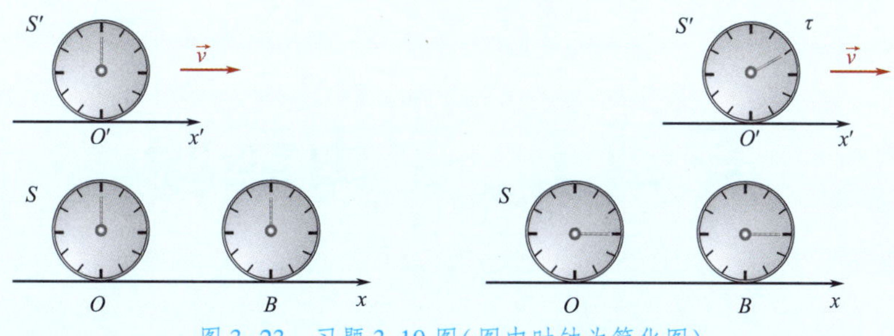

图 3-23 习题 3.10 图(图中时钟为简化图)

3.11 如图 3-24 所示，假设某一超高速飞行器 $A'B'$ 的静止长度与空间站 AB 的静止长度相等，均为 l. 在超高速飞行器前端 A' 和尾端 B' 以及空间站两端 A 和 B，各放有一个时钟，这 4 个时钟静止时走的快慢都相同. 超高速飞行器以很高的恒定速度 $\vec{v}$ 从空间站旁边经过(在此期间，假定空间站为惯性系)，当超高速飞行器前端 A' 与空间站 A 端对齐时，放在 A' 处和 A 处的时钟都指示零点整. 当超高速飞行器尾端 B' 与空间站 B 端对齐时，这时空间站两端 A 和 B 处的时钟以及超高速飞行器前端 A' 和尾端 B' 处的时钟读数各是多少？(请分别对观察者在超高速飞行器上、观察者在空间站上这两种情况进行计算，假设真空中的光速为 c.)

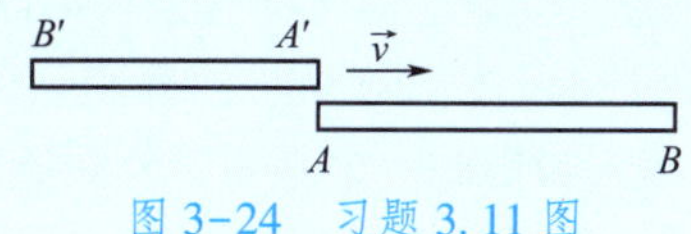

图 3-24 习题 3.11 图

3.12 当固有长度为 l 的细棒沿其长度方向相对于观察者以速度 $\vec{v}$ 运动时，对观察者来说，测量得到的运动细棒长度和用眼睛看见的运动细棒长度是否相同？请给出你的依据.

3.13 一个电子从静止开始加速到 $0.1c$，需要对它做多少功？速率从 $0.8c$ 增加到 $0.9c$ 时，又要对它做多少功？

3.14 一个微观粒子的质量是它静止质量的两倍，则此微观粒子的运动速度大小为多少？

3.15 加速器把质子的动能提高到 1GeV，试计算质子所达到的速度值. 此时质子的质量是其静止质量的多少倍？

3.16 设某微观粒子的总能量是它的静止能量的 n 倍，则其运动速度大小为多少？

专题1 宇宙起源

景益鹏

根据维基百科中的解释，物理宇宙学是针对宇宙的起源、大尺度结构、动力学、命运及其规律所进行的科学研究. 2019 年的诺贝尔物理学奖颁发给了詹姆斯·皮布尔斯(James Peebles)，以表彰他在物理宇宙学理论方面的发现. 实际上，在此之前他获得了邵逸夫奖，颁奖词"James Peebles 的贡献是把一门高度猜测性的科学变成了一门精确的科学"清楚表明物理宇宙学已经是一门精确科学.

物理宇宙学是一门非常年轻的科学. 1917 年，爱因斯坦在建立了广义相对论之后，就将其应用到宇宙. 但是，在爱因斯坦提出宇宙模型的时候，实际上人类(包括爱因斯坦)对宇宙的认识非常有限，知道的范围非常有限，当时只知道宇宙中有行星、恒星和银河系，但是还不知道银河系外面有什么. 1920 年，在美国华盛顿科学院，两位天文学家展开辩论，一位是哈罗·沙普利(Harlow Shapley)，另一位是希伯·柯蒂斯(Heber Curtis). 这两位天文学家争论的问题是：我们银河系的外面有没有天体？哈罗·沙普利认为银河系已经包含所有的天体，而希伯·柯蒂斯认为银河系仅是宇宙当中的一个星系，外面还有很多类似的星系. 爱德温·哈勃(Edwin Hubble)用当时世界上最大的望远镜，观测当时称作星云的天体，发现其中很多星云确实是在银河系的外面，也就是星系. 更重要的是，他发现这些天体不仅在银河系外面，而且在离我们远去，也就是宇宙在膨胀，现在称为哈勃膨胀. 由于哈勃的重要贡献，美国的第一架空间光学望远镜用他的名字命名，即哈勃空间望远镜，以纪念他划时代的发现. 这些事情发生在 20 世纪 20 年代，物理宇宙学确实非常年轻，天文学也是既古老又年轻.

现代物理宇宙学的框架是由爱因斯坦搭建的. 在广义相对论中，引力与时空的弯曲是等价的，一个物体在引力作用下运动也等价于它在弯曲时空中运动，而时空的弯曲是由物质决定的. 爱因斯坦方程左边是时空项，右边是物质项：

$$R_{\mu\nu}-\frac{1}{2}g_{\mu\nu}R=\frac{8\pi G}{c^4}T_{\mu\nu},\ \mu,\nu=1,2,3,4,$$

在一般的四维时空，这个方程是很难求解的. 爱因斯坦很聪明，他假设这个宇宙是均匀和各向同性的，这个假设也称为宇宙学原理. 在宇宙学原理下，宇宙模型就有了解析解. 在 1917 年，宇宙学原理是一个非常大胆的假设，因为那时候我们根本不知道银河系外面还有非常多的星系. 现在大量的观测表明，宇宙在大尺度上的确是均匀和各向同性的，宇宙学原理得到了众多天文观测的支持.

在宇宙学原理假设下，爱因斯坦应用广义相对论求解出宇宙的解，发现宇宙要么在膨胀，要么在收缩，就是没有静态解，这与爱因斯坦当时对宇宙的理解不一样，因此他在方程左边添加了一项 $\Lambda g_{\mu\nu}$(即宇宙常数项)，使方程变为

$$R_{\mu\nu}-\frac{1}{2}g_{\mu\nu}R+\Lambda g_{\mu\nu}=\frac{8\pi G}{c^4}T_{\mu\nu},\ \mu,\nu=1,2,3,4.$$

加了这一项之后，宇宙可以是静态的，但是静态也不是稳定的. 后来在哈勃发现宇宙膨胀后，爱因斯坦认为引入宇宙常数项是他一生中犯的最大错误，之后，这一宇宙常数项在广义相对论中不再出现. 直到 20 世纪 90 年代，各种观测表明，宇宙常数项还是需要的. 尽管现在宇宙常数项的数值与爱因斯坦引入时的数值不同，但引入宇宙常数项可能是正确的.

在这个框架中，如果要理解宇宙是怎么演化的，就需要测量宇宙中有什么样的物质，因为宇宙的物质决定了宇宙的时空，决定了宇宙的时空是怎么演化的. 首先，宇宙中一定有我们熟悉的原子物质(也叫重子物质)，处在原子、离子等状态. 在 20 世纪 60 年代，宇宙微波背景辐射的发现，不但确立了宇宙中有大量背景光子，而且确立了热大爆炸宇宙. 在热大爆炸中，必定存在中微子. 在测量宇宙各类天体的动力学和它们周围空间弯曲情况的时候，人们发现还有一种神秘物质，也就是暗物质. 另外，通过对超新星的观测，人们发现宇宙在加速膨胀，而加速膨胀需要有一种非常奇异的物质，即一种负压强的物质，也就是暗能量. 经典物理学中，既不存在负压强的物质，压强也不会产生引力. 爱因斯坦的广义相对论里，压强是可以产生引力的，而负压强也会产生一种负引力，它能够加速宇宙膨胀. 暗物质和暗能量到底是什么，无疑是现代科学研究的前沿.

对于宇宙的演化历史，我想用两种不同的表述，一种是天文学家的宇宙演化历史(见图专题 1-1)，另一种是粒子物理学家的宇宙演化历史(见图专题 1-2).

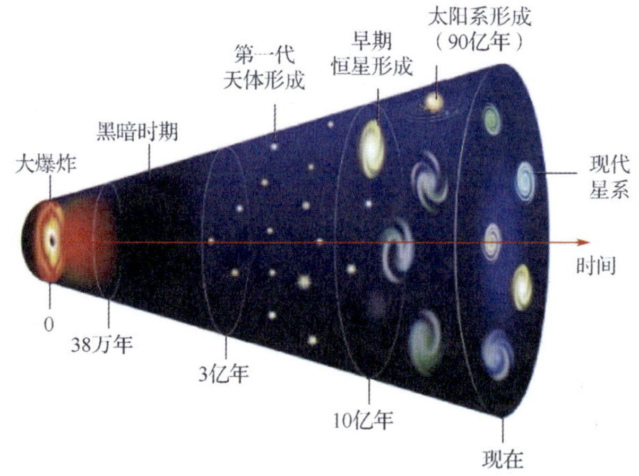

图专题 1-1 天文学家的宇宙演化历史

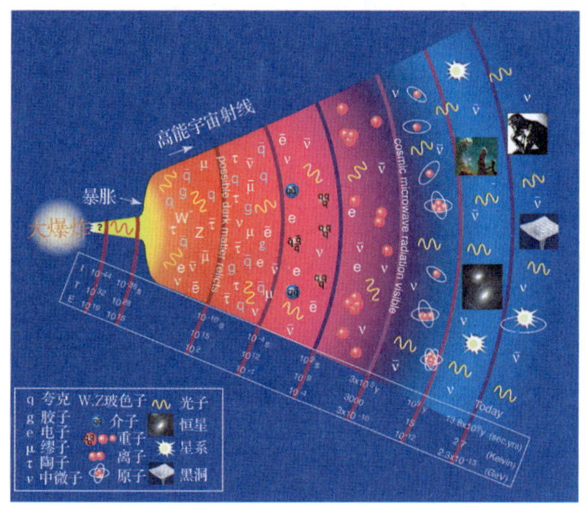

图专题 1-2 粒子物理学家的宇宙演化历史

天文学家理解的这个宇宙，从大爆炸开始到现在是怎么演化的？也就是说，各种天体是如何起源和演化的？宇宙在138亿年前发生过一次大爆炸，那时一方面产生了时空，另一方面也产生了物质，同时也产生了形成各种天体的种子(即非常小的密度不均匀性)．这些天体的种子在大爆炸38万年后，能够通过背景光子的空间分布被观测到，即所谓的宇宙微波背景辐射各向异性，这是天文观测能够直接看到的宇宙大爆炸后的第一代结构．到了这个时候，宇宙当中有原子，有光子，也有中微子、暗物质、暗能量，但是没有我们熟悉的星系、恒星、行星等天体．第一代天体大概是在大爆炸3亿年后形成的，有大的恒星和小的星系．在第一代天体形成前，宇宙重子物质基本以氢和氦原子形式存在，还有少量的氘、氚、锂等原子，其他原子就更少了，而我们身体里的碳、氧、铁等元素都是经过后面的恒星演化出来的，因此生命的起源跟天体的演化是紧密联系在一起．

对粒子物理学家来说，宇宙的演化历史是基本粒子形成和演化的历史．宇宙大爆炸产生了时间空间，产生了物质，早期量子涨落产生了形成星系和宇宙结构的种子，这些都发生在暴涨时期，也就是说发生在10^{-37} s之前．到了大爆炸10^{-10} s时，一些基本粒子，如电子、夸克、胶子、WZ玻色子、τ子等产生了．现在的理论一般认为暗物质也是在10^{-10} s前产生的，并且大概在此时退耦．随着演化，宇宙温度下降，到了大爆炸10^{-5} s以后，就开始有了中子、质子．非常重要的一个时刻是原子核形成或者元素合成的时期，温伯格在他的《最初三分钟》一书中非常通俗地介绍了关于宇宙大爆炸元素合成的物理过程．在这最初几分钟的时间内，质子与中子结合形成了氘，两个氘核结合形成氦，形成的氦元素大约占宇宙重子物质的25%，剩下的质子构成宇宙75%的氢原子，其他还有很少量的氘、氚、锂等原子．决定氦元素丰度的主要参量有两个：重子与光子的数量比和中子与质子的质量比，25%的氦丰度与天文观测符合得很好，这是对宇宙大爆炸理论的极大支持．大概再过了38万年，宇宙温度更低了，氢原子核和氦原子核与电子结合，形成了原子物质，此时此前光子与自由电子的汤姆逊耦合解除，光子可以自由飞行，从而使天文学家通过对光子的观测(这就是前面讲到的宇宙微波各向异性)，观测到宇宙年龄38万年时的宇宙结构，这是目前直接观测到的宇宙诞生后的第一个结构，而这个结构也是我们目前观测到的星系和宇宙大尺度结构的种子．因此，宇宙的各种结构与早期的高能物理过程密不可分，这就导致了最小的粒子与最大的宇宙之间的联系．

目前，我们已经有一个非常成功的宇宙模型，也称标准宇宙模型．这个模型基于爱因斯坦宇宙模型，但近半个世纪的天文观测极大地丰富了爱因斯坦宇宙模型．在这个模型里，宇宙中有重子物质、光子、中微子、暗物质、暗能量(或宇宙常数)等．除了一些确定得非常好的一些物理量(如宇宙微波背景温度)外，只有6个物理参数，它们分别是重子的密度Ω_b、暗物质的密度Ω_{dm}、暗能量的密度Ω_Λ(或宇宙常数)、哈勃常数H_0和原初扰动的谱指数和幅度(n_s，σ_8)．这6个参数目前已经测定得非常精确，从表专题1-1中可以看到，各个参数的误差都是很小的．因此，现代宇宙学已经是一门非常精确的科学．

尽管这个模型是宇宙的标准模型，能够很好地定量解释几乎所有的天文观测，但它不是宇宙的终极理论．对于宇宙中的每一种物质成分，都有前沿问题有待回答．

暗物质：暗物质到底是不是冷暗物质？粒子的物理性质，如质量、相互作用截面、自旋等，是什么？

暗能量：暗能量是为解释宇宙加速膨胀、宇宙结构、宇宙年龄等提出来．这涉及两个方面的问题：①暗能量是否是真空能量或者宇宙常数？②广义相对论在宇宙学尺度是否成立，或者引力理论是否需要修改？

表专题 1-1 宇宙学参数列表

参数	Planck		Planck+lensing		Planck+WP	
	Best fit	68% limits	Best fit	68% limits	Best fit	68% limits
$\Omega_b h^2$	0. 022068	0. 02207±0. 00033	0. 022242	0. 02217±0. 00033	0. 022032	0. 02205±0. 00028
$\Omega_c h^2$	0. 12029	0. 1196±0. 0031	0. 11805	0. 1186±0. 0031	0. 12038	0. 1199±0. 0027
$100\theta_{MC}$	1. 04122	1. 04132±0. 00068	1. 04150	1. 04141±0. 00067	1. 04119	1. 04131±0. 00063
τ	0. 0925	0. 097±0. 038	0. 0949	0. 089±0. 032	0. 0925	$0.089^{+0.012}_{-0.014}$
n_s	0. 9624	0. 9616±0. 0094	0. 9675	0. 9635±0. 0094	0. 9619	0. 9603±0. 0073
$\ln(10^{10}A_s)$	3. 098	3. 103±0. 072	3. 098	3. 085±0. 057	3. 0980	$3.089^{+0.024}_{-0.027}$
Ω_Λ	0. 6825	0. 686±0. 020	0. 6964	0. 693±0. 019	0. 6817	$0.685^{+0.018}_{-0.016}$
Ω_m	0. 3175	0. 314±0. 020	0. 3036	0. 307±0. 019	0. 3183	$0.315^{+0.016}_{-0.018}$
σ_8	0. 8344	0. 834±0. 027	0. 8285	0. 823±0. 018	0. 8347	0. 829±0. 012
z_{re}	11. 35	$11.4^{+4.0}_{-2.8}$	11. 45	$10.8^{+3.1}_{-2.5}$	11. 37	11. 1±1. 1
H_0	67. 11	67. 4±1. 4	68. 14	67. 9±1. 5	67. 04	67. 3±1. 2

中微子：有振荡实验表明中微子一定是有质量的，但是这个质量到底是多少，现在还不知道. 测量中微子的质量对粒子物理标准模型很重要.

宇宙背景光子：宇宙早期的暴涨会产生引力波，从而引起背景光子的极化，这个极化对于理解宇宙早期的暴涨过程非常重要.

重子物质：星系、恒星、太阳系、行星，甚至生命，到底是怎么起源和演化的？

这些问题相互关联，并且这些宇宙成分的性质都会在宇宙结构上体现出来，因此，天文学家决定开展大型的天文观测，来解答这些问题. 这里只是举几个例子. 美国八米口径的 Vera Rubin 望远镜将开展“时间与空间的传世巡天”(Legacy Survey of Space and Time，LSST)，其目标是观测数百亿个星系及其在空间的分布. 中国的空间站望远镜也将做类似的观测，预计在 2024 年开始. 除此之外，还有大型星系光谱巡天. 人们在暗能量光谱巡天望远镜(Dark Energy Spectroscopic Instrument，DESI)上安装了 5000 个光谱仪，将观测 3000 万个星系、类星体在宇宙中的分布. 这些计划将精确测定从小星系到宇宙边界的约 7 个量级空间尺度的宇宙结构，从而来回答上述宇宙学的前沿问题.

除了上述宇宙结构的观测，暗物质的直接观测非常重要. 上海交通大学的 PandaX 实验组正在用液氙来捕捉暗物质粒子，目前已经进入极有可能的超对称理论预言的暗物质区域，这个探索非常有意思. 另外，宇宙微波背景的极化观测，有可能揭示宇宙的暴涨过程. 这两个观测都与宇宙的早期物理过程相关，对于探索超出粒子物理标准模型的新物理具有重要价值.

第4章 动能定理和机械能守恒定律

在牛顿运动定律中，力是核心物理量之一. 从牛顿运动定律出发，进一步发展出了动能、势能、动量、角动量等物理概念. 随着物理学的发展，人们认识到这些新的物理量反映出物理体系更深层的特性，是更基本的物理量. 其适用面更加广泛，不仅适用于宏观的物体，而且适用于原子、分子等微观体系. 另一方面，与这些物理量相关的守恒律也对人们理解物理体系的特性产生了更深刻的影响，机械能守恒定律就是这样的一种守恒律. 能量具有不同的表现形式，如动能和势能，而在守恒律的约束下，这些不同形式的能量在保持总量不变的情况下可相互转换.

4.1 动能定理与功

动能 T(也可表示为 E_k)是用来描述质点运动状态的物理量之一，其定义为

$$T=\frac{1}{2}mv^2. \tag{4.1.1}$$

它是一个标量，并且不会为负数. 由定义式(4.1.1)可知质点质量越大、运动速率越快，其动能越大. 在国际单位制中，动能的单位为 $\mathrm{kg\cdot m^2\cdot s^{-2}}$，称为焦耳，记作 J.

考虑物体的一维运动，当物体受力开始变速运动时，其动能就有可能发生改变，因此，质点受力与其动能相关. 考虑匀加速直线运动，质量为 m 的质点在恒力 F 作用下发生了位移 s，其加速度为

$$a=\frac{F}{m}, \tag{4.1.2}$$

在这段位移中质点的初始速度为v_1，终了速度为v_2，则有

$$v_2-v_1=at, \tag{4.1.3}$$

t 为质点走过这段位移所用的时间. 因此有

$$s=v_1t+\frac{1}{2}at^2. \tag{4.1.4}$$

将式(4.1.3)代入式(4.1.4)可得

$$s=v_1\frac{v_2-v_1}{a}+\frac{1}{2}a\left(\frac{v_2-v_1}{a}\right)^2=\frac{1}{2}\frac{v_2^2-v_1^2}{a}, \tag{4.1.5}$$

式(4.1.5)两边乘以质量 m 后再做调整就可以得到等式

$$mas=\frac{1}{2}mv_2^2-\frac{1}{2}mv_1^2, \tag{4.1.6}$$

利用牛顿第二定律 $F=ma$ 可将式(4.1.6)变为

$$Fs=\frac{1}{2}mv_2^2-\frac{1}{2}mv_1^2, \tag{4.1.7}$$

即质点在这段位移上动能的变化量等于其受力与位移的乘积. 式(4.1.7)将质点的动能变化和其受力直接联系到了一起，因此将式(4.1.7)左边定义成一个新的物理量：功. 即在质点的匀加速直线运动中，在力 F 的作用下，质点运动的位移为 s，则力 F 在这段位移上做的功 W 为

$$W=Fs. \tag{4.1.8}$$

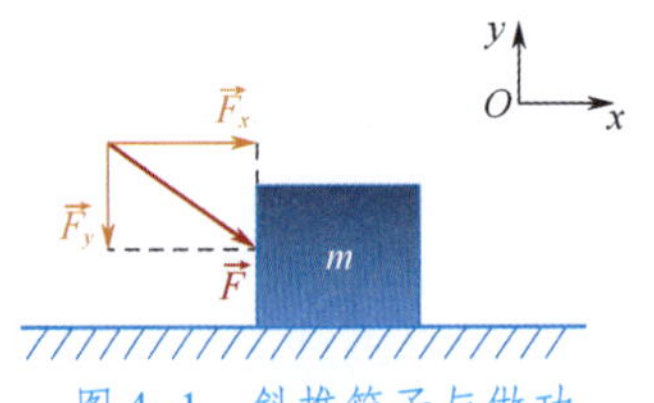

图 4-1 斜推箱子与做功

在以上的推导过程中要求力 $\vec{F}$ 的方向平行于质点运动方向. 但是当质点进行匀加速直线运动时，力的方向也可以不平行于质点运动方向. 比如斜向下用力推水平面上的箱子，如图 4-1 所示.

图中推力$\vec{F}$的水平方向分力F_x将使箱子在水平方向上变速运动，而其在竖直方向上的分力F_y将被地面对箱子的支持力所抵消，在改变箱子运动状态方面并不作贡献. 若箱子在$\vec{F}$的作用下做匀加速直线运动，箱子在路过x_1 处时速度为v_1，在路过x_2 处时速度为v_2，仿照之前的推导可以得到

$$F_x(x_2-x_1)=\frac{1}{2}mv_2^2-\frac{1}{2}mv_1^2, \tag{4.1.9}$$

因此，功应该定义为在位移方向上力的分量与位移的乘积.

考虑质点受力后一般运动情况，牛顿第二定律给出了质点受力与其加速度之间的关系

$$\vec{F}=m\frac{\mathrm{d}^2\vec{r}}{\mathrm{d}t^2}=m\frac{\mathrm{d}\vec{v}}{\mathrm{d}t}, \tag{4.1.10}$$

在力的作用下，质点的速度大小和方向都会发生变化. 在实验或日常经验中，力持续作用的时间或距离都会影响速度的变化量. 力和速度都是矢量，将力分解为平行于速度的分量$\vec{F}_{//}$和垂直于速度的分量$\vec{F}_{\perp}$. $\vec{F}_{//}$会改变速度的大小，但不改变速度的方向；$\vec{F}_{\perp}$则相反，它仅改变速度的方向，不改变速度的大小. 因此，如果要探讨速度的大小在力的作用下如何变化，仅需考虑力平行于速度的分量. 在式(4.1.10)的两边点乘元位移 $\mathrm{d}\vec{r}$可得

$$\vec{F}\cdot\mathrm{d}\vec{r}=m\frac{\mathrm{d}\vec{v}}{\mathrm{d}t}\cdot\mathrm{d}\vec{r}=m\frac{\mathrm{d}\vec{r}}{\mathrm{d}t}\cdot\mathrm{d}\vec{v}=m\vec{v}\cdot\mathrm{d}\vec{v}, \tag{4.1.11}$$

由于$\vec{v}\cdot\mathrm{d}\vec{v}=\frac{1}{2}\mathrm{d}v^2$，因此式(4.1.11)为

$$\vec{F}\cdot\mathrm{d}\vec{r}=\mathrm{d}\left(\frac{1}{2}mv^2\right). \tag{4.1.12}$$

式(4.1.12)表明作用力$\vec{F}$在元位移 $\mathrm{d}\vec{r}$上的累积作用是使质点动能$\frac{1}{2}mv^2$ 发生改变. 将$\vec{F}\cdot\mathrm{d}\vec{r}$定义为$\vec{F}$所做的**元功**，记为 $\mathrm{d}W$，

$$\mathrm{d}W=\vec{F}\cdot\mathrm{d}\vec{r}, \tag{4.1.13}$$

质点的**动能**$\frac{1}{2}mv^2$，记为 T，

$$T=\frac{1}{2}mv^2, \tag{4.1.14}$$

则由式(4.1.12)可知**作用力对质点所做的功为质点的动能的增量**，这被称为**动能定理**，即

$$\mathrm{d}W=\mathrm{d}T. \tag{4.1.15}$$

当质点沿一条路径从 A 点运动到 B 点时，如图 4-2 所示，作用力$\vec{F}$所

做的总功为元功沿该路径的积分，即

$$W=\int_{l_{A\to B}}\vec{F}\cdot\mathrm{d}\vec{r}. \tag{4.1.16}$$

式(4.1.16)的来源是牛顿动力学方程，因此其中的$\vec{F}$为质点受到的合力. 若有 N 个力作用在质点上，则

$$\vec{F}=\sum_{i=1}^{N}\vec{F}_i. \tag{4.1.17}$$

而对于作用在质点上的每一个力$\vec{F}_i$，都可以定义它所做的功

$$W_i=\int_l\vec{F}_i\cdot\mathrm{d}\vec{r}. \tag{4.1.18}$$

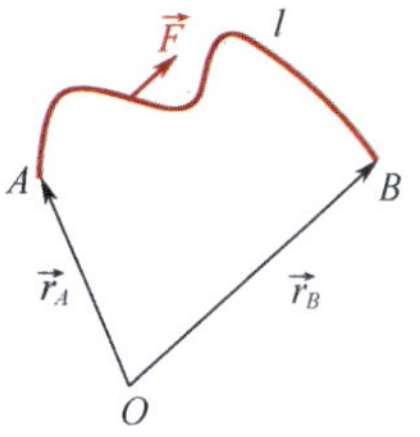

图 4-2　力沿路径做功

合力做的功为所有的力做功之和，即

$$W=\int_l\sum_i\vec{F}_i\cdot\mathrm{d}\vec{r}=\sum_i\int_l\vec{F}_i\cdot\mathrm{d}\vec{r}=\sum_i W_i. \tag{4.1.19}$$

如前所述，对于一个有限的过程，动能定理是对合力而言的. 当一个质点受到多个力的作用时，单独考虑其中任何一个力所做的功，都不一定等于质点动能的变化量，因此合力中的每个分力，通常不能单独应用动能定理. 在式(4.1.18)中积分是沿着路径进行的，对于一般情况，此积分大小不仅与起点和终点有关，也与路径的具体形状有关. 合力做功的后果是质点的动能发生了变化，这就是动能定理的表现，即

$$\Delta T=T_2-T_1=W. \tag{4.1.20}$$

一个力所做的功是力矢量与位移矢量的点积，因此**功是可正可负的**. 当作用力沿位移方向的分量与位移方向一致时，所做的功就为**正功**；反之，所做的功就为**负功**. 当作用在质点上的总功不为零时，由动能定理可以得出其动能将会改变，相应地，运动速度的大小将发生变化. 而当作用在质点上的总功为零时，其动能不发生改变，运动速度大小也不发生改变. 对于后者，一个典型的例子就是匀速圆周运动. 在匀速圆周运动中，质点受到的力的方向与其运动速度方向始终垂直，如图 4-3 所示. 因此，质点仅不断地改变运动方向，而不会改变运动速度大小，所以此时作用力并不做功.

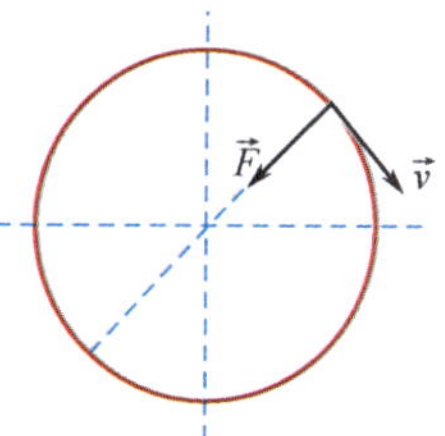

图 4-3　匀速圆周运动向心力不做功

对于单质点的动能 $T=\dfrac{1}{2}mv^2$，其随时间的变化率为

$$\frac{\mathrm{d}T}{\mathrm{d}t}=\frac{\mathrm{d}}{\mathrm{d}t}\left(\frac{1}{2}mv^2\right)=\frac{1}{2}m\frac{\mathrm{d}}{\mathrm{d}t}(\vec{v}\cdot\vec{v})=m\frac{\mathrm{d}\vec{v}}{\mathrm{d}t}\cdot\vec{v}, \tag{4.1.21}$$

由牛顿第二定律$\vec{F}=m\dfrac{\mathrm{d}\vec{v}}{\mathrm{d}t}$，可知动能的变化率为

$$\frac{\mathrm{d}T}{\mathrm{d}t}=\vec{F}\cdot\vec{v}, \tag{4.1.22}$$

式(4.1.22)等号的右边定义为力$\vec{F}$做功的**功率**，记作

$$P=\vec{F}\cdot\vec{v}, \tag{4.1.23}$$

则动能的变化率为力做功的功率，即

$$\frac{dT}{dt}=P. \tag{4.1.24}$$

从元功的角度，在 dt 时间内动能的变化为

$$dT=Pdt. \tag{4.1.25}$$

由动能定理，式(4.1.25)又可以写成

$$dW=Pdt, \tag{4.1.26}$$

或者

$$P=\frac{dW}{dt}, \tag{4.1.27}$$

这就是说功率为单位时间内力所做的功.

在国际单位制中，功和动能的单位相同，为 $kg\cdot m^2\cdot s^{-2}$，称为焦耳，记作 J；功率的单位为 $kg\cdot m^2\cdot s^{-3}$，称为瓦特，记作 W.

例 4-1 一质量为 m 的滑块沿倾角为 θ 的光滑固定斜面滑下，如图 4-4 所示. 若滑块初速度大小为v_1，求其下滑 Δh 后的速度.

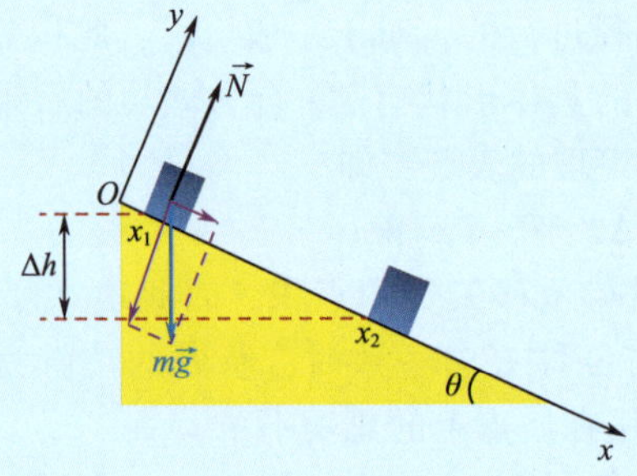

图 4-4 例 4-1 图

解 滑块受到重力和斜面的支持力作用，按图示坐标方向，滑块受到的合力为

$$\vec{F}=m\vec{g}+\vec{N}=mg\sin\theta\vec{i}+(N-mg\cos\theta)\vec{j}. \tag{4.1.28}$$

当滑块从x_1 处下滑到x_2 处时，合力做功为

$$\begin{aligned}\int_{\vec{r}_1}^{\vec{r}_2}\vec{F}\cdot d\vec{r}&=\int_{x_1}^{x_2}[mg\sin\theta\vec{i}+(N-mg\cos\theta)\vec{j}]\cdot dx\vec{i}\\&=\int_{x_1}^{x_2}mg\sin\theta dx\\&=mg\sin\theta(x_2-x_1)\\&=mg\Delta h,\end{aligned} \tag{4.1.29}$$

其中 Δh 为x_2 和x_1 所对应位置的高度差. 由功能原理可知

$$\frac{1}{2}mv_2^2-\frac{1}{2}mv_1^2=mg\Delta h, \tag{4.1.30}$$

因此，滑块在x_2 处的速度大小为

$$v_2=\sqrt{2g\Delta h+v_1^2}. \tag{4.1.31}$$

开根号时取了正号是因为滑块终点处于起点的下方，表明在终点处滑块是沿斜面向下运动的.

从最终的表达式可以看出，滑块在进行无摩擦下滑的运动中，其动能的变化仅与高度差有关，而与斜面的倾角无关，当斜面变为弧面的时候也会得到相同的结果.

例 4-2 一质点在一维线性弹簧的束缚下运动，求弹性力对质点做的功.

解 如图 4-5 所示，对于受到一维线性弹簧束缚的质点，设其平衡位置为x_0，则其位于 x 处时受力大小为

$$F=-k(x-x_0). \tag{4.1.32}$$

当质点从x_1 处运动到x_2 处时，弹性力做功为

$$W=-\int_{x_1}^{x_2}k(x-x_0)\,\mathrm{d}x$$

$$=\frac{1}{2}k\,(x_1-x_0)^2-\frac{1}{2}k\,(x_2-x_0)^2. \tag{4.1.33}$$

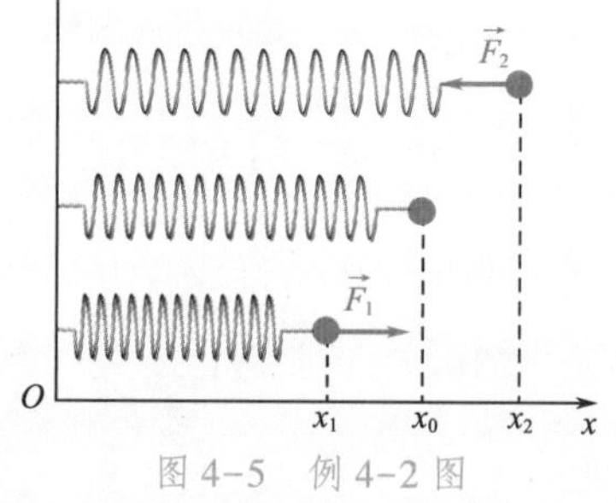

图 4-5 例 4-2 图

当质点运动的起点为平衡位置时，弹性力做负功，此种情况下

$$W=-\frac{1}{2}k(x-x_0)^2. \tag{4.1.34}$$

当质点运动的终点为平衡位置时，弹性力做正功，此种情况下

$$W=\frac{1}{2}k(x-x_0)^2. \tag{4.1.35}$$

例 4-3 如图 4-6 所示，质量为 m、长为 l 的均匀链条被约束在一直角形光滑管道中运动，链条一部分位于管道的水平部分，另一部分沿管道的垂直部分下垂，下垂部分最初长x_0. 假定开始时链条静止，利用动能定理求链条下落的速度大小和加速度大小，并求其下落长度随时间的变化情况.

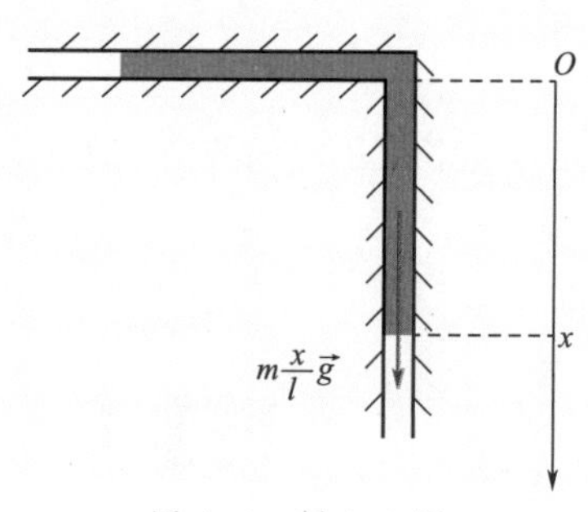

图 4-6 例 4-3 图

解 在管道的水平部分，链条受到重力和管道的支持力作用，支持力的方向与链条的运动方向垂直，因此在运动过程中不做功. 设链条下垂部分长度为 x，当链条继续下落 $\mathrm{d}x$ 时，重力做功为

$$\mathrm{d}W=m\,\frac{x}{l}g\mathrm{d}x+m\,\frac{\mathrm{d}x}{l}g\left(\frac{\mathrm{d}x}{2}\right). \tag{4.1.36}$$

式(4.1.36)右边第一项为原本已下垂部分的链条，其所受重力在链条下落 $\mathrm{d}x$ 时做的功；第二项为原来位于管道水平部分的链条下滑 $\mathrm{d}x$ 后，相应的重力所做的功. 考虑到 $m\,\frac{\mathrm{d}x}{l}$为一阶小量，而 $m\,\frac{\mathrm{d}x}{l}g\left(\frac{\mathrm{d}x}{2}\right)$为二阶小量，相比第一项而言可以忽略，因此

$$\mathrm{d}W=m\,\frac{x}{l}g\mathrm{d}x. \tag{4.1.37}$$

积分，得到链条下垂部分从最初长 x_0 到下垂部分长度为 x 时重力所做的功，为

$$W=\int_{x_0}^{x}m\,\frac{x'}{l}g\mathrm{d}x'=\frac{mg}{2l}(x^2-x_0^2). \tag{4.1.38}$$

由动能定理，重力做功转化为体系动能的增加，因此

$$\frac{1}{2}mv^2=\frac{mg}{2l}(x^2-x_0^2), \tag{4.1.39}$$

从而链条下落速度大小为

$$v=\sqrt{\frac{g(x^2-x_0^2)}{l}}. \tag{4.1.40}$$

将式(4.1.40)对时间求导数，即得到链条下落的加速度大小，为

$$a=\frac{\mathrm{d}v}{\mathrm{d}t}=\frac{\mathrm{d}^2x}{\mathrm{d}t^2}=\frac{g}{l}x. \tag{4.1.41}$$

解上面的微分方程可得

$$x=A\mathrm{e}^{\sqrt{\frac{g}{l}}t}+B\mathrm{e}^{-\sqrt{\frac{g}{l}}t}, \tag{4.1.42}$$

其中 A 和 B 为积分常数. 由于 $t=0$ 时 $x=x_0$，且链条静止，则有

$$x_0=A+B,$$

对式(4.1.42)求导后得到下落速度大小随时间的变化关系，若 $t=0$ 时 $v=0$，则

$$0=\sqrt{\frac{g}{l}}(A-B), \tag{4.1.43}$$

因此

$$A=B=\frac{x_0}{2}. \tag{4.1.44}$$

链条下落长度随时间的变化情况为

$$x=\frac{x_0}{2}\left(\mathrm{e}^{\sqrt{\frac{g}{l}}t}+\mathrm{e}^{-\sqrt{\frac{g}{l}}t}\right). \tag{4.1.45}$$

4.2 保守力与势能

考虑地球表面的万有引力，其引起的重力加速度近似为常数，方向垂直地面向下. 若取垂直地面向上为直角坐标系的 z 轴正方向，则

$$\vec{F}_g=-mg\vec{k}. \tag{4.2.1}$$

由此可知，当一质点在地面附近运动时，重力对其做的元功为

$$\mathrm{d}W=\vec{F}_g\cdot\mathrm{d}\vec{r}=-mg\mathrm{d}z. \tag{4.2.2}$$

当质点的位置高度从 h_1 变为 h_2 时，重力做功为

$$W=\int_{h_1}^{h_2}-mg\mathrm{d}z=mg(h_1-h_2). \tag{4.2.3}$$

此结果表明重力做功仅与下落的高度有关，而与是垂直下落还是斜抛运动等运动路径无关.

从式(4.1.33)可以看到，弹簧的弹性力做功也有类似重力做功的特点，弹性力做功仅与起点位置和终点位置有关，而与中间过程无关.

质量分别为 m 和 M 的两个质点，它们之间的距离为 r，则它们之间的万有引力为

$$\vec{F}=-G\frac{mM}{r^3}\vec{r}. \tag{4.2.4}$$

如图 4-7 所示，在一个有限过程中，质量为 m 的质点从起始位置 $\vec{r}_a$ 处运动到终点位置 $\vec{r}_b$ 处时，万有引力做功为

$$\begin{aligned}W&=\int_{\vec{r}_a}^{\vec{r}_b}-G\frac{mM}{r^3}\vec{r}\cdot\mathrm{d}\vec{r}\\&=-\int_{r_a}^{r_b}G\frac{mM}{r^2}\mathrm{d}r\\&=GmM\left(\frac{1}{r_b}-\frac{1}{r_a}\right).\end{aligned} \tag{4.2.5}$$

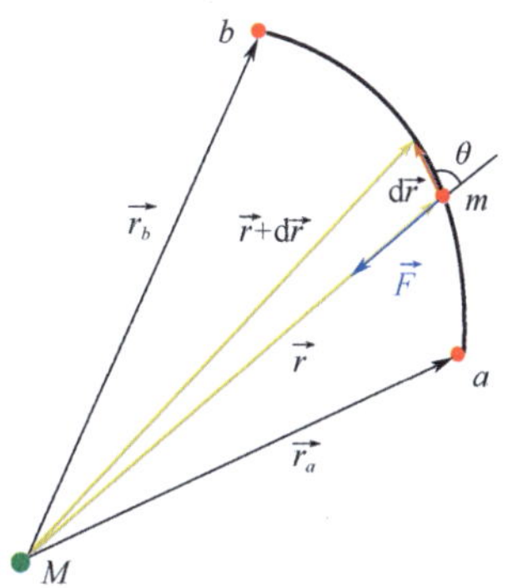

图 4-7 万有引力做功

从式(4.2.5)可以看出，万有引力做功也与质点运动路径无关，仅与质点的起始位置和终点位置有关.

如果我们对不同的力所做的功进行计算的话，就会发现有不少的力都有类似以上计算的特征，即力做的功仅与起点和终点的位置有关，而与具体的运动路径无关. 而有些力，如摩擦力，则没有这样的特性. 做功大小与运动路径无关的力，称为**保守力**.

一个受到保守力$\vec{F}$作用的质点从某个地点$\vec{r}_0$出发，运动到另外一个位置$\vec{r}$时，保守力$\vec{F}$做功为 $W(\vec{r}_0\to\vec{r})$，且

$$W(\vec{r}_0\to\vec{r})=\int_{\vec{r}_0}^{\vec{r}}\vec{F}\cdot\mathrm{d}\vec{r}. \tag{4.2.6}$$

由保守力做功的特性可知，当质点在保守力的作用下由位置 1 移动到位置 2 时，不论具体路径如何，保守力做功都具有同一个确定的值. 这个值仅由位置 1 和位置 2 的空间位置决定，在形式上总是等于某个与质点空间位置有关的函数的增量的负值. 如果以符号 $V(\vec{r}_2)$ 表示这个函数的终态值，以 $V(\vec{r}_1)$ 表示这个函数的初态值，则可将保守力做功表示为

$$W(\vec{r}_1\to\vec{r}_2)=-[V(\vec{r}_2)-V(\vec{r}_1)]. \tag{4.2.7}$$

由此可见，函数 $V(\vec{r})$ 与动能具有相同的量纲，都具有能量量纲. 由此定义一个新的物理量，用 $V(\vec{r})$ 来表示，称其为**势能**. 式(4.2.7)是势能差的普遍定义式，它表明，在一个过程中，保守力做功等于势能增量的负值.

式(4.2.7)定义的是质点在保守力作用下由初态位置移动到终态位置时两个位置间的势能差，并没有确定单一位置处的势能，只有选定空间某个参考点作为计算势能的零点后，才能确定空间各点的势能. 例如，令 $V(\vec{r}_1)=0$，则

$$V(\vec{r})=-W(\vec{r}_1\to\vec{r})=\int_{\vec{r}}^{\vec{r}_1}\vec{F}\cdot\mathrm{d}\vec{r}. \tag{4.2.8}$$

即空间某点处的势能等于从该点到势能零点保守力所做的功，显然它与势能零点的选取有关.

由于保守力做功为质点在初始位置处和终点位置处的势能差，因此势能的意义在于空间不同位置处的差别，与势能的零点位置无关. 这导致势

能零点的选取具有任意性，一般按照计算方便的原则来选取，如在讨论自由落体运动时选取地面为势能零点.

由式(4.2.3)可知，若以空间某点为势能零点，则重力势能为

$$V=mgh, \tag{4.2.9}$$

其中 h 为质点所处位置与势能零点处之间的高度差，若质点所处位置高于势能零点，则 h 为正，否则 h 为负.

对于一维线性弹簧，从式(4.1.33)可以看出，弹性力做功也仅与质点的起点位置和终点位置有关，因此该力也为保守力，从而有相应的势能. 若以平衡位置为势能零点，则弹簧的势能为

$$V=\frac{1}{2}kx^2, \tag{4.2.10}$$

其中 x 为相对于平衡位置的偏移量.

对于保守力，由于其做功大小与物体运动路径无关，因此当物体经由某路径从 $\vec{r}_1$ 处运动到 $\vec{r}_2$ 处，再由另一路径从 $\vec{r}_2$ 处运动回到 $\vec{r}_1$ 处时，如图 4-8 所示，该保守力做的功为零，即

图 4-8　保守力沿闭合回路做功为零

$$\begin{aligned} W &= \int_{\vec{r}_1}^{\vec{r}_2} \vec{F}\cdot \mathrm{d}\vec{r} + \int_{\vec{r}_2}^{\vec{r}_1} \vec{F}\cdot \mathrm{d}\vec{r} \\ &= [V(\vec{r}_1)-V(\vec{r}_2)]+[V(\vec{r}_2)-V(\vec{r}_1)] \\ &= 0. \end{aligned}$$

因此，保守力绕一个闭合回路 L 做功为零，或者说保守力做功的环路积分为零，即

$$\oint_L \vec{F}\cdot \mathrm{d}\vec{r}=0. \tag{4.2.11}$$

这也是判断一个力是不是保守力的一种方法.

由式(4.2.8)可知

$$\mathrm{d}V=-\vec{F}\cdot \mathrm{d}\vec{r}, \tag{4.2.12}$$

在直角坐标系下，有

$$\vec{F}=-\frac{\partial V}{\partial x}\vec{i}-\frac{\partial V}{\partial y}\vec{j}-\frac{\partial V}{\partial z}\vec{k}, \tag{4.2.13}$$

可引入梯度算符∇，它在直角坐标系下表示为

$$\nabla=\vec{i}\frac{\partial}{\partial x}+\vec{j}\frac{\partial}{\partial y}+\vec{k}\frac{\partial}{\partial z}, \tag{4.2.14}$$

因此，保守力和势能间的关系可以表示为

$$\vec{F}=-\nabla V. \tag{4.2.15}$$

这就是说，保守力是势能的负梯度.

在一维的情况下，设坐标变量为 x，则保守力和势能间的关系为

$$F=-\frac{\mathrm{d}V(x)}{\mathrm{d}x}. \tag{4.2.16}$$

4.3 机械能守恒定律

若质点仅受到一个保守力作用，当质点从$\vec{r}_1$处运动到$\vec{r}_2$处时，由动能定理，其动能的变化为

$$T(\vec{r}_2)-T(\vec{r}_1)=W(\vec{r}_1\to\vec{r}_2)=V(\vec{r}_1)-V(\vec{r}_2), \tag{4.3.1}$$

调整式(4.3.1)等号两边各项的位置，可以得到

$$T(\vec{r}_1)+V(\vec{r}_1)=T(\vec{r}_2)+V(\vec{r}_2), \tag{4.3.2}$$

由此可以发现，在仅受到一个保守力作用时，质点的动能和势能之和在运动过程中保持不变. 若其受到了多个保守力作用，我们容易发现，质点的动能加上总的势能也是在运动过程中保持不变的，即有

$$T(\vec{r}_1)+V_1(\vec{r}_1)+V_2(\vec{r}_1)+\cdots=T(\vec{r}_2)+V_1(\vec{r}_2)+V_2(\vec{r}_2)+\cdots. \tag{4.3.3}$$

将质点的动能及其势能之和定义为质点的**机械能**，即

$$E=T+V. \tag{4.3.4}$$

对于仅受保守力作用的质点，从式(4.3.3)可知在质点运动时，其动能和势能都随运动方式变化，当势能减少时，动能增加；反之，当势能增加时，动能减少. 即质点的动能和势能在相互转换，但其总和保持不变. 这一特性称为**机械能守恒定律**：当体系仅受保守力作用时，其机械能在运动过程中保持不变.

对于保守力，在质点的某个运动过程中，如果质点的势能在增加，则在相反的过程中，或者通过其他的运动过程质点从终点回到起点时，其势能将减少，反之亦然. 这是能够保证机械能守恒的原因. 而对于像摩擦力这样的非保守力，则没有这样的特性，无法使体系的机械能在运动过程中保持不变. 因此，机械能守恒定律只在仅受保守力作用的体系中，或存在非保守力但非保守力不做功时，才能成立，这样的体系称为**保守体系**. 利用机械能守恒定律，在处理保守体系的一些物理过程时，会带来很大的便利.

例 4-4 一质量为 m 的滑块从一个高为 h 的环形滑梯上由静止开始光滑运动，其下落到地面时的速度是多大？

解 题目中仅给出了滑块下落的高度差，但没有给出滑梯的具体形状，因此直接应用牛顿方程来处理并不方便. 由于滑块和滑梯之间是无摩擦的，且滑梯对滑块的支持力总是垂直于运动轨道的，因此这个物理体系的机械能是守恒的. 对于初态和末态，存在关系

$$T_0+V_0=T_1+V_1. \tag{4.3.5}$$

初态滑块静止，动能为零；末态滑块的速率为v_1，则

$$T_0=0,\quad T_1=\frac{1}{2}mv_1^2. \tag{4.3.6}$$

取地面为重力势能零点，则

$$V_0=mgh,\quad V_1=0. \tag{4.3.7}$$

将式(4.3.6)和式(4.3.7)代入式(4.3.5)得

$$mgh=\frac{1}{2}mv_1^2, \tag{4.3.8}$$

即

$$v_1=\sqrt{2gh}. \tag{4.3.9}$$

该速度大小与自由落体运动相同，其原因是在整个运动过程中仅重力做功，而重力做功的大小仅与高度差有关.

例 4-5 利用机械能守恒定律计算例 4-3 中整个链条刚离开管道水平部分时的速度大小.

解 链条受到重力和管道的支持力作用，由于重力为保守力，而支持力不做功，因此可以用机械能守恒定律进行处理. 初始时，体系的动能为零，即 $T=0$. 以管道水平部分所在处为势能零点，体系的势能为

$$V=-\frac{1}{2}\frac{m}{l}x_0^2g, \tag{4.3.10}$$

因此，体系的机械能为

$$E=T+V=0-\frac{1}{2}\frac{m}{l}x_0^2g=-\frac{1}{2}\frac{m}{l}x_0^2g. \tag{4.3.11}$$

当整个链条刚离开桌面时，其速度大小为 v，机械能为

$$E=\frac{1}{2}mv^2-\frac{1}{2}mlg, \tag{4.3.12}$$

由机械能守恒可得

$$-\frac{1}{2}\frac{m}{l}x_0^2g=\frac{1}{2}mv^2-\frac{1}{2}mlg, \tag{4.3.13}$$

因此，此时链条的速度大小为

$$v=\sqrt{\frac{l^2-x_0^2}{l}g}. \tag{4.3.14}$$

4.4 势能曲线

保守体系中势能的大小仅与位置有关，由此可以将势能大小与空间位置之间的关系用曲面或曲线的方式直观地表示出来. 通过势能曲线或曲面的形态，一方面可以定性了解该保守体系中保守力的特性，另一方面结合机械能守恒定律可以方便地了解保守体系的运动特性.

常见保守力包括重力、线性弹性力、万有引力等. 重力势能为 $V=mgh$，势能曲线如图 4-9 所示.

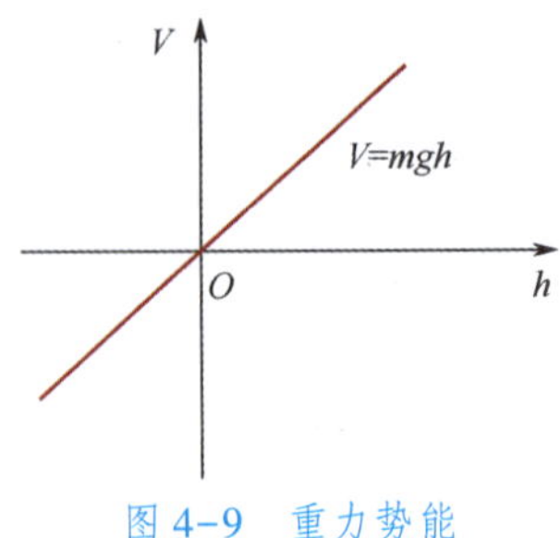

图 4-9 重力势能

对于线性弹簧，当其拉升或压缩量为 x 时，弹性力为

$$F=-kx. \tag{4.4.1}$$

设弹簧的平衡位置为势能零点，则其势能为

$$V=-\int_0^x F\mathrm{d}x=\int_0^x kx\mathrm{d}x=\frac{1}{2}kx^2. \tag{4.4.2}$$

势能曲线为抛物线，如图 4-10 所示.

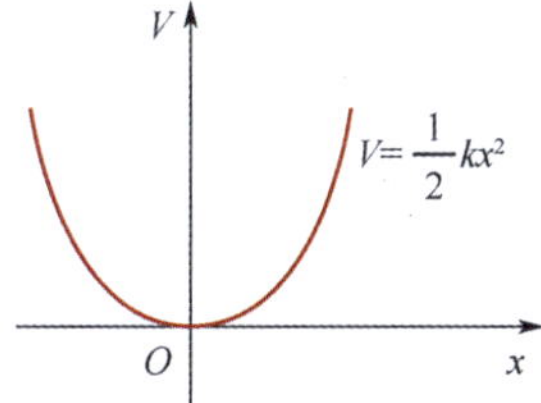

图 4-10 线性弹簧的势能

由式(4.2.5)可以看出，质量为 m 的质点从起始位置矢量 $\vec{r}_a$ 处运动到终点位置矢量 $\vec{r}_b$ 处时，万有引力做功，在此过程中势能的变化为

$$V_a-V_b=GMm\left(\frac{1}{r_b}-\frac{1}{r_a}\right). \tag{4.4.3}$$

令无穷远处为势能零点，则当质点到地心的距离为 r 时，即 $r_a\to\infty$ 、$r_b=r$ 时，体系的万有引力势能为

$$V=-G\frac{Mm}{r}, \tag{4.4.4}$$

势能曲线如图 4-11 所示.

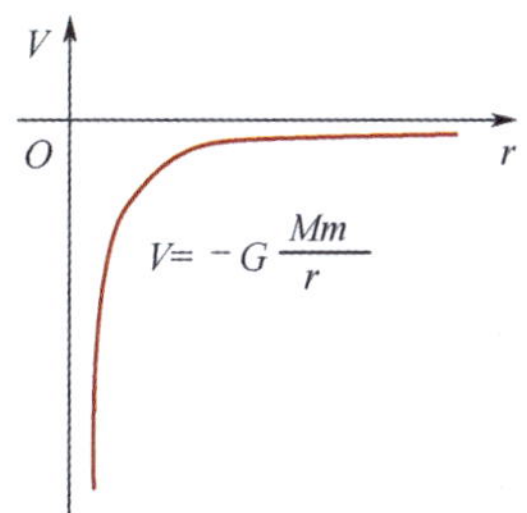

图 4-11 万有引力势能

由于保守力为势能的负梯度，因此在一维的情况下，保守力的大小即为势能曲线的斜率，当势能在某点附近为增函数时，受力指向负方向，反之，当势能在某点附近为减函数时，受力指向正方向. 对于势能曲线的极值点或者拐点，由于在这些点处势能曲线斜率为零，因此在这些点处保守力为零.

当质点在保守力的作用下运动时，势能曲线如图 4-12 所示，其机械能守恒. 设其机械能为 E，如画在势能曲线图上，机械能表现为一条平行于横轴的直线. 质点的动能为机械能与势能之差，即

$$T=E-V, \tag{4.4.5}$$

故机械能曲线和势能曲线之间的差异为质点的动能. 由于质点的动能不能为负值，因此势能曲线不能高于机械能曲线. 例如，在图 4-12 中 $x_1<x<x_2$

的区域内，势能就大于机械能，因此质点不会运动到这个区域中. 而质点可能出现的区域为 $x \leqslant x_1$ 或$x_2 \leqslant x \leqslant x_3$. 当质点只能出现在有限大小的区域内时，被称为处于**束缚态**，反之则处于**自由态**.

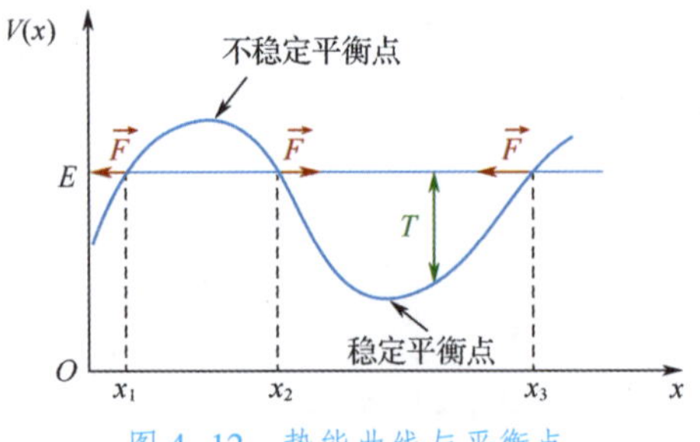

图 4-12　势能曲线与平衡点

由于质点受到的作用力为势能的负梯度，因此在势能曲线的极值点处，即斜率为零的地方，质点受力为零. 若质点处于该处时速度为零，则它将始终保持静止状态，因此把这样的点称为**平衡点**. 但对于势能曲线的极大值点和极小值点仍有不同. 设势能曲线的极值点坐标为x_0，利用势能函数的泰勒展开式可知极值点附近处的势能近似为

$$V(x) \approx V(x_0)+\left.\frac{\mathrm{d}V}{\mathrm{d}x}\right|_{x=x_0}(x-x_0)+\left.\frac{1}{2}\frac{\mathrm{d}^2V}{\mathrm{d}x^2}\right|_{x=x_0}(x-x_0)^2, \tag{4.4.6}$$

考虑到对于极值点存在关系

$$\left.\frac{\mathrm{d}V}{\mathrm{d}x}\right|_{x=x_0}(x-x_0)=0, \tag{4.4.7}$$

所以泰勒展开式中一阶小量为零，这也是式(4.4.6)中保留到二阶小量的原因. 因此，在势能极值点附近的势能函数可以近似写成

$$V(x) \approx V(x_0)+\left.\frac{1}{2}\frac{\mathrm{d}^2V}{\mathrm{d}x^2}\right|_{x=x_0}(x-x_0)^2. \tag{4.4.8}$$

令

$$k=\left.\frac{\mathrm{d}^2V}{\mathrm{d}x^2}\right|_{x=x_0}, \tag{4.4.9}$$

则式(4.4.8)可写为

$$V(x) \approx V(x_0)+\frac{1}{2}k(x-x_0)^2. \tag{4.4.10}$$

因此，在势能极值点附近质点受力为

$$F=-\frac{\mathrm{d}V}{\mathrm{d}x}=-k(x-x_0). \tag{4.4.11}$$

由式(4.4.10)，若x_0 为极小值点，则 $k>0$，此时从式(4.4.11)可以看出在x_0 点附近，作用力的表现与弹性力相同，若质点被略微推离平衡点，作用力将会把它推回到平衡位置，因此这样的平衡点称为**稳定平衡点**. 对于极大值点，$k<0$，在其附近，质点受到的作用力的性质与弹性力相反，若质点被略微推离平衡点，作用力会推动它持续偏离下去，因此这样的平衡点称为**不稳定平衡点**. 利用类似分析可知，势能曲线的拐点也是不稳定平衡点.

4.5 质点系功能原理

具有多个质点的体系被称为质点系. 质点系中不同质点之间存在相互作用，称为质点系受到的内力，同时周围的环境对质点系有相互作用，称为质点系受到的外力. 对于质点系中的第 i 个质点，将其受到的合内力记为 F_{iI}，将其受到的合外力记为 F_{iE}. 在一个过程中，当质点系从某个初态运动到末态时，对于第 i 个质点，其动能变化为

$$\Delta T_i = W_{iI} + W_{iE}, \tag{4.5.1}$$

其中，W_{iI}为该质点受到的合内力 F_{iI}所做的功，W_{iE}为该质点受到的合外力 F_{iE}所做的功. 将式(4.5.1)对质点系的所有质点求和，得到

$$\sum_i \Delta T_i = \sum_i W_{iI} + \sum_i W_{iE}, \tag{4.5.2}$$

记

$$\begin{aligned} \Delta T &= \sum_i \Delta T_i, \\ W_I &= \sum_i W_{iI}, \\ W_E &= \sum_i W_{iE}, \end{aligned} \tag{4.5.3}$$

则式(4.5.2)可重写为

$$\Delta T = W_I + W_E. \tag{4.5.4}$$

由式(4.5.4)可知，在一个过程中，质点系动能的增量等于总的外力做功与总的内力做功之和，这称为质点系的动能定理.

下面讨论质点系的内力做功，现仅考虑质点系内第 i 个质点和第 j 个质点，用 $\vec{f}_{ij}$表示第 j 个质点对第 i 个质点的作用力，用 $\vec{f}_{ji}$表示其反作用力. 对一个充分小的过程，这一对作用力与反作用力所做的元功之和为

$$\mathrm{d}W = \vec{f}_{ij} \cdot \mathrm{d}\vec{r}_i + \vec{f}_{ji} \cdot \mathrm{d}\vec{r}_j. \tag{4.5.5}$$

由 $\vec{f}_{ij} = -\vec{f}_{ji}$可得

$$\begin{aligned} \mathrm{d}W &= \vec{f}_{ij} \cdot (\mathrm{d}\vec{r}_i - \mathrm{d}\vec{r}_j) \\ &= \vec{f}_{ij} \cdot \mathrm{d}(\vec{r}_i - \vec{r}_j) \\ &= \vec{f}_{ij} \cdot \mathrm{d}\vec{r}_{ji}, \end{aligned} \tag{4.5.6}$$

其中，$\vec{r}_{ji}$是第 i 个质点对第 j 个质点的相对位置矢量，如图 4-13(a)所示. 在充分小的过程中，两质点从相对位置矢量 $\vec{r}_{ji}$改变为 $\vec{r}_{ji}+\mathrm{d}\vec{r}_{ji}$，$\mathrm{d}\vec{r}_{ji}$是第 i 个质点对第 j 个质点的相对位置矢量的增量，如图 4-13(b)所示. 由式(4.5.6)可知，两质点之间的一对作用力与反作用力做功之和与两质点始末相对位置的改变有关，与参考系无关.

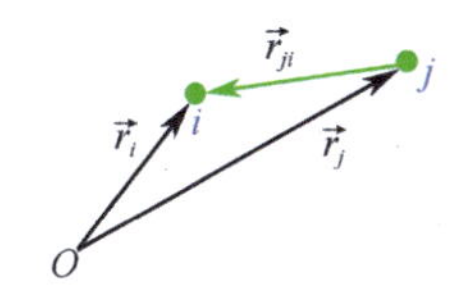

图 4-13(a) 相对位置矢量

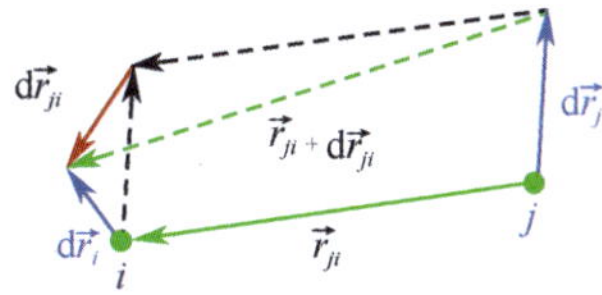

图 4-13(b) 相对位置矢量的增量

两质点在相互作用的一对保守力作用下，处于一定的空间位置时具有一定的势能，称为**两质点间的相互作用势能**.

在一个充分小的过程中，如果两质点间之间相互作用的一对力是保守力，则所做元功之和可以表示为两质点间的相互作用势能 $V(\vec{r}_{ji})$ 增量的负值，即

$$\mathrm{d}W=-\mathrm{d}V(\vec{r}_{ji}). \tag{4.5.7}$$

在一个有限过程中，如果两质点之间相互作用的一对力是保守力，则两质点的这一对作用力与反作用力做功之和等于两质点间的相互作用势能的增量的负值.

如果质点系内第 i 个质点和第 j 个质点间的相互作用势能为 V_{ji}，则质点系的势能为

$$V_I=\sum_{j}\sum_{i>j}V_{ji}, \tag{4.5.8}$$

其中，求和式中的 $i>j$ 表示在进行逐对计算的过程中避免重复.

质点受到的内力有些是保守力，有些不是保守力. 而在一个过程中保守力做功可以用相应的势能的增量的负值来表示. 将内力中的保守力做功记为 W_{cI}，非保守力做功记为 W_{nI}. 式(4.5.4)可以重写为

$$\Delta T=W_{cI}+W_{nI}+W_E, \tag{4.5.9}$$

在上述过程中，质点系内力中的保守力做功等于质点系势能的增量的负值，则

$$W_{cI}=-\Delta V_I, \tag{4.5.10}$$

将式(4.5.10)代入式(4.5.9)后整理可得

$$\Delta T+\Delta V_I=W_{nI}+W_E, \tag{4.5.11}$$

质点系的机械能为质点系的动能与质点系的势能之和，则

$$E=T+V_I, \tag{4.5.12}$$

利用机械能将式(4.5.11)重写为

$$\Delta E=W_{nI}+W_E, \tag{4.5.13}$$

由式(4.5.13)可知，在一个过程中，质点系的机械能增量等于非保守内力做功和外力做功的总和，这称为质点系**功能原理**. 需要注意的是功能原理在惯性系中利用牛顿定律导出，因此只是在惯性系中才成立.

前面曾讨论过一个质点在空间各点的势能，严格讲，势能与相互作用有关，称势能为两质点间的相互作用势能或多质点系统相互作用势能更确切. 由于两质点间的一对作用力与反作用力做功之和与参考系无关，故可选取相对其中一个质点为静止的参考系进行计算，在这个参考系中，由于该质点静止，保守力对它做功为零，故只需要计算保守力对另一个质点所做的功即可，而对该质点所做的功与原来两质点间一对作用力与反作用力做功之和是相同的，由此得到的势能值也相同. 由此不难理解质点的势能值也是相互作用的两个质点间的相互作用势能值.

习题 4

4.1 有一作用力为$\vec{F}=210\vec{i}-150\vec{j}$(单位：N)，作用在一个物体上，物体发生的位移为$\Delta\vec{r}=15\vec{i}+13\vec{j}$(单位：m). 在这段位移中该力对物体做的功是多少？

4.2 某人体重为70kg，他从楼下走上4楼，每个楼层高度为3m，求在上楼过程中他为克服重力所做的功.

4.3 一电梯箱质量为2×10^3kg，在20s内匀速上升了140m. 钢缆在这段时间内对电梯箱做功的平均功率是多少？

4.4 一个最初静止、质量为5.0kg的物体在2.0s内沿水平方向均匀加速到8m/s. 在这段时间内，对物体加速的合力对它做了多少功？合力做功的功率是多少？

4.5 一个质量为70kg的物体以30m/s的速率撞击在一个缓冲垫上，最后静止. 撞击过程中缓冲垫的厚度被压缩了1m. 设压缩过程中物体受力始终相同，则该力大小为多少？

4.6 质量为m的滑块以速率v从一光滑拱形滑道的最低处出发冲上滑道，滑道最高处和最低处的高度差为h，则初始速率至少为多大，滑块才能冲到滑道的最高处？若滑道最高处的曲率半径为ρ，则在该处滑道受到的压力是多大？

4.7 一根质量可忽略、弹性系数为k的弹簧水平放置，一端固定在墙上，另一端固定在一个质量为m的滑块上，滑块在地面上滑动. 初始时滑块的运动速率为v，弹簧的伸长量为L，由于与地面有摩擦，最终弹簧静止. 求在此过程中摩擦力做的功.

4.8 已知某二维作用力为$\vec{F}=3x\vec{i}+5xy^2\vec{j}$，判断该力是否为保守力. 若是保守力，求势能的表达式.

4.9 一个在二维平面内运动、质量为m的质点，其坐标随时间的变化为$\vec{r}=a\cos\omega t\,\vec{i}+b\sin\omega t\,\vec{j}$，求该质点的受力，并判断该力是否为保守力，若是保守力，求势能的表达式.

4.10 两核子间的势能函数为$V(r)=-\mu_0\frac{r_0}{r}e^{-\frac{r}{r_0}}$，其中$\mu_0$和$r_0$为常数. 定性画出势能曲线，并求核力的表达式.

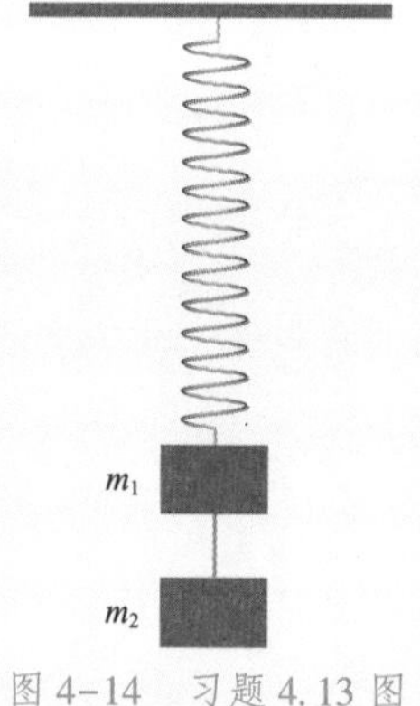

图4-14 习题4.13图

4.11 已知两个分子之间的相互作用势能为$V(r)=\frac{A}{r^{12}}-\frac{B}{r^6}$，其中$A$和$B$为常数，$r$为分子间距离. 求这两个分子之间相互作用力为零时的间距.

4.12 长度为L的单摆，摆球的质量为m，初始时摆绳与竖直方向夹角为θ，摆球静止. 求摆球的最大运动速率.

4.13 如图4-14所示，悬挂在屋顶的弹簧下面依次悬挂着质量分别为m_1和m_2的两个重物，初始时体系处于静止状态，现剪断两个重物之间的连线. 求质量为m_1的重物的最大运动速率. 弹簧的弹性系数为k，其与连线的质量可忽略.

4.14 如图4-15所示，一质量为m的滑块从斜面上由静止光滑下滑，进入一弧形轨道. 弧形轨道由两段半径均为r的圆弧按图中形式拼接而成. 若滑块进入轨道后由于速度太快发生了脱轨现象，那么脱轨处应当在什么位置？滑块初始时至少要处于多高位置才会发生脱轨现象？(忽略滑块大小.)

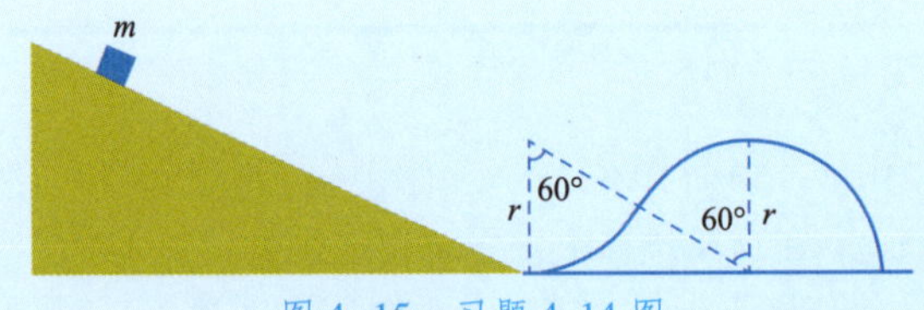

图 4-15 习题 4.14 图

4.15 如图 4-16 所示，一质量为 m 的重物从离地面 h_1 的高度处由静止自由下落，落在一个垂直放置在地面、高度为 h_2、弹性系数为 k 的弹簧上，弹簧和托板的质量忽略不计．求弹簧的最大压缩量.

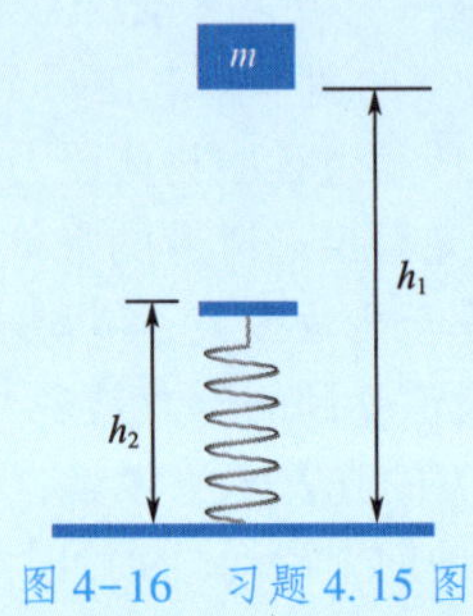

图 4-16 习题 4.15 图

4.16 如图 4-17 所示，一长度为 L 的单摆从水平位置由静止开始摆动，在悬挂点正下方距离为 d 的地方固定了一个钉子，它会影响单摆运动到此处的运动模式．求单摆被钉子绊住后能达到的最大高度以及此时的运动速率.

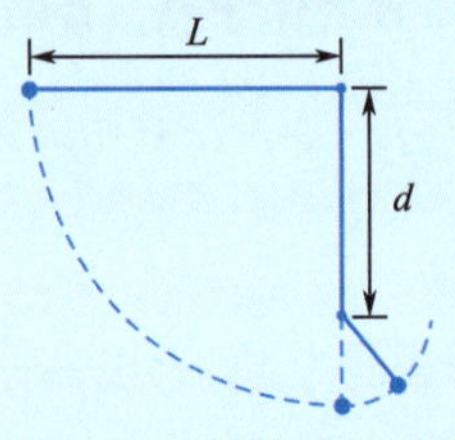

图 4-17 习题 4.16 图

第5章 动量与角动量

动量和角动量也是用来描述物体运动状态的两个物理量. 与动能类似，它们与物体的质量和速度相关. 牛顿第二定律的本质是质点的动量的变化率与所受到的合力相等，即质点受力导致质点运动状态改变的最直接后果就是其动量发生变化. 而角动量则反映了质点或者质点系围绕某处转动的物理特性. 在近代物理中，人们发现用动量和角动量来描述物体的运动状态更加具有普遍性，而动量守恒定律和角动量守恒定律也体现出了物理体系更深层的物理特性.

5.1 动量定理和动量守恒定律

当考虑到物体的质量在运动过程中变化的情形时，牛顿第二定律应写为

$$\vec{F}=\frac{\mathrm{d}}{\mathrm{d}t}(m\vec{v}), \tag{5.1.1}$$

即力等于质量和速度乘积的变化率. 由此可以定义一个新的物理量：动量. **动量**定义为质点质量和速度的乘积，它是一个矢量：

$$\vec{p}=m\vec{v}. \tag{5.1.2}$$

牛顿第二定律可以以动量的形式表示，即

$$\frac{\mathrm{d}\vec{p}}{\mathrm{d}t}=\vec{F}. \tag{5.1.3}$$

这也称为**动量定理**：质点动量的变化率等于其受到的合力. 上式两边同乘以 dt，可得

$$\mathrm{d}\vec{p}=\vec{F}\mathrm{d}t. \tag{5.1.4}$$

质点受到力$\vec{F}$的作用，从t_1 时刻运动到t_2 时刻，其动量的变化为

$$\int_{t_1}^{t_2}\vec{F}\mathrm{d}t=\int_{\vec{p}_1}^{\vec{p}_2}\mathrm{d}\vec{p}=\vec{p}_2-\vec{p}_1, \tag{5.1.5}$$

其中$\vec{p}_1$ 和$\vec{p}_2$ 分别为t_1 时刻和t_2 时刻的质点动量. 上式左边所代表的是力$\vec{F}$对质点持续作用了一段时间后所起到的效果，这个效果被定义为力$\vec{F}$在t_1时刻到t_2 时刻期间内的冲量$\vec{I}$，即

$$\vec{I}=\int_{t_1}^{t_2}\vec{F}\mathrm{d}t. \tag{5.1.6}$$

上式也可以写成微分的形式，为

$$\mathrm{d}\vec{I}=\vec{F}\mathrm{d}t. \tag{5.1.7}$$

因此，动量定理也可以表述为**质点动量的变化等于合力作用在质点上的冲量**.

动量和冲量都是矢量，因此，在直角坐标系中动量定理可以分解为 3 个分量的表达式

$$\begin{aligned} I_x&=\int_{t_1}^{t_2}F_x\mathrm{d}t=p_{2x}-p_{1x}, \\ I_y&=\int_{t_1}^{t_2}F_y\mathrm{d}t=p_{2y}-p_{1y}, \\ I_z&=\int_{t_1}^{t_2}F_z\mathrm{d}t=p_{2z}-p_{1z}. \end{aligned} \tag{5.1.8}$$

由于冲量为力的时间积分，因此只有知道力如何随时间变化才能知道

冲量的大小. 但是在一些物理过程中较难获知力随时间变化的具体情况. 在这样的过程中，如果知道了初态和末态的动量变化以及力作用的时间，那么就可以利用动量定理获知冲量的变化

$$\vec{I}=\vec{p}_2-\vec{p}_1 \tag{5.1.9}$$

和平均受力的大小

$$\vec{F}=\frac{\vec{I}}{t_2-t_1}. \tag{5.1.10}$$

需要注意的是，这样得到的结果是平均的作用力，而不是瞬时的作用力.

例 5-1 用一个 1kg 重的锤子去击打一枚钉子，击打前锤子的速度大小为 4m/s，击打后锤子静止，若击打时间(即从锤子接触到钉子到静止间的时间)分别为 0.1s 和 0.01s，钉子的平均受力为多少?

解 碰撞前后锤子的动量变化大小或者说冲量大小为

$$I=|p_2-p_1|=|0-1\times4|=4(\mathrm{kg\cdot m\cdot s^{-1}}). \tag{5.1.11}$$

当击打时间为 0.1s 时，钉子的平均受力为

$$F=\frac{I}{\Delta t}=\frac{4}{0.1}=40(\mathrm{N}). \tag{5.1.12}$$

当击打时间为 0.01s 时，钉子的平均受力为

$$F=\frac{I}{\Delta t}=\frac{4}{0.01}=400(\mathrm{N}). \tag{5.1.13}$$

由此可知，若想获得较大的击打力，就需要尽量缩短击打时间.

由于质点的动能为

$$T=\frac{1}{2}mv^2, \tag{5.1.14}$$

因此可以利用质点动量来表示质点动能：

$$T=\frac{1}{2m}(m\vec{v})\cdot(m\vec{v})=\frac{\vec{p}^2}{2m}. \tag{5.1.15}$$

动量和动能都与质点的运动状态有关. 动量的变化是合力在时间上的积累效应，而动能的变化则是合力在空间上的积累效应. 它们从不同的角度反映了力的作用效果.

当质点不受力或所受合力为零时，由动量定理可得

$$\frac{\mathrm{d}\vec{p}}{\mathrm{d}t}=0. \tag{5.1.16}$$

因此此时动量不随时间而改变，这称为**动量守恒**. 对单质点而言，动量守恒也就是惯性定律所表述的状态. 由于动量是矢量，因此有的时候尽管质点所受合力不为零，但合力在某个方向上的分量为零，那么在这个方向上的动量守恒. 例如，对于抛体运动，由于重力方向始终垂直地面，质点在水平方向上不受力，因此，质点在水平方向上的动量分量守恒，这也就表现为抛体运动在水平方向上的速度分量保持大小和方向不变.

考虑由两个质点组成的质点体系，它们仅受到了来自对方的相互作用力，分别遵守方程

$$\frac{\mathrm{d}\vec{p}_1}{\mathrm{d}t}=\vec{F}_{12},\quad \frac{\mathrm{d}\vec{p}_2}{\mathrm{d}t}=\vec{F}_{21},\tag{5.1.17}$$

其中$\vec{F}_{12}$为质点2对质点1的作用力，$\vec{F}_{21}$为质点1对质点2的作用力，且满足

$$\vec{F}_{12}=-\vec{F}_{21}.\tag{5.1.18}$$

将两个方程相加可得

$$\frac{\mathrm{d}\vec{p}_1}{\mathrm{d}t}+\frac{\mathrm{d}\vec{p}_2}{\mathrm{d}t}=\vec{F}_{12}+\vec{F}_{21}=0,\tag{5.1.19}$$

即

$$\frac{\mathrm{d}}{\mathrm{d}t}(\vec{p}_1+\vec{p}_2)=0,\tag{5.1.20}$$

因此，这两个质点的总动量$\vec{p}=\vec{p}_1+\vec{p}_2$为常矢量，不随时间发生改变，也就是总动量守恒. 反过来，如果两个质点所组成的质点体系总动量守恒，则它们之间的相互作用力大小相等、方向相反. 这就说明了牛顿第三定律和动量守恒之间有紧密的联系.

例 5-2 如图5-1所示，一质量为m_1的小球以速率v撞击在一个摆长为L的静止单摆上，摆球的质量为m_2. 撞击后小球和摆球粘合为一体，求单摆的最高摆角θ.

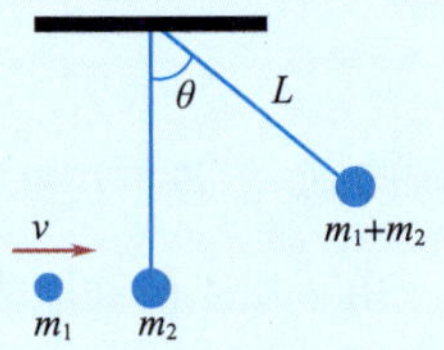

图 5-1 例 5-2 图

解 小球和摆球发生撞击的前后在水平方向上没有外力作用，因此动量守恒. 设撞击后摆球的速率为v'，则有

$$m_1v=(m_1+m_2)v',\tag{5.1.21}$$

因此v'为

$$v'=\frac{m_1}{m_1+m_2}v.\tag{5.1.22}$$

撞击后在单摆摆动的过程中体系的机械能守恒，当单摆摆到最高点时满足关系

$$\frac{1}{2}(m_1+m_2)v'^2=(m_1+m_2)gL(1-\cos\theta),\tag{5.1.23}$$

得

$$\cos\theta=1-\frac{v'^2}{2gL}=1-\frac{m_1^2v^2}{2gL(m_1+m_2)^2},\tag{5.1.24}$$

所以单摆的最高摆角θ为

$$\theta=\arccos\left[1-\frac{m_1^2v^2}{2gL(m_1+m_2)^2}\right].\tag{5.1.25}$$

若$\frac{m_1^2v^2}{2gL(m_1+m_2)^2}>1$，则说明单摆摆到水平状态时小球和摆球的速率依然不是零，因此在这种情况下的最大摆角$\theta=\frac{\pi}{2}$.

例 5-3 当使用枪支射击时，对射击姿势的要求是抵肩射击，即要求枪托紧靠肩膀. 若子弹质量 $m_1=10^{-2}\text{kg}$，其初速度 $v_1=800\text{m/s}$，枪体的质量 $m_2=3\text{kg}$，射击者的质量 $m_3=70\text{kg}$，分析抵肩射击和不抵肩射击的后果如何.

解 当不抵肩射击时，子弹发出前后子弹和枪体组成的体系总动量守恒，满足

$$m_1v_1=m_2v_2, \tag{5.1.26}$$

则枪体反冲的速率 v_2 为

$$v_2=\frac{m_1}{m_2}v_1\approx 2.67(\text{m/s}), \tag{5.1.27}$$

即枪体在子弹发出后会以 $v_2\approx 2.67\text{m/s}$ 的速率撞击人体，因此容易造成射击者受伤.

当抵肩射击时，枪体和人体可视为一体，因此子弹发出前后，人体、枪体和子弹组成的体系总动量守恒，人体和枪体以相同的速率反冲，满足方程

$$m_1v_1=(m_2+m_3)v_3, \tag{5.1.28}$$

由此可得人体和枪体整体的反冲速率 v_3 为

$$v_3=\frac{m_1}{m_2+m_3}v_1\approx 0.1(\text{m/s}). \tag{5.1.29}$$

可以看出在抵肩射击时，由于利用了人体相对于枪体大得多的质量，从而大大减弱了子弹发出时的反冲作用.

例 5-4 有一辆车，车速初始为 0，在车上载有 N 只羊，若它们相对于车以大小为 v_0 的速度按同时或逐次的方式从车尾跳下车，求所有的羊都跳离车后的车速？设车的质量为 M，每只羊的质量都为 m.

解 先求解所有羊一起跳车的情况. 在跳车前后体系总动量守恒，且跳车前体系总动量为零；跳车后，体系总动量为

$$Mv+Nm(v-v_0)=0, \tag{5.1.30}$$

其中 v 为跳车后车的运动速度大小. 需要注意的是，这里设定 v_0 为羊离开车后相对于车的速度大小. 由上式可得车的最终速度大小为

$$v=\frac{Nm}{M+Nm}v_0. \tag{5.1.31}$$

再考虑羊逐次跳离车的情况. 当车上还有 n 只羊时，车的速度大小设为 v_n，之后 1 只羊跳车后车的速度大小设为 v_{n-1}，则由体系的总动量守恒可以得到

$$(M+nm)v_n=[M+(n-1)m]v_{n-1}+m(v_{n-1}-v_0), \tag{5.1.32}$$

由此可得

$$v_{n-1}=v_n+\frac{m}{M+nm}v_0. \tag{5.1.33}$$

考虑到车的初速度大小为零，即

$$v_N=0, \tag{5.1.34}$$

则所有羊都跳离车后，车的速度大小为

$$v=\sum_{n=1}^{N}\frac{m}{M+nm}v_0. \tag{5.1.35}$$

对比式(5.1.31)和式(5.1.35)可知，当所有羊按逐次的方式跳车时，车会获得更大的末速度.

例 5-5 类似于上例，火箭飞行的加速方式是利用向后方抛燃料燃烧产生的气体来使自身的运动速度改变. 不一样的地方是上例中，后抛不是连续的过程，而火箭飞行中后抛燃料燃烧产生的气体量是连续变化的. 推导重力加速度为零时，火箭的速度变化公式.

解 如图 5-2 所示，设 t 时刻火箭的质量为 M，速度大小为 v. 在 t 时刻到 $t+\Delta t$ 时刻之间，火箭以相对速度大小 u 向后方抛出质量为 $|\mathrm{d}M|$ 的燃料燃烧产生的气体，由于后抛燃料燃烧产生的气体后火箭的质量变小，因此 $\mathrm{d}M<0$. 利用 t 时刻和 $t+\Delta t$ 时刻火箭及其燃料总动量守恒，可得关系式

$$Mv=(M+\mathrm{d}M)(v+\mathrm{d}v)-\mathrm{d}M(v+\mathrm{d}v-u), \tag{5.1.36}$$

其中 $\mathrm{d}v$ 为火箭获得的速度大小增量. 整理上式并略去二阶小量后可得

$$M\mathrm{d}v=-u\mathrm{d}M, \tag{5.1.37}$$

即

$$\mathrm{d}v=-u\frac{\mathrm{d}M}{M}, \tag{5.1.38}$$

对上式积分得

$$\int_{v_0}^{v_1}\mathrm{d}v=\int_{M_0}^{M_1}-u\frac{\mathrm{d}M}{M}, \tag{5.1.39}$$

其中v_0 和 M_0 分别为火箭初始速度大小和初始质量；v_1 和 M_1 分别为经历了一段时间加速后火箭的速度大小和质量. 积分后整理可得

$$v_1-v_0=u\ln\frac{M_0}{M_1}, \tag{5.1.40}$$

该式为火箭的加速公式.

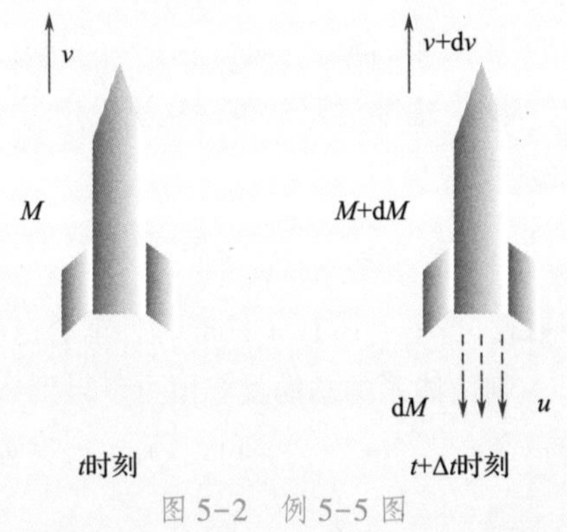

图 5-2 例 5-5 图

对比例 5-4 和例 5-5，可以发现：在例 5-4 中，羊跳车的速度是设定成跳车前相对于车的速度还是设定成跳车后相对于车的速度，对最后的结果是有影响的；而在例 5-5 中则无此因素的影响. 这是由于例 5-5 中是个连续变质量的过程，上述影响在其中为二阶小量，可以忽略掉.

5.2 质心和质心运动定理

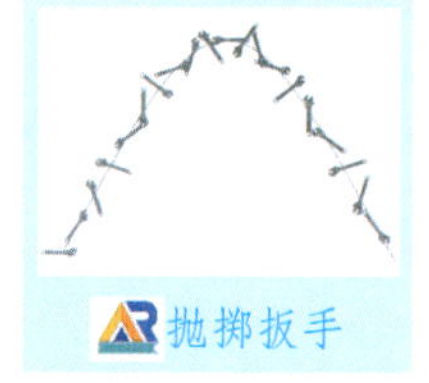
抛掷扳手

把一个扳手掷出去后，它在空中的运动是比较复杂的，它一面翻转一面前进. 我们仔细观察就会发现，在扳手上可以找到一个点，扳手在运动过程中总是绕这个点旋转，而这个点在空中的轨迹是一条抛物线(忽略了空气阻力)，这表明，像扳手这样的质点系，它在重力作用下的整体运动，可以由该点的运动来代表，具有这样性质的点称为质点系的质心.

在处理任何物理问题的时候都要定义一个参考系. 当有 2 个、3 个甚至 4 个以上的质点时，经常会使用的一个参考系叫作**质心系**. 这是一个特殊的参考系. 有了总动量的概念就可以定义质心系.

具有多个质点的体系被称为**质点系**. 一个质点系的总动量为

$$\vec{p} = \sum_i \vec{p}_i, \tag{5.2.1}$$

其中$\vec{p}_i$为第 i 个质点的动量，且

$$\vec{p}_i = m_i \vec{v}_i. \tag{5.2.2}$$

考虑到质点速度$\vec{v}_i = \dfrac{\mathrm{d}\vec{r}_i}{\mathrm{d}t}$，质点系的总动量为

$$\vec{p} = \sum_i m_i \frac{\mathrm{d}\vec{r}_i}{\mathrm{d}t} = \frac{\mathrm{d}}{\mathrm{d}t}\sum_i m_i \vec{r}_i, \tag{5.2.3}$$

定义

$$\vec{r}_C = \frac{\sum_i m_i \vec{r}_i}{\sum_i m_i}, \tag{5.2.4}$$

则

$$\vec{p} = M\frac{\mathrm{d}\vec{r}_C}{\mathrm{d}t}, \tag{5.2.5}$$

其中 $M = \sum_i m_i$，为质点系的总质量. 因此，我们可以将质点系的总动量看成一个质量为质点系总质量、速度为$\vec{v}_C = \dfrac{\mathrm{d}\vec{r}_C}{\mathrm{d}t}$的质点的动量，该质点位于$\vec{r}_C$处，该位置称为质点系的**质心**.

此外，考虑第 i 个质点所满足的动力学方程

$$\vec{F}_i = m_i \frac{\mathrm{d}\vec{v}_i}{\mathrm{d}t}, \tag{5.2.6}$$

该质点受到的总作用力$\vec{F}_i$可以视为两种力的合成，其中一种力为质点系外其他物体对它的作用力，称为**外力**，其和记为$\vec{F}_i^{(e)}$；另一种力为质点系中其他质点对它的作用力，称为**内力**，其和记为$\vec{F}_i^{(i)}$，且

$$\vec{F}_i^{(i)} = \sum_{j\neq i} \vec{f}_{ij}, \tag{5.2.7}$$

其中$\vec{f}_{ij}$为第 j 个质点对第 i 个质点的作用力. 现对质点系中所有质点的动力

学方程求和，有

$$\sum_i \vec{F}_i = \sum_i m_i \frac{\mathrm{d}\vec{v}_i}{\mathrm{d}t}, \tag{5.2.8}$$

上式左边对力的求和为

$$\sum_i \vec{F}_i = \sum_i [\vec{F}_i^{(\mathrm{e})} + \vec{F}_i^{(\mathrm{i})}] = \sum_i \vec{F}_i^{(\mathrm{e})} + \sum_i \vec{F}_i^{(\mathrm{i})}, \tag{5.2.9}$$

上式中对内力的求和为

$$\sum_i \vec{F}_i^{(\mathrm{i})} = \sum_i \sum_j \vec{f}_{ij}, \tag{5.2.10}$$

考虑到该求和遍历所有的内力，且两质点间的相互作用力满足

$$\vec{f}_{ij} = -\vec{f}_{ji}, \tag{5.2.11}$$

因此质点系内力的总和应该为零，即

$$\sum_i \vec{F}_i^{(\mathrm{i})} = 0, \tag{5.2.12}$$

这样，式(5.2.9)中仅留下了质点系受到的合外力，即

$$\sum_i \vec{F}_i = \sum_i \vec{F}_i^{(\mathrm{e})} = \vec{F}^{(\mathrm{e})}. \tag{5.2.13}$$

再考虑式(5.2.8)的右边，若运动过程中每个质点的质量都不发生变化，则

$$\sum_i m_i \frac{\mathrm{d}\vec{v}_i}{\mathrm{d}t} = \frac{\mathrm{d}}{\mathrm{d}t}\sum_i m_i \vec{v}_i = \frac{\mathrm{d}}{\mathrm{d}t}\vec{p}, \tag{5.2.14}$$

该式为质点系总动量的变化率. 由此得到了质点系的质心运动定理

$$\frac{\mathrm{d}}{\mathrm{d}t}\vec{p} = \vec{F}^{(\mathrm{e})}, \tag{5.2.15}$$

即质点系整体的运动等效于一个质量为质点系总质量、处于质心位置、受到了质点系合外力作用的一个质点的运动. 这一定理为我们在考虑一个质点系运动时常将之视为一个质点运动给出了理论基础. 例如，我们在考虑一个太空站的运动情况时，会将之视为一个质点在绕地球转动，而没有考虑其大小及内部运动. 质心运动定理说明这样的建模是合理的.

如果建立一个随质心运动的参考系，在该参考系中质心是不动的，因此其总动量为零，即

$$\vec{p}_{\mathrm{C}} = 0. \tag{5.2.16}$$

该参考系称为质心系. 由于在质心系中总动量始终为零，因此在这个参考系中总动量是守恒的. 需要注意的是，质心系不一定是惯性系.

例 5-6 如图 5-3 所示，一质量为 m 的滑块沿倾角为 θ 的三角斜面下滑，三角斜面可以光滑地在地面上水平滑动. 在第 2 章例 2-3 中利用牛顿第二定律讨论了这个问题，现利用机械能守恒定律和动量定理来讨论该体系所应满足的动力学方程.

解 选取图示坐标系，三角斜面以其右下顶点的坐标 x_M 标志其运动，滑块以其右下角坐标 $\vec{r}_m = x_m\vec{i} + y_m\vec{j}$ 标志其运动. 体系在水平方向上不受外力作用，因此体系总动量在水平方向上守恒，若初始时体系静止，则

$$M\frac{\mathrm{d}x_M}{\mathrm{d}t} + m\frac{\mathrm{d}x_m}{\mathrm{d}t} = 0. \tag{5.2.17}$$

体系无摩擦，因此总机械能守恒，满足关系

$$\frac{1}{2}M\left(\frac{\mathrm{d}x_M}{\mathrm{d}t}\right)^2+\frac{1}{2}m\left[\left(\frac{\mathrm{d}x_m}{\mathrm{d}t}\right)^2+\left(\frac{\mathrm{d}y_m}{\mathrm{d}t}\right)^2\right]+mgy_m=E_0,\tag{5.2.18}$$

其中取地面为势能零点，E_0 为体系初始时的机械能. 设初始时滑块的纵坐标为y_{m0}，则

$$E_0=mgy_{m0}.\tag{5.2.19}$$

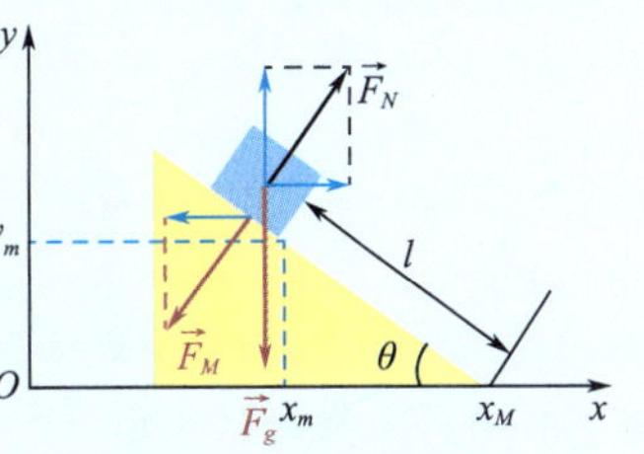

图 5-3　例 5-6 图

滑块坐标和三角斜面坐标之间存在几何约束条件

$$\begin{aligned}x_m&=x_M-l\sin\theta,\\y_m&=l\sin\theta,\end{aligned}\tag{5.2.20}$$

联合以上 4 式[式(5.2.17)~式(5.2.20)]即为体系所满足的动力学方程.

例 5-7　如图 5-4 所示，一个质量为 M 的大铁环(铁环半径为 R)用质量可以忽略的绳子系在屋顶. 在大铁环上面套着两个相同的质量为 m 的小铁环. 小铁环由静止从大铁环的顶端向两边对称无摩擦下滑. 在小铁环下滑的过程中，大铁环是否有可能向上运动? 如可以，则应满足什么条件?

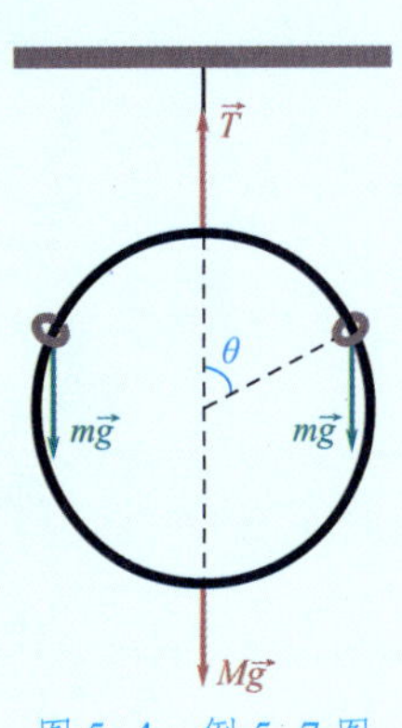

图 5-4　例 5-7 图

解　考虑由 3 个铁环组成的物理体系，其受到的外力包括 3 个铁环受到的重力及绳子给大铁环的拉力 $\vec{T}$. 当小铁环下滑时，体系的质心也在向下运动. 以大铁环圆心为坐标系原点，纵轴为 z 轴. 质心坐标为

$$z_c=\frac{2mR\cos\theta}{M+2m},\tag{5.2.21}$$

其速度和加速度大小分别为

$$\begin{aligned}v_c&=-\frac{2mR\sin\theta}{M+2m}\frac{\mathrm{d}\theta}{\mathrm{d}t},\\a_c&=-\frac{2mR}{M+2m}\left[\sin\theta\frac{\mathrm{d}^2\theta}{\mathrm{d}t^2}+\cos\theta\left(\frac{\mathrm{d}\theta}{\mathrm{d}t}\right)^2\right].\end{aligned}\tag{5.2.22}$$

在大铁环向上运动之前，体系的机械能守恒，满足方程

$$2mgR(1-\cos\theta)=2\left(\frac{1}{2}mv_m^2\right)=mR^2\left(\frac{\mathrm{d}\theta}{\mathrm{d}t}\right)^2,\tag{5.2.23}$$

即

$$2g(1-\cos\theta)=R\left(\frac{\mathrm{d}\theta}{\mathrm{d}t}\right)^2.\tag{5.2.24}$$

对上式求一次导数后可以得到

$$g\sin\theta=R\frac{\mathrm{d}^2\theta}{\mathrm{d}t^2},\tag{5.2.25}$$

利用式(5.2.24)和式(5.2.25)，体系质心的加速度大小可以表达为

$$a_c=-\frac{2mg}{M+2m}[1+(2-3\cos\theta)\cos\theta].\tag{5.2.26}$$

质心加速度的产生来自于3个铁环所受到的总的合外力，满足方程

$$T-(M+2m)g=(M+2m)a_c. \tag{5.2.27}$$

拉力$\vec{T}$大小为0为大铁环向上运动的临界条件，由此可得临界角θ满足条件

$$\cos\theta=\frac{2m\pm\sqrt{4m^2-6mM}}{6M}, \tag{5.2.28}$$

上式有解的条件为其中被开根号的部分非负，则大小铁环应满足条件

$$m\geqslant\frac{3}{2}M, \tag{5.2.29}$$

且

$$2m\pm\sqrt{4m^2-6mM}\leqslant 6M. \tag{5.2.30}$$

5.3 两体碰撞

我们经常会考虑两个质点的碰撞或散射. 例如，篮球飞过来人去接，但是没有抓住，篮球接触手之后又飞了出去，这就是一个碰撞的过程. 5个手指抓篮球的力不一样，要分析这些力就非常复杂. 但不管有多复杂，有一个规律就是动量守恒. 也就是说你的动量，加上篮球的动量，在碰撞前后加起来是相等的.

对于两个质点的碰撞，假设只有在质点接触的过程中它们之间有相互作用，且没有外界对其的相互作用，或者外界对其的相互作用可以忽略，则在两个质点开始接触到碰撞分离之后，其总动量是守恒的，因此在碰撞前后两质点的动量满足

$$\vec{p}_1+\vec{p}_2=\vec{p}_1'+\vec{p}_2', \tag{5.3.1}$$

其中$\vec{p}_1$和$\vec{p}_2$分别为碰撞前两质点的动量，$\vec{p}_1'$和$\vec{p}_2'$分别为碰撞后两质点的动量.

在碰撞过程中能量是否守恒需根据具体情况而定，能量守恒的碰撞称为弹性碰撞，而能量不守恒的碰撞称为非弹性碰撞. 若碰撞后两个物体粘在一起，此时所造成的能量损失是最大的，称为完全非弹性碰撞. 弹性碰撞在碰撞前后没有能量损失.

此外，如果两物体间仅在相互接触时才存在相互作用，这种情况下比较容易区分碰撞前后，即接触前和分离后. 由于二者分离后相互之间没有相互作用，因此在计算体系能量的时候仅需计算它们的动能. 如果物体间不需要相互接触也有较强的相互作用，如两个电荷，那么对于什么时候是碰撞前、什么时候是碰撞后就比较复杂，此时通常把两物体相互靠近但距离很远时称为碰撞前，而把两个物体相互远离且相距很远时称为碰撞后，而远近则由是否可以忽略两物体间相互作用的势能来确定. 这样定义的碰撞可以忽略两物体间相互作用的势能，因此计算能量的时候也仅需计算动能.

在不考虑环境对两质点的作用的情况下，质心系为惯性系. 从质心系来看，两个质点分别以速度$\vec{v}_{c1}$和$\vec{v}_{c2}$入射发生碰撞，碰撞后的速度分别为$\vec{v}'_{c1}$和$\vec{v}'_{c2}$. 由之前的讨论可知质心系中总动量始终为零，因此

$$m_1\vec{v}_{c1}+m_2\vec{v}_{c2}=m_1\vec{v}'_{c1}+m_2\vec{v}'_{c2}=0. \tag{5.3.2}$$

对于弹性碰撞，碰撞前后能量守恒，即有

$$\frac{1}{2}m_1v_{c1}^2+\frac{1}{2}m_2v_{c2}^2=\frac{1}{2}m_1v_{c1}'^2+\frac{1}{2}m_2v_{c2}'^2. \tag{5.3.3}$$

要满足这两个方程，从质心系的角度看，两质点碰撞后它们的速度大小不会发生改变，仅改变了运动方向，即有

$$v_{c1}=v'_{c1},\quad v_{c2}=v'_{c2}. \tag{5.3.4}$$

要获知碰撞后的运动方向，则还需要更多关于碰撞的详细信息.

从实验室参考系看，若两个质点分别以速度$\vec{v}_1$和$\vec{v}_2$入射发生碰撞，则质心速度为

$$\vec{v}_c=\frac{m_1\vec{v}_1+m_2\vec{v}_2}{m_1+m_2}. \tag{5.3.5}$$

相应地，在质心系中观测到的两质点的入射速度分别为

$$\vec{v}_{c1}=\vec{v}_1-\vec{v}_c=\frac{m_2}{m_1+m_2}(\vec{v}_1-\vec{v}_2)=\frac{m_2}{m_1+m_2}\vec{u}, \tag{5.3.6}$$

$$\vec{v}_{c2}=\vec{v}_2-\vec{v}_c=\frac{m_1}{m_1+m_2}(\vec{v}_2-\vec{v}_1)=-\frac{m_1}{m_1+m_2}\vec{u}, \tag{5.3.7}$$

其中$\vec{u}=\vec{v}_1-\vec{v}_2$为两质点间的相对运动速度. 设碰撞后从质心系看第一个质点出射到单位矢量$\vec{e}$的方向，则碰撞后两质点在质心系中的速度分别为

$$\vec{v}'_{c1}=\frac{m_2}{m_1+m_2}u\vec{e},\quad \vec{v}'_{c2}=-\frac{m_1}{m_1+m_2}u\vec{e}. \tag{5.3.8}$$

从实验室参考系看，两质点的出射速度分别为

$$\vec{v}'_1=\vec{v}_c+\vec{v}'_{c1}=\frac{m_1\vec{v}_1+m_2\vec{v}_2}{m_1+m_2}+\frac{m_2}{m_1+m_2}u\vec{e}, \tag{5.3.9}$$

$$\vec{v}'_2=\vec{v}_c+\vec{v}'_{c2}=\frac{m_1\vec{v}_1+m_2\vec{v}_2}{m_1+m_2}-\frac{m_1}{m_1+m_2}u\vec{e}. \tag{5.3.10}$$

对于一维的碰撞，假设质点 1 沿 x 轴正方向运动，则$\vec{e}=-\frac{\vec{u}}{u}$，因此

$$\vec{v}'_1=\frac{m_1\vec{v}_1+m_2\vec{v}_2}{m_1+m_2}-\frac{m_2}{m_1+m_2}(\vec{v}_1-\vec{v}_2)=\frac{m_1-m_2}{m_1+m_2}\vec{v}_1+\frac{2m_2}{m_1+m_2}\vec{v}_2, \tag{5.3.11}$$

$$\vec{v}'_2=\frac{m_1\vec{v}_1+m_2\vec{v}_2}{m_1+m_2}+\frac{m_1}{m_1+m_2}(\vec{v}_1-\vec{v}_2)=\frac{2m_1}{m_1+m_2}\vec{v}_1+\frac{m_2-m_1}{m_1+m_2}\vec{v}_2. \tag{5.3.12}$$

若两个质点质量相同，$m_1=m_2=m$，则

$$\vec{v}'_1=\vec{v}_2,\quad \vec{v}'_2=\vec{v}_1, \tag{5.3.13}$$

即当两个质量相同的质点发生一维碰撞时，碰撞后两个质点将交换速度.

计算机模拟

光滑水平面上两个小球的碰撞

计算机模拟

光滑水平面上两个小球的碰撞——斜碰-1

计算机模拟

光滑水平面上两个小球的碰撞——斜碰-2

计算机模拟

光滑水平面上两个小球的碰撞——正碰-1

计算机模拟

光滑水平面上两个小球的碰撞——正碰-2

例 5-8 如图 5-5 所示，将多个相同的单摆紧靠着摆放，若初始时所有摆球都静止于平衡位置，然后拉起最边上的一个摆球，释放后这些单摆会发生什么样的运动？设碰撞为完全弹性碰撞.

解 第一个摆球摆到最低点以速度 $\vec{v}$ 与第二个摆球发生碰撞，两个摆球质量相同，碰撞为弹性碰撞，因此碰撞后两摆球将交换速度，即第一个摆球静止，第二个摆球获得速度 $\vec{v}$. 之后第二个摆球与第三个摆球发生弹性碰撞，碰撞过程与之前第一个摆球和第二个摆球的碰撞相同，碰撞后第二个摆球静止，第三个摆球获得速度 $\vec{v}$. 以此类推，最终只有最后一个摆球以速度 $\vec{v}$ 开始向上摆动，其他摆球静止. 该摆球摆到最高点再下落，之后过程与前面的分析类似.

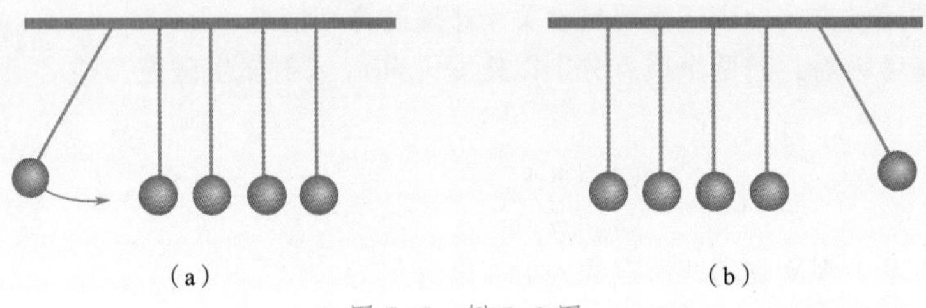

图 5-5 例 5-8 图

例 5-9 如图 5-6(a)所示，将一个质量为 m 的小球放置在一个质量为 M 的大球上面，初始时两个球静止于距离地面 h 的空中，令两个球同时下落. 求当它们落地反弹后小球离开大球时的速率. 设碰撞为弹性碰撞.

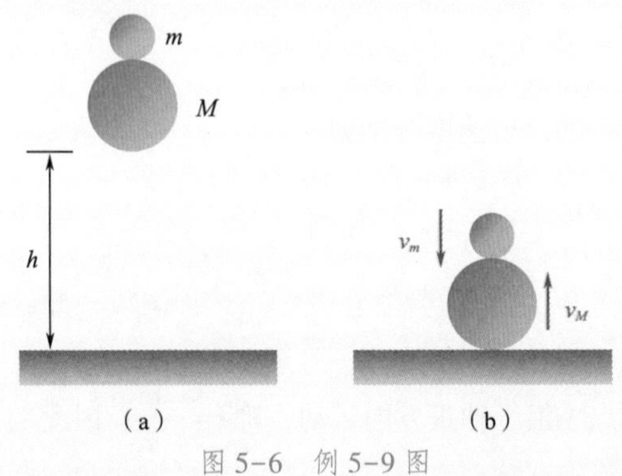

图 5-6 例 5-9 图

解 在下落过程中因为两个球的加速度相同，因此其下落速度始终相同，并且小球始终与大球相接触. 当大球落地时，大球、小球的速率都为

$$v_M = v_m = \sqrt{2gh}. \tag{5.3.14}$$

大球与地面弹性碰撞，反弹速度大小没有变化. 此时小球以速率 v_m 向下运动，而大球以速率 v_M 向上运动，两球发生弹性碰撞，碰撞后小球的速率为

$$v_m' = \frac{2M}{M+m}v_M - \frac{m-M}{M+m}v_m = \frac{3M-m}{M+m}\sqrt{2gh}. \tag{5.3.15}$$

例 5-10 如图 5-7 所示，质量都为 m 的两滑块用弹性系数为 k 的弹簧相连接，静止地放在光滑地面上，另一质量为 m 的滑块以速率 v_0 与弹簧左边的滑块发生弹性碰撞. 求弹簧的最大压缩长度以及弹簧右边滑块相对于地面的最大速率和最小速率.

解 运动的滑块与弹簧左边滑块发生弹性碰撞后，该滑块静止，弹簧左边滑块以速率 v_0 向右运动. 之后弹簧与两个滑块所组成的体系动量守恒、能量守恒，其质心以速率

$$v_c=\frac{v_0}{2} \tag{5.3.16}$$

匀速向右运动. 根据该体系的特性，弹簧右边滑块相对于体系质心的最大运动速率为

$$v_{2c}=\frac{v_0}{2}, \tag{5.3.17}$$

方向可向左，也可以向右. 因此，相对于地面而言，弹簧右边滑块的最小速率为

$$v_{2\min}=v_c-v_{2c}=0, \tag{5.3.18}$$

最大速率为

$$v_{2\max}=v_c+v_{2c}=v_0. \tag{5.3.19}$$

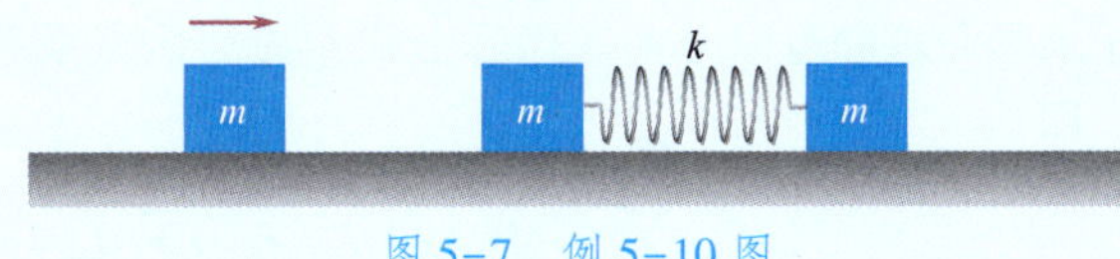

图 5-7 例 5-10 图

对于非弹性碰撞，在碰撞前后质点体系的机械能减少，因此机械能不守恒. 但总动量依然守恒. 对于一维的两体碰撞，引入恢复系数 e，且

$$e=\frac{v_2'-v_1'}{v_1-v_2}, \tag{5.3.20}$$

即恢复系数 e 为碰撞前后两质点的相对速度比. 结合动量守恒可以求得碰撞后两个质点的运动速率为

$$v_1'=v_1-\frac{m_2}{m_1+m_2}(1+e)(v_1-v_2), \tag{5.3.21}$$

$$v_2'=v_2+\frac{m_1}{m_1+m_2}(1+e)(v_1-v_2). \tag{5.3.22}$$

5.4 角动量定理和角动量守恒定律

由日常经验可知，要推动一个物体转动，需要在施力点提供相对于转轴垂直的力. 由此可引入角动量和力矩的概念. 一个质点的**角动量**定义为

$$\vec{L}=\vec{r}\times\vec{p}=m\vec{r}\times\vec{v}, \tag{5.4.1}$$

施加在质点上的力的**力矩**定义为

$$\vec{M}=\vec{r}\times\vec{F}. \tag{5.4.2}$$

在牛顿方程中，从左边用坐标 $\vec{r}$ 叉乘可得

AR 角动量守恒

$$\vec{r}\times\vec{F}=\vec{r}\times\frac{\mathrm{d}\vec{p}}{\mathrm{d}t}=\frac{\mathrm{d}}{\mathrm{d}t}(\vec{r}\times\vec{p})-\frac{\mathrm{d}\vec{r}}{\mathrm{d}t}\times\vec{p},\tag{5.4.3}$$

由于$\vec{v}=\frac{\mathrm{d}\vec{r}}{\mathrm{d}t}$与动量平行，上式右边最后一项为零，因此

$$\vec{r}\times\vec{F}=\frac{\mathrm{d}}{\mathrm{d}t}(\vec{r}\times\vec{p}).\tag{5.4.4}$$

根据角动量和力矩的定义，可以得到角动量定理

$$\frac{\mathrm{d}}{\mathrm{d}t}\vec{L}=\vec{M},\tag{5.4.5}$$

即一个质点角动量的变化率等于作用在该质点上的力的力矩.

对于质点系，其中每个质点都应满足角动量定理，有

$$\frac{\mathrm{d}}{\mathrm{d}t}\vec{L}_i=\vec{M}_i=\vec{r}_i\times\vec{F}_i,\tag{5.4.6}$$

对于所有的质点，将上式求和得

$$\sum_i\frac{\mathrm{d}}{\mathrm{d}t}\vec{L}_i=\sum_i(\vec{r}_i\times\vec{F}_i).\tag{5.4.7}$$

由于求导和求和可以交换次序，上式左边为质点系总角动量$\vec{L}$对时间的导数，即

$$\sum_i\frac{\mathrm{d}}{\mathrm{d}t}\vec{L}_i=\frac{\mathrm{d}}{\mathrm{d}t}\vec{L},\ \vec{L}=\sum_i\vec{L}_i.\tag{5.4.8}$$

式(5.4.7)中等号右边的力同样可以分为外力和内力，有

$$\begin{aligned}\sum_i(\vec{r}_i\times\vec{F}_i)&=\sum_i\{\vec{r}_i\times[\vec{F}_i^{(\mathrm{e})}+\vec{F}_i^{(\mathrm{i})}]\}\\&=\sum_i[\vec{r}_i\times\vec{F}_i^{(\mathrm{e})}]+\sum_i(\vec{r}_i\times\sum_{j\neq i}\vec{f}_{ij}).\end{aligned}\tag{5.4.9}$$

由于作用力与反作用力大小相等、方向相反，考虑到上式的求和遍历所有质点和力，因此对于第i个质点受到第j个质点给它的力矩和第j个质点受到第i个质点给它的力矩，它们的和为

$$\vec{r}_i\times\vec{f}_{ij}+\vec{r}_j\times\vec{f}_{ji}=(\vec{r}_i-\vec{r}_j)\times\vec{f}_{ij}.\tag{5.4.10}$$

质点间相互作用力的方向通常是在其坐标连线方向上的，因此上式求和为零，也就是说质点系受到的内力力矩之和为零. 质点系受到的合外力力矩记为

$$\vec{M}=\sum_i\vec{M}_i,\tag{5.4.11}$$

则式(5.4.7)为

$$\frac{\mathrm{d}}{\mathrm{d}t}\vec{L}=\vec{M},\tag{5.4.12}$$

即质点系的总角动量的变化率等于其受到的合外力力矩，这个关系称为质点系的角动量定理.

若一个质点系受到的合外力力矩为零，则其总角动量为常矢量，不随时间发生变化，这种情况称为角动量守恒.

如果质点在空间不同位置上都受到某个力作用，沿着这个力的方向作延长线，如果这些延长线会交汇在空间的某个点，则这个力称为有心力，

如万有引力和电荷间的静电力就是有心力. 当质点受到的作用力为有心力时，以力线的交汇点为坐标系原点，有心力可以表示为

$$\vec{F}=F\frac{\vec{r}}{r}, \tag{5.4.13}$$

其中 F 可正可负，F 为正时对应于斥力，F 为负时对应于引力. 相对于力心，由于有心力的方向与坐标 $\vec{r}$ 的方向平行，因此该力的力矩为零，即

$$\vec{r}\times\vec{F}=\vec{r}\times F\frac{\vec{r}}{r}=0. \tag{5.4.14}$$

因此，当一个质点仅受到有心力作用时，其角动量守恒.

例 5-11 如图 5-8 所示，一个质量为 m 的物体由一根质量可忽略、绷紧的绳子束缚在光滑的水平桌面上运动，绳子穿过桌面上的一个小孔. 初始时，物体绕小孔逆时针转动，角速度大小为ω_0，绳子在桌面上的长度为r_0，一人在桌下缓慢地向下拉绳子，当桌面上绳子的长度为 r 时，求物体绕小孔转动的角速度大小以及在整个过程中拉力所做的功.

解 在水平方向上物体仅受到绳子对其的拉力作用，在桌面所在的平面内，此拉力为有心力，因此物体绕小孔转动的角动量分量守恒，此角动量分量的方向为垂直于桌面向上. 由于物体在桌面上垂直于绳子的速度分量大小为

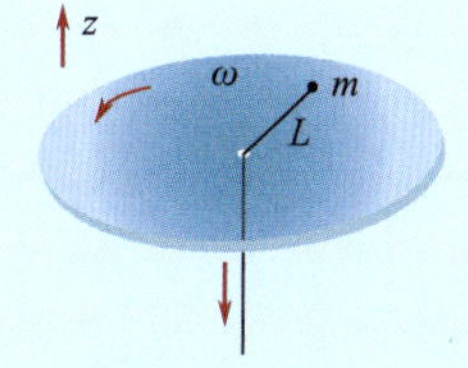

图 5-8 例 5-11 图

$$v=r\omega, \tag{5.4.15}$$

因此守恒的角动量分量大小为

$$L_z=rmv=mr^2\omega. \tag{5.4.16}$$

利用初始条件可知角动量分量大小为

$$L_z=mr_0^2\omega_0. \tag{5.4.17}$$

因此，当桌面上绳子的长度为 r 时，物体绕小孔转动的角速度大小为

$$\omega=\frac{r_0^2}{r^2}\omega_0. \tag{5.4.18}$$

由于是缓慢地拉动绳子，因此物体沿绳子方向的运动速度可以忽略. 由功能原理，在整个运动过程中物体动能的变化为外力做的功，即拉力所做的功，为

$$\begin{aligned} W&=\frac{1}{2}mv^2-\frac{1}{2}mv_0^2=\frac{1}{2}m(r^2\omega^2-r_0^2\omega_0^2)\\ &=\frac{1}{2}\left(\frac{r_0^2}{r^2}-1\right)mr_0^2\omega_0^2, \end{aligned} \tag{5.4.19}$$

上式中$v_0=r_0\omega_0$.

行星绕日运动是在万有引力作用下的运动，而万有引力为有心力，因此，行星绕日运动角动量守恒. 以太阳为坐标系原点，在某个时刻行星的坐标及其速度确定了一个二维平面，其角动量垂直于这个平面，由于角动量守恒，因此在以后的运动中行星不会脱离这个平面，否则会使角动量方向发生改变，从而无法保证角动量守恒. 因此，行星绕日运动的轨道会被约束在一个平面内. 这一结论与天文观测结果是一致的.

AR 质点的角动量守恒

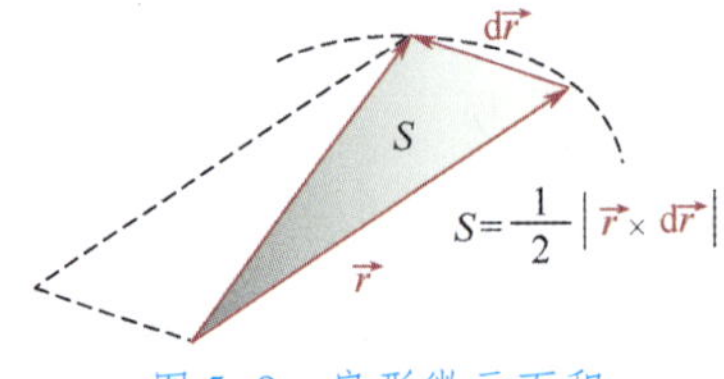

图 5-9 扇形微元面积

此外，由于

$$\vec{L}\mathrm{d}t=m\vec{r}\times\vec{v}\mathrm{d}t=m\vec{r}\times\mathrm{d}\vec{r},\tag{5.4.20}$$

而$\vec{r}\times\mathrm{d}\vec{r}$的大小为由$\vec{r}$和 $\mathrm{d}\vec{r}$构成的平行四边形的面积，如图 5-9 所示，因此角动量守恒就意味着行星与太阳的连线在相同的时间内扫过相同的面积. 对行星来说，这就是**开普勒第二定律**.

由于行星绕日运动是在一个平面内的运动，因此可以选用平面极坐标来描述行星绕日运动. 相应的动力学方程为

$$m\left[\frac{\mathrm{d}^2r}{\mathrm{d}t^2}-r\left(\frac{\mathrm{d}\theta}{\mathrm{d}t}\right)^2\right]=-G\frac{Mm}{r^2},\tag{5.4.21}$$

$$m\left(2\frac{\mathrm{d}r}{\mathrm{d}t}\frac{\mathrm{d}\theta}{\mathrm{d}t}+r\frac{\mathrm{d}^2\theta}{\mathrm{d}t^2}\right)=0,\tag{5.4.22}$$

其中 M 为太阳质量，m 为行星质量. 式(5.4.22)可化为

$$\frac{\mathrm{d}}{\mathrm{d}t}\left(mr^2\frac{\mathrm{d}\theta}{\mathrm{d}t}\right)=0,\tag{5.4.23}$$

这实际上就是角动量

$$L=mr^2\frac{\mathrm{d}\theta}{\mathrm{d}t}\tag{5.4.24}$$

守恒. 将其代入式(5.4.21)中可得

$$\frac{\mathrm{d}^2r}{\mathrm{d}t^2}-r\left(\frac{\mathrm{d}\theta}{\mathrm{d}t}\right)^2+G\frac{M}{r^2}=\frac{\mathrm{d}^2r}{\mathrm{d}t^2}-\frac{L^2}{m^2r^3}+G\frac{M}{r^2}=0,\tag{5.4.25}$$

此即为行星绕日运动的动力学方程.

行星绕日运动的轨道可表示为距离随角度的变化

$$r=r(\theta),\tag{5.4.26}$$

则有

$$\frac{\mathrm{d}r}{\mathrm{d}t}=\frac{\mathrm{d}r}{\mathrm{d}\theta}\frac{\mathrm{d}\theta}{\mathrm{d}t}=\frac{L}{m\,r^2}\frac{\mathrm{d}r}{\mathrm{d}\theta},$$

$$\frac{\mathrm{d}^2r}{\mathrm{d}t^2}=\frac{\mathrm{d}}{\mathrm{d}\theta}\left(\frac{L}{m\,r^2}\frac{\mathrm{d}r}{\mathrm{d}\theta}\right)\frac{\mathrm{d}\theta}{\mathrm{d}t}=\frac{L^2}{m^2\,r^2}\frac{\mathrm{d}}{\mathrm{d}\theta}\left(\frac{1}{r^2}\frac{\mathrm{d}r}{\mathrm{d}\theta}\right).\tag{5.4.27}$$

引进新的变量

$$u=\frac{1}{r},\tag{5.4.28}$$

则有

$$\frac{\mathrm{d}u}{\mathrm{d}\theta}=-\frac{1}{r^2}\frac{\mathrm{d}r}{\mathrm{d}\theta},$$

$$\frac{\mathrm{d}^2u}{\mathrm{d}\theta^2}=-\frac{\mathrm{d}}{\mathrm{d}\theta}\left(\frac{1}{r^2}\frac{\mathrm{d}r}{\mathrm{d}\theta}\right),\tag{5.4.29}$$

将式(5.4.27)和式(5.4.29)代入方程(5.4.25)，整理后可得方程

$$\frac{\mathrm{d}^2u}{\mathrm{d}\theta^2}+u-\frac{GMm^2}{L^2}=0.\tag{5.4.30}$$

这是一个非齐次方程，其对应的齐次方程与简谐振动的方程相同，通解为

$$u_1=A\cos(\theta-\theta_0). \tag{5.4.31}$$

我们容易发现$u_2=\dfrac{GMm^2}{L^2}$即为非齐次方程的特解，因此方程(5.4.30)的通解为

$$u=u_1+u_2=A\cos(\theta-\theta_0)+\frac{GMm^2}{L^2}. \tag{5.4.32}$$

因此，行星绕日运动的轨道为

$$r=\frac{1}{u}=\frac{\dfrac{L^2}{GMm^2}}{\dfrac{AL^2}{GMm^2}\cos(\theta-\theta_0)+1}, \tag{5.4.33}$$

其中 A 和θ_0 为积分常数，由初始条件确定. 这个函数为圆锥曲线函数，其中

$$e=\frac{AL^2}{GMm^2} \tag{5.4.34}$$

为偏心率. 当 $e<1$ 时，该曲线为椭圆；当 $e=1$ 时，该曲线为抛物线；当 $e>1$ 时，该曲线为双曲线. 一般行星绕日运动轨道为椭圆，太阳就在其一个焦点上，这就是开普勒第一定律. 对于某些彗星，其轨道为双曲线，它们从远方向太阳运动过来之后绕过太阳再向远方运动，不再回来.

由于万有引力为保守力，因此行星绕日运动的机械能守恒，行星的机械能为

$$E=\frac{1}{2}mv^2-\frac{GMm}{r}=\frac{1}{2}m\left(\frac{\mathrm{d}r}{\mathrm{d}t}\right)^2+\frac{1}{2}r^2\left(\frac{\mathrm{d}\theta}{\mathrm{d}t}\right)^2-\frac{GMm}{r}, \tag{5.4.35}$$

记$v_r=\dfrac{\mathrm{d}r}{\mathrm{d}t}$，并将上式右边第二项用角动量来表示，则行星的机械能为

行星轨道

$$E=\frac{1}{2}mv_r^2+\frac{L^2}{2mr^2}-\frac{GMm}{r}, \tag{5.4.36}$$

其中

$$V_{eff}=\frac{L^2}{2mr^2}-\frac{GMm}{r} \tag{5.4.37}$$

称为等效势能. 在得到式(5.4.37)的过程中，消去了角度，这等效于站在一个跟随行星转动的参考系中看到的物理过程，在这个参考系中行星仅沿径向做一维运动，$\dfrac{L^2}{2mr^2}$为离心力的势能. 等效势能式(5.4.37)的定性曲线如图 5-10 所示.

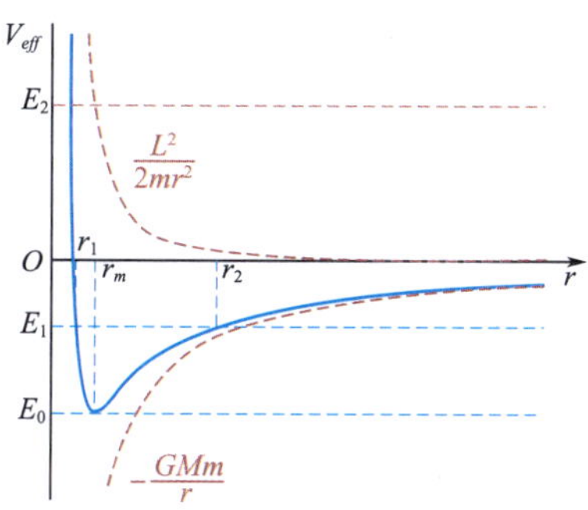

图 5-10　等效势能的定性曲线

当机械能 $E<0$ 时，行星处于束缚态，对应于椭圆轨道；当 $E=E_1$ 时，r_1 为近日点，r_2 为远日点；当 $E=E_0$ 时，行星绕日运动轨道为半径为r_m的圆；当 $E=0$ 时，行星绕日运动轨道为抛物线；当 $E=E_2>0$ 时，

行星绕日运动轨道为双曲线.

上面的讨论是以太阳为坐标系原点来讨论行星相对于太阳的运动的，但由于太阳也受到行星对它的万有引力影响，也在做加速运动，因此这就相当于在非惯性系中讨论问题. 一般情况下，太阳受行星吸引产生的加速度很小，是可以忽略的. 严格的计算表明太阳及其行星都是围绕它们共同的质心在转动.

考虑只有一个行星的情况，并考虑无其他天体对此系统产生影响，因此对于该系统，质心系为惯性系. 以太阳和行星的质心为坐标原点，它们的坐标分别为 $\vec{r}_s$ 和 $\vec{r}_p$，应满足关系

$$M\vec{r}_s+m\vec{r}_p=0, \tag{5.4.38}$$

并分别满足动力学方程

$$\begin{aligned} M\frac{\mathrm{d}^2\vec{r}_s}{\mathrm{d}t^2}&=G\frac{Mm}{(\vec{r}_p-\vec{r}_s)^3}(\vec{r}_p-\vec{r}_s), \\ m\frac{\mathrm{d}^2\vec{r}_p}{\mathrm{d}t^2}&=-G\frac{Mm}{(\vec{r}_p-\vec{r}_s)^3}(\vec{r}_p-\vec{r}_s), \end{aligned} \tag{5.4.39}$$

结合上面两式可得

$$\frac{\mathrm{d}^2}{\mathrm{d}t^2}(\vec{r}_p-\vec{r}_s)=-G\frac{m+M}{(\vec{r}_p-\vec{r}_s)^3}(\vec{r}_p-\vec{r}_s), \tag{5.4.40}$$

令行星和太阳的相对坐标为 $\vec{r}$

$$\vec{r}=\vec{r}_p-\vec{r}_s, \tag{5.4.41}$$

重新整理式(5.4.40)，可以得到

$$\frac{Mm}{m+M}\frac{\mathrm{d}^2\vec{r}}{\mathrm{d}t^2}=-G\frac{Mm}{\vec{r}^3}\vec{r}. \tag{5.4.42}$$

这等价于一个质量为 $\mu=\dfrac{Mm}{m+M}$ 的质点在太阳与行星间的万有引力作用下的运动，μ 称为折合质量. 对于这样的等价体系，本章前面的讨论都适用，而且并不是近似成立的. 相对坐标 $\vec{r}$ 将围绕太阳和行星的质心画出椭圆形的运动轨迹，而太阳和行星相对于质心的坐标可以用 $\vec{r}$ 分别表示为

$$\vec{r}_s=-\frac{m}{M+m}\vec{r},\quad \vec{r}_p=\frac{M}{M+m}\vec{r}.$$

所以太阳和行星同样围绕它们共同的质心做椭圆轨道运动.

习题 5

5.1 质量为 m 的质点开始时静止，在力 $F=F_0\cos(2\pi t)$ 的作用下沿直线运动，力的方向与直线平行，求：

(1) 在 0~1s 内，力的冲量大小；

(2) 在 0~1s 内，力所做的总功；

(3) 质点的运动情况.

5.2 如图 5-11 所示，质量为 m、速度为 $\vec{v}$ 的小球，以入射角 θ 斜向与墙壁相碰，又以原速度大小沿与入射角大小相同的反射角方向从墙壁弹出去. 设碰撞时间为 Δt，求墙壁受到的平均冲力.

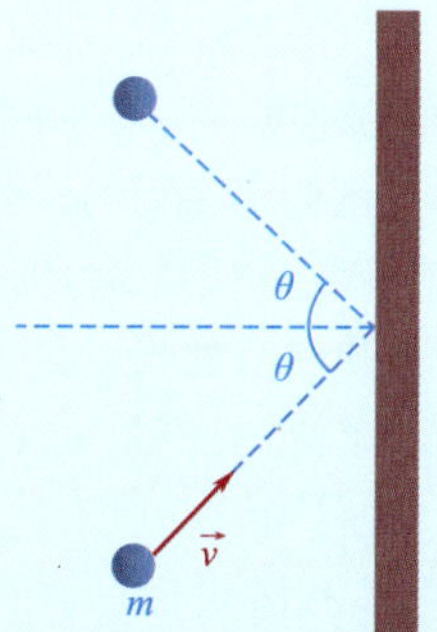

图 5-11 习题 5.2 图

5.3 在光滑平面上放置一质量为 M 的木块，一质量为 m 的子弹沿水平方向以速率 v_1 击中木块并穿透了木块，穿过木块后子弹的速率为 v_2. 求：

(1) 木块的速率；

(2) 在此过程中摩擦力所做的功.

5.4 静止原子核放射性衰变产生一个电子和一个中微子，测得电子的动量大小为 1.2×10^{-22} kg · m · s^{-1}，中微子的动量大小为 6.4×10^{-23} kg · m · s^{-1}，两动量的方向彼此垂直.

(1) 求原子核反冲动量的大小和方向.

(2) 已知衰变后原子核的质量为 5.8×10^{-26} kg，求其反冲动能.

5.5 在水平面上，一质量为 m 的物体 A 以速率 v_0 同另一静止的质量同为 m 的物体 B 碰撞，已知碰撞后物体 B 向前移动距离 l 后静止，物体与水平面的摩擦系数为 μ. 问：碰撞过程中，A 和 B 的动能损失多少？

5.6 如图 5-12 所示，在光滑水平面上有一质量为 m_B 的静止物体 B，在 B 上有一质量为 m_A 的静止物体 A. A 由于被其他物体碰撞而获得水平向右的速度 $\vec{v}_0$（对地），并逐渐带动 B 开始运动，最后二者以相同速度一起运动. 求从 A 开始运动到相对于 B 静止时，物体相对于地面的速度以及在此过程中摩擦力所做的功.

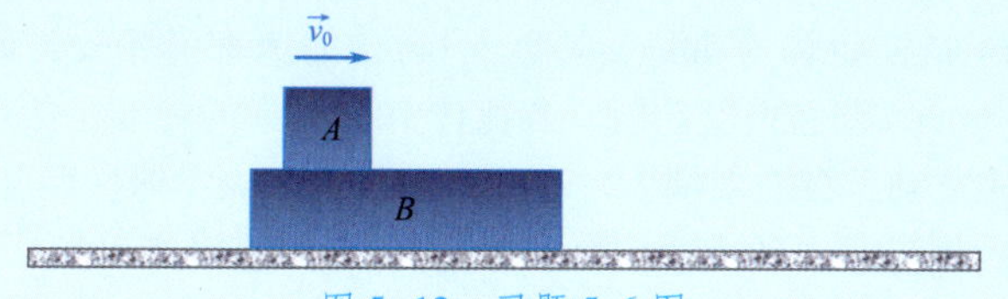

图 5-12 习题 5.6 图

5.7 如图 5-13 所示，一静止放置在光滑地面上的质量为 M 的滑块上悬挂着一个摆长为 L、摆球质量为 m 的静止单摆，现有另一质量同为 M 的滑块以速度 $\vec{v}$ 与前一滑块发生弹性碰撞，写出发生碰撞后滑块与单摆的动力学方程，并求单摆摆动的最大角度.（忽略摆绳的质量.）

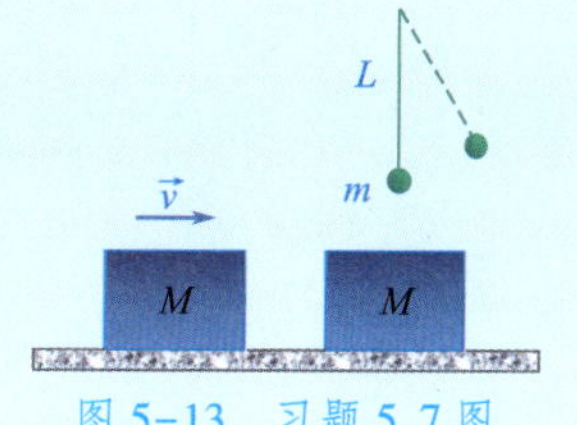

图 5-13 习题 5.7 图

5.8 一个具有单位质量的质点在随时间 t 变化的力 $\vec{F}=(2t^2+5t-1)\vec{i}+(3t+4)\vec{j}$(国际单位制)的作用下运动. 设该质点在 $t=0$ 时位于原点，且速度为零. 求 $t=2$s 时，该质点受到的力对原点的力矩和该质点对原点的角动量.

5.9 质量为 M 的人，手执一质量为 m 的物体，以与地平线成 θ 角的速度 $\vec{v}_0$ 向前跳. 当他达到最高点时，将物体以相对于人的速度 $\vec{u}$ 向后平抛出去. 问：由于抛出该物体，此人向前跳的水平距离增加了多少？(空气阻力不计.)

5.10 如图 5-14 所示，光滑水平面上放置一质量为 10kg 的矩形箱体，箱体一端固定有一轻弹簧，弹簧为自然长度时，靠在弹簧上的滑块距箱体另一端距离 $L=1.0$m，滑块与箱体间无摩擦. 滑块质量为 1kg，弹簧的弹性系数为 100N/m. 现推动滑块将弹簧压缩 10cm 并维持滑块与箱体静止，然后同时释放滑块与箱体.

(1)滑块与弹簧刚刚分离时，箱体和滑块相对地面的速度各为多少？

(2)滑块与弹簧分离后，撞击到箱体的另一端并反弹时，箱体和滑块相对地面的速度各为多少？设碰撞为弹性碰撞.

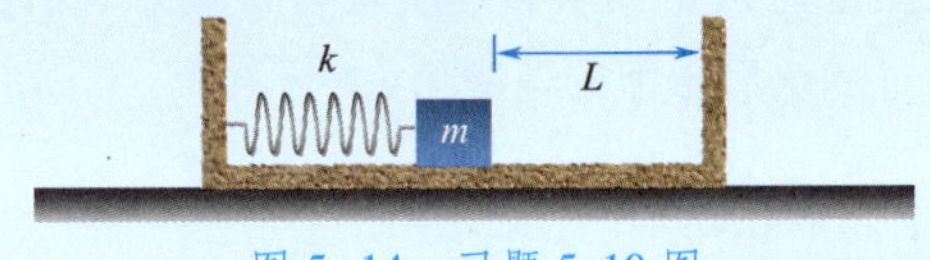

图 5-14　习题 5.10 图

5.11 如图 5-15 所示，一圆锥摆的轻绳穿过中空的细管，设摆长为 l_1 时小球的速度为 $\vec{v}_1$，将摆长拉到 l_2 时，分析小球的速度和圆锥的顶角应如何变化.

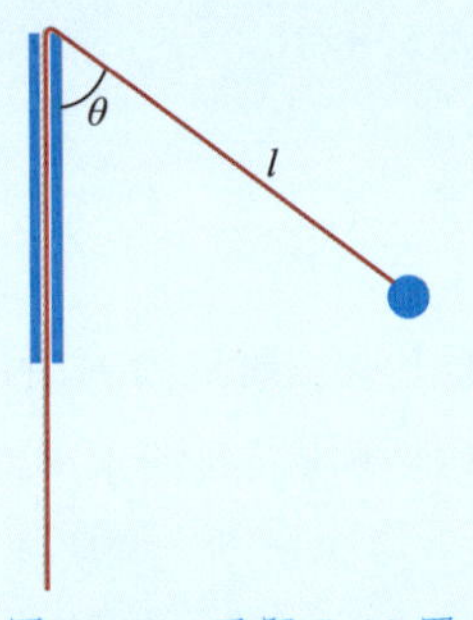

图 5-15　习题 5.11 图

5.12 两个滑冰运动员的质量均为 50kg，均以 5.0m/s 的速率沿相反方向滑行，滑行路线间的垂直距离为 10m，当彼此交错时，各抓住 10m 绳索的一端，然后相对旋转.

(1)在抓住绳索之前，各自对绳索中心的角动量是多少？抓住后又是多少？

(2)他们各自收拢绳索，到绳索长为 5m 时，各自的速率如何？

(3)绳索长为 5m 时，绳索内的张力是多大？

(4)两人在收拢绳索时，设收绳索速率相同，则两人各做了多少功？

第6章 刚体力学基础

一般情况下，多质点体系处理起来比较复杂. 其原因是体系的自由度很大，也就是说需要非常多的变量来描述体系的运动. 这就大大增加了体系的复杂性和运算量. 而刚体是一个相对简单的多质点体系. 由于刚体上任意两点间的距离保持不变，这就大大降低了体系的复杂程度. 同时在很多情况下，对于一个不太容易形变的物理体系，刚体是一个很好的近似. 在刚体的运动中，旋转是很重要的一种运动模式. 尽管刚体是特殊多质点体系的很好的理想模型，但要完整地去描述一个刚体的运动，依然是比较复杂的. 在本章中我们仅讨论简单情况下的刚体运动.

6.1 刚体的运动

刚体是一个针对多质点体系的理想模型，即在运动过程中不会发生形变的物体. 数学上对于刚体的定义通常描述为体系中任意两个质点间间距在运动过程中保持不变. 对于一个多质点体系，最多需要多少个独立变量来描述体系的空间形态，称为该体系的**自由度**. 一个在三维空间中不受几何约束运动的质点需要 3 个独立坐标分量来描述该质点的坐标，因此该质点的自由度为 3. 在一般情况下，具有 N 个质点的质点系的自由度为 $3N$. 由于存在很强的约束，刚体上任意两质点间的距离在运动过程中保持不变.

对于由两个质点组成的刚体，每个质点需要 3 个坐标来描述其位置，但由于两个质点间距离在运动过程中保持不变，即

$$|\vec{r}_1-\vec{r}_2| = \text{常数}, \tag{6.1.1}$$

这个约束条件使两个质点的 6 个坐标中仅有 5 个坐标是独立的，因此该体系的自由度为 5. 如果是 3 个非共线的质点组成的刚体体系，则有 9 个坐标，但同时存在 3 个独立约束条件，即

$$\begin{aligned} |\vec{r}_1-\vec{r}_2| &= \text{常数}, \\ |\vec{r}_1-\vec{r}_3| &= \text{常数}, \\ |\vec{r}_2-\vec{r}_3| &= \text{常数}, \end{aligned} \tag{6.1.2}$$

因此独立坐标仅有 6 个，即该体系的自由度为 6. 若刚体中有更多的质点，其他质点的位置都可以由与某 3 个非共线的质点间的空间关系完全确定，因此对一般的刚体来说，其自由度仅为 6. 这样尽管一般的刚体中拥有非常多的质点，但其自由度仅为 6，即只需要 6 个独立变量就可以描述其空间位置.

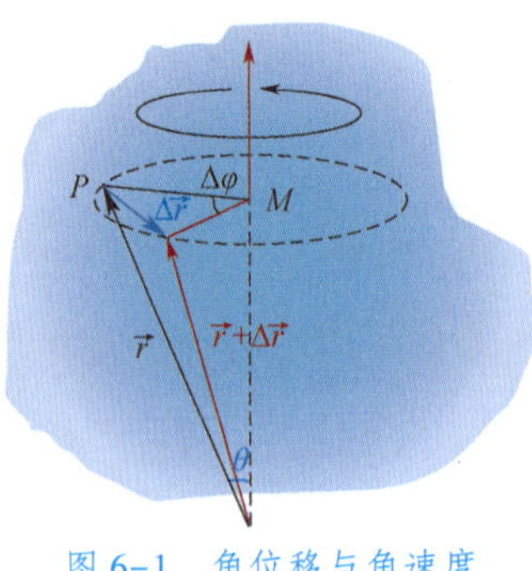

图 6-1 角位移与角速度

在刚体绕某点转动过程中的每个瞬间，可以将其转动看成绕一个特定轴转动. 如图 6-1 所示，取该点为坐标系原点，在一个充分小的转动过程中，刚体上的特定点在垂直于该轴的平面上划出了一段圆弧，从 $\vec{r}$ 点运动到 $\vec{r}+\Delta\vec{r}$ 点，对应的转角为 $\Delta\varphi$. 位移 $\Delta\vec{r}$ 的大小为

$$|\Delta\vec{r}| = r\sin\theta\Delta\varphi, \tag{6.1.3}$$

其中 θ 为位置矢量 $\vec{r}$ 与转轴间的夹角. 当转角 $\Delta\varphi$ 是无穷小时, $\Delta\vec{r}$ 的方向为沿着转动方向划出的圆弧的切线方向.

$\vec{r}$ 点的运动速度称为**线速度**, 其大小为

$$v = |\vec{v}| = \left|\lim_{\Delta t\to 0}\frac{\Delta\vec{r}}{\Delta t}\right| = r\sin\theta\lim_{\Delta t\to 0}\frac{\Delta\varphi}{\Delta t} = r\sin\theta\frac{\mathrm{d}\varphi}{\mathrm{d}t}, \tag{6.1.4}$$

令

$$\omega = \frac{\mathrm{d}\varphi}{\mathrm{d}t}, \tag{6.1.5}$$

引入一个物理量, 称为刚体转动的**角速度**, 用 $\vec{\omega}$ 表示, 其大小为 ω, 方向沿转轴并由右手螺旋法则确定, 即右手握拳伸出大拇指, 四指握拳的方向为转动方向, 大拇指指向为所定义的角速度方向. 则

$$v = r\sin\theta\omega, \tag{6.1.6}$$

进而可得到线速度与角速度间的关系为

$$\vec{v} = \vec{\omega}\times\vec{r}. \tag{6.1.7}$$

6.2 刚体定轴转动定理

刚体的一般性运动比较复杂, 这里仅讨论一些比较简单的情况. 其中最简单的情况为定轴转动, 即刚体绕某一个固定轴转动, 如一扇门被推开时门绕门轴的转动. 这种转动仅用一个转角就可以描述, 因此自由度为 1. 下面利用柱坐标系来讨论定轴转动, z 轴与转轴重合, 如图 6-2 所示. 因此, 定轴转动中角速度沿 z 轴方向,

$$\vec{\omega} = \omega\vec{k}. \tag{6.2.1}$$

刚体上某点的线速度为

$$\vec{v} = \omega\vec{k}\times\vec{r} = R\omega\vec{e}_{\varphi}, \tag{6.2.2}$$

其中 R 为该质点到转轴的距离.

由此可以计算刚体的角动量的 z 分量为

$$L_z = \left(\sum_i \Delta m_i\vec{r}_i\times\vec{v}_i\right)_z = \left(\sum_i \Delta m_i\vec{r}_i\times R_i\omega\vec{e}_{\varphi i}\right)_z = \omega\sum_i \Delta m_i R_i^2. \tag{6.2.3}$$

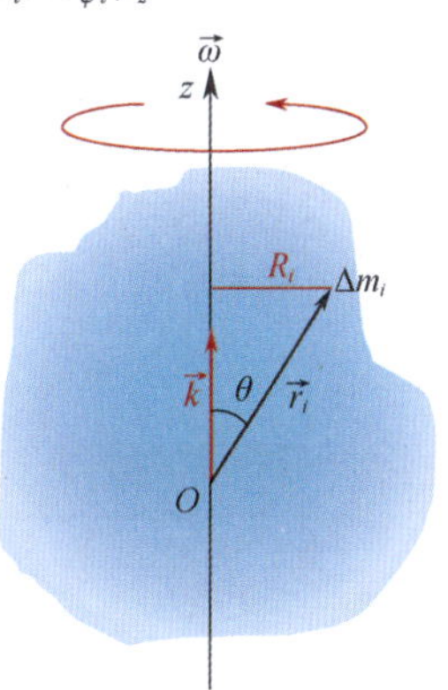

图 6-2 刚体定轴转动

对于连续体系, 上式中的求和变为积分, 有

$$L_z = \omega\int_V R^2\mathrm{d}m. \tag{6.2.4}$$

上式中的积分项与刚体的运动状态无关, 称为该刚体绕 z 轴转动的**转动惯量**, 记为 I, 即

$$I = \int_V R^2\mathrm{d}m = \int_V \rho R^2\mathrm{d}V, \tag{6.2.5}$$

其中 ρ 为刚体的密度函数. 对特定刚体而言, 转动惯量并非固定不变, 当转轴的位置与方向不同时, 其转动惯量会发生变化. 利用转动惯量,

刚体定轴转动的角动量的 z 分量为

$$L_z = I\omega, \tag{6.2.6}$$

考虑质点系的角动量定理，角动量的 z 分量的变化率为

$$I\frac{\mathrm{d}\omega}{\mathrm{d}t} = M_z. \tag{6.2.7}$$

这称为**刚体定轴转动定理**，即刚体定轴转动的角加速度正比于所受到力矩的 z 分量，比例系数为转动惯量. 由第 5 章讨论的质点系的角动量定理的情况可知，在上面方程里的力矩为外力产生的合力矩，与内力无关.

延伸阅读

我们在计算角动量或者力矩的时候都需要明确说明是相对哪个参考点的角动量和力矩，不特别声明的情况下默认参考点为坐标原点. 在之前讨论刚体定轴转动时，参考点是取在转轴上的，同时将转轴取为 z 轴. 如果在转轴上重新选一个参考点，则刚体上各点的 z 坐标会发生改变，但 x 坐标和 y 坐标没有变化. 从式(6.2.3)的计算可知，参考点这样的变化并不会引起刚体角动量 z 分量的变化. 而对于 z 方向的力矩

$$M_z = \sum_i (\vec{r}_i \times \vec{F}_i)_z = \sum_i (x_i F_{iy} - y_i F_{iz}), \tag{6.2.8}$$

同样不会发生变化. 因此参考点具体取在转轴上的什么位置并不会影响计算，有时会将刚体定轴转动时角动量 z 分量称为刚体对轴角动量，并将力矩的 z 分量称为对轴力矩.

在上面讨论刚体定轴转动的时候，我们仅考虑了角动量 z 分量的变化率与外力矩之间的关系，并没有讨论角动量其他两个分量的变化率与外力矩的关系. 这是因为对刚体定轴转动而言，只有一个自由度，也就是角动量的大小. 由 z 轴方向上的角动量定理就可以完全确定角动量大小随外力矩是怎样变化的，因此就不再需要考虑另外两个方向上的角动量变化特性. 但是如果需要考虑在定轴转动过程中转轴的受力情况，那么另外两个方向上的角动量定理是必须考虑的.

由式(6.2.5)可以看出刚体的转动惯量一方面与刚体的质量有关，另一方面与刚体的质量分布有关. 对于质量相同的两个刚体，如果其中一个刚体的质量分布相对于另一个刚体的质量分布较为集中在转轴附近，则前者的转动惯量相对于后者的转动惯量要小. 所以对于同一个刚体，转轴的位置也会影响转动惯量的大小. 例如，对于一个长方形的刚体，转轴是在其对称轴上还是在长方形的一边，对应的转动惯量大小是不一样的.

例 6-1 对于质量为 m、长边长度为 a、质量均匀分布的长方形刚体，计算其绕过中心且垂直于长边的轴[见图 6-3(a)]和过长边一端且垂直于长边的轴[见图 6-3(b)]转动的转动惯量.

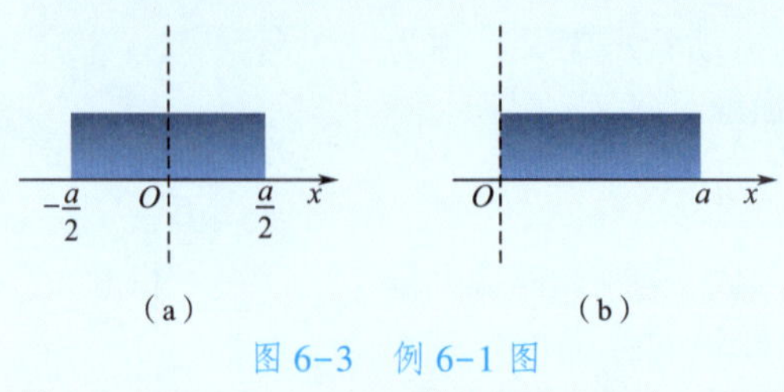

图 6-3 例 6-1 图

解 对于过中心且垂直于长边的轴，该刚体的转动惯量为

$$I=\int_{-\frac{a}{2}}^{\frac{a}{2}}\frac{m}{a}x^2\mathrm{d}x=\frac{1}{12}ma^2. \tag{6.2.9}$$

对于过长边一端且垂直于长边的轴，该刚体的转动惯量为

$$I=\int_0^a\frac{m}{a}x^2\mathrm{d}x=\frac{1}{3}ma^2. \tag{6.2.10}$$

根据转动惯量的定义，可以通过积分将任何刚体的转动惯量计算出来. 然而有一个办法可以简化这样的计算过程. 如果已经知道一个刚体绕过质心的某个轴转动的转动惯量为I_c，那么将这个轴平行移动一段距离 d 后，刚体相对于移动过的转轴的转动惯量可以用一个简单的方法计算出来.

如图 6-4 所示，对于一个质量为 M 的二维刚体，设 c 点为刚体的质心. 现转轴通过 c 点且垂直于该刚体，已知转动惯量为I_c. 将转轴平行移动到离 c 点距离为 d 的 p 点处. 刚体上某质量为 dm 的质点，距离 c 点的距离为 R，离 p 点的距离为 R'，则 R'和 R 之间满足关系

$$R'^2=R^2+d^2-2Rd\cos\theta=R^2+d^2-2dx_1, \tag{6.2.11}$$

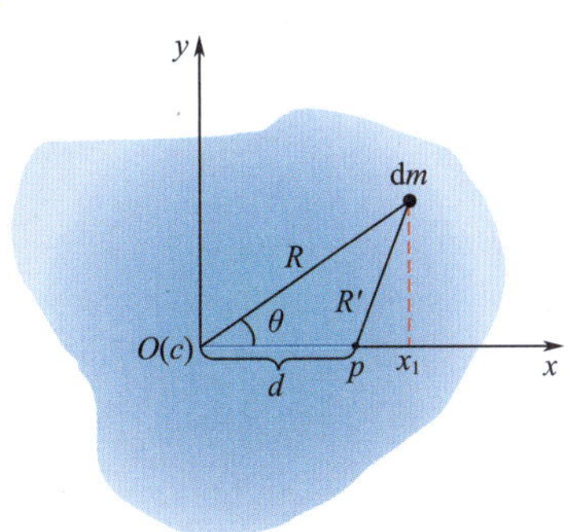

图 6-4 平行轴定理

因此，刚体相对于过 p 点转轴的转动惯量为

$$\begin{aligned}I_p&=\int R'^2\mathrm{d}m\\&=\int(R^2+d^2-2dx_1)\mathrm{d}m\\&=\int R^2\mathrm{d}m+Md^2-2d\int x_1\mathrm{d}m.\end{aligned} \tag{6.2.12}$$

上式中第一项为刚体相对于过 c 点转轴的转动惯量，而第 3 项中的积分相当于在计算刚体质心的 x 坐标，因此为零. 于是我们得到**平行轴定理**

$$I_p=I_c+Md^2. \tag{6.2.13}$$

例 6-2 利用平行轴定理重新计算例 6-1 中长方形刚体相对于过长边一端且垂直于长边的轴的转动惯量.

解 对于过中心且垂直于长边的轴，该刚体的转动惯量 $I=\frac{1}{12}ma^2$. 根据平行轴定理，对于过长边一端且垂直于长边的轴，该刚体的转动惯量为

$$I'=I+m\left(\frac{a}{2}\right)^2=\frac{1}{12}ma^2+\frac{1}{4}ma^2=\frac{1}{3}ma^2. \tag{6.2.14}$$

例 6-3 将一个刚体垂直悬挂，令其绕悬挂点光滑地摆动. 这样形成的一种摆物理上称之为复摆. 求解复摆的运动.

解 如图 6-5 所示，设复摆的质心 c 点与悬挂点的距离为 l，转动惯量为 I，由刚体定轴转动定理可知

$$I\frac{\mathrm{d}\omega}{\mathrm{d}t}=I\frac{\mathrm{d}^2\theta}{\mathrm{d}t^2}=-mgl\sin\theta, \tag{6.2.15}$$

整理可得

$$\frac{\mathrm{d}^2\theta}{\mathrm{d}t^2}+\frac{g}{\frac{I}{ml}}\sin\theta=0. \tag{6.2.16}$$

该方程与单摆的动力学方程类似，等效于一个长度为 $l'=\frac{I}{ml}$ 的单摆的动力学方程.

对于单摆，其振动频率与单摆的质量无关. 但对于复摆，其振动频率与质量大小和质量的分布都有关系.

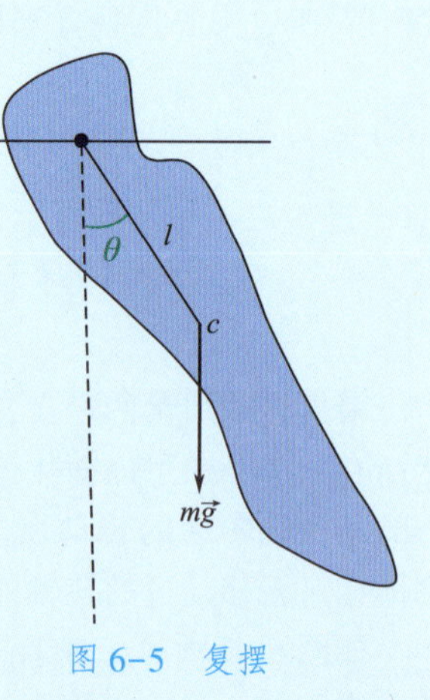

图 6-5 复摆

6.3 刚体定轴转动中的功能关系

在刚体定轴转动中，其总动能为

$$T=\sum_i\frac{1}{2}m_i\vec{v}_i^2=\sum_i\frac{1}{2}m_i(R_i\omega\vec{e}_\varphi)^2=\frac{1}{2}\sum_i m_iR_i^2\omega^2, \tag{6.3.1}$$

利用转动惯量可表述为

$$T=\frac{1}{2}I\omega^2. \tag{6.3.2}$$

将转动惯量类比于质量，角速度类比于速度，则其形式类似于质点的动能.

在之前讨论质点系的功能关系时，我们发现质点系总动能的变化，与外力和内力做功都有关系. 但是对于刚体，由于刚体上任意两点之间的距离在运动过程中保持不变，因此在刚体的运动过程中，内力做的总功为零. 在考虑刚体的功能关系时，仅需考虑外力即可.

如图 6-6 所示，刚体绕 z 轴做定轴转动，一垂直于 z 轴的力 $\vec{F}$ 作用在刚体上. 在转动过程中力 $\vec{F}$ 做功为

$$\mathrm{d}W=\vec{F}\cdot\mathrm{d}\vec{r}=Fr\sin\varphi\mathrm{d}\theta=M\mathrm{d}\theta, \tag{6.3.3}$$

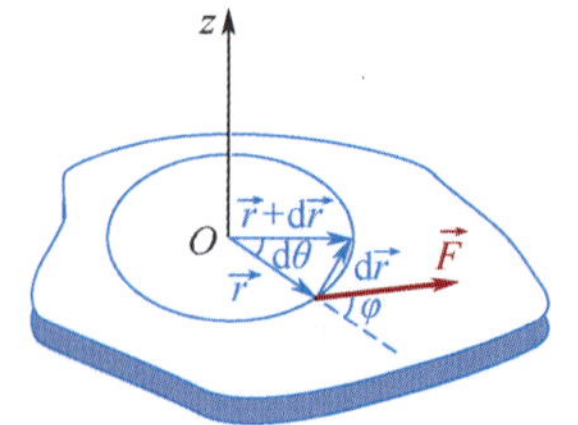

图 6-6 定轴转动时外力做功

其中 r 是力离转轴的距离，φ 是力与 $\vec{r}$ 之间的夹角，$M=Fr\sin\varphi$ 是力 $\vec{F}$ 的力矩. 由功能原理可知，对于定轴转动，其动能的变化为

$$dT=Md\theta. \tag{6.3.4}$$

这就是刚体在做定轴转动时的功能关系，即定轴转动的刚体的动能增加为合外力矩做的功.

在上面讨论中设定了外力的方向与转轴 z 轴垂直，计算出的力矩是在 z 轴方向上的. 实际上即使去掉这样的设定，结论也是相同的. 即只有 z 轴方向上的力矩才会影响刚体定轴转动的动能.

例 6-4 若地球绕日公转可以忽略，计算地球的自转动能.

解 地球 24h 自转一圈，则其角速度大小为

$$\omega=\frac{2\pi}{24\times3600}\approx7.272\times10^{-5}(\mathrm{s}^{-1}). \tag{6.3.5}$$

地球质量为

$$M=5.965\times10^{24}(\mathrm{kg}). \tag{6.3.6}$$

将地球视为一个均匀的球体，半径取 6371km，则其转动惯量为

$$I=\frac{2}{5}MR^2=\frac{2}{5}\times5.965\times10^{24}\times(6371\times10^3)^2\approx9.685\times10^{37}(\mathrm{kg\cdot m^2}), \tag{6.3.7}$$

地球自转动能为

$$T=\frac{1}{2}I\omega^2\approx\frac{1}{2}\times9.685\times10^{37}\times(7.272\times10^{-5})^2\approx2.561\times10^{29}(\mathrm{J}). \tag{6.3.8}$$

例 6-5 利用功能原理推导复摆的动力学方程.

解 如图 6-6 所示，复摆受到的重力力矩为

$$\tau=mgl\sin\theta. \tag{6.3.9}$$

设复摆的最高摆角为θ_0，则复摆下落时重力力矩做功为

$$W=\int_{\theta_0}^{\theta}\tau d\theta=\int_{\theta_0}^{\theta}mgl\sin\theta d\theta=mgl(\cos\theta_0-\cos\theta). \tag{6.3.10}$$

由功能原理可得，复摆在 θ 角处的动能为

$$\frac{1}{2}I\left(\frac{d\theta}{dt}\right)^2=mgl(\cos\theta_0-\cos\theta). \tag{6.3.11}$$

这个方程说明复摆摆动时其势能和动能相互转化，体系机械能守恒，即

$$mgl\cos\theta_0=mgl\cos\theta+\frac{1}{2}I\left(\frac{d\theta}{dt}\right)^2. \tag{6.3.12}$$

将式(6.3.12)两边对时间求导并整理，可得

$$\frac{d^2\theta}{dt^2}-\frac{mgl}{I}\sin\theta=0, \tag{6.3.13}$$

即为之前推导过的复摆的二阶微分动力学方程. 如果定义长度 L 为

$$L=\frac{I}{ml}, \tag{6.3.14}$$

则方程(6.3.13)变为

$$\frac{d^2\theta}{dt^2}-\frac{g}{L}\sin\theta=0. \tag{6.3.15}$$

这个方程为摆长为 L 的单摆的方程，因此我们把长度 L 称为复摆的等效摆长.

6.4 定轴转动刚体的角动量定理和角动量守恒定律

利用质点系的角动量定理

$$\frac{\mathrm{d}}{\mathrm{d}t}\vec{L}=\vec{M}, \tag{6.4.1}$$

其中$\vec{L}$为体系的总角动量，$\vec{M}$为外力产生的合力矩. 对定轴转动来说，仅需考虑其 z 分量

$$\frac{\mathrm{d}}{\mathrm{d}t}L_z=M_z, \tag{6.4.2}$$

因此，利用式(6.2.6)可得

$$I\frac{\mathrm{d}}{\mathrm{d}t}\omega=M_z. \tag{6.4.3}$$

z 轴方向的力矩为

$$M_z=\sum_i[\vec{r}_i\times\vec{F}_i^{(e)}]_z=\sum_i R_iF_{i\varphi}^{(e)}, \tag{6.4.4}$$

其中$F_{i\varphi}^{(e)}$为柱坐标系下外力的 φ 分量. 即外力在定轴转动中仅其垂直于作用点径向坐标的分量会起作用. 利用角动量定理，定轴转动的功能关系可以从式(6.3.2)直接导出，对其取微分可得

$$\mathrm{d}T=I\omega\mathrm{d}\omega=I\frac{\mathrm{d}\theta}{\mathrm{d}t}\mathrm{d}\omega=I\frac{\mathrm{d}\omega}{\mathrm{d}t}\mathrm{d}\theta. \tag{6.4.5}$$

利用式(6.4.3)，即可得到刚体定轴转动的功能关系

$$\mathrm{d}T=M_z\mathrm{d}\theta. \tag{6.4.6}$$

如果刚体在做定轴转动时，其合外力矩的 z 分量为零，即

$$M_z=0, \tag{6.4.7}$$

则由定轴转动角动量定理，此时刚体在 z 轴方向的角动量分量是常数，不随时间发生改变，即 z 轴方向角动量守恒. 对定轴转动来说，只要作用力没有垂直于径向的分量，或该方向的作用力产生的力矩和为零，则**刚体定轴转动的轴向角动量分量守恒**，有

计算机模拟

刚体的角动量守恒

$$L_z=I\omega=常数. \tag{6.4.8}$$

如图 6-7 所示，一个典型的定轴转动角动量守恒例子是：一个人站在一个转盘上随转盘转动，其手中握着杠铃，转动过程中除重力外没有受到其他外力作用，而重力是垂直于转动平面的，对转动无贡献，因此体系的角动量守恒. 当此人双手收到身体附近，或者伸展出去时，对应的转动惯量不同，从而导致体系的角速度发生变化.

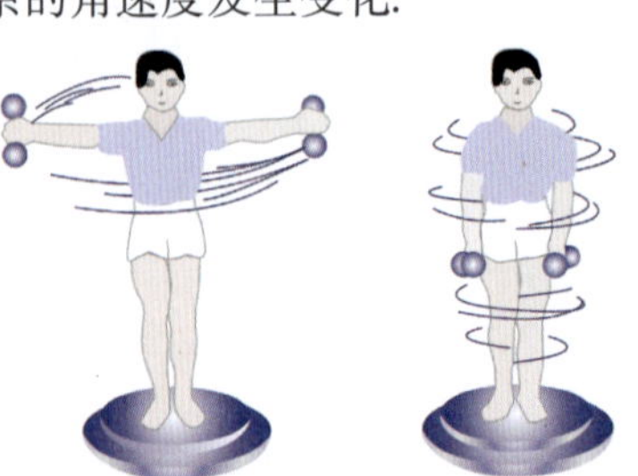

图 6-7　角动量守恒

回转仪是一种利用角动量守恒指示方向的重要仪器，其结构如图6-8所示. 它有两个可以自由转动的平衡环. 其中外平衡环可以绕垂直方向的轴AA'自由转动，内平衡环则可以绕固定在外平衡环上的水平轴BB'自由转动. 通过固定在内平衡环上的轴CC'装载了一个扁平的陀螺，它可以绕CC'轴自由转动，且CC'与BB'相互垂直. 这样的结构可以使陀螺的轴CC'指向空间的任何一个方向. 而当陀螺开始高速旋转时，由于体系的对称性，其受到的合外力矩为零，角动量是守恒的，同时它的角动量方向和角速度方向一致，都平行于CC'轴. 当回转仪发生移动甚至旋转时，其内部的陀螺的旋转方向不会发生变化，即CC'轴的指向不变. 这种装置作为导航仪器广泛运用在现代的各种移动设备上.

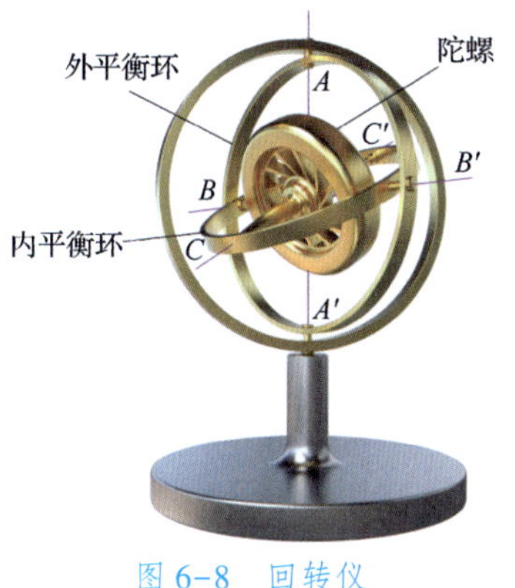

图6-8 回转仪

6.5 刚体的平面平行运动

另一种稍微复杂一点的运动是平面平行运动. 在这种运动中刚体上的每一个质点的运动轨迹都平行于某固定平面. 例如，我们在平整的桌面上推动一个盒子，盒子上每个点的运动轨迹都平行于桌面. 这种运动可以视为由两种运动合成，其一是刚体上任意一点的运动，其二是刚体相对于过这个点的轴的转动. 例如，一个轮子从斜坡上滚下也是平面平行运动，而这个运动可以视为由轮心的运动和轮子绕轮心的转动合成.

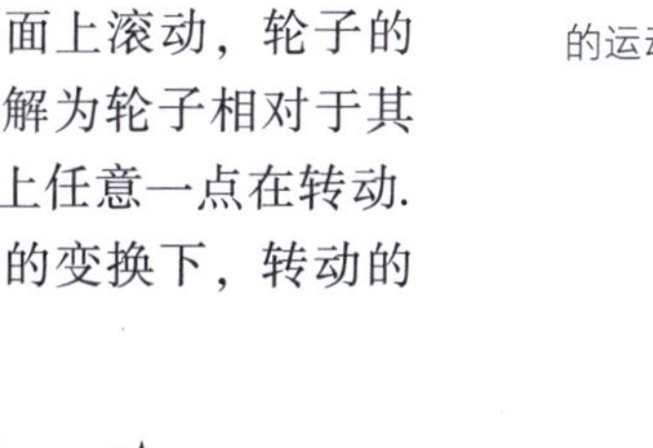
计算机模拟

刚体上任一点的运动轨迹

在分析平面平行运动时，这种运动的分解具有任意性，即可以取刚体上的任意点作为参考点. 但当参考点发生改变时，转轴也相应发生了改变，同时转动惯量也发生了变化. 例如，对于一个轮子在斜面上滚动，轮子的转动既可以理解为轮子相对于其轮轴在转动，也可以理解为轮子相对于其与地面的接触点在转动，甚至可以理解为轮子相对于其上任意一点在转动. 当改变转动轴时，我们容易产生的一个疑问是：在这样的变换下，转动的角速度是否也随之发生了改变？

如图6-9所示，设在刚体转动中，以a点为参考点时角速度为$\vec{\omega}$，此时刚体上任意一点p的运动速度为

$$\vec{v}_p=\vec{v}_a+\vec{\omega}\times\vec{r}. \tag{6.5.1}$$

若以刚体上另外一点a'点为参考点时角速度为$\vec{\omega}'$，则p点的运动速度为

$$\vec{v}_p=\vec{v}_{a'}+\vec{\omega}'\times\vec{r}'. \tag{6.5.2}$$

$\vec{r}$和$\vec{r}'$之间的关系为

$$\vec{r}'=\vec{r}+\vec{r}_{a'a}, \tag{6.5.3}$$

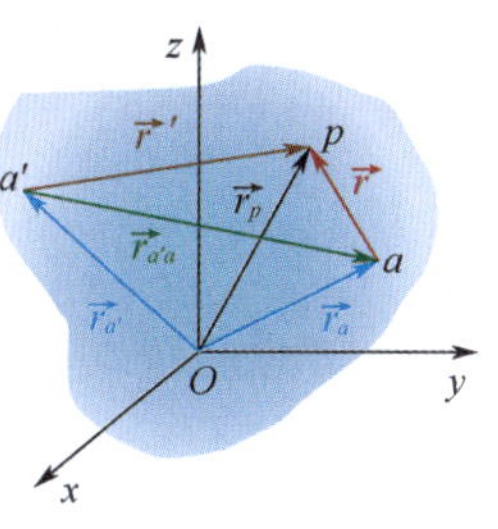

图6-9 刚体相对于不同点转动的角速度

将之代入式(6.5.2)可得

$$\vec{v}_p=\vec{v}_{a'}+\vec{\omega}'\times(\vec{r}+\vec{r}_{a'a})=\vec{v}_{a'}+\vec{\omega}'\times\vec{r}_{a'a}+\vec{\omega}'\times\vec{r}. \tag{6.5.4}$$

由于

$$\vec{v}_a=\vec{v}_{a'}+\vec{\omega}'\times\vec{r}_{a'a}, \tag{6.5.5}$$

代入式(6.5.4)可得

$$\vec{v}_p=\vec{v}_a+\vec{\omega}'\times\vec{r}. \tag{6.5.6}$$

对比式(6.5.1)和式(6.5.6)可得

$$(\vec{\omega}'-\vec{\omega})\times\vec{r}=\vec{0}, \tag{6.5.7}$$

由于 P 点是任意点，因此可得

$$\vec{\omega}'=\vec{\omega}, \tag{6.5.8}$$

即**在刚体转动中改变参考点并不会改变该刚体的角速度**.

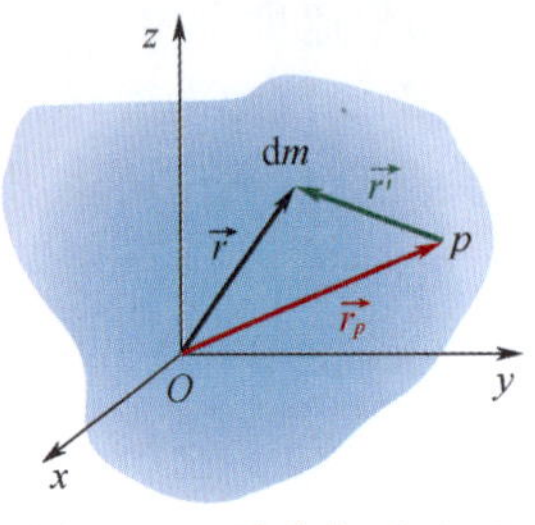

图 6-10 刚体相对于不同点转动的角动量定理

在改变参考点时，刚体转动定理也会发生变化. 如图 6-10 所示，设 p 为空间中任意一点，刚体相对于 p 点的转动惯量为 I_p，则刚体相对于 p 点的角动量和力矩分别为

$$\vec{L}_p=\int\vec{r}'\times\vec{v}\mathrm{d}m, \tag{6.5.9}$$

$$\vec{\tau}_p=\sum_i\vec{r}_i'\times\vec{F}_i, \tag{6.5.10}$$

刚体相对于坐标系原点的角动量和力矩分别为

$$\vec{L}=\int\vec{r}\times\vec{v}\mathrm{d}m, \tag{6.5.11}$$

$$\vec{\tau}=\sum_i\vec{r}_i\times\vec{F}_i. \tag{6.5.12}$$

由于存在关系

$$\vec{r}=\vec{r}'+\vec{r}_p, \tag{6.5.13}$$

式(6.5.11)可写为

$$\vec{L}=\int(\vec{r}'+\vec{r}_p)\times\vec{v}\mathrm{d}m=\vec{L}_p+\vec{r}_p\times\int\vec{v}\mathrm{d}m=\vec{L}_p+\vec{r}_p\times M\vec{v}_c. \tag{6.5.14}$$

角动量的变化率为

$$\frac{\mathrm{d}\vec{L}}{\mathrm{d}t}=\frac{\mathrm{d}\vec{L}_p}{\mathrm{d}t}+\frac{\mathrm{d}\vec{r}_p}{\mathrm{d}t}\times M\vec{v}_c+\vec{r}_p\times M\frac{\mathrm{d}\vec{v}_c}{\mathrm{d}t}, \tag{6.5.15}$$

考虑到质点系质心运动定理

$$\vec{F}=M\frac{\mathrm{d}\vec{v}_c}{\mathrm{d}t}, \tag{6.5.16}$$

式(6.5.15)又可以写成

$$\frac{\mathrm{d}\vec{L}}{\mathrm{d}t}=\frac{\mathrm{d}\vec{L}_p}{\mathrm{d}t}+\vec{v}_p\times M\vec{v}_c+\vec{r}_p\times\vec{F}. \tag{6.5.17}$$

再考虑相对于坐标系原点的力矩与相对于 p 点的力矩间的关系

$$\vec{\tau}=\sum_i(\vec{r}_i'+\vec{r}_p)\times\vec{F}_i=\vec{\tau}_p+\vec{r}_p\times\sum_i\vec{F}_i=\vec{\tau}_p+\vec{r}_p\times\vec{F}, \tag{6.5.18}$$

最后得到相对于 p 点的角动量定理

$$\frac{\mathrm{d}\vec{L}_p}{\mathrm{d}t}=\vec{\tau}_p-\vec{v}_p\times M\vec{v}_c. \tag{6.5.19}$$

在以下几种情况下，上式的最后一项为零，方程简化为

$$\frac{\mathrm{d}\vec{L}_p}{\mathrm{d}t}=\vec{\tau}_p. \tag{6.5.20}$$

一种情况是 p 点运动速度始终与体系质心运动速度相同，一般情况下这较难发生，但如果 p 点就是体系的质心，就自然满足该条件. 另外一种情况是 p 点静止不动. 例如，参考点选择不是坐标系原点的任意固定点. 对于第二种情况，还会经常用到一种被称为瞬心的处理方式. 例如，一个质量均匀的轮子在斜面上做纯滚动时，轮子和斜面的接触点的运动速度为零，以该点为参考点，轮子转动的动力学方程仍满足式(6.5.20). 这种情况下，在不同时刻，轮子和斜面的接触点是不同的点，因此参考点一直在变化. 这种在某一个时刻运动速度为零的参考点称为**瞬心**.

例 6-6 如图 6-11 所示，一半径为 r、质量为 m 的均匀轮子从倾角为 θ 的斜面上以纯滚动方式滚下，求其下滚的加速度.

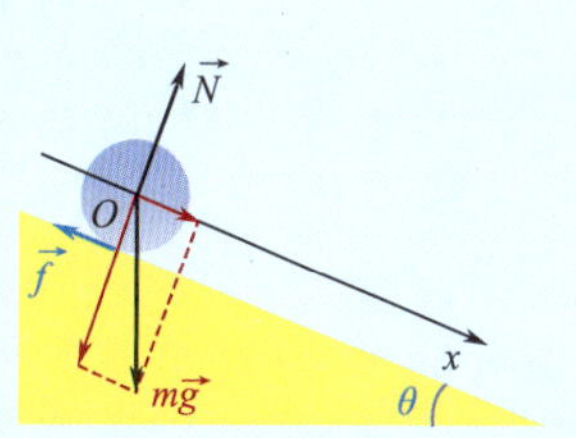

图 6-11 例 6-6 图

解法 1 轮子做平面平行运动，将运动分解为质心沿斜面向下的平动和轮子相对于质心的转动. 由于轮子质量分布均匀，因此其质心即为轮心. 轮子受到重力 $m\vec{g}$、斜面的支持力 $\vec{N}$ 和摩擦力 $\vec{f}$ 的作用. x 轴取过质心且沿斜面向下方向为正方向. 质心沿斜面向下的平动满足方程

$$m\frac{\mathrm{d}v_c}{\mathrm{d}t}=mg\sin\theta-f, \tag{6.5.21}$$

轮子绕质心的转动满足方程

$$I\frac{\mathrm{d}\omega}{\mathrm{d}t}=fr, \tag{6.5.22}$$

其中 I 为轮子相对于质心的转动惯量. 对于轮子的纯滚动，其质心运动速度和转动角速度间的关系为

$$v_c=r\omega. \tag{6.5.23}$$

由以上 3 式可得

$$\frac{\mathrm{d}v_c}{\mathrm{d}t}=\frac{mgr^2\sin\theta}{mr^2+I}. \tag{6.5.24}$$

解法 2 轮子为纯滚动，因此轮子与斜面的接触点为瞬心. 以该点为参考点，列轮子的转动方程，摩擦力和弹力都不提供力矩，得

$$I_p\frac{\mathrm{d}\omega}{\mathrm{d}t}=mg\sin\theta r, \tag{6.5.25}$$

其中 I_p 为轮子相对于瞬心的转动惯量. 由平行轴定理可知

$$I_p=I+mr^2, \tag{6.5.26}$$

因此

$$\frac{\mathrm{d}\omega}{\mathrm{d}t}=\frac{mgr\sin\theta}{mr^2+I}, \tag{6.5.27}$$

或

$$\frac{\mathrm{d}v_c}{\mathrm{d}t}=\frac{mgr^2\sin\theta}{mr^2+I}. \tag{6.5.28}$$

从以上两种解法可以看出，在处理刚体转动问题时，选择处理问题的方法不同，对于刚体转动的来源的看法会不相同. 在解法1中，是摩擦力导致了轮子的转动，而在解法2中，是重力导致了轮子的转动. 两种解法都是正确的，只是从不同角度来理解轮子运动中的物理原理.

6.6 刚体的进动

对于非定轴转动的刚体，其运动方式比较复杂. 在常见的陀螺运动中，当高速旋转的陀螺倾斜时，它并不倒下，而是一边自转，一边绕垂直的轴转动. 如图6-12所示，陀螺的运动为3种转动的合成，其中绕自身对称轴的转动(对应ω_1)称为**自转**，绕垂直轴的转动(对应ω_2)称为**进动**，此外还可能上下摆动(对应ω_3)，这种运动称为**章动**.

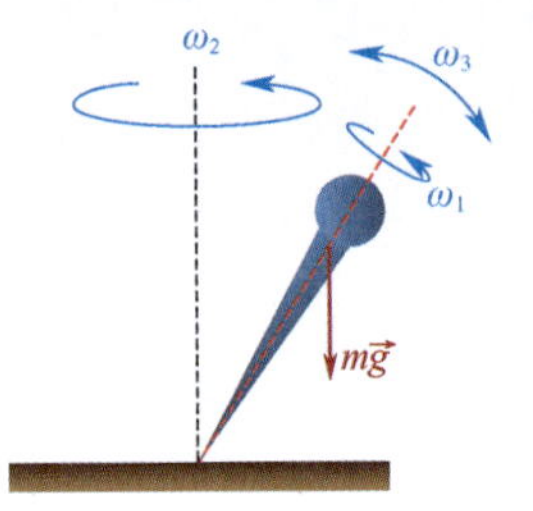

图6-12 陀螺的运动

在一般情况下，刚体的自转、进动和章动3种不同的运动会相互影响，从而使刚体的运动变得复杂. 对于特殊情况下刚体的进动，可通过近似做定性分析.

之前的讨论曾经提到刚体的角动量和角速度很可能不在同一个方向. 如图6-13所示，考虑两个质量分别为m_1和m_2的质点绕转轴(z轴)以角速度$\vec{\omega}=\omega\vec{k}$转动，$m_1\neq m_2$，两质点的位置矢量$\vec{r}_1$和$\vec{r}_2$相对于转轴对称，满足关系

$$\begin{aligned}\vec{r}_1&=x\vec{i}+y\vec{j}+z\vec{k},\\ \vec{r}_2&=-x\vec{i}-y\vec{j}+z\vec{k},\end{aligned} \tag{6.6.1}$$

它们的运动速度满足关系

$$\begin{aligned}\vec{v}_1&=v_x\vec{i}+v_y\vec{j},\\ \vec{v}_2&=-v_x\vec{i}-v_y\vec{j},\end{aligned} \tag{6.6.2}$$

且

$$\vec{v}_1=\vec{\omega}\times\vec{r}_1,\ \vec{v}_2=\vec{\omega}\times\vec{r}_2, \tag{6.6.3}$$

即

$$v_x=-\omega y,\ v_y=\omega x. \tag{6.6.4}$$

则该系统对转轴上O点的角动量为

$$\begin{aligned}\vec{L}&=\vec{r}_1\times m_1\vec{v}_1+\vec{r}_2\times m_2\vec{v}_2\\ &=(m_2-m_1)zv_y\vec{i}+(m_1-m_2)zv_x\vec{j}+(m_1+m_2)(xv_y-yv_x)\vec{k}\\ &=(m_2-m_1)xz\omega\vec{i}+(m_2-m_1)yz\omega\vec{j}+(m_1+m_2)(x^2+y^2)\omega\vec{k}.\end{aligned} \tag{6.6.5}$$

由此可知，在这个系统中只有当$m_1=m_2$时，对转轴上任一点的角动量和该系统的角速度才是平行的. 由此扩展可知，对于一个轴对称的刚体，

当其绕对称轴做转动时，对转轴上任一点的角动量的方向与对称轴是平行的.

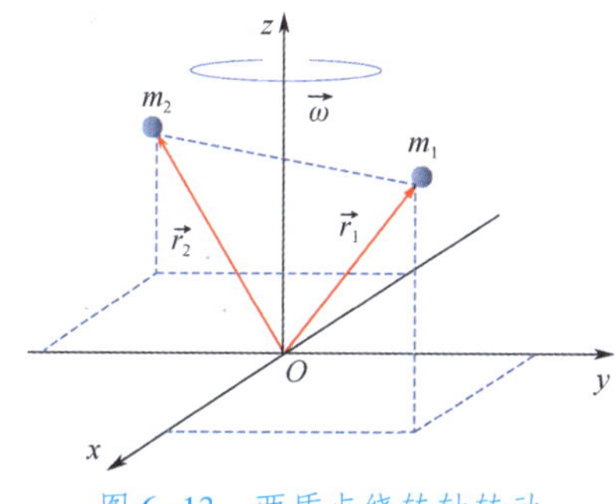

图 6-13 两质点绕转轴转动

现有一个铁饼状的圆盘绕竖直轴做高速旋转. 如图 6-14(a)所示，使它的自转轴处于一个近似水平的状态. 在实验中可以观察到圆盘在做高速旋转时，尽管其自转轴处于近似水平状态，但圆盘不会掉落下来，而是整体绕竖直轴做进动.

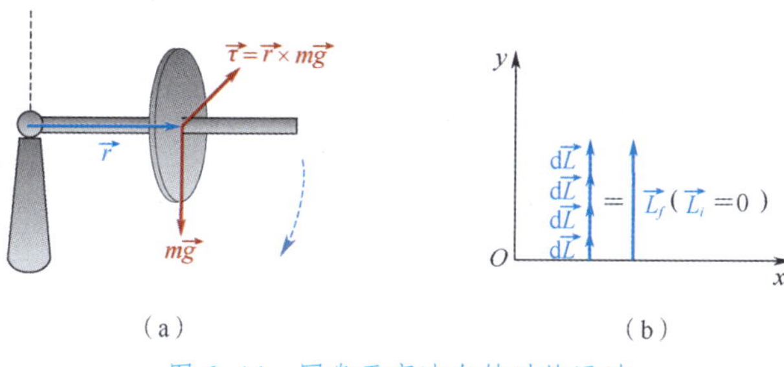

图 6-14 圆盘无高速自转时的运动

如果圆盘初始时设置成水平状态，并处于静止状态，则作用在这个陀螺上的重力会产生在水平方向上且垂直于自转轴的力矩，如图 6-14(a)所示. 在一个短暂的时间间隔内，这个力矩使圆盘的角动量从零改变成一个小量 $d\vec{L}$，其方向与力矩方向相同，对应的是刚体具有了一个微小的顺时针转动的角速度. 在下一个时间间隔内的力矩和转盘此时的角动量方向相同，产生的作用是使角动量的大小增加，方向不发生改变，下落的角速度相应地发生变化，如图 6-14(b)所示. 继续下去，圆盘就会掉落到地上.

如果初始时圆盘高速绕自转轴转动，如图 6-15(a)所示，圆盘对于其自转轴的转动惯量本身就比较大，同时转动角速度又比较大，从而它将具有较大的初始角动量，由前面的讨论可知其方向为轴向，即水平方向. 在一个短暂的时间间隔内，重力产生的力矩与角动量方向垂直，会使角动量的方向发生一微小变化. 对于一般刚体的定点转动，其角动量由它的 3 种转动角速度以及绕不同轴的转动惯量共同决定. 但对绕自转轴高速旋转的圆盘来说，其总角动量基本就是由其绕自转轴旋转的角速度决定的，总角动量方向几乎就在它的自转轴方向上，因此重力矩产生的后果是使圆盘在水平方向绕竖直轴旋转，之后的效果类似图 6-15(b)所示. 因此圆盘并不

下落，而是做绕竖直轴的进动.

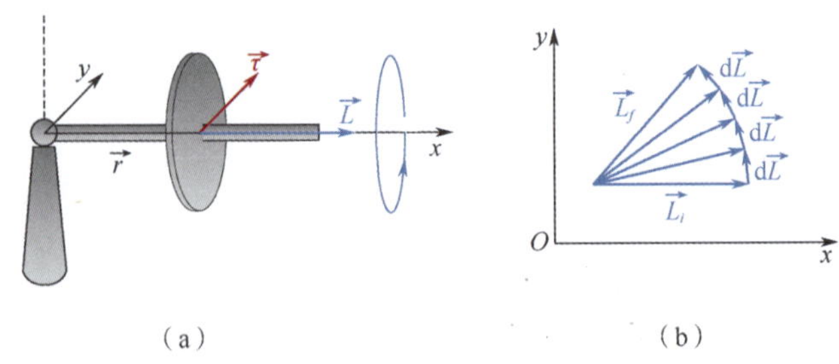

图 6-15 圆盘高速自转时的运动

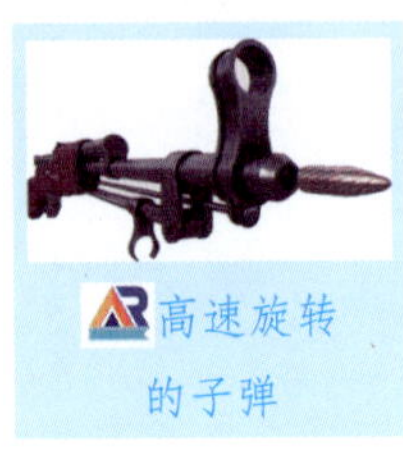

高速旋转物体在外力矩作用下产生的进动效应，在工程上有广泛的应用. 例如，当子弹飞行时，子弹要受到空气阻力的作用，其方向与子弹质心的运动方向相反，一般不通过子弹的质心，空气阻力对质心产生力矩，可使子弹绕质心发生翻转，从而影响子弹的射击精准度. 为了克服这一缺陷，通常在枪筒的腔内壁制造螺旋式来复线，使射出的子弹能产生绕自身对称轴的高速旋转，空气阻力力矩使子弹的对称轴绕前进方向发生进动，从而使子弹不致翻转. 又如，摩托车在行驶中，车轮的角动量沿水平方向指向驾驶员的左侧，如果车身稍微向左倾斜，此时重力矩(沿水平方向指向车后方)将使旋转的车轮产生进动，即车轮轴线绕竖直轴产生逆时针方向的进动，此时车子并不倒，而是向左转弯.

习题 6

6.1 一辆汽车以72km/h的速度行驶，其轮胎直径为80cm. 分别求相对于车上的乘客以及路边静止的行人，轮胎上缘和下缘的速度.

6.2 有一长方形的匀质薄板，长为 a，宽为 b，质量为 m. 分别求此薄板相对于下列位置为轴的转动惯量：(1)长边；(2)短边；(3)通过其中心且垂直于板面.

6.3 在质量为 m、半径为 R 的匀质圆盘上，挖出一个半径为 r($r<\frac{R}{2}$)的圆孔，圆孔的中心在圆盘直径的中点处. 求此时圆盘相对于通过圆心且与盘面垂直的轴的转动惯量.

6.4 有一半径为 R 的圆球，放在一个具有粗糙表面的水平板上，圆球只能做纯滚动. 现用水平力拉动此平板，使平板具有一水平加速度$\vec{a}_0$. 球的质心加速度有多大?

6.5 一质量为 m 的物体悬于一条轻绳的一端，绳另一端绕在一轮轴的轴上，如图6-16所示. 轴水平且垂直于轮轴面，其半径为 r，整个装置架在光滑的固定轴承之上. 轮轴可以视为质量为 M 的均匀圆盘. 求解物体的下落速度和加速度随时间的变化情况.

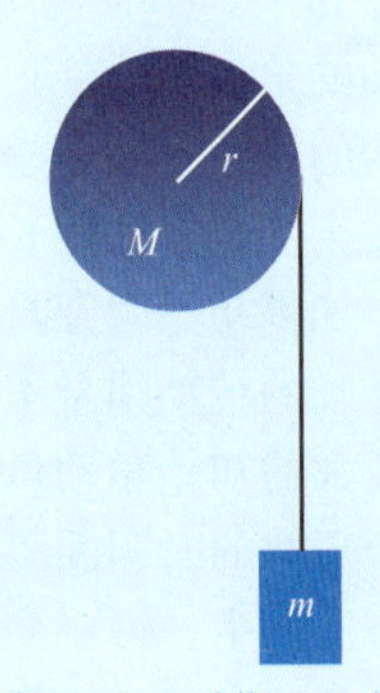

图 6-16 习题 6.5 图

6.6 一质量均匀分布的圆盘，质量为 m，半径为 R，平放在一粗糙水平面上. 圆盘与水平面之间的静摩擦系数为 μ，圆盘可绕通过其中心的竖直固定光滑轴转动. 开始时，圆盘转动的角速度为 ω_0，则经过多长时间后，圆盘将停止转动?

6.7 一个砂轮的转动惯量为 $1.0\times10^{-3}\text{kg}\cdot\text{m}^2$. 其安装在一个机床上，机床的电动机为其提供 12N · m 的力矩. 求电动机开动 30s 后，砂轮对其轮轴的角动量和角速度大小.

6.8 有一质量为 m、半径为 R 的圆形偏心轮，其质心离圆心的距离为 r，相对于过质心且垂直于轮面的轴的转动惯量为 I. 若其在水平地面上做纯滚动，初始时质心处于轮心的正上方，轮心运动速度大小为 v_0. 求当质心处于轮心正下方时，轮子的角速度大小.

6.9 一个半径为 20cm 的空心球，其相对于过球心的轴的转动惯量为 $0.040\text{kg}\cdot\text{m}^2$. 现其沿坡度为 30°的斜坡向上做纯滚动. 在某一时刻，其动能为 20J，则其中有多少是球转动贡献的? 此时其质心运动速度多大? 之后它再沿斜坡运动 1m 后其动能是多大?

6.10 质量为 M、半径为 R 的圆盘水平放置在光滑的桌面上，并绕垂直通过圆心的固定轴以角速度大小为 ω_0 转动. 现有一质量为 m 的物体由圆盘上方垂直下落到圆盘的边缘处并附着在其上，则此时圆盘的角速度是多大?

6.11 有一外半径为 R、内半径为 r 的轮轴，其质量为 M，内轴质量忽略. 如图 6-17 所示，将其通过绕在内轴上的线悬挂在天花板上，让其由静止开始下落. 若要保证轮轴下落时不发生摆动，则初始时悬线与垂直方向的夹角是多少? 并求解此时轮轴的运动情况.

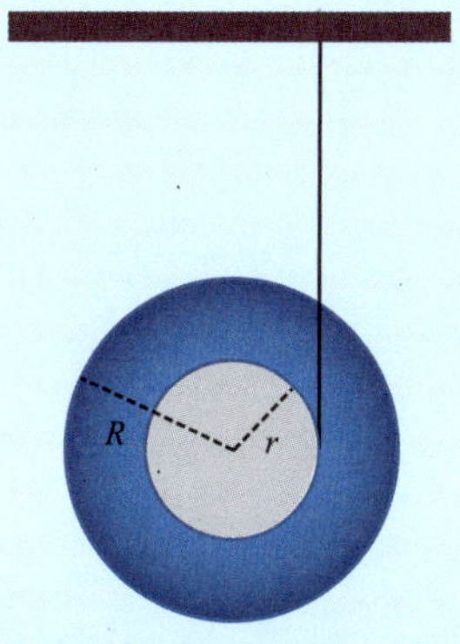

图 6-17　习题 6.11 图

6.12 质量为 m、半径为 r 的小球，从一个固定在地面上半径为 R 的半圆形容器边缘由静止滚入容器中，滚动过程始终为纯滚动. 求当小球运动到容器底部时容器受到的小球对其的压力.

6.13 质量为 m、长边长度为 L 的均匀长方形物体放在光滑桌面上. 有另一质量同样为 m 的小物体在桌面上沿与长方形物体长边相垂直的方向以速率 v 撞击在长方形物体的一端，碰撞为弹性碰撞，求解碰撞后长方形物体的运动情况.

6.14 质量为 m、半径为 R 的台球在台球桌上滚动，初始时台球球心以速率 v 从左向右运动，同时台球以角速度大小 ω 绕垂直于球心速度方向的轴逆时针转动. 台球与台球桌面间的滑动摩擦系数和静摩擦系数都为 μ，求解台球的运动情况.

6.15 一线轴由两个半径为 R、质量为 M 的外轮和一个半径为 r、质量为 m 的内轮组合而成，3 个轮子的轮心在同一条水平线上，有轻质线绕在内轮上. 如图 6-18 所示，现沿相对于水平面成 θ 角的方向以固定大小的力 $\vec{F}$ 拉动线，求解线轴的运动情况. 设线轴始终处于纯滚动状态.

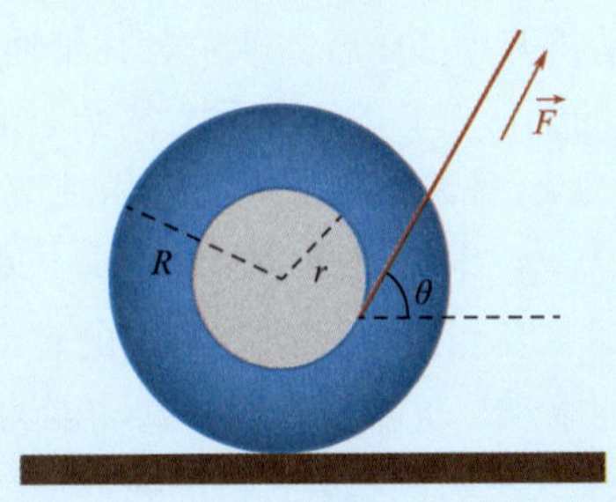

图 6-18　习题 6.15 图

第7章 振动力学基础

任何一个物理量在某一数值附近随时间往返变化，都称为振动. 振动有各种不同的形式，例如，物体在其平衡位置附近做来回往复的运动，称为机械振动；交变电磁场中的电场强度、磁感应强度在某一数值附近随时间做周期性变化，称为电磁振动. 客观世界中存在各式各样的振动，虽然各种振动具有不同的方式和性质，但是它们具有一些共同的基本特征，它们的振动规律可用相似或相同的数学方程来描述. 本章主要研究机械振动，机械振动中包含振动的共性，它的许多规律对于其他形式的振动也适用.

简谐振动是一种最简单的周期性振动，任何复杂的振动都可以看作一系列简谐振动的叠加，因而它是一种最基本、最重要的振动. 研究简谐振动是进一步研究复杂振动的基础. 本章主要讨论简谐振动的特征、描述和基本规律，进而讨论简谐振动的合成，然后介绍阻尼振动、受迫振动和共振.

7.1 简谐振动

将质量可以忽略的弹簧一端固定，另一端固定一质量为 m 的质点. 弹簧无形变时质点的位置称为弹簧的平衡位置，质点受到的力的方向总是与质点相对平衡位置的偏离方向相反，弹簧弹力的作用总是试图减少这样的偏离，类似于弹簧弹力这种性质的力称为**回复力**.

对于线性弹簧，如图 7-1 所示，以弹簧无形变时质点的位置为坐标轴原点，质点受到的弹簧弹力为

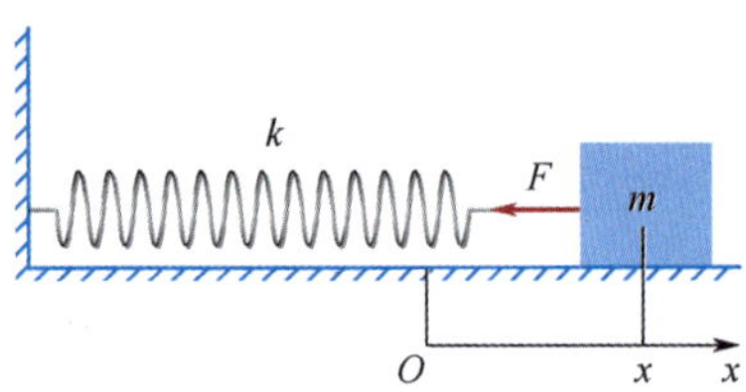

图 7-1 弹簧与回复力

$$F=-kx, \tag{7.1.1}$$

k 为弹性系数. 因此，质点的动力学方程为

$$m\frac{\mathrm{d}^2x}{\mathrm{d}t^2}=-kx. \tag{7.1.2}$$

该方程又可以写成

$$\frac{\mathrm{d}^2x}{\mathrm{d}t^2}+\omega^2x=0, \tag{7.1.3}$$

其中

$$\omega=\sqrt{\frac{k}{m}}, \tag{7.1.4}$$

ω 称为简谐振动的**角频率**. 方程(7.1.3)称为**简谐振动方程**，满足该方程的物理体系称为**简谐振子**，相应的运动称为**简谐振动**. 该方程的一般解为

$$x=A\sin(\omega t)+B\cos(\omega t), \tag{7.1.5}$$

其中 A 和 B 为积分常数，由运动的初始条件确定. $t=0$ 时

$$x(t=0)=x_0=B. \tag{7.1.6}$$

由式(7.1.5)知质点的运动速度大小为

$$v=A\omega\cos(\omega t)-B\omega\sin(\omega t), \tag{7.1.7}$$

$t=0$ 时

$$v(t=0)=v_0=A\omega. \tag{7.1.8}$$

因此，积分常数 A 和 B 分别与质点的初始速度大小和初始位置相关.

简谐振动方程的解又可以写为

$$x=x_{\max}\cos(\omega t+\varphi), \tag{7.1.9}$$

其中$x_{\max}$是质点相对于平衡位置的最大偏离值，称为简谐振动的**振幅**，对应简谐振子的最大偏移量，如图 7-2 所示.

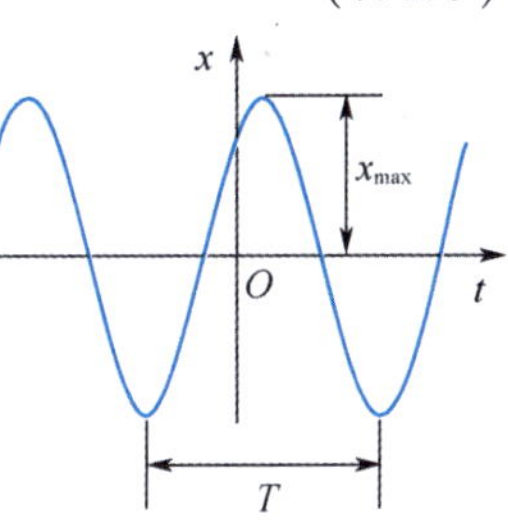

图 7-2　简谐振动

根据余弦函数的特性可知简谐振动为一种周期性的运动. 当从某个时刻 t 开始经过了

$$T=\frac{2\pi}{\omega} \tag{7.1.10}$$

时间之后，简谐振子所在的位置为

$$x\left(t+\frac{2\pi}{\omega}\right)=A\cos\left[\omega\left(t+\frac{2\pi}{\omega}\right)+\varphi\right]=A\cos(\omega t+\varphi)=x(t), \tag{7.1.11}$$

与之前 t 时刻的位置是相同的. T 称为简谐振子的**周期**，如图 7-2 所示. 其倒数

$$f=\frac{1}{T} \tag{7.1.12}$$

称为简谐振子的**频率**，即在单位时间里简谐振子振动了多少个周期. 在式(7.1.9)的表示下，简谐振子的速度大小为

$$v=-x_{\max}\omega\sin(\omega t+\varphi), \tag{7.1.13}$$

加速度大小为

$$a=-x_{\max}\omega^2\cos(\omega t+\varphi). \tag{7.1.14}$$

考虑匀速圆周运动，若其角速度大小为 ω，半径为 r，极坐标下的初始角度为 φ，则其坐标可以表示为

$$\vec{r}=r\cos(\omega t+\varphi)\vec{i}+r\sin(\omega t+\varphi)\vec{j}, \tag{7.1.15}$$

可看出简谐振动与匀速圆周运动的 x 分量具有相同的表达式，如图 7-3 所示，即简谐振动与匀速圆周运动有对应关系. 其中振幅$x_{\max}$对应匀速圆周运动的半径 r；角频率 ω 对应匀速圆周运动的角速度，这也是把 ω 称为角频率的原因，其与频率 f 有关系

$$\omega=2\pi f; \tag{7.1.16}$$

相应的 $\omega t+\varphi$ 称为简谐振动的**相位**，对应匀速圆周运动转过的角度；φ 称为**初相位**，即 $t=0$ 时的相位. 在国际单位制中频率的单位为 Hz(赫兹)，ω 的单位为 rad/s(弧度每秒).

计算机模拟

旋转振幅矢量与简谐振动

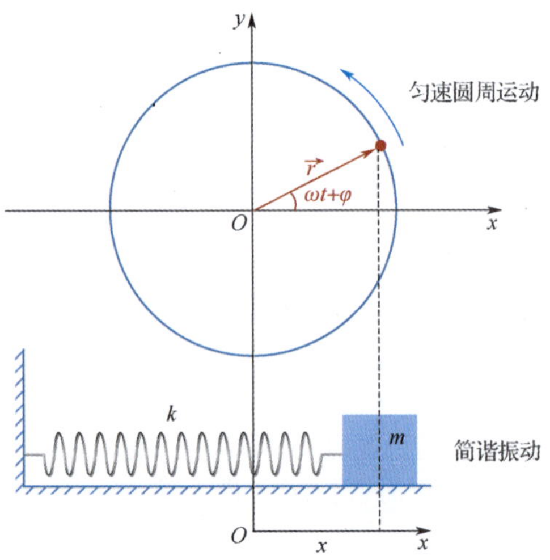

图 7-3 简谐振动与匀速圆周运动间的关联

弹簧振子

由前面的章节，我们已经知道简谐振动中质点的势能为

$$V=\frac{1}{2}kx^2=\frac{1}{2}kx_{\max}^2\cos^2(\omega t+\varphi), \tag{7.1.17}$$

质点的动能为

$$T=\frac{1}{2}m\left(\frac{\mathrm{d}x}{\mathrm{d}t}\right)^2=\frac{1}{2}m\omega^2x_{\max}^2\sin^2(\omega t+\varphi), \tag{7.1.18}$$

由于角频率 ω、质量 m 和弹性系数 k 之间存在关系

$$\omega^2=\frac{k}{m}, \tag{7.1.19}$$

因此质点的机械能守恒，有

$$E=T+V=\frac{1}{2}kx_{\max}^2=\frac{1}{2}mv_{\max}^2. \tag{7.1.20}$$

如图 7-4 所示，简谐振动过程中，质点的势能和动能均随时间在做周期性变化，动能大时势能就小，相反，动能小时势能就大，动能和势能之间在不断地进行转换.

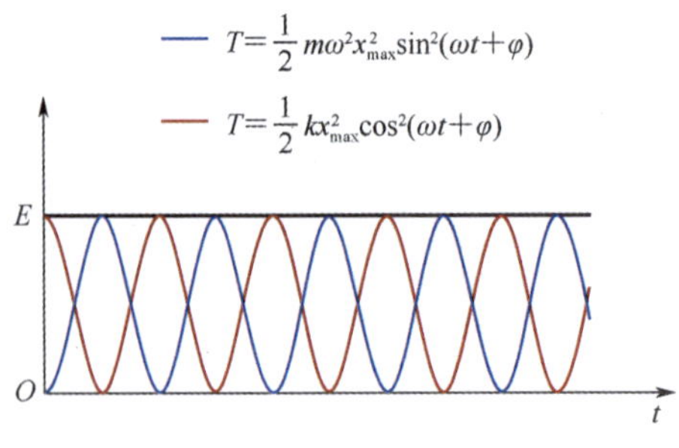

图 7-4 简谐振动的机械能

简谐振动是物理体系的常见的一种运动模式. 例如，单摆在做小角度

运动时，其运动模式即为简谐振动. 单摆的运动方程为

$$\frac{d^2\theta}{dt^2}+\frac{g}{l}\sin\theta=0. \tag{7.1.21}$$

对于小角度单摆，有

$$\sin\theta\approx\theta, \tag{7.1.22}$$

则单摆的运动方程变为

$$\frac{d^2\theta}{dt^2}+\frac{g}{l}\theta=0, \tag{7.1.23}$$

即为简谐振动方程. 当一个处于稳定平衡状态下的物理体系在平衡位置附近做运动时，其受到的力近似为线性的回复力. 因此，稳定平衡状态下的物理体系在平衡位置附近做的运动为简谐振动.

例 7-1 在 $t=0$ 时，简谐振子的位移大小为 $x(0)=-10\text{m}$，速度大小为 $v(0)=-0.6\text{m/s}$，加速度大小为 $a(0)=40\text{m/s}^2$. 求这个简谐振子的角频率、振幅和初相位.

解 由式(7.1.9)、式(7.1.13)和式(7.1.14)可知

$$x(0)=x_{max}\cos\varphi=-10\text{m}, \tag{7.1.24}$$

$$v(0)=-x_{max}\omega\sin\varphi=-0.6\text{m/s}, \tag{7.1.25}$$

$$a(0)=-x_{max}\omega^2\cos\varphi=40\text{m/s}^2. \tag{7.1.26}$$

由式(7.1.25)和式(7.1.26)可知角频率为

$$\omega=\sqrt{\frac{40}{10}}=2(\text{rad/s}). \tag{7.1.27}$$

由式(7.1.24)和式(7.1.25)可知

$$-\omega\tan\varphi=\frac{v(0)}{x(0)}, \tag{7.1.28}$$

则

$$-\tan\varphi=\frac{v(0)}{\omega x(0)}=\frac{6}{2\times10}=0.3, \tag{7.1.29}$$

由此可以解得两个初相位

$$\varphi=-16.7°\text{或 }\varphi=163.3°.$$

若取 $\varphi=-16.7°$，则由式(7.1.24)解得 $x_{max}=-10.4\text{m}$. 若取 $\varphi=163.3°$，则 $x_{max}=10.4\text{m}$.

7.2 一维简谐振动的合成

如果一个质点同时参与两个同方向同频率的简谐振动，但初相位和振幅不同，

$$\begin{aligned}x_1&=A_1\cos(\omega t+\varphi_1),\\ x_2&=A_2\cos(\omega t+\varphi_2),\end{aligned} \tag{7.2.1}$$

则其合运动为

$$x=x_1+x_2=A_1\cos(\omega t+\varphi_1)+A_2\cos(\omega t+\varphi_2)=A\cos(\omega t+\varphi), \tag{7.2.2}$$

其中

$$A=\sqrt{A_1^2+A_2^2-2A_1A_2\cos(\varphi_1-\varphi_2)}\ , \tag{7.2.3}$$

$$\tan\varphi=\frac{A_1\sin\varphi_1+A_2\sin\varphi_2}{A_1\cos\varphi_1+A_2\cos\varphi_2}. \tag{7.2.4}$$

因此，这样的简谐振动合成仍然是与原简谐振动同频率的振动，只是初相位发生了变化. 当两个原始简谐振动的初相位为 $2k\pi$(k 为整数)时，合成简谐振动拥有最大的振幅 $A=A_1+A_2$；当两个原始简谐振动的初相位为$(2k+1)\pi$ 时，合成简谐振动拥有最大的振幅 $A=|A_1-A_2|$.

如果一个质点同时参与两个同方向不同频率且初相位和振幅相同的简谐振动，

$$\begin{aligned} x_1&=A\cos(\omega_1 t+\varphi)\ ,\\ x_2&=A\cos(\omega_2 t+\varphi)\ , \end{aligned} \tag{7.2.5}$$

则其合运动为

$$x=x_1+x_2=2A\cos\left(\frac{\omega_1-\omega_2}{2}t\right)\cos\left(\frac{\omega_1+\omega_2}{2}t+\varphi\right). \tag{7.2.6}$$

该运动可视为一个角频率为$\frac{\omega_1+\omega_2}{2}$的机械振动，其振幅在以角频率$\frac{|\omega_1-\omega_2|}{2}$的方式发生变化. 振动的强度与振幅的平方相关，因此从振动强度的角度看，其频率变化为 $\nu=\frac{|\omega_1-\omega_2|}{2\pi}$，如图 7-5 所示，这个频率称为拍频.

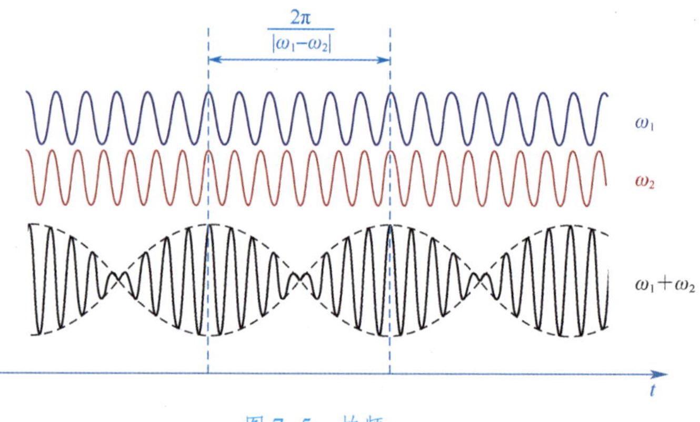

图 7-5　拍频

考虑到简谐振动与匀速圆周运动之间的对应关系，可以用匀速圆周运动中的位置矢量来表达简谐振动的振动情况. 即用一个二维的矢量来表达简谐振动，如图 7-6 所示，对应简谐振动 $x=A\cos(\omega t+\varphi)$，矢量的长度为简谐振动的振幅 A. 矢量与横轴之间的夹角为简谐振动的相位 $\omega t+\varphi$.

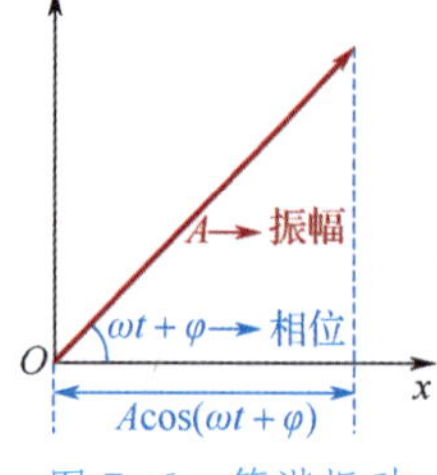

图 7-6　简谐振动的矢量表示

当两个同方向的简谐振动叠加时，就相当于两个这样的矢量叠加. 由图 7-7 可以看出，假如有两个不同的简谐振动，其中第 1 个振幅为 A_1、相位为$\omega_1 t+\varphi_1$，第 2 个振幅为 A_2、相位为$\omega_2 t+\varphi_2$，对应的矢量相加时，和矢量的 x 分量为 $A_1\cos(\omega_1 t+\varphi_1)+A_2\cos(\omega_2 t+\varphi_2)$. 这正是这两个简谐振动的叠加结果. 因此，用这样的二维平面内的矢量来表达简谐振动的振动情况是非常方便的，我们通常将其称为**振幅矢量方法**.

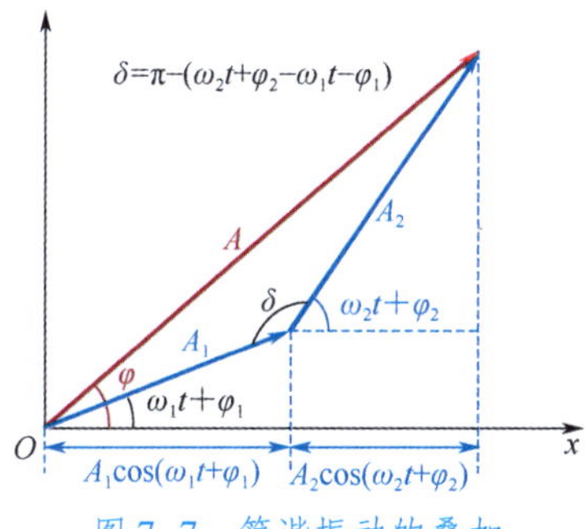

图 7-7 简谐振动的叠加

由余弦定理可知两个简谐振动的合振动的振幅大小为

$$A=\sqrt{A_1^2+A_2^2-2A_1A_2\cos\delta}, \tag{7.2.7}$$

其中

$$\delta=\pi-(\omega_2 t+\varphi_2-\omega_1 t-\varphi_1). \tag{7.2.8}$$

合振动对应矢量与横轴的夹角 φ 满足关系

$$\tan\varphi=\frac{A_1\sin(\omega_1 t+\varphi_1)+A_2\sin(\omega_2 t+\varphi_2)}{A_1\cos(\omega_1 t+\varphi_1)+A_2\cos(\omega_2 t+\varphi_2)}. \tag{7.2.9}$$

当这两个简谐振动的频率相同时，两个矢量的夹角

$$\delta=\pi-(\omega t+\varphi_2-\omega t-\varphi_1)=\pi+\varphi_1-\varphi_2 \tag{7.2.10}$$

为常数. 因此，随着时间的演化，由两个简谐振动及其合振动所对应的矢量构成的三角形，将保持形状不变在二维平面上转动. 也就是说，合振动的频率与原简谐振动的频率是相同的. 合振动为

$$x=A\cos(\omega t+\varphi), \tag{7.2.11}$$

将式(7.2.9)代入式(7.2.7)就得到了合振幅式(7.2.3). 而其中的初相位 φ 为 $t=0$ 时的 δ，满足关系

$$\tan\varphi=\tan[\varphi(t=0)]=\frac{A_1\sin\varphi_1+A_2\sin\varphi_2}{A_1\cos\varphi_1+A_2\cos\varphi_2}, \tag{7.2.12}$$

即式(7.2.4). 合振动的振幅大小与两个简谐振动初相位之间的差别相关. 当它们的初相位相同时，对应的是两个同向矢量的叠加，因此合振动的振幅达到最大值 A_1+A_2. 当初相位相反时，对应的是两个反向矢量的叠加，因此合振动的振幅最小，为两个振幅的差值 $|A_1-A_2|$.

当两个简谐振动的频率不相同时，所对应的矢量之间的夹角会随时间发生变化，从而导致合振动矢量的转动角速度会忽快忽慢，从而可知合振动并非是单一频率的振动.

例 7-2 同一方向上有 n 个同频率的简谐振动，它们的振幅均为 a，初相位分别为 $0,\delta,2\delta,3\delta,\cdots$，相位依次差一个恒量 δ，写出合振动的表达式.

解 对于这种情况，采用振幅矢量方法可以避免繁杂的三角函数运算.

按照题意，可写出各简谐振动的表达式分别为

$$
\begin{aligned}
&x_1=a\cos\omega t,\\
&x_2=a\cos(\omega t+\delta),\\
&x_3=a\cos(\omega t+2\delta),\\
&\cdots,\\
&x_n=a\cos[\omega t+(n-1)\delta],
\end{aligned}
\tag{7.2.13}
$$

合振动为

$$x=x_1+x_2+x_3+\cdots+x_n. \tag{7.2.14}$$

按照矢量合成的方法，把每一个简谐振动的振幅矢量首尾相连，且相邻矢量间的夹角均为 δ，如图 7-8 所示，合振动的振幅矢量等于各简谐振动振幅矢量的矢量和，合振动的表达式可写为

$$x=A\cos(\omega t+\varphi). \tag{7.2.15}$$

图中各振幅矢量的垂直平分线相交于 C 点，各振幅矢量的两端点与 C 点相连均构成等腰三角形，这些等腰三角形的顶角均等于 δ，由此可得 $\angle OCP=n\delta$.

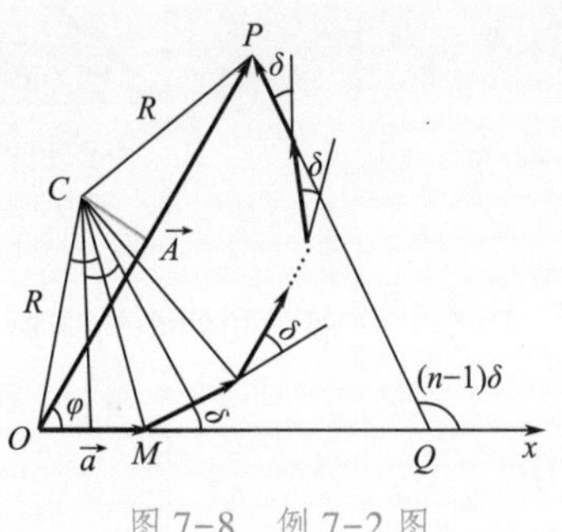

图 7-8 例 7-2 图

设 $\overline{OC}=\overline{PC}=R$，如图 7-8 所示. 对于 $\triangle OCP$，OP 边的垂直平分线过 C 点，把 $\triangle OCP$ 分为两个直角三角形，由此可得

$$\frac{\frac{A}{2}}{R}=\sin\frac{n\delta}{2}, \tag{7.2.16}$$

于是得到

$$A=2R\sin\frac{n\delta}{2}. \tag{7.2.17}$$

对于等腰三角形 OCM，OM 边的垂直平分线过 C 点，把等腰三角形 OCM 分为两个直角三角形，由此可得

$$\frac{\frac{a}{2}}{R}=\sin\frac{\delta}{2}, \tag{7.2.18}$$

于是得到

$$a=2R\sin\frac{\delta}{2}. \tag{7.2.19}$$

由上述结果，可得

$$A=a\frac{\sin\frac{n\delta}{2}}{\sin\frac{\delta}{2}}. \tag{7.2.20}$$

对于$\triangle OPQ$，$(n-1)\delta$等于该三角形的一个外角，则有$(n-1)\delta=2\varphi$，所以

$$\varphi=\frac{(n-1)\delta}{2}. \tag{7.2.21}$$

最后得到合振动的表达式为

$$x=a\frac{\sin\frac{n\delta}{2}}{\sin\frac{\delta}{2}}\cos\left(\omega t+\frac{n-1}{2}\delta\right). \tag{7.2.22}$$

7.3 二维简谐振动的合成

如果一个质点同时参与x和y两个方向的同频率振动，且

$$\vec{r}=A_x\cos(\omega t+\varphi_x)\vec{i}+A_y\cos(\omega t+\varphi_y)\vec{j}, \tag{7.3.1}$$

则其轨迹方程为

$$\frac{x^2}{A_x^2}+\frac{y^2}{A_y^2}-\frac{2}{A_xA_y}xy\cos(\varphi_x-\varphi_y)=\sin^2(\varphi_x-\varphi_y). \tag{7.3.2}$$

当$\varphi_x-\varphi_y=2k\pi$（$k$为整数）时，上式为

$$\frac{x}{A_x}=\frac{y}{A_y}; \tag{7.3.3}$$

当$\varphi_x-\varphi_y=(2k+1)\pi$（$k$为整数）时，则为

$$\frac{x}{A_x}=-\frac{y}{A_y}. \tag{7.3.4}$$

这两个方程分别对应于第 1、第 3 象限和第 2、第 4 象限中的直线，如图 7-9所示. 即合成运动是质点在一条直线上进行振动. 当$\varphi_x-\varphi_y$为其他值时轨道图形为椭圆，至于质点是顺时针转动还是逆时针转动则取决于$\varphi_x-\varphi_y$的大小，当$2k\pi<\varphi_x-\varphi_y<(2k+1)\pi$时为逆时针转动，当$(2k-1)\pi<\varphi_x-\varphi_y<2k\pi$时为顺时针转动，如图 7-10 所示.

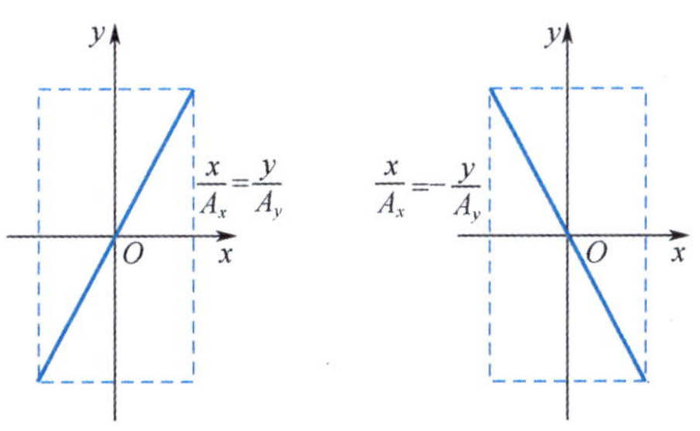

图 7-9 二维简谐振动的合成：相位相差 π 的整数倍

如果质点同时参与x和y两个方向的不同频率的振动，且

$$\vec{r}=A_x\cos(\omega_x t+\varphi_x)\vec{i}+A_y\cos(\omega_y t+\varphi_y)\vec{j}, \tag{7.3.5}$$

在这种情况下质点的运动比较复杂. 若

$$\frac{\omega_x}{\omega_y}=\frac{a}{b}, \tag{7.3.6}$$

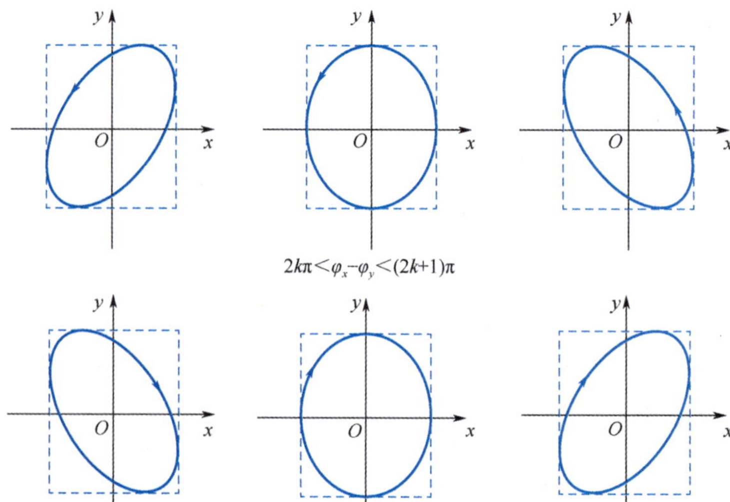

图 7-10 二维简谐振动的合成：相位相差非 π 的整数倍

计算机模拟

简谐振动的合成

计算机模拟

简谐振动的合成-1

计算机模拟

简谐振动的合成-2

计算机模拟

简谐振动的合成-3

计算机模拟

简谐振动的合成-4

计算机模拟

简谐振动的合成-5

其中 a 和 b 为整数，则

$$\frac{T_x}{T_y}=\frac{b}{a} \text{ 或 } aT_x=bT_y. \tag{7.3.7}$$

当 $t=aT_x=bT_y$ 时，

$$\begin{aligned}\vec{r}(t=aT_x=bT_y)&=A_x\cos(a\omega_xT_x+\varphi_x)\vec{i}+A_y\cos(b\omega_yT_y+\varphi_y)\vec{j}\\&=A_x\cos(\varphi_x)\vec{i}+A_y\cos(\varphi_y)\vec{j}\\&=\vec{r}(t=0),\end{aligned} \tag{7.3.8}$$

此时质点回到了初始点，即质点在做周期性运动，其运动轨迹是闭合的. 图 7-11 列出了一些这样的运动轨迹图形，这种图形称为李萨如图形.

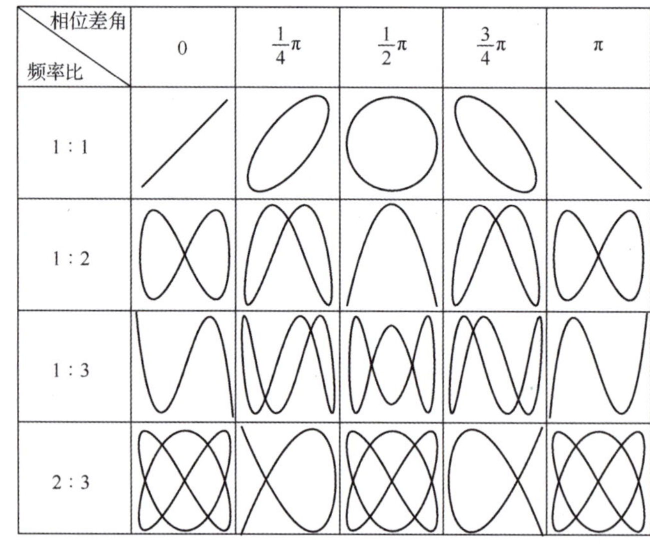

相位差角 / 频率比	0	$\frac{1}{4}\pi$	$\frac{1}{2}\pi$	$\frac{3}{4}\pi$	π
1 : 1					
1 : 2					
1 : 3					
2 : 3					

图 7-11 李萨如图形

7.4 阻尼振动和受迫振动

很多情况下简谐振子在振动过程中会受到阻力作用，如在空气中振动的弹簧会受到空气阻力的作用. 这样的振动称为阻尼振动. 下面仅考虑受到线性阻尼的情况.

所谓线性阻尼是指阻力正比于质点的运动速度. 线性阻尼振动方程为

$$m\frac{\mathrm{d}^2x}{\mathrm{d}t^2}+\gamma\frac{\mathrm{d}x}{\mathrm{d}t}+kx=0, \tag{7.4.1}$$

其中第二项为线性阻尼项，γ 称为阻力系数. 上式可改写成

$$\frac{\mathrm{d}^2x}{\mathrm{d}t^2}+2\beta\frac{\mathrm{d}x}{\mathrm{d}t}+\omega_0^2x=0, \tag{7.4.2}$$

其中 $\beta=\gamma/2m$ 称为**阻尼系数**，$\omega_0=\sqrt{\frac{k}{m}}$ 称为该简谐振子的**固有角频率**，即无阻尼时的振动角频率.

根据方程(7.4.2)的特性，可假设其解的形式为

$$x=\mathrm{e}^{at}, \tag{7.4.3}$$

将其代入原方程中后可以得到关于 a 的代数方程

$$a^2+2\beta a+\omega_0^2=0, \tag{7.4.4}$$

解得

$$a_{\pm}=-\beta\pm\sqrt{\beta^2-\omega_0^2}. \tag{7.4.5}$$

当 $\beta^2>\omega_0^2$ 时，$a_{\pm}$ 为负数，此时

$$x=\mathrm{e}^{-|a_+|t} \text{或} x=\mathrm{e}^{-|a_-|t}. \tag{7.4.6}$$

这种情况称为**过阻尼**.

对于线性方程，若 x_1 和 x_2 分别是方程的解，则 Ax_1+Bx_2 也是解，其中 A 和 B 为待定常数. 因此可以得到过阻尼下阻尼振动的一般解为

$$x=A\mathrm{e}^{-(\beta-\sqrt{\beta^2-\omega_0^2})t}+B\mathrm{e}^{-(\beta+\sqrt{\beta^2-\omega_0^2})t}. \tag{7.4.7}$$

上式的两部分都是指数衰减项，因此振动会很快衰减而导致趋向于静止状态，如图 7-12 所示.

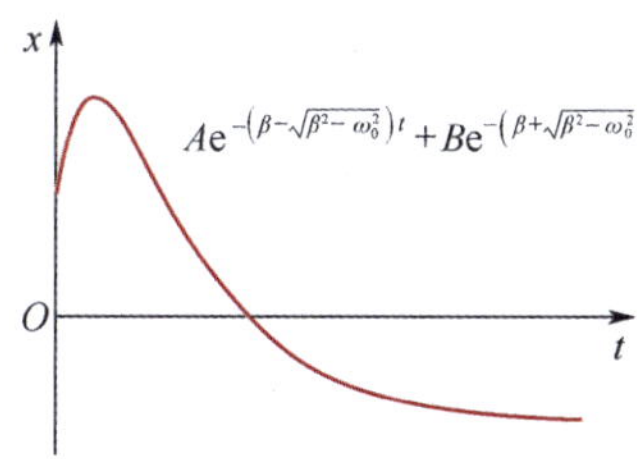

图 7-12 过阻尼

当$\beta^2=\omega_0^2$ 时，称为**临界阻尼**，此时解出 $a=-\beta$，只有一个值. 我们可以发现 $x=t\mathrm{e}^{-\beta t}$也是方程的解，因此在临界阻尼情况下方程的一般解为

$$x=(A+Bt)\mathrm{e}^{-\beta t}. \tag{7.4.8}$$

上式括号中虽有随时间变化的线性增长项，但由于括号外是指数衰减，因此在这种情况下振动也会快速趋向于静止状态. 其定性变化曲线类似过阻尼情况.

当$\beta^2<\omega_0^2$时，称为欠阻尼. 令$\omega=\sqrt{\omega_0^2-\beta^2}$，方程的一般解为

$$x=A\mathrm{e}^{-\beta t+\mathrm{i}\omega t}+B\mathrm{e}^{-\beta t-\mathrm{i}\omega t},\tag{7.4.9}$$

该解又可以写成

$$x=x_{\max}\mathrm{e}^{-\beta t}\cos(\omega t+\varphi),\tag{7.4.10}$$

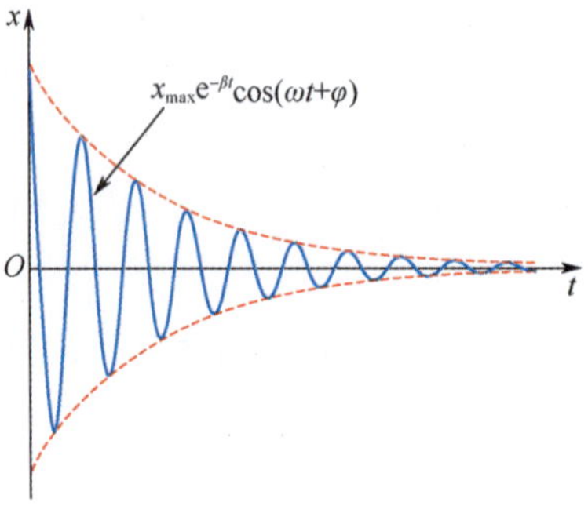

其中$x_{\max}$和φ为积分常数，其大小由初始条件决定. 从这个解中可以看出在欠阻尼情况下，质点的运动仍然表现为振动，但其振动频率相对于固有频率产生了偏移，同时其振幅是指数衰减的. 经过一段时间后振动依然趋向静止. 其图形如图7-13所示.

图7-13 欠阻尼

除了回复力和阻力，很多的振动系统还受到周期性的外力作用，这种振动称为受迫振动，这种周期性外力称为驱动力或强迫力. 例如，耳膜在外界的声音的驱动下发生振动，扬声器的纸盆在电磁力的作用下振动，车辆因为颠簸而发出的噪声等，都是受迫振动的表现. 2020年备受大家关注的广东虎门大桥摇摆事件，其本质也是受迫振动. 本章只讨论受迫振动的最简单情况.

计算机模拟
阻尼振动

考虑一个简谐振子受到形式为$F_0\cos(\omega t+\delta)$的周期性强迫力作用，其中F_0为强迫力的最大值，ω为强迫力变化的频率. 此时简谐振子的动力学方程为

$$m\frac{\mathrm{d}^2x}{\mathrm{d}t^2}=-kx+F_0\cos(\omega t+\delta),\tag{7.4.11}$$

该方程可以写成更一般的形式，为

$$\frac{\mathrm{d}^2x}{\mathrm{d}t^2}+\omega_0^2x=\frac{F_0}{m}\cos(\omega t+\delta),\tag{7.4.12}$$

其中

$$\omega_0=\sqrt{\frac{k}{m}}\tag{7.4.13}$$

为无强迫力时简谐振子的振动角频率，称为该简谐振子的本征频率或固有频率. 为方便求解该方程，可将方程复数化，即把变量从实数推广为复数. 用复数变量X替代x，x为X的实部. 同时将强迫力扩展为$F_0\mathrm{e}^{\mathrm{i}(\omega t+\delta)}$. 这样原方程就扩展为

$$\frac{\mathrm{d}^2X}{\mathrm{d}t^2}+\omega_0^2X=\frac{F_0}{m}\mathrm{e}^{\mathrm{i}(\omega t+\delta)},\tag{7.4.14}$$

可以看到这个方程的实部就是原来的受迫振动方程. 根据复数的性质，可知这个方程的解的实部即为原受迫振动方程的解. 将方程复数化，是在很

多的物理体系中常用的一种处理方式.

方程(7.4.14)为线性非齐次方程，这类方程的解为相应齐次方程的通解加上非齐次方程的特解. 对于方程(7.4.14)，相应的齐次方程即为简谐振动方程

$$\frac{\mathrm{d}^2X}{\mathrm{d}t^2}+\omega_0^2X=0, \tag{7.4.15}$$

其通解为

$$X=X_0\mathrm{e}^{\mathrm{i}(\omega_0t+\varphi)}. \tag{7.4.16}$$

设方程(7.4.14)的特解为

$$X=A\mathrm{e}^{\mathrm{i}(\omega t+\delta)}, \tag{7.4.17}$$

代入方程后可得

$$-A\omega^2+A\omega_0^2=\frac{F_0}{m}, \tag{7.4.18}$$

解得 A 为

$$A=\frac{F_0}{m(\omega_0^2-\omega^2)}, \tag{7.4.19}$$

则特解为

$$X=\frac{F_0}{m(\omega_0^2-\omega^2)}\mathrm{e}^{\mathrm{i}(\omega t+\delta)}. \tag{7.4.20}$$

因此得到非齐次方程(7.4.14)的通解为

$$X=X_0\mathrm{e}^{\mathrm{i}(\omega_0t+\varphi)}+\frac{F_0}{m(\omega_0^2-\omega^2)}\mathrm{e}^{\mathrm{i}(\omega t+\delta)}. \tag{7.4.21}$$

这个通解的实部为

$$X=X_0\cos(\omega_0t+\varphi)+\frac{F_0}{m(\omega_0^2-\omega^2)}\cos(\omega t+\delta), \tag{7.4.22}$$

由此可以看出受迫振动是由两种不同频率的振动模式叠加形成的，一种是简谐振子的固有振动模式，另一种是强迫力变化频率所对应的振动模式. 对于强迫力所引起的振动模式，其振幅为$\frac{F_0}{m(\omega_0^2-\omega^2)}$. 当 ω 和ω_0 差别较大时，这个振幅比较小；而当 ω 和ω_0 比较接近时，这个振幅就会变得非常大. 如果 ω 和ω_0 相同，那么这个振幅就会趋于无穷大，这种情况就称为共振. 也就是说，如果强迫力的频率和简谐振子的固有频率一致，那么强迫力就会持续地同步作用在简谐振子上. 强迫力对简谐振子始终在做正功，因此简谐振子的能量会越来越大，其振动振幅也会越来越大，直至趋于无穷.

在现实的过程中并没有看到一个受迫振动的振幅会达到无穷大，这是因为在现实体系里都存在阻尼. 由于阻尼的存在，会消耗强迫力做的功，从而使体系的能量不会积聚到无穷大. 有阻尼时的受迫振动称为受迫阻尼振动. 当阻尼为线性时，即阻力与运动速度成正比，在阻尼振动方程(7.4.2)中增加周期性外力即可得到受迫阻尼振动的方程

$$\frac{\mathrm{d}^2x}{\mathrm{d}t^2}+2\beta\frac{\mathrm{d}x}{\mathrm{d}t}+\omega_0^2x=\frac{F_0}{m}\cos(\omega t+\delta), \tag{7.4.23}$$

其中 β 为阻尼系数. 同样把该方程复数化为

$$\frac{\mathrm{d}^2X}{\mathrm{d}t^2}+2\beta\frac{\mathrm{d}X}{\mathrm{d}t}+\omega_0^2X=\frac{F_0}{m}\mathrm{e}^{\mathrm{i}(\omega t+\delta)}, \tag{7.4.24}$$

设此方程的特解仍为振动模式,

$$X=A\mathrm{e}^{\mathrm{i}(\omega t+\delta-\theta)}, \tag{7.4.25}$$

其中 A 是振动的振幅, 为实数; θ 为待定常数, 用以保证 A 为实数. 将式(7.4.25)代入方程(7.4.24)后可得

$$-A\omega^2+2\mathrm{i}\beta A\omega+A\omega_0^2=\frac{F_0}{m}\mathrm{e}^{\mathrm{i}\theta}, \tag{7.4.26}$$

解得 A 为

$$A=\frac{F_0}{m(\omega_0^2-\omega^2+2\mathrm{i}\beta\omega)}\mathrm{e}^{\mathrm{i}\theta}. \tag{7.4.27}$$

上式的分母可以表示为

$$m(\omega_0^2-\omega^2+2\mathrm{i}\beta\omega)=m\sqrt{(\omega_0^2-\omega^2)^2+4\beta^2\omega^2}\,\mathrm{e}^{\mathrm{i}\varphi}, \tag{7.4.28}$$

由于 A 为实数, 则上式中的复角 φ 应该为 θ, 即

$$m(\omega_0^2-\omega^2+2\mathrm{i}\beta\omega)=m\sqrt{(\omega_0^2-\omega^2)^2+4\beta^2\omega^2}\,\mathrm{e}^{\mathrm{i}\theta}. \tag{7.4.29}$$

因此, θ 满足条件

$$\tan\theta=\frac{2\beta\omega}{\omega_0^2-\omega^2}, \tag{7.4.30}$$

此时 A 的大小为

$$A=\sqrt{\frac{F_0^2}{m^2[(\omega_0^2-\omega^2)^2+4\beta^2\omega^2]}}. \tag{7.4.31}$$

取式(7.4.25)的实部, 可得受迫阻尼振动方程(7.4.23)的特解为

$$x=A\cos(\omega t+\delta-\theta), \tag{7.4.32}$$

其中 θ 和 A 分别满足式(7.4.30)和式(7.4.31).

受迫阻尼振动方程(7.4.23)相应的齐次方程即为阻尼振动方程(7.4.2), 为简单起见, 在这里仅讨论欠阻尼的情况. 利用欠阻尼情况下阻尼振动方程的解(7.4.10), 可得受迫阻尼振动方程的通解为

$$x=x_0\mathrm{e}^{-\beta t}\cos\left(\sqrt{\omega_0^2-\beta^2}\,t+\varphi\right)+A\cos(\omega t+\delta-\theta). \tag{7.4.33}$$

通过这个解可以看到, 受迫阻尼振动也是由两种不同的振动模式叠加形成的. 一种是因为强迫力引入的振动模式, 角频率为 ω; 另一种振动模式与简谐振子的固有振动有关, 但是角频率略有差别, 为 $\sqrt{\omega_0^2-\beta^2}$. 在经过了一段时间之后, 由于与固有振动有关的振动振幅是指数衰减的, 因此可以忽略掉. 所以对于稳定受迫阻尼振动, 其振动模式仅保留强迫力引起的振动模式

$$x=A\cos(\omega t+\delta-\theta)\left(\text{当 } t\gg\frac{1}{\beta}\text{ 时}\right), \tag{7.4.34}$$

此时其振幅为 A. 当体系处于临界阻尼和过阻尼情况时, 其表现也是类似的.

对式(7.4.31)求极值，可以得到，当强迫力对应的振动的角频率满足

$$\omega^2=\omega_0^2-2\beta^2 \tag{7.4.35}$$

时，振幅 A 达到最大值

$$A=\frac{F_0}{2m\beta\sqrt{\omega_0^2-\beta^2}}. \tag{7.4.36}$$

不同于无阻尼时的受迫振动，此时的振幅并不是无穷大. 这种情况，同样也称为**共振**. 共振时振幅能达到的大小与阻尼系数相关，阻尼系数越小，振动的振幅越大，如图 7-14 所示. 此外，共振频率也不是简谐振子的固有频率，而是略小一些，这是由于有阻尼造成的. 当体系阻尼较小，满足条件 $\omega_0^2\gg\beta^2$ 时，共振振幅近似为

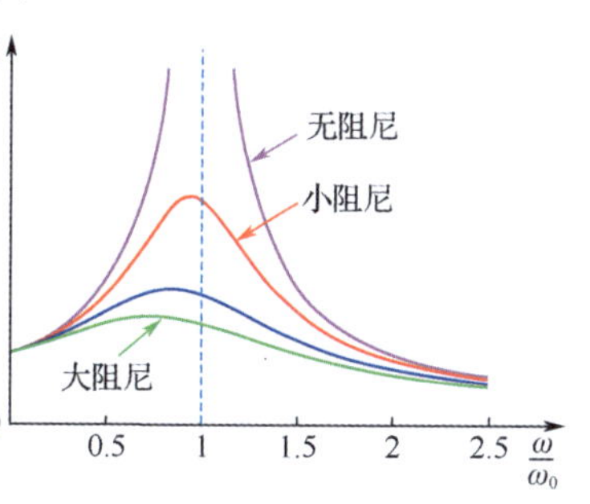

图 7-14　受迫阻尼振动的振幅

$$A=\frac{F_0}{2m\beta\omega_0}. \tag{7.4.37}$$

受迫阻尼振动特解(7.4.25)中的 θ 为强迫力变化所对应的相位与简谐振子振动的相位之间的差别. 对于给定的简谐振子，以不同频率的强迫力加以驱动，所得到的相位差 θ 会随着强迫力的变化而变化. 若体系无阻尼，则由式(7.4.30)可得 θ 的正切为 0，而 0 或者 π 的正切都为 0，确定 θ 是 0 还是 π 需要由式(7.4.30)的正负来判断. 当强迫力变化频率 ω 比固有频率 ω_0 小时，$\tan\theta=0^+$，则 $\theta=0$. 此时强迫力的变化与简谐振子的振动是同相位的. 当强迫力变化频率 ω 比固有频率 ω_0 大时，$\tan\theta=0^-$，则 $\theta=\pi$. 此时强迫力的变化和简谐振子的振动是相位相反的. 对于前者，强迫力变化频率比简谐振子的固有频率小，$\omega<\omega_0$，这意味着简谐振子对强迫力的响应要快于强迫力的变化，因此简谐振子的相位变化就有可能做到随着强迫力的变化同步变化. 极端的例子就是当简谐振子的固有频率为无穷大时，此时简谐振子实际上是一个刚体，而对于刚体，施加于其上任意一点的力都会瞬间传递到刚体的任一位置，从而使刚体发生整体的运动. 反之，对于后者，强迫力变化频率大于振子的固有频率，$\omega>\omega_0$，因此强迫力变化的速度将快于简谐振子的响应速度，简谐振子的相位变化会跟不上强迫力的相位变化，最终导致强迫力的相位和简谐振子的相位相反. 当 ω 从小变大，在跨越 $\omega=\omega_0$ 时，θ 从 0 突然变化为 π. 这种突变称为**相变**. 当体系有阻尼时，θ 并不会从 0 突变到 π，而是从 0 连续变化到 π. 但是，由图7-15可知，当阻尼不是很大时，在 $\omega=\omega_0$ 附近，θ 的变化还是非常剧烈的.

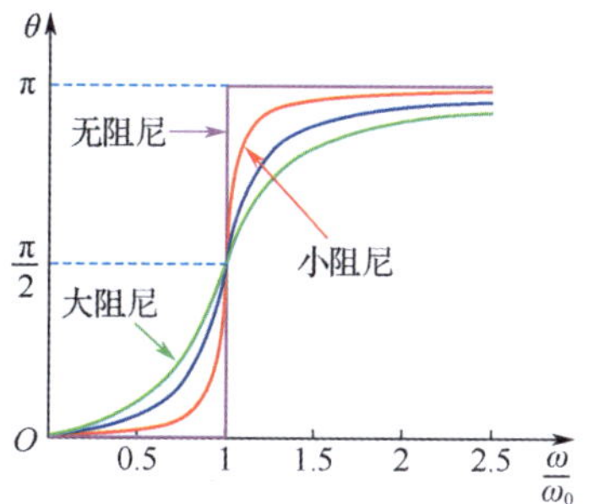

图 7-15　受迫阻尼振动的相位

受迫振动

受迫阻尼振动是非常常见的一种现象，在一些情况下会对相应的物理体系造成破坏，如之前提到的桥的摆动. 因此，很多的设施里会设置一些特殊的装置以减少受迫阻尼振动的影响. 常见的一种方式是加大体系的固有频率与外界有可能施加的强迫力的频率之间的差异，这样可以避免共振现象的发生. 另一种方式是增大体系的阻尼. 很多高楼里面都装备有一种被称为阻尼器的装置. 阻尼器本质上也是一个受迫阻尼振动系统. 当外界因素使大楼开始摇晃时，对阻尼器而言，大楼的摇晃带来了外加周期性强迫力. 阻尼器通过自身系统的阻尼把由强迫力传来的能量转化成热能. 最终的结果相当于给大楼加上了一个较大的阻尼作用，从而降低大楼的晃动幅度.

习题 7

7.1 一个做一维简谐振动的物体从速度为零的点运动到下一个速度为零的点用了 1s，两点间的距离为 0.5m. 计算该物体振动的周期、频率和振幅.

7.2 一个线性弹簧一端固定，另一端系一物体，物体做一维振动. 若其振幅为 0.25m，振动频率为 20Hz，求其最大加速度.

7.3 一简谐振子的运动方程为 $x=0.5\cos(2\pi t+0.6\pi)$(国际单位制)，计算在 $t=0.3\text{s}$ 时该振子的位移、速度、加速度及相位.

7.4 一质点做简谐振动，其振动方程为 $x=0.5\cos\left(\pi t+\dfrac{\pi}{4}\right)$(国际单位制)，用旋转矢量方法求出质点由初始状态($t=0$ 的状态)运动到 $x=0.25\text{m}$、$v<0$ 的状态所需的最短时间.

7.5 一台摆钟可以通过上下移动摆锤来调节其周期. 假如将此摆钟当作质量集中在摆锤中心的单摆，初始时摆长为 $l=1\text{m}$，发现此摆钟每天会慢 100s，那么应将摆锤向上移动多少距离，才能使摆钟走得准确?

7.6 一形状不规则的扁平刚体，质量为 m. 现以刚体上某处为轴，让刚体垂直于地面做小角度摆动，测得其频率为 ω_1. 再取刚体静止时转轴正下方距离转轴 L 的另外一处为轴，让刚体做小角度摆动，测得其频率为 ω_2. 求刚体的转动惯量和质心离这两个转轴的距离.

7.7 边长为 10cm、密度为 900kg/m^3 的正方体木块浮在水面上. 现把木块恰好完全压入水中，然后从静止状态放手. 假如不计水对木块的阻力，并设木块运动时不转动，木块将做什么运动? 给出木块运动规律的表达式.

7.8 两个同方向、同频率的简谐振动分别为 $x_1=3\cos\left(3\pi t+\dfrac{\pi}{4}\right)$、$x_2=4\cos\left(3\pi t+\dfrac{\pi}{3}\right)$(国际单位制)，试给出合振动的表达式.

7.9 5个同方向、同频率的简谐振动分别为 $x_1=4\cos\left(120\pi t+\frac{\pi}{6}\right)$、$x_2=4\cos\left(120\pi t+\frac{\pi}{2}\right)$、$x_3=4\cos\left(120\pi t+\frac{5\pi}{6}\right)$、$x_4=4\cos\left(120\pi t+\frac{7\pi}{6}\right)$、$x_5=4\cos\left(120\pi t+\frac{9\pi}{6}\right)$（国际单位制），试给出合振动的表达式.

7.10 一物体同时参与如下两个方向互相垂直的简谐振动：$x=5\cos(\omega t+\varphi)$、$y=10\cos(2\omega t+2\varphi)$（国际单位制）. 求合振动的轨道方程，并画出其轨道.

7.11 一简谐振子在空气中振动，某时刻振幅 $A_0=2\text{cm}$，经 10s 后，振幅变为 $A_1=1\text{cm}$. 再经过 10s 后振幅是多大？

7.12 质量 $m=1\text{kg}$ 的物体挂在弹簧上，让它在竖直方向做自由振动. 在无阻尼情况下，其振动周期 $T_0=2\text{s}$，放在阻力与物体的运动速率成正比的某介质中，它的振动周期变为 $T=3\text{s}$. 求当运动速率为 0.1m/s 时物体在该介质中所受的阻力.

7.13 一弹性系数为 $k=100\text{N/m}$ 的弹簧下面挂着质量为 $m=1\text{kg}$ 的物体. 现将物体拉下一段距离后由静止释放，物体做阻尼振动. 如果摩擦阻力由 γv 给出，其中 $\gamma=0.01\text{N}\cdot\text{s/m}$，写出物体的运动微分方程，并求振幅衰减到初始值的$\frac{1}{3}$的过程中物体经历的振动次数.

7.14 一个线性弹簧振子竖直放置在一个振台上，弹簧的弹性系数为 $k=30\text{N/m}$，质量为 0.01kg. 当振台开始振动时，其振动频率为 10Hz，振幅为 5mm. 若体系受到的阻尼很小，则当体系稳定时，弹簧振子相对于振台的振幅是多大？

7.15 一竖挂弹簧振子，其下方所挂重物质量为 0.2kg，弹簧的弹性系数为 $k=0.1\text{N/m}$，该重物同时还受到强迫力和线性阻尼的作用. 在近共振情况下，且阻尼较小，若将阻尼大小增为原来的 2 倍，其他条件不变，则振幅将变为原来的多少倍？

第8章 机械波

波是自然界中常见的一种物质运动形式，如人们能听到声音，就是因为空气在波源的影响下发生波动，并把波动传播出去的结果. 波通常可以分为 3 类：机械波、物质波和引力波. 机械波的传播需要借助介质，如声音的传播需要借助空气. 物质波的传播则无须借助介质，如电磁波就是一种物质波，在真空中电磁波依然可以传播，其本质是电磁场本身的波动. 而引力波则是由于物质在空间中的运动导致时空结构发生了波动. 引力波的存在已经在天文观测中得到了证实. 本章讨论机械波的基本性质，其中很多性质也能沿用到物质波和引力波上去.

8.1 机械波的产生和传播

机械波所存在的媒介被称为介质，如空气就是一种声波传递的介质. 在介质中某处加以扰动，则这个扰动会在介质中造成连锁反应，引起不同位置的介质陆续开始运动，从而使这个扰动以一定的速度由近及远传播，这就称为波动.

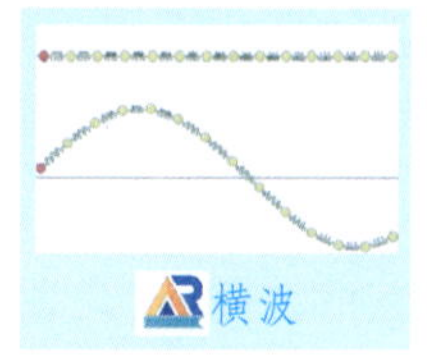

横波

机械波可以分成横波和纵波两种. 横波是指介质振动方向和波的传播方向相互垂直的波. 如图 8-1 所示，一根拉直的绳子，若抓住其一端沿垂直于绳子的方向抖动，就会有一个波沿着绳子传递出去，并且绳子晃动的方向和波传播的方向是相互垂直的，这样的波就是横波. 而纵波则是指介质的振动方向与波传播的方向平行的波. 如图 8-2 所示，压缩一个弹簧，然后将其松开，弹簧上不同位置的疏密程度会随时间发生变化，从而形成一个沿弹簧传递的波，弹簧形变方向和波传播的方向是平行的，这样的波就是纵波.

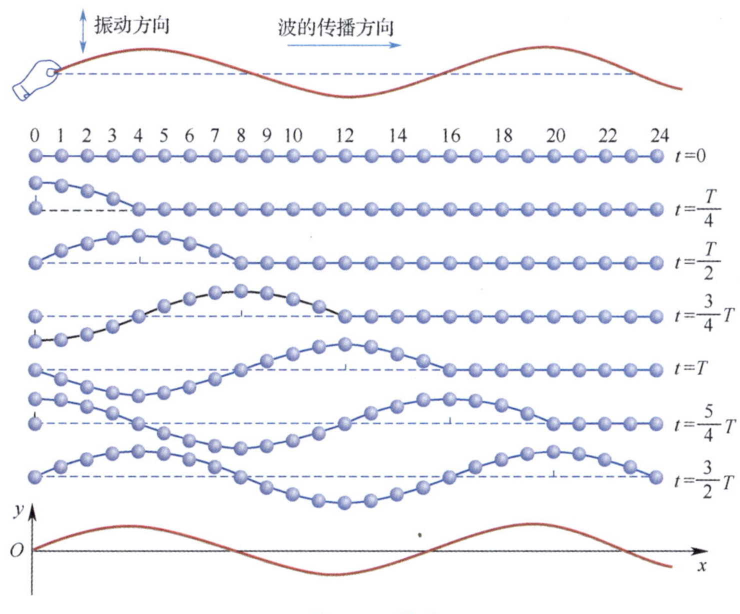

图 8-1 横波

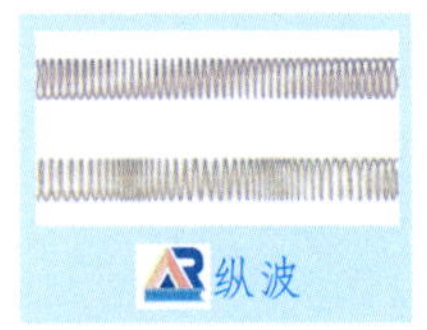

纵波

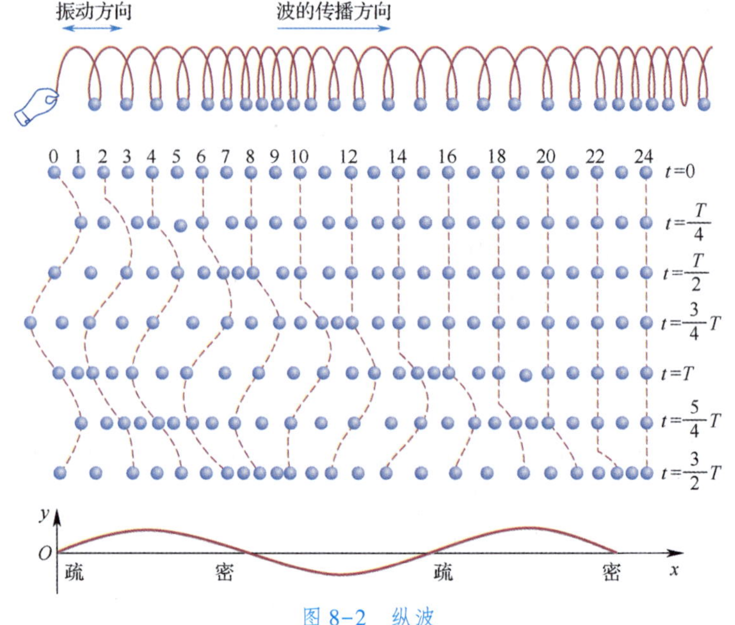

图 8-2 纵波

无论是横波还是纵波，从图 8-1 和图 8-2 可以看到，在波的传播过程中，介质上的每一点都仅在其平衡位置附近运动，并不会随波移动到远处. 所看到的波的传播，是对应的介质形变所形成的几何形状的传播.

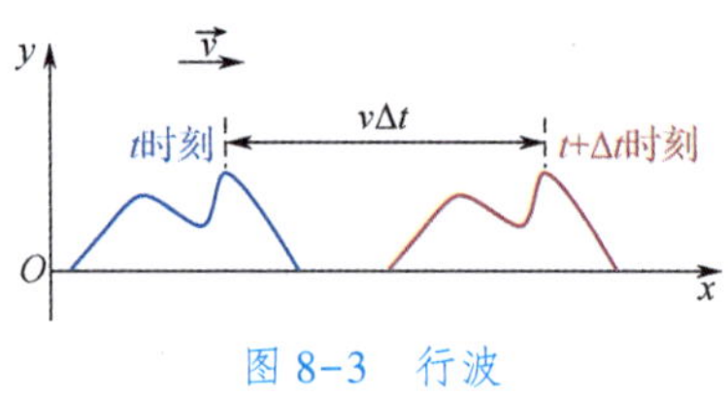

图 8-3 行波

考虑一根弦上的横波. 如图 8-3 所示，其沿着 x 轴正方向以速率 v 由左向右运动，可以看到，波的几何形状经过 Δt 由左边移动到右边. 类似这种运动形式的波称为**行波**.

对于图 8-3 所示行波，可以用函数

$$y=y(x,t) \tag{8.1.1}$$

来表述. 这说明在特定时刻，介质的不同位置发生了大小不同的形变，而形变大小随时间发生变化. 对于行波，可以证明这个函数可以写成

$$y(x,t)=y(x\pm vt) \tag{8.1.2}$$

的形式，即在行波的函数表达中，变量 x 和 t 总是可以写成 $x\pm vt$ 这样的组合形式. 例如，$y(x,t)=2(x\pm vt)^2+3(x\pm vt)+4$，$y(x,t)=\tan(x\pm vt)$ 等.

考虑在时刻 $t+\Delta t$ 后，由式(8.1.2)可知波的形式为

$$y(x,t+\Delta t)=y[x\pm v(t+\Delta t)]=y[(x\pm v\Delta t)\pm vt]=y(x'\pm vt), \tag{8.1.3}$$

其中

$$x'=x\pm v\Delta t. \tag{8.1.4}$$

式(8.1.3)表明在 $t+\Delta t$ 时刻 x 处的形变与 t 时刻 x' 处的形变相同. 也就是说 t 时刻波的构形经过了 Δt 时间后，移动了 $\mp v\Delta t$ 距离. 此处的 v 为波的构形的传播速率，称为**相速率**. 当式中取正号时，x' 在 x 的右边，因此是从右向左运动的行波，反之当取负号时，为从左到右的行波.

如图 8-4 所示，考虑一振动的弦，初始时弦处于平衡位置呈直线状态.

以此状态下弦所在直线为 x 轴，当弦发生形变时，设其上每一点仅在垂直于 x 轴的方向上发生位移，令该方向为 y 轴. 对应于 x 到 $x+\Delta x$ 间的一段弦，其两端的位移分别为 $y(x)$ 和 $y(x+\Delta x)$；弦两端受到的张力分别为 $\vec{F}(x)$ 和 $\vec{F}(x+\Delta x)$. 由于该段弦上每点仅在 y 轴方向有位移，而在 x 轴方向无位移，则弦两端受到的张力的 x 轴方向分量大小相等.

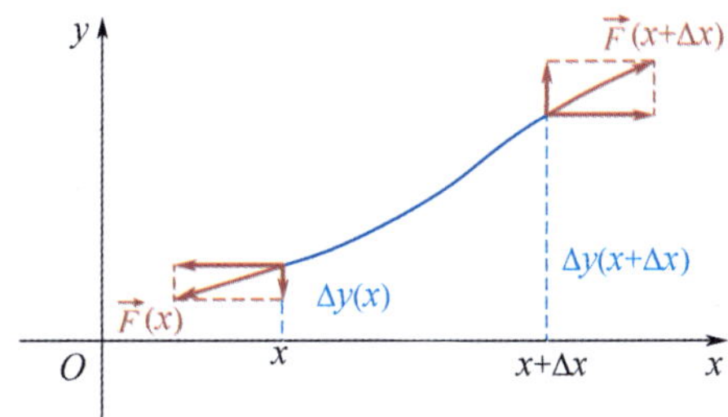

图 8-4 弦的振动

$$F(x)\cos\alpha = F(x+\Delta x)\cos\beta = f, \tag{8.1.5}$$

其中 α 和 β 分别为该段弦在两端的切线与 x 轴的夹角. 在 y 轴方向上，该段弦两端处受力分别为

$$\begin{aligned} F_y(x) &= F(x)\sin\alpha = f\tan\alpha, \\ F_y(x+\Delta x) &= F(x+\Delta x)\sin\beta = f\tan\beta. \end{aligned} \tag{8.1.6}$$

设初始时弦的线密度为 η，则该段弦的质量为

$$\Delta m = \eta \Delta x. \tag{8.1.7}$$

其在 y 轴方向的动力学方程为

$$F_y(x+\Delta x) - F_y(x) = \Delta m \frac{\partial^2 y}{\partial t^2}, \tag{8.1.8}$$

将式(8.1.7)代入式(8.1.8)后可得

$$\frac{\partial^2 y}{\partial t^2} = \frac{1}{\eta}\frac{F_y(x+\Delta x) - F_y(x)}{\Delta x} = \frac{f}{\eta}\frac{\tan\beta - \tan\alpha}{\Delta x}. \tag{8.1.9}$$

考虑到 $\tan\alpha$ 和 $\tan\beta$ 分别为该段弦两端切线的斜率，

$$\tan\alpha = \left.\frac{\partial y}{\partial x}\right|_x, \quad \tan\beta = \left.\frac{\partial y}{\partial x}\right|_{x+\Delta x}, \tag{8.1.10}$$

则式(8.1.9)可写成

$$\frac{\partial^2 y}{\partial t^2} = \frac{f}{\eta}\frac{\left.\frac{\partial y}{\partial x}\right|_{x+\Delta x} - \left.\frac{\partial y}{\partial x}\right|_x}{\Delta x}. \tag{8.1.11}$$

考虑极限 $\Delta x \to 0$，则式(8.1.11)为

$$\frac{\partial^2 y}{\partial t^2} = \frac{f}{\eta}\frac{\partial^2 y}{\partial x^2}, \tag{8.1.12}$$

令 $\frac{f}{\eta} = v^2$，则方程可写为

$$\frac{\partial^2 y}{\partial x^2} - \frac{1}{v^2}\frac{\partial^2 y}{\partial t^2} = 0, \tag{8.1.13}$$

式(8.1.13)称为**波动方程**. 当弦的波动幅度不大时，弦上张力的 y 分量远

小于其 x 分量，因此可认为弦上的张力大小就为 f.

可以证明行波是满足波动方程的. 求函数 $y(x\pm vt)$ 对时间的偏导数，得

$$\frac{\partial y(x\pm vt)}{\partial t}=\frac{\partial y(x\pm vt)}{\partial(x\pm vt)}\frac{\mathrm{d}(x\pm vt)}{\mathrm{d}t}=\pm v\frac{\partial y(x\pm vt)}{\partial(x\pm vt)}, \tag{8.1.14}$$

再对时间求一次偏导数，可得

$$\begin{aligned}\frac{\partial^2 y(x\pm vt)}{\partial t^2}&=\frac{\partial}{\partial t}\left[\pm v\frac{\partial y(x\pm vt)}{\partial(x\pm vt)}\right]\\&=\pm v\frac{\partial^2 y(x\pm vt)}{\partial(x\pm vt)^2}\frac{\mathrm{d}(x\pm vt)}{\mathrm{d}t}\\&=v^2\frac{\partial^2 y(x\pm vt)}{\partial(x\pm vt)^2}.\end{aligned} \tag{8.1.15}$$

类似地，求函数 $y(x\pm vt)$ 对 x 的偏导数，得

$$\frac{\partial y(x\pm vt)}{\partial x}=\frac{\partial y(x\pm vt)}{\partial(x\pm vt)}\frac{\mathrm{d}(x\pm vt)}{\mathrm{d}x}=\frac{\partial y(x\pm vt)}{\partial(x\pm vt)}, \tag{8.1.16}$$

再对 x 求一次偏导数，可得

$$\begin{aligned}\frac{\partial^2 y(x\pm vt)}{\partial x^2}&=\frac{\partial}{\partial x}\left[\frac{\partial y(x\pm vt)}{\partial(x\pm vt)}\right]\\&=\frac{\partial^2 y(x\pm vt)}{\partial(x\pm vt)^2}\frac{\mathrm{d}(x\pm vt)}{\mathrm{d}x}\\&=\frac{\partial^2 y(x\pm vt)}{\partial(x\pm vt)^2}.\end{aligned} \tag{8.1.17}$$

由式(8.1.15)和式(8.1.17)，容易得到

$$\frac{\partial^2 y(x\pm vt)}{\partial x^2}-\frac{1}{v^2}\frac{\partial^2 y(x\pm vt)}{\partial t^2}=0. \tag{8.1.18}$$

因此，行波是满足波动方程的，或者说形如 $y=y(x\pm vt)$ 的函数都是波动方程的解. 尽管如此，但具体问题的求解还需要边界条件和初始条件才能确定解的函数形式.

8.2 简谐波

波动方程的一种典型解称为**简谐波**，它可以写为正弦或余弦函数形式，两者的差别仅为相位不同. 写成余弦形式为

$$y=y_0\cos(\omega t+\varphi-kx), \tag{8.2.1}$$

其中 y_0 为介质位移的最大值，称为**振幅**；φ 为坐标系原点处的初始相位. 简谐波在时间上为周期函数，满足

$$\begin{aligned}y\left(x,t+\frac{2\pi}{\omega}\right)&=y_0\cos\left[\omega\left(t+\frac{2\pi}{\omega}\right)+\varphi-kx\right]\\&=y_0\cos(\omega t+\varphi-kx)\\&=y(x,t).\end{aligned} \tag{8.2.2}$$

ω 称为**角频率**，即在 2π 时间内，x 处的波完成完整振动的次数；而

$$f=\frac{\omega}{2\pi} \tag{8.2.3}$$

称为**频率**，即在单位时间内，x 处的波完成完整振动的次数；x 处的波完成一次完整振动的时间称为**周期**，记为 T，且

$$T=\frac{1}{f}=\frac{2\pi}{\omega}, \tag{8.2.4}$$

如图 8-5 所示.

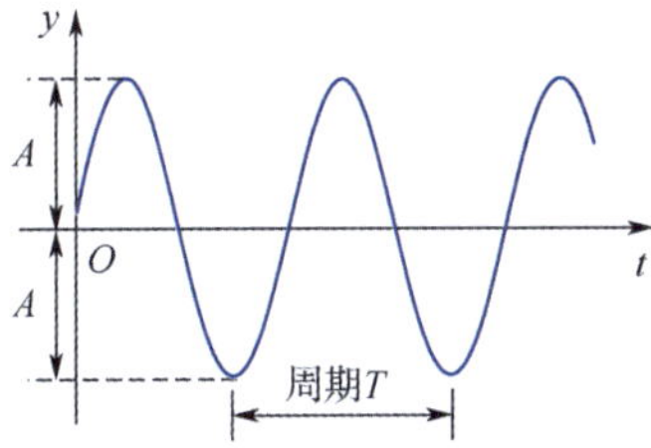

图 8-5 简谐波：周期

简谐波在空间上也为周期性函数，满足

$$\begin{aligned} y\left(x+\frac{2\pi}{k},t\right) &= y_0\cos\left[\omega t+\varphi-k\left(x+\frac{2\pi}{k}\right)\right] \\ &= y_0\cos(\omega t+\varphi-kx) \\ &= y(x,t), \end{aligned} \tag{8.2.5}$$

k 称为**波数**，即在长度为 2π 的距离中存在多少个波. 常数

$$\lambda=\frac{2\pi}{k} \tag{8.2.6}$$

称为**波长**，如图 8-6 所示. 经过一个波长的距离后，简谐波重复了自己的形状.

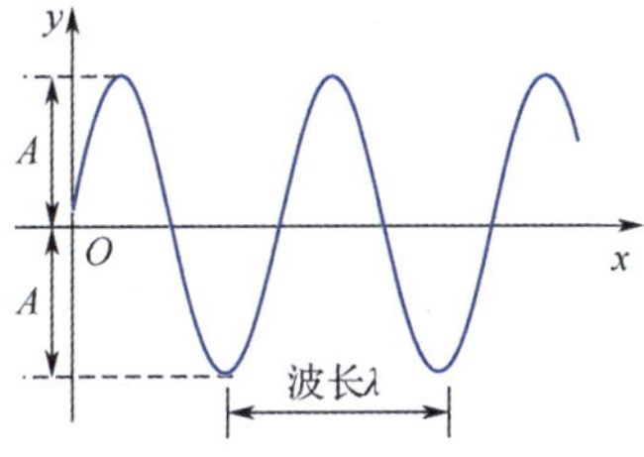

图 8-6 简谐波：波长

注意到关系

$$\begin{aligned} y\left(x+\frac{\omega}{k}\Delta t,t+\Delta t\right) &= y_0\cos\left[\omega(t+\Delta t)+\varphi-k\left(x+\frac{\omega}{k}\Delta t\right)\right] \\ &= y_0\cos(\omega t+\varphi-kx) \\ &= y(x,t), \end{aligned} \tag{8.2.7}$$

计算机模拟

傅里叶分析

即 t 时刻 x 处的形变与 $t+\Delta t$ 时刻 $x+\frac{\omega}{k}\Delta t$ 处的形变相同，因此，简谐波的**波速**为

$$v=\frac{\omega}{k}. \tag{8.2.8}$$

由此可知，正弦波的传播速度为角频率和波数的商. 由于该速度表征的是波形的运动速度，或者说是相位的运动速度，因此又称为**相速度**. 利用式

(8.2.4)和式(8.2.6)，可得波速用波长和周期表达的式子

$$v=\frac{\lambda}{T}, \tag{8.2.9}$$

即波形在一个周期的时间内移动了一个波长，因此，波速为波长与周期的商.

例 8-1 沿一条线传播的波，其方程为 $y(x,t)=0.002\sin(3.72t-50x)$(国际单位制). 求其振幅、频率、波长、周期和波速.

解 将波的方程改写成式(8.2.1)的标准形式，为

$$y(x,t)=0.002\cos\left(3.72t-\frac{\pi}{2}-50.0x\right), \tag{8.2.10}$$

可知其振幅为

$$y_0=0.002\text{m}, \tag{8.2.11}$$

频率为

$$f=\frac{\omega}{2\pi}=\frac{3.72}{2\pi}\approx 0.592(\text{Hz}), \tag{8.2.12}$$

周期为

$$T=\frac{1}{f}=\frac{2\pi}{\omega}=\frac{2\pi}{3.72}\approx 1.69(\text{s}), \tag{8.2.13}$$

波长为

$$\lambda=\frac{2\pi}{k}=\frac{2\pi}{50.0}\approx 0.126(\text{m}), \tag{8.2.14}$$

波速为

$$v=\frac{\omega}{k}=\frac{3.72}{50.0}=0.0744(\text{m/s}). \tag{8.2.15}$$

8.3 波的能量和能流

对于 x 处质量为 $\mathrm{d}m$ 的一小段弦，其动能为

$$\mathrm{d}T=\frac{1}{2}\mathrm{d}m\left(\frac{\partial y}{\partial t}\right)^2. \tag{8.3.1}$$

这段弦的形变为

$$\sqrt{(\mathrm{d}x)^2+(\mathrm{d}y)^2}-\mathrm{d}x\approx\frac{1}{2}\mathrm{d}x\left(\frac{\partial y}{\partial x}\right)^2, \tag{8.3.2}$$

因此，弦从平衡位置开始到发生形变后，张力做功为

$$\mathrm{d}U=\frac{1}{2}f\mathrm{d}x\left(\frac{\partial y}{\partial x}\right)^2=\frac{1}{2}\frac{f}{\eta}\eta\mathrm{d}x\left(\frac{\partial y}{\partial x}\right)^2=\frac{1}{2}v^2\mathrm{d}m\left(\frac{\partial y}{\partial x}\right)^2. \tag{8.3.3}$$

考虑到波动方程，则势能可写为

$$\mathrm{d}U=\frac{1}{2}\mathrm{d}m\left(\frac{\partial y}{\partial t}\right)^2. \tag{8.3.4}$$

因此，对拉紧的弦上的波动而言，其上任意一处质元的动能和势能始终是相同的，即

$$dT = dU, \tag{8.3.5}$$

这与质点的简谐振动不同. 在简谐振动中质点的动能和势能的和保持不变，二者不断地在相互转换，当动能极大时势能极小，当势能极大时动能为零. 而在弦的波动过程中弦上每一质元的动能和势能是同时达到极大或极小的.

对于弦上的简谐波，介质上任意一点 x 处质元的运动速度为

$$\frac{d}{dt}y(x,t) = \omega A\cos(\omega t - kx), \tag{8.3.6}$$

因此，质元的动能为

$$dT = \frac{1}{2}\eta dx\left(\frac{\partial y}{\partial t}\right)^2 = \frac{1}{2}\eta dx\omega^2 A^2\cos^2(\omega t - kx). \tag{8.3.7}$$

考虑到质元的动能和势能大小相同，因此，质元的机械能为

$$dE = dT + dU = 2dT. \tag{8.3.8}$$

因此，对于弦上的简谐波，质元的机械能为

$$dE = \eta\omega^2 A^2\cos^2(\omega t - kx)dx. \tag{8.3.9}$$

由于弦的线密度 η 和体密度 ρ 间的关系为

$$\eta = \rho S, \tag{8.3.10}$$

其中 S 为弦的横截面面积. 可以定义弦上的**能量密度**，即单位体积质元所具有的能量，为

$$w = \frac{dE}{dV} = \frac{dE}{Sdx} = \rho\omega^2 A^2\cos^2(\omega t - kx). \tag{8.3.11}$$

注意到关系

$$\frac{1}{T}\int_0^T \cos^2(\omega t - kx)\,dt = \frac{1}{2}, \tag{8.3.12}$$

则能量密度对于时间的平均值为

$$\overline{w} = \frac{1}{T}\int_0^T \rho\omega^2 A^2\cos^2(\omega t - kx)\,dt = \frac{1}{2}\rho\omega^2 A^2. \tag{8.3.13}$$

由式(8.3.11)可以看出弦上任意质元的能量密度都在随时间发生变化. 式(8.3.13)尽管是针对弦上的简谐横波进行的计算，但其是具有普遍意义的，对于纵波也有相同形式的关系.

弦上各处质元的机械能随时间发生变化，这就意味着有能量由某处质元传递到临近的质元中. 长度为 dx 的质元的机械能为

$$dE = wSdx, \tag{8.3.14}$$

随着波的传播，经过时间 dt，该质元附近下一处质元将具有与该质元相同的运行形式，即具有相同的能量. 这就相当于能量从一处传递到下一处. 这种能量传递的功率为

$$P = \frac{dE}{dt} = wS\frac{dx}{dt} = wSv, \tag{8.3.15}$$

即单位时间内，通过 x 处有多少能量传递. 将式(8.3.11)代入式(8.3.15)得

$$P = \eta\omega^2 A^2\cos^2(\omega t - kx)v, \tag{8.3.16}$$

其对时间的平均值为

$$\overline{P}=\frac{1}{2}\eta\omega^2A^2\nu. \tag{8.3.17}$$

单位时间内，垂直通过 x 处单位面积的平均能量称为能流密度，记为

$$I=\frac{\overline{P}}{S}=\overline{w}\nu, \tag{8.3.18}$$

将式(8.3.13)代入可得

$$I=\frac{1}{2}\rho\omega^2\nu A^2. \tag{8.3.19}$$

例 8-2 一根拉紧的弦，其线密度为 $\eta=0.010\text{kg/m}$，其上的张力为 $f=50\text{N}$. 现从其一端输入一列简谐波，波的频率是 $f=100\text{Hz}$，振幅是 $y_0=3.0\text{mm}$. 该波输入能量的平均功率是多大?

解 对于弦上的波，其波速为

$$\nu=\sqrt{\frac{f}{\eta}}=\sqrt{\frac{50}{0.010}}\approx70.7(\text{m/s}).$$

由式(8.3.17)可得

$$\overline{P}=\frac{\mathrm{d}\overline{E}}{\mathrm{d}t}=\frac{1}{2}\eta\omega^2A^2\nu\approx\frac{1}{2}\times0.010\times(2\pi\times100)^2\times0.003^2\times70.7\approx1.26(\text{W}).$$

8.4 波的干涉

计算机模拟

波的叠加-1

自然界中经常会发生波的叠加现象，如不同的声音传到同一个地点，那么此处的声波就为不同来源声波相互叠加而形成的. 对满足波动方程的波而言，由于波动方程是线性方程，那么满足波动方程的波叠加在一起的时候，它们的叠加效果就为简单的位移相加. 下面我们讨论一种最简单也是最重要的波叠加情况，即两列频率相同、振动方向相互平行、相位差恒定的波的叠加. 满足这 3 个条件的波称为**相干波**，产生相干波的波源称为**相干波源**.

计算机模拟

波的叠加-2

设有两个相干波源 S_1 和 S_2，它们的振动方程分别为

$$y_{10}=A_{10}\cos(\omega t+\varphi_1),$$
$$y_{20}=A_{20}\cos(\omega t+\varphi_2).$$

由这样的两个波源发出的两列波将满足相干条件，即频率相同、振动方向相互平行、相位差恒定. 这样的两列波在同一介质中传播而相遇时，就会发生干涉.

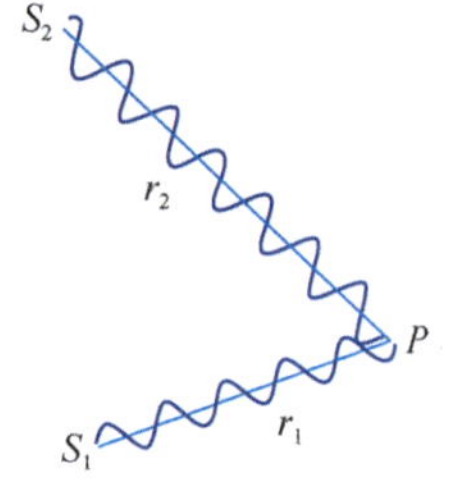

图 8-7 波的干涉

假设由两个点波源 S_1 和 S_2 分别发出一列同频率的简谐波，两列波在 P 点处相遇，如图 8-7 所示，两列波的表达式分别为

$$\begin{aligned}y_1&=A_1\cos(\omega t+\varphi_1-kr_1),\\y_2&=A_2\cos(\omega t+\varphi_2-kr_2),\end{aligned} \tag{8.4.1}$$

其中 A_1 和 A_2 分别为两列波的振幅，φ_1 和 φ_2 分别为两列波的初相位，r_1 和 r_2 分别为两个点波源到 P 点

的距离. P 点处的合振动为

$$y=y_1+y_2=A\cos(\omega t+\varphi), \tag{8.4.2}$$

合振动的振幅满足关系

$$A^2=A_1^2+A_2^2+2A_1A_2\cos\Delta\varphi, \tag{8.4.3}$$

其中 φ 满足条件

$$\tan\varphi=\frac{A_1\sin(\varphi_1-kr_1)+A_2\sin(\varphi_2-kr_2)}{A_1\cos(\varphi_1-kr_1)+A_2\cos(\varphi_2-kr_2)}. \tag{8.4.4}$$

而

$$\begin{aligned}\Delta\varphi&=(\varphi_2-kr_2)-(\varphi_1-kr_1)\\&=(\varphi_2-\varphi_1)-2\pi\frac{r_2-r_1}{\lambda}\end{aligned} \tag{8.4.5}$$

为两列波到达 P 点所产生的相位差，该值为常数，并不随时间而改变.

由于波的强度正比于振幅的平方，而上述两列波在同一介质中传播，以I_1、I_2 和 I 分别表示两列波的分振动和合振动的强度，则有

$$I=I_1+I_2+2\sqrt{I_1I_2}\cos\Delta\varphi. \tag{8.4.6}$$

对于空间给定点 P，r_2-r_1(称为波程)是确定的，两相干波源的初相位差$\varphi_2-\varphi_1$ 也是恒定的. 因此，两列波在 P 点的相位差 $\Delta\varphi$ 也是恒定的. 对于空间不同点将有不同的恒定相位差 $\Delta\varphi$. 由式(8.4.3)和式(8.4.6)可看出，在两列波相遇的空间区域内不同点将有不同的恒定振幅和不同的恒定强度值，这两列相干波叠加的结果是合振动的振幅 A 和强度 I 将在空间形成一种稳定的分布，即某些点处 A 和 I 最大，振动始终加强，而另一些点处 A 和 I 最小，振动始终减弱，这种现象称为**波的干涉现象**.

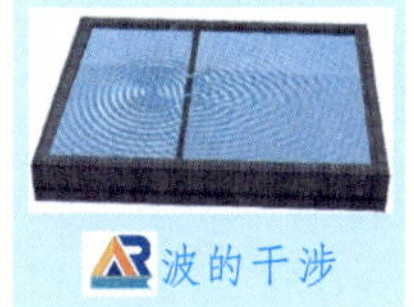
AR 波的干涉

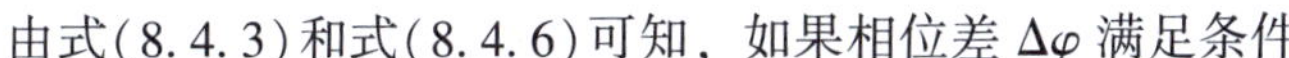

由式(8.4.3)和式(8.4.6)可知，如果相位差 $\Delta\varphi$ 满足条件

$$\Delta\varphi=2n\pi, n=0,\pm1,\pm2,\cdots \tag{8.4.7}$$

则合振动的振幅为两列波振幅的直接相加，即

$$A=A_1+A_2; \tag{8.4.8}$$

其振动强度为所有可能性中的最大值，即

$$I=I_1+I_2+2\sqrt{I_1I_2}. \tag{8.4.9}$$

这种情况称为**干涉加强(干涉相长)**. 而当相位差 $\Delta\varphi$ 满足条件

$$\Delta\varphi=(2n+1)\pi, n=0,\pm1,\pm2,\cdots \tag{8.4.10}$$

时，合振动的振幅为两列波振幅差的绝对值，即

$$A=|A_1-A_2|; \tag{8.4.11}$$

其振动强度为所有可能性中的最小值，即

$$I=I_1+I_2-2\sqrt{I_1I_2}. \tag{8.4.12}$$

这种情况称为**干涉减弱(干涉相消)**.

考虑沿同一方向传播的两列波，若它们频率相同，波长相同，即

$$\begin{aligned}y_1&=A\cos(\omega t+\varphi_1-kx),\\y_2&=A\cos(\omega t+\varphi_2-kx),\end{aligned} \tag{8.4.13}$$

两列波之间的相位差为

$$\Delta\varphi=\varphi_2-\varphi_1, \tag{8.4.14}$$

则这两列波的合成波为

$$y=y_1+y_2=A\cos(\omega t+\varphi_1-kx)+A\cos(\omega t+\varphi_2-kx). \tag{8.4.15}$$

利用和差化积关系可以得到

$$y=2A\cos(\Delta\varphi)\cos\left(\omega t+\frac{\varphi_1+\varphi_2}{2}-kx\right), \tag{8.4.16}$$

因此，合成波是具有与原来两列波相同频率和波长的简谐波. 但其相位比第一列波落后$\frac{\Delta\varphi}{2}$，比第二列波超前$\frac{\Delta\varphi}{2}$. 其振幅的大小为$2A\cos(\Delta\varphi)$，由相位差$\Delta\varphi$的大小决定. 当两列波的相位差$\Delta\varphi$等于0或2π的整数倍时，合成波的振幅为$2A$，即干涉相长. 当$\Delta\varphi$等于π的奇数倍时，合成波振幅为0，即两列波相互抵消掉了. 图 8-8 展示了当两列波的相位差从 0 变化到π时，它们的合成波的表现.

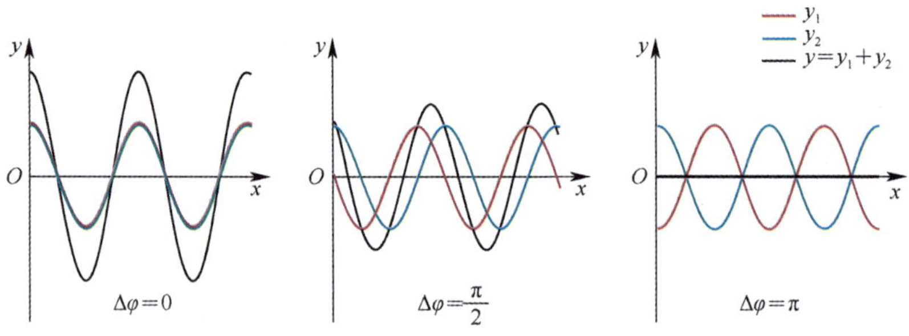

图 8-8　同频率、同振幅波的叠加

例 8-3　介质中两个相干波源位于x轴上P、Q两点，如图 8-9 所示，它们的频率均为 100Hz，振幅相同，初相位差为π，波速为$400\mathrm{m}\cdot\mathrm{s}^{-1}$，相距 10m. 求$x$轴上因干涉而静止的各点位置.

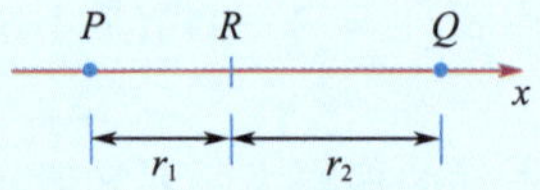

图 8-9　例 8-3 图

解　对于因干涉而静止的点，两列波传播到该处的相位应该相差π的奇数倍. 对于P点左边或者Q点右边的点，其相位差是固定的，为初始的相位差和两列波中的一列通过PQ间的空间产生的相位变化的组合. 根据题目中的数据，可知波长为

$$\lambda=\frac{v}{f}=\frac{400}{100}=4(\mathrm{m}),$$

两列波通过PQ间的空间产生的相位变化为

$$\Delta\varphi_{PQ}=\frac{L_{PQ}}{\lambda}\times2\pi=\frac{10}{4}\times2\pi=5\pi,$$

因此，在PQ两边的空间点两列波的相位差为$\pi\pm5\pi$. 所以在这些空间点，波都是干涉加强的，没有因干涉而静止的点.

对于处于P、Q之间的某点R(见图 8-9)，两列波传播到该处的相位差为

$$\Delta\varphi=(\varphi_Q-\varphi_P)+\frac{2\pi}{\lambda}(r_2-r_1)=\frac{2\pi}{\lambda}(r_2-r_1)+\pi,$$

因此，因干涉而静止的点应满足条件

$$\frac{2\pi}{\lambda}(r_2-r_1)=\frac{2\pi}{4}[(10-r_1)-r_1]=2n\pi,$$

即

$$r_1=5-2n,$$

其中 n 为整数. 又考虑到 $0\text{m}\leqslant r_1\leqslant 10\text{m}$，因此得到 5 个解，即 x 轴上

$$r_1=1,3,5,7,9\text{m}$$

处因干涉而静止.

8.5 驻波

如果两列同振幅、同频率、同波长的简谐波相向运动叠加，则这两列波可以写成

$$\begin{aligned}y_1&=A\cos(\omega t-kx),\\ y_2&=A\cos(\omega t+kx),\end{aligned}\tag{8.5.1}$$

由此可得到合成波为

$$y=y_1+y_2=2A\cos(\omega t)\cos(kx).\tag{8.5.2}$$

由式(8.5.2)可知合成波空间部分和时间部分分离开了，因此合成波的波形并不会左右移动，合成波在空间上形成稳定的余弦函数形式的波形，其振幅随时间发生周期性变化. 这样的波称为**驻波**. 驻波上不同点随时间振动时相位完全同步. 驻波随时间的变化如图 8-10 所示.

计算机模拟

驻波

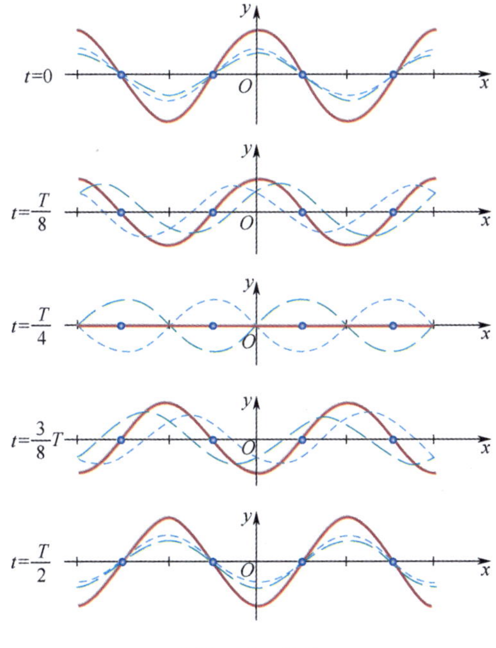

图 8-10 驻波

如图 8-11 所示，在$\cos^2(kx)=1$处，即当 x 满足条件

$$kx=n\pi,n=0,\pm1,\pm2,\cdots \tag{8.5.3}$$

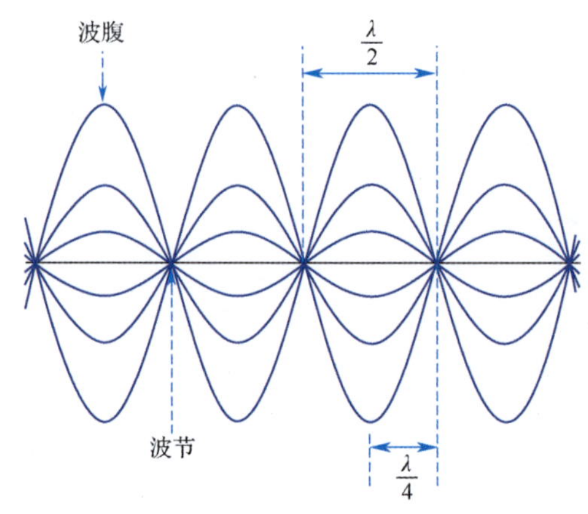

图 8-11　波腹与波节

时，驻波的振动幅度最大，此处称为**波腹**. 波腹位置为

$$x=\frac{n\pi}{k}=n\frac{\lambda}{2},n=0,\pm1,\pm2,\cdots \tag{8.5.4}$$

相邻两处波腹间距离为

$$x_{n+1}-x_n=\frac{\pi}{k}=\frac{\lambda}{2}. \tag{8.5.5}$$

在$\cos^2(kx)=0$处，即当 x 满足条件

$$kx=\left(n+\frac{1}{2}\right)\pi,n=0,\pm1,\pm2,\cdots \tag{8.5.6}$$

时，驻波的振动幅度为零，此处称为**波节**. 波节位置为

$$x=\frac{n+\frac{1}{2}}{k}\pi=\left(n+\frac{1}{2}\right)\frac{\lambda}{2},n=0,\pm1,\pm2,\cdots, \tag{8.5.7}$$

相邻两波节间距离同样为$\frac{\lambda}{2}$. 相邻波节和波腹间距离则为$\frac{\lambda}{4}$.

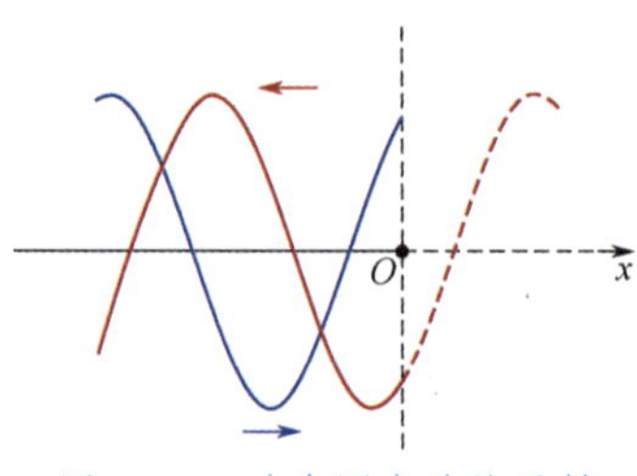

图 8-12　波在固定端的反射

驻波的形成需要两列运动方向相反的波相互叠加. 这经常发生在波遇到障碍物发生反射的情况下，反射波与入射波相互叠加，它们波长相同、运动方向相反，相互叠加就会形成驻波. 考虑一段有限长的弦的波动. 如图 8-12 所示，弦的右端固定，入射波由左边传播到固定端反射，反射处坐标记为 $x=0$，则弦的波动需满足边界条件

$$y(x=0)=0. \tag{8.5.8}$$

若入射波的形式为

$$y_i = A\cos(\omega t+\varphi-kx), \tag{8.5.9}$$

则反射波的形式可以写成

$$y_r = A\cos(\omega t+\varphi'+kx). \tag{8.5.10}$$

若需满足边界条件，则在 $x=0$ 处应始终有 π 的相位差，φ'应为

$$\varphi' = \varphi+\pi, \tag{8.5.11}$$

即反射波为

$$y_r = -A\cos(\omega t+\varphi+kx). \tag{8.5.12}$$

于是当入射波从左边传播过来时，反射波相当于一列翻转过来的波从右边入射，穿过边界后与原入射波相互叠加，这样就正好满足边界条件式(8.5.8).

若弦的右端是所谓的自由端，即在 $x=0$ 处对弦没有任何约束，则弦的波动需满足的边界条件为

$$\left.\frac{\partial y}{\partial x}\right|_{x=0} = 0. \tag{8.5.13}$$

此边界条件意味着弦在反射处其边缘没有形变，因此反射点张力为零. 若需满足这样的边界条件，则反射波形式应当为

$$y_r = A\cos(\omega t+\varphi+kx), \tag{8.5.14}$$

从而在反射点合成波满足

$$\left.\frac{\partial y}{\partial x}\right|_{x=0} = \left.\frac{\partial y_i}{\partial x}\right|_{x=0} + \left.\frac{\partial y_r}{\partial x}\right|_{x=0} = 0. \tag{8.5.15}$$

入射波和反射波的相位在反射点处是相同的. 如图 8-13 所示，反射波相当于入射波在边界处做了镜像反射.

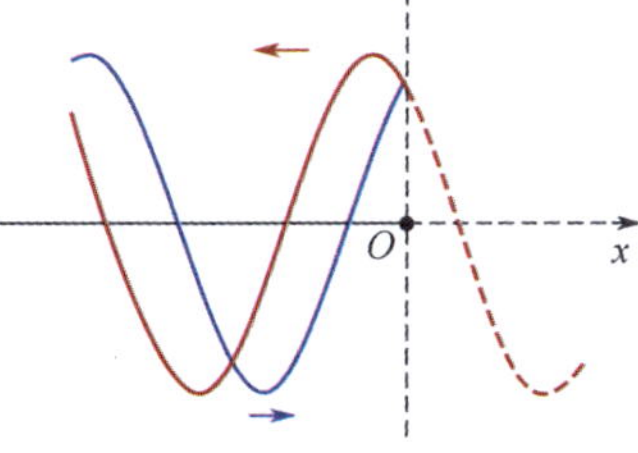

图 8-13 波在自由端的反射

考虑一段长为 L 且两端都固定的弦，如小提琴上的弦. 由于弦两端都是固定的，则在弦上稳定运动的驻波应在两端都形成波节，满足条件

$$L = n\frac{\lambda}{2}, n=1,2,3\cdots, \tag{8.5.16}$$

即弦长应当为半波长的整数倍. 或者说波长为

$$\lambda = \frac{2L}{n}, n=1,2,3\cdots, \tag{8.5.17}$$

其中，当 $n=1$ 时对应的波称为基波，当 $n>1$ 时对应的波称为 n 次谐波(见图 8-14). 由此可以看出，尽管弦段波动方程对应的波动波长可以取任意值，但边界条件使得并不是所有波长的波都能稳定存在于弦上，这也是各类乐器的基本原理. 对多数乐器而言，基波决定了其音调，而高次谐波的分布则决定了其音色.

类似地，如果弦一端固定，另一端自由，则其上稳定振动的波应满足条件

$$\lambda = \frac{4L}{n}, n=1,3,5,\cdots. \tag{8.5.18}$$

如图 8-15 所示，所形成的驻波在固定端为波节，在自由端为波腹.

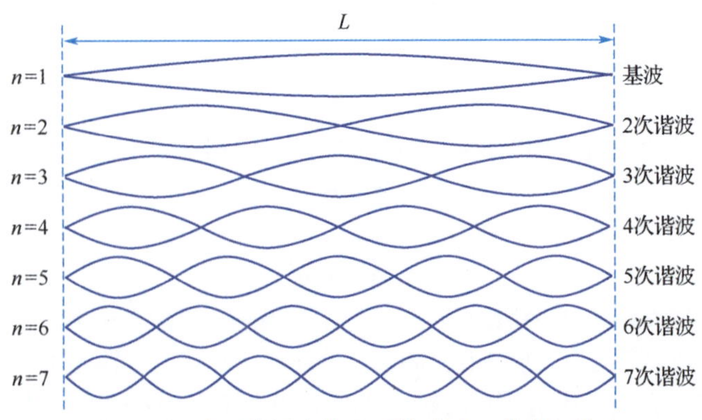

图 8-14 弦两端固定情况下的驻波：基波与谐波

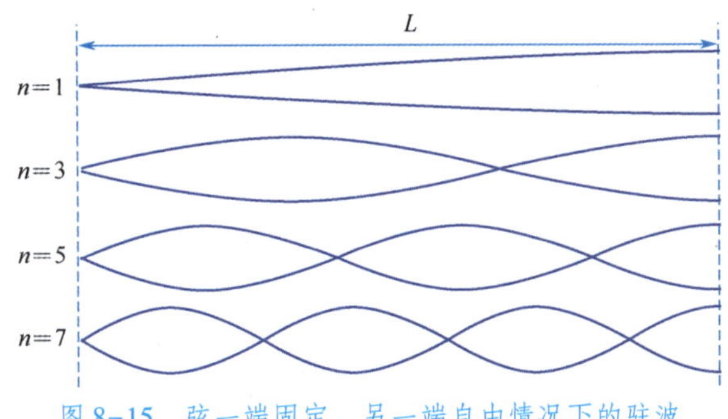

图 8-15 弦一端固定、另一端自由情况下的驻波

例 8-4 如图 8-16 所示，一根线连在 P 点的简谐波发生器上，然后绕过光滑支点 Q，由质量为 m 的重物在重力作用下拉紧. P、Q 间距离为 1m，线的线密度为 2.00g/m. 振动器的频率为 80.0Hz，P 点振幅很小，可视为波节，Q 点固定，也为波节.

(1)当质量 m 多大时，线上会出现稳定的 4 次谐波?

(2)若 $m=1.00$kg，则线上的驻波模式是什么样的?

(重力加速度大小取 $g=10.0\text{m/s}^2$.)

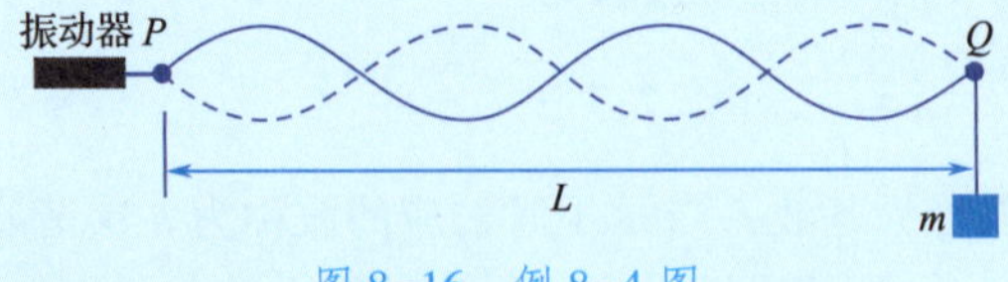

图 8-16 例 8-4 图

解 (1)当线上稳定出现 4 次谐波时，波长为

$$\lambda=\frac{L}{2}=\frac{1.00}{2}=0.500(\text{m}), \tag{8.5.19}$$

因此，此时波速为

$$v=\lambda f=0.500\times 80.0=40.0(\text{m/s}). \tag{8.5.20}$$

对于线上的波，由波速与张力和线密度的关系可知

$$f'=\eta v^2=0.002\times40.0^2=3.20(\mathrm{N}). \tag{8.5.21}$$

因此，要让线上出现稳定的4次谐波，重物的质量应该为

$$m=\frac{f'}{g}=\frac{3.20}{10.0}=0.320(\mathrm{kg}). \tag{8.5.22}$$

(2)若 $m=1.00\mathrm{kg}$，则波速为

$$v=\sqrt{\frac{mg}{\eta}}=\sqrt{\frac{1.00\times10.0}{0.002}}\approx70.7(\mathrm{m/s}). \tag{8.5.23}$$

线上的驻波应满足条件

$$\lambda=\frac{2L}{n}, \tag{8.5.24}$$

可以解得

$$n=\frac{2L}{\lambda}=\frac{2Lf}{v}\approx\frac{2\times1.00\times80.0}{70.7}\approx2.26. \tag{8.5.25}$$

由于2.26并非整数，因此此时线上不会出现稳定的驻波. 线上的波在 P、Q 两端不断反射后叠加，因没有很好的相位匹配关系，它们将相互抵消，线上任何振动的幅度都将很小.

8.6 波的衍射

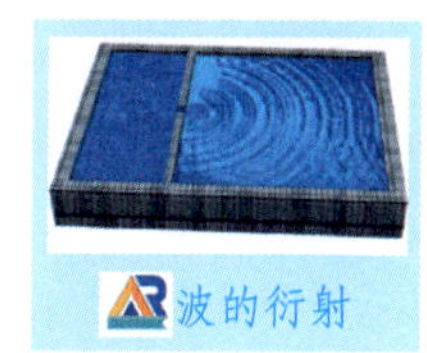

在机械波的传播中，由于介质上各点间的相互作用，介质上每一点的运动会引起下一点的运动，从而逐步引起整个介质的运动. 如果把介质上具有相同相位的相邻点的连线称为波前，或者波阵面. 如图8-17所示，我们可以认为波阵面上每一点都是一个次级波源，后续波为这些次级波源产生的子波的叠加，每个子波都为球面波. 而不同次级波源产生的子波相同相位的波阵面的包络面构成了后续波的波阵面. 这称为**惠更斯原理**，可广泛地运用于波动现象.

我们从水面上可以看到，当水波的传播遇到一块石头时，其会绕过石头继续传播；我们在屋外仍可以听到屋内的声音，其通过门窗的缝隙传播出来. 这种现象称为波的**衍射**. 如图8-18所示，当一列平行波传播到一堵墙处时，有墙的位置上波无法继续传播，而在缺口处波继续向前传播，缺口处每一点都可视为次级波源，并传播出球面波，从而导致在墙后，波并不仅在垂直于缺口的方向上传播，而且传播到其他的方向上去.

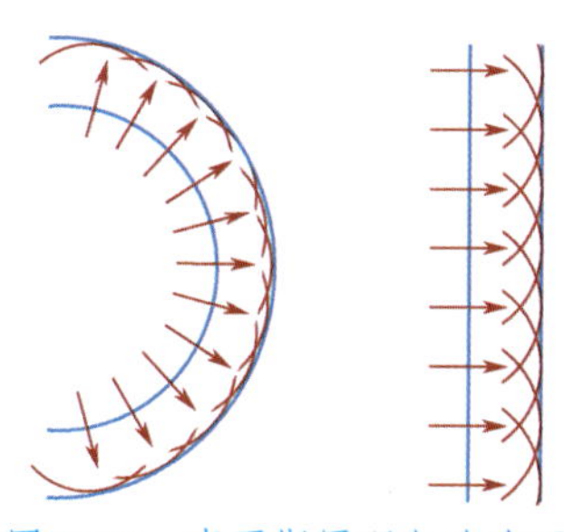

图8-17 惠更斯原理与波阵面

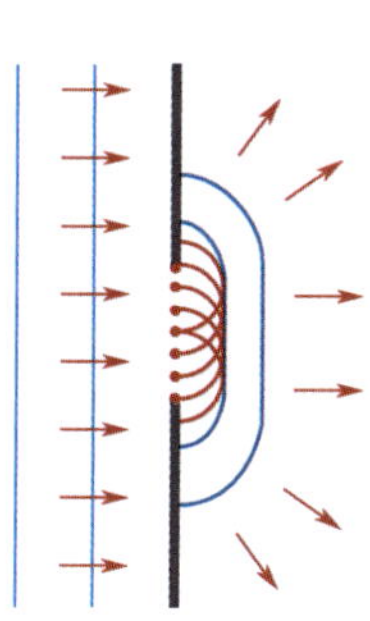

图8-18 衍射

8.7 多普勒效应

之前的讨论针对的是波源和观测者都相对于介质静止的情况. 当波源和观测者乃至介质都发生运动时, 波的频率可能会发生变化. 在生活中多普勒效应是一种常见现象. 例如, 当路上车辆路过行人时, 行人会听到车辆所发出的声音的声调发生变化. 当车辆向着行人开过来时, 行人会听到声调变高; 当车辆远离行人时, 行人会听到声调变低. 这种由于波源或观测者或介质发生运动而造成观测者观测到波的频率与波源所发出的波的频率不一致的现象, 称为**多普勒效应**.

如图 8-19(a) 所示, 当波源、观测者及介质都静止时, 波源产生波向外传播, 其波阵面为圆面, 圆心为波源. 若观测波源每隔一个周期发出的波的波阵面, 那么在某个时刻这些波阵面会形成同心圆, 其半径为波速乘以从波源发出该波阵面到该时刻的时间间隔, 而两个波阵面之间的空间间隔即为一个波长.

若介质和观测者不动, 而波源向着观测者运动, 如图 8-19(b) 所示. 在不同时刻波源发出的波的波阵面依然是圆面, 但其圆心在波源发出该波阵面时所处的位置, 因此这些波阵面不再是同心圆, 而是一连串偏向于观测者的圆面. 因此, 从观测者的角度来看, 两个相邻波阵面间的距离发生了变化, 因此会认为波的波长变短了. 由于观测者没有相对于介质运动, 因此此时的波速没有发生变化, 根据波速、波长和频率三者的关系, 波长变短就意味着频率变高了, 或者说周期变短了. 从图中也可以看到, 由于波源每隔一个周期发出波阵面的位置逐渐向观测者靠近, 因此不同波阵面到达观测者的时间间隔也就缩短了, 也就是周期变短了. 在图 8-19(b) 中, 若观测者位于波源的左边, 所观测到的波的周期会变长, 频率变低. 故当波源运动时, 相对于波源的运动速度方向, 从不同方位观测到的波的频率是不同的.

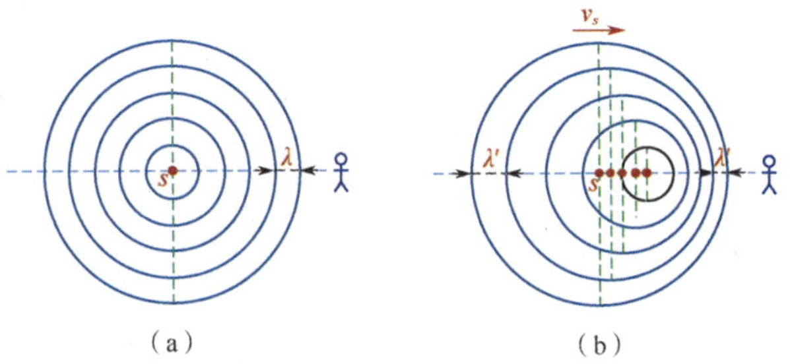

图 8-19 观测者不动时的多普勒效应

若介质和波源不动, 观测者运动, 如图 8-20 所示, 波源在不同时刻发出的波的波阵面依然是同心圆, 但当观测者向着波源运动时, 其相对于波阵面的速率为 $v+v_r$, 其中 v 为波速, 也就是波阵面的传播速度. 由于此时波的传播和观测者的运动是相互靠近的, 因此相对速度大小为波速和观

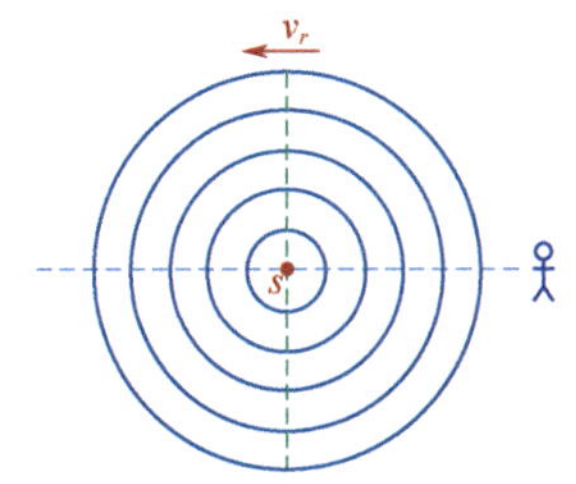

图 8-20　波源不动时的多普勒效应

测者运动速率之和. 这意味着观测者接触到相邻波阵面所用的时间间隔将小于当其静止时的情况，观测者将认为波的频率变高了. 若观测者的运动方向是背离波源的，那么其将认为波的频率变低了. 现考虑一维运动的情况，如图 8-21(a)所示，设初始时波源和观测者相距 x，波源以速度 v_s 沿波源和观测者所在直线向右运动，观测者以速度 v_r 同样向右运动. 介质静止，波在介质中传播的速度为 v. 在 t_0 时刻，波源发出一个信号，该信号经过 Δt_1 后被观测者接收到，此时观测者已由之前的位置向右运动了距离 $v_r\Delta t_1$，因此有关系

计算机模拟

多普勒效应-1

$$x+v_r\Delta t_1=v\Delta t_1, \tag{8.7.1}$$

则

计算机模拟

多普勒效应-2

$$\Delta t_1=\frac{x}{v-v_r}. \tag{8.7.2}$$

在 t_0 时刻后经过时间 T，波源又发出一个信号，此时波源已处于 t_0 时刻所在位置右边 v_sT 处，如图 8-21(b)所示. 再经过时间 Δt_2 后信号被观测者接收到，此时观测者位于其在 t_0 时刻所在位置右边 $v_r(T+\Delta t_2)$ 处，因此存在关系

计算机模拟

多普勒效应-3

$$x+v_r(T+\Delta t_2)-v_sT=v\Delta t_2, \tag{8.7.3}$$

则

$$\Delta t_2=\frac{x+(v_r-v_s)T}{v-v_r}. \tag{8.7.4}$$

计算机模拟

多普勒效应-4

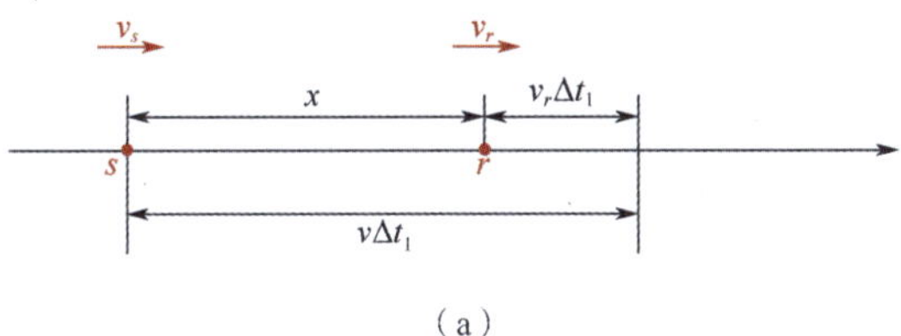

(a)

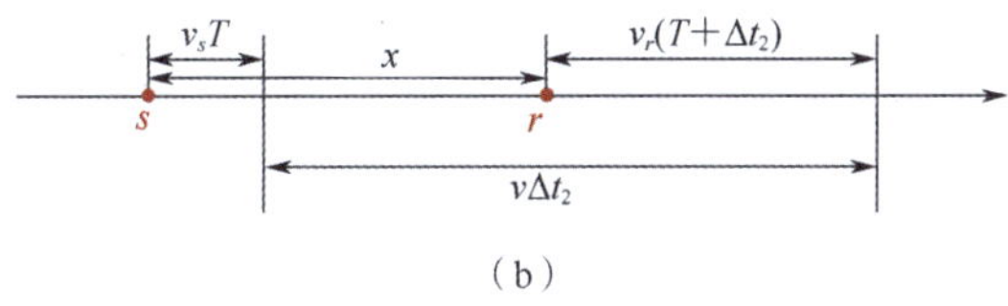

(b)

图 8-21　多普勒效应的计算

若 T 为波源发出的波的周期，则观测者所感受到的周期为

$$T'=T+\Delta t_2-\Delta t_1. \tag{8.7.5}$$

将式(8.7.2)和式(8.7.4)代入可得

$$T'=T+\frac{x+(\nu_r-\nu_s)T}{\nu-\nu_r}-\frac{x}{\nu-\nu_r}=\frac{\nu-\nu_s}{\nu-\nu_r}T. \tag{8.7.6}$$

观测者所观测到的波的频率为

$$f'=\frac{\nu-\nu_r}{\nu-\nu_s}f, \tag{8.7.7}$$

这就是当波源和观测者都在其连线方向上运动时所发生的多普勒效应的频率变化公式. 式(8.7.7)中 ν_s 和 ν_r 均以向右为正，但需要注意的是，这样设定的前提条件是观测者在波源的右边. 对于式(8.7.7)，其中波源和观测者运动速度的正负应遵照如下原则：当波源向着观测者运动时，其速度为正，否则为负；当观测者离开波源时，其速度为正，否则为负.

在上面的推导里存在 3 个速度：波源的速度、观测者的速度及波速，这几个速度都是相对介质而言的. 例如，在无风的环境下，空气整体而言相对于地面静止，那么式(8.7.7)中的 3 个速度都是相对于地面而言的. 但是如果在有风的环境下，空气相对于地面运动速度不为零，此时的波源速度和观测者速度都应在相对于地面速度的基础上考虑风速的影响，因为式(8.7.7)中的速度都是相对介质而言的，在这里即为相对空气而言的.

由于多普勒效应使波源或者观测者的运动速度与所传播的波的频率变化联系到一起，因此可以反过来通过测量波的频率变化来计算波源或观测者的运动速度. 这种办法被广泛应用到很多领域中. 常见的如利用多普勒效应来测量车辆的运动速度. 多普勒测速仪会发出超声波或者微波，这些波传播出去遇到运动物体之后会被反射，再被多普勒测速仪接收到，根据发出的波的频率和接收到的反射波的频率之间的差异就可以推导出运动物体的运动速度. 在天文观测中利用多普勒效应测量天体的运动速度也是一种常用的技术手段. 天体上一些常见元素，如氢元素或者氦元素，其光谱是已知的，当天体相对于地球运动时，这些光谱的频率就会发生变化，当天体远离地球时，频率变低，可见光会向红光的方向发生频率变化，这称为光谱的红移；反之，当天体向地球靠近时，频率变高，可见光会向蓝光的方向发生频率变化，这称为光谱的蓝移. 而光谱红移或蓝移的程度则对应于其运动速度.

例 8-5 运动的车辆以速率 $\nu_0=20\text{m/s}$ 靠近一堵墙. 若车上的喇叭发出频率为 $f=1000\text{Hz}$ 的声音，求车辆接收到的被墙反射回来的声波的频率，设声速为 $\nu=340\text{m/s}$.

解 车辆发出声音传播到墙上，因此此时车辆为波源，墙为观测者，即

$$\nu_s=\nu_0=20\text{m/s}, \nu_r=0. \tag{8.7.8}$$

墙感受到的声波频率为

$$f'=\frac{\nu-\nu_r}{\nu-\nu_s}f=\frac{\nu}{\nu-\nu_0}f. \tag{8.7.9}$$

墙反射声音再传递给车辆，此时墙为波源，车辆为观测者且向着波源运动，即

$$\nu_s=0,\nu_r=-\nu_0=-20.0\text{m/s}. \tag{8.7.10}$$

墙所发出的声音频率为 f'，因此车辆接收到的声波频率为

$$f''=\frac{\nu-\nu_r}{\nu-\nu_s}f'=\frac{\nu+\nu_0}{\nu}f'=\frac{\nu+\nu_0}{\nu-\nu_0}f. \tag{8.7.11}$$

代入数据后得

$$f''=\frac{340+20.0}{340-20.0}\times1000=1125(\text{Hz}), \tag{8.7.12}$$

即车辆接收到的被墙反射回来的声波的频率为 1125Hz.

当波源运动速度与波速相同时，由式(8.7.7)会得到观测者观测到的频率为无穷大，由图 8-22(a)可以看到，在这种情况下波源和波阵面运动得一样快，从而导致不同时刻产生的波阵面被压缩到波源所在的位置，相应的“波长”为零. 这意味着波源运动前方的介质被极度压缩，是一种特殊的物理状态. 若对于空气，当波源速度达到声速的时候，波源，如飞机，前方的空气被压缩后将形成致密的“气墙”，称为音障，它会对声源的运动产生极大的阻碍作用. 当声源速度超过声速时，将打破这一“气墙”，造成空气剧烈振荡，从而产生巨大的声音，这称为音爆. 当波源速度超过波速时，波阵面将落后于波源，此时式(8.7.7)已经不再成立. 这时候波阵面将形成一个圆锥面，如图 8-22(b)所示，其称为马赫锥. 随着波源运动，马赫锥也向前推进，在马赫锥经过的地方，介质密度将在极短时间内发生很大的起伏，从而形成所谓的冲击波. 波源速度与波速的比值 ν_s/ν 称为马赫数，当马赫数大于 1 时就处于超波速状态，对于声音，就是超音速.

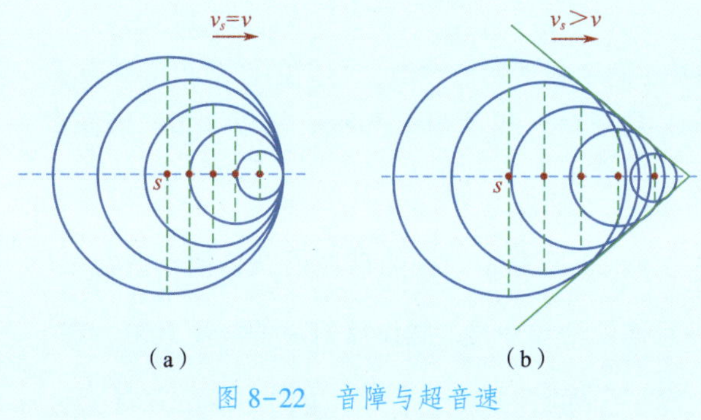

图 8-22 音障与超音速

习题 8

8.1 一简谐波沿 x 轴负方向传播，波速为 2m/s，在 x 轴上某质点的振动频率为 2Hz、振幅为 3.00cm. $t=0$ 时该质点恰好在正向最大位移处. 若以该质点的平衡位置为 x 轴的原点，求此一维简谐波的表达式.

8.2 一平面简谐横波沿 x 轴正方向传播，波的振幅为 5.00cm，波的角频率为 7.0πrad/s. 当 $t=1.0$s 时，$x=10$cm 处的质点正通过其平衡位置向 y 轴负方向运动，而 $x=20$cm 处的质点正通过 $y=2.5$cm 处向 y 轴正方向运动. 设该波的波长 $\lambda>10$cm，求该波的表达式.

8.3 已知一平面简谐波的表达式为 $y=3\cos(2t+4x)$(国际单位制).

(1)求该简谐波的周期、频率和波速.

(2)写出 $t=2.5\text{s}$ 时各波峰位置的坐标表达式，并求出此时离坐标系原点最近的那个波峰的位置.

8.4 一平面简谐波沿 x 轴负方向传播，波速为 v，若某 P 点处介质质点的振动方程为 $y_P=A\cos(\omega t+\varphi)$.

(1)求 P 点右侧距离 P 点 L 的 Q 点处质点的振动方程.

(2)求该波的波动表达式.

(3)求与 P 处质点振动状态相同的那些点的位置.

8.5 一条细线上端固定，下端悬挂一铝块而使线拉紧，测得线上横向驻波的基频为 300Hz. 现将铝块的一半浸入水中，则此时线上横向驻波的基频变为多少？(铝的密度为 $\rho=2.7\text{g/cm}^3$.)

8.6 一平面简谐波，频率为 300Hz，波速为 340m/s，在截面面积为 $5.00\times10^{-2}\text{m}^2$ 的管内空气中传播，若在 10s 内通过截面的能量为 $6.50\times10^{-2}\text{J}$，求：

(1)通过截面的平均能流；

(2)波的平均能流密度；

(3)波的平均能量密度.

8.7 已知两列余弦波沿 x 轴传播，波动表达式分别为 $y_1=0.02\cos\left[\frac{1}{2}\pi(0.3x-5.00t)\right]$ 和 $y_2=0.02\cos\left[\frac{1}{2}\pi(0.3x+5.00t)\right]$(国际单位制). 试确定 x 轴上合振幅为 0.02m 的那些点的位置.

8.8 图 8-23 中 A 和 B 是两个相干的点波源，它们的振动相位差为 π. A 和 B 相距 30cm，观察点 P 和 B 相距 40cm，且 $PB\perp AB$. 若发自 A 和 B 的两波在 P 点处最大限度地互相削弱，求波长最长的可能值.

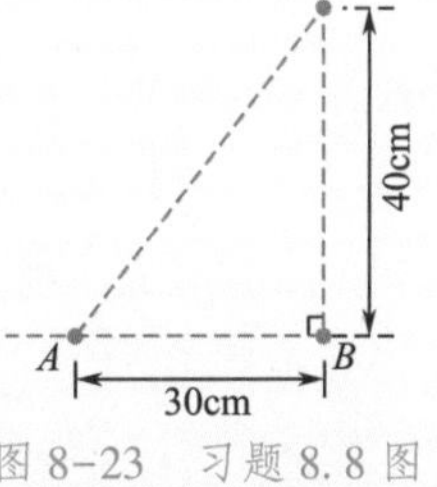

图 8-23　习题 8.8 图

8.9 振幅为 A、频率为 ν、波长为 λ 的一简谐波沿弦传播，波在 $x=\frac{7\lambda}{8}$ 处发生反射，且该处为自由端. 假设反射后的波不衰减，在 $t=0$ 时，$x=0$ 处介质质元的合振动经平衡位置向 x 轴负方向运动. 求 $x=\frac{\lambda}{2}$ 处入射波和反射波的合振动方程.

8.10 在实验室中做驻波实验时，在一根两端固定、长 3m 的弦上以 60Hz 的频率激起横向简谐波. 弦的质量为 20g. 如要在这根弦上产生有 4 个波腹的很强的驻波，必须对这根弦施加多大的张力？

8.11 一平面简谐波沿 x 轴正方向传播，波的表达式为 $y=A\cos2\pi\left(\nu t-\frac{x}{\lambda}\right)$，而另一平面简谐波沿 x 轴负方向传播，波的表达式为 $y=A\cos2\pi\left(\nu t+\frac{x}{\lambda}\right)$. 求：

(1) $x=\frac{\lambda}{6}$处介质质点的合振动方程；

(2) $x=\frac{\lambda}{6}$处介质质点的速度表达式.

8.12 由振动频率为500Hz的音叉在两端固定拉紧的弦上建立驻波. 这个驻波共有3个波腹，其振幅为0.50cm. 波在弦上的速率为500m/s.

(1) 求此弦的长度.

(2) 若以弦的中点为坐标系原点，写出弦上驻波的表达式.

8.13 两相干波源在x轴上的位置分别为S_1和S_2，其间距离为$d=30\text{m}$，S_1位于原点O. 设两波沿x轴正负方向传播，单独传播时强度保持不变. $x_1=9\text{m}$和$x_2=12\text{m}$处的两点是相邻的两个因干涉而静止的点. 求两波的波长及最小相位差.

8.14 一辆汽车从一个步行速率为2m/s的行人旁边鸣笛路过. 汽车与人同向运动，汽车在行人身后时行人听到的声频为610Hz，开过去后行人听到的声频是590Hz，则车速是多少？（声速取340m/s.）

8.15 车A以72km/h的速率在笔直的公路上行驶，对面开来以相同速率行驶的另一辆车B，车A上安装的喇叭持续发出340Hz的声音. 此时路面有10m/s的风，风向与车A的运动方向相同. 声速为340m/s.

(1) 车B听到车A发出的声音的频率是多少？

(2) 车A听到的从车B上反射回来的声音的频率是多少？

第9章 热力学平衡态

延伸阅读

一切与温度有关的自然现象统称为热现象，如热胀冷缩、摩擦生热、熔化与凝结等，热学则是一门研究热现象的科学. 热学中存在两种处理问题的基本方法：基于宏观规律的热力学方法和从概率统计出发的统计物理学方法，二者相辅相成，互为补充. 热力学方法基于实验事实和严密的数学演绎，结论具有高度的可靠性和普遍性，然而却无法描述过程的微观机制. 统计物理学方法从微观模型出发，能更好地体现现象的微观本质，为各种宏观理论提供依据，然而结果却高度依赖微观假设. 在本章中，我们利用统计物理学的初级理论——分子动理论来介绍平衡态的性质.

9.1 热运动的描述

热力学系统

我们将大量微观粒子组成的系统作为热学的研究对象，并称该系统为热力学系统，研究对象以外的环境被称为外界. 首先需要指出的是，热力学系统必须含有大量的微观粒子，以保证微观粒子间经历充分的碰撞，它们的运动是杂乱无章的，具有高度的随机性. 其次，系统应由一封闭面与外界隔开，该封闭面可以是真实的物体，如容器，也可以是假想的.

系统和外界之间大致有以下几类相互作用.

(1) 热相互作用. 系统和环境之间通过传导、辐射等方式交换能量. 与环境之间无热相互作用的系统称为绝热系统.

(2) 机械相互作用. 系统和环境之间通过广义的力(包括机械力、电磁力等)做功交换能量.

(3) 质量相互作用. 系统与环境之间通过交换质量的方式来交换能量. 与环境存在质量交换的热力学系统称为开放系统，而与环境无质量交换的系统则称为封闭系统.

另外，与外界无任何相互作用的系统称为孤立系统.

平衡态

如果系统的状态不随时间变化而变化，且在边界和内部的任意地方不存在任何形式的宏观流，这样的状态称为平衡态，否则，称为非平衡态. 我们将孤立系统放置足够长的时间后，最终的宏观性质不再随时间变化而变化，即达到平衡态，系统内部各子系统间也没有宏观上的流. 非孤立系统也可以达到平衡态，如处于重力场中密闭容器中的空气(容器足够大，以至于重力效应不能忽略)，长时间放置后，虽然容器内气体的压强与空间位置有关，但却不随时间变化而改变，而且内部各部分之间也不存在粒子流或能量流等.

值得注意的是，虽然平衡态宏观上不存在流，但微观上应理解为统计平均意义上的平衡：微观粒子间相互碰撞使各子系统间总在不停地进行粒子和能量的交换，但粒子流和能量流总和为零，从而不表现出宏观的流. 另外，除了平衡态外，稳恒态的宏观性质也不随时间变化而改变，但稳恒状态中存在宏观的流. 例如，将一长条棒状热导体的左右两端与温度不同的恒温热库接触，长时间后其内部状态不随时间发生变化，但宏观上还存在热流，因此，该热导体不处于平衡态.

根据热学中系统与外界相互作用的类型，系统的平衡也可分为热平衡、力平衡和质量作用平衡 3 种类型. 热平衡是指温度的平衡，也就是系统内部各处的温度相同. 如果系统内存在温度差，则会产生热流，从而打破热平衡，导致热传导. 力平衡是指系统所有局部受到的各种广义力在统计意义上相互抵消，即系统内部各处的压强相同. 如果系统内各子系统间有压强差，则会导致机械运动，如气体中形成的对流现象. 质量作用平衡指的是粒子数改变的平衡，也就是系统内部各处的粒子数密度相同. 如果各子系统之间存在粒子数差，则会导致粒子流或质量流，形成扩散现象.

状态参量和状态函数

为了描述系统的状态，人们引进了体积、压强、温度、物质的量、能量等物理量，这些物理量被称为状态参量. 状态参量可以从不同角度进行分类. 例如，状态参量可分为广延量和强度量：在空间上具有广延性的体积、面积等物理量被称为广延量；诸如压强、温度等描述强弱程度的物理量则被称为强度量. 状态参量也可分为宏观参量和微观参量：描述系统宏观性质的物理量被称为宏观参量，而描述微观粒子所使用的如粒子位置、动量等参量则被称为微观参量.

状态参量有很多，但它们不是彼此独立的，确定系统状态需要一组完备的独立参量. 完备独立参量以外的状态参量则称为状态函数，这些状态函数与完备独立参量之间满足一定的函数关系式，我们将该关系式称为状态方程.

举个例子. 装在容积一定的容器中的气体，我们用容积 V、温度 T 和物质的量 ν 就可以描述系统的状态了，而气体压强 p 则与这些状态参量之间存在一定的函数关系，可表示为

$$f(p,V,T,\nu)=0, \tag{9.1.1}$$

该表达式被称为系统的状态方程.

对于给定系统，能够独立描述系统性质的状态参量个数是一定的，但具体选取哪些状态参量作为独立状态参量则具有一定的随意性. 如前述例子中的气体，可选取(V,T,ν)作为独立状态参量，也可选取(p,T,ν)作为独立状态参量.

在力学章节中，我们看到，质点受到保守力所做的功可以用势能来描述，而作为状态参量的势能，其变化量只和质点所处的起始位置有关，而与改变势能的途径无关. 换句话说，从空间某点出发，质点经过一系列运动回到最初点，势能的改变应该为零. 类似地，热学中，热力学系统经历任意变化回到最初状态，所有状态参量也将回到原来的值. 由独立状态参量确定的一些状态函数也将回到原来的值，即状态函数在循环过程中总增量为零. 假设 X 代表任意状态参量或独立状态参量确定的状态函数，则应有

$$\oint_L \mathrm{d}X=0. \tag{9.1.2}$$

这是状态函数的一个重要性质，我们可以利用该性质定义一些新的状态函数，如熵、自由能、焓等.

体积和压强

常用于确定平衡态宏观性质的宏观状态参量有4类：体积、长度等几何参量，压强、表面张力等力学参量，物质化学组分的质量和摩尔数等化学参量，以及电场强度和磁场强度等电磁参量. 这里，我们着重介绍体积和压强.

对固体或液体来说，体积是物体所占空间的大小. 而气体没有确定的形状和体积，通常气体分子能到达储存气体的容器的各个角落. 我们将气体体积定义为气体分子自由活动的空间，通常用V来表示. 国际单位制中体积的单位为立方米(m^3)，日常生活中也常用升(L)、立方厘米(cm^3)等单位，它们之间的关系为

$$1L=10^{-3}m^3, 1cm^3=10^{-6}m^3.$$

需要指出的是，这样定义的气体体积不等于储存气体容器的容积，实际上气体分子都有一定的几何尺寸，储存气体容器的容积是气体分子自由活动空间的体积与气体分子实际体积之和.

容器内任意一点处的气体压强是指通过该点的内部假想截面相互作用的法向应力. 气体处于平衡态时，容器内任意一点处的气体压强和容器壁上的气体压强相等，气体压强可视为气体作用于容器壁上单位面积的正压力. 一般来说，分子力和分子运动对气体压强都有贡献. 在后续章节中我们将了解到，它是一个统计量. 在国际单位制中，压强的单位为帕斯卡(Pa)：$1Pa=1N/m^2$. 在日常生活中也用到标准大气压(atm)这一单位：

$$1atm=1.01325\times10^5Pa.$$

如果所研究的问题既不涉及电磁性质又无须考虑与化学成分有关的性质，系统中又不发生化学反应，则不必引入电磁参量和化学参量. 此时只需体积和压强就可确定系统的平衡态，我们称这种系统为简单系统(或pV系统).

温度和热力学第零定律

温度的概念起源于人们对日常“冷”和“热”的感觉，但感觉是模糊不清甚至带有欺骗性的. 人们发现，常用物质的很多性质都与其冷热程度相关，如金属杆的长度、储存在容器中的气体的压强、金属导线的导电能力、物质燃烧时火焰的颜色等，利用这些特性，人们引入温度的概念，定量地测定物体的冷热程度.

在测量温度时，我们需要建立温度的标定方法，即“温标”. 例如，常见的水银温度计，我们先标定零点，并根据水银柱的高低来确定温度数值. 另外一种比较简单的测量温度的方法，则是通过测量储存在固定容积的容器中气体的压强来确定温度的数值.

我们要测量一杯热水的温度，需要将温度计放入热水中，使温度计的温度升高，而热水的温度稍有下降，最终，温度计读数达到稳定值，从而确定热水的温度. 由此，我们看到，为了测量某物体的温度，通常需要温度计与物体之间发生热相互作用，并达到热力学平衡.

如果两个系统被诸如木材、泡沫、玻璃纤维等隔热材料分开，二者之间由于相互影响而导致的彼此温度变化会进行得非常缓慢. 理想隔热材料指的是能将两个系统隔开且二者完全不发生热相互作用的材料. 需要说明

的是，理想隔热材料是一种理想化的模型，任何实际隔热材料都无法保证两系统间完全无热相互作用.

为了进一步分析温度这一重要属性，我们考察3个热力学系统 A,B,C，如图9-1所示. 首先，如图9-1(a)所示，将 A 与 B 用理想隔热材料隔开，同时让 A 和 B 都与 C 通过热导体发生热相互作用，最后达到平衡. A 与 C 以及 B 与 C 都达到了热平衡，问题是 A 与 B 是否也达到了热平衡?

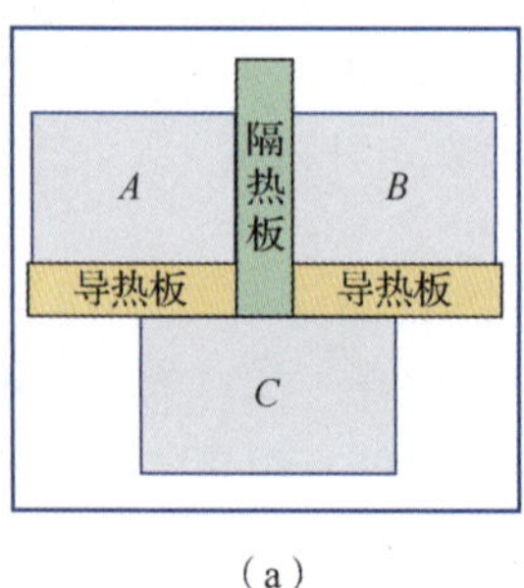

(a)

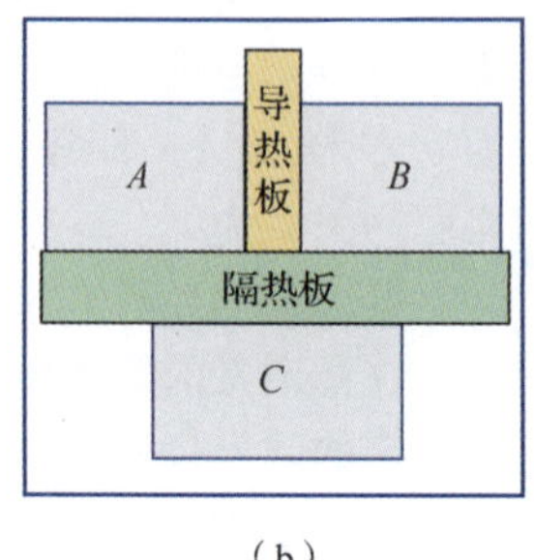

(b)

图9-1 热力学第零定律

为了验证 A 与 B 是否达到热平衡，我们将 A 与 B 通过热导体发生热相互作用，同时将它们用理想隔热材料与 C 隔开，如图9-1(b)所示. 实验发现，系统 A 和 B 的状态都没有发生变化. 该结论被称为**热力学第零定律：如果系统 A 和 B 都与系统 C 处于热平衡状态，则它们彼此也处于热平衡状态**.

假设 C 是处于特定温度的温度计，将 C 与 A 或 B 接触达到热平衡的过程，实际上就是测量 A 或 B 温度的过程. 如果 C 与 A 和 C 与 B 通过接触都达到了热平衡，则 A 与 B 具有相同的温度，从而由热力学第零定律我们可得出结论：当且仅当两系统具有相同温度时，它们彼此接触，将处于热平衡状态. 因此，彼此处于热平衡状态的各热力学系统具有一个共性的状态参量：温度.

延伸阅读

热力学第零定律涉及热学的最基本物理量——温度的定义，它比我们后续章节将介绍的其他热力学定律更为基本. 有趣的是，在20世纪30年代之前，物理学家都未察觉到有把这种现象以定律形式表达的必要. 该定律由英国物理学家拉尔夫·霍华德·福勒(Ralph Howard Fowler)于1939年正式提出，比热力学第一定律和第二定律晚了80多年.

温标和温度计

为了测量物体的温度，我们可以设计测温设备(称为温度计)，利用该设备中物质的某特定性质随温度变化而变化的特点，对温度的数值进行标定. 之后，将温度计与待测物体"接触"达到热平衡，根据温度计的读数从而确定温度数值. 不同的物体与同一温度计长时间接触达到热平衡后温度数值一样，我们则会说这些物体具有相同的温度. 测量不同物体的温度，则需要将温度计与不同的被测物体接触达到热平衡. 日常生活中常见的温度计如图9-2所示，有液体温度计、压力式温度计、红外测温仪等.

图 9-2 常见的温度计

对温度计按一定规则标定的温度数值称为“温标”. 例如，我们常用的液体温度计，将标准大气压下纯净水凝固时水银液面所处的位置标记为“0”，而将它汽化时水银液面所处的位置标记为“100”，二者之间均匀划分，从而得到摄氏温标. 摄氏温标中，低于纯净水凝固时的温度标定为负数. 摄氏温标广泛应用于日常生活、科学研究和工业制造等领域.

除了摄氏温标，还存在很多不同的温标. 例如，在美国，常用一种被称为“华氏温标”的温度标定方法：规定标准状态下，水的凝固点温度为 32°F，汽化温度为 212°F，1℃对应$\frac{100}{180}$°F 或者$\frac{5}{9}$°F.

华氏温标由学者华伦海特(Fahrenheit)于 1709 年提出，而摄氏温标则由瑞典天文学家摄尔修斯(Celsius)于 1742 年提出. 1730 年，法国科学家列奥米尔(Reaumur)以酒精和$\frac{1}{5}$的水的混合物作为测温物质，将水的冰点标定为 0°R、沸点标定为 80°R，并将 0~80°R 之间等分成 80 份，这种温标称为列氏温标.

从以上的各种温标可以看出，建立温标通常包含以下步骤：

(1)确定工作物质，要求该物质在一定温度范围内具有稳定的化学和物理性质；

(2)选定工作物质的某一状态，要求该状态对温度变化较为敏感；

(3)选定状态的两个特殊点，来标定温度的零点和单位.

随着人类对温度认识的深入，各种各样的温标不断涌现，至 1779 年全世界共有 19 种温标. 各种温标的定标方法不同，即使采用同一种温标，选取不同的测温物质用来测量同一对象的温度时，所得结果也不完全相同. 如何实现温标与具体物质无关是 19 世纪热学中的一个重要课题.

1848 年，英国物理学家开尔文利用热力学第二定律，提出一种理论温标(他在 1854 年对这种温标做了修改)，该温标利用一切物质的共性来标定温度，称为“热力学绝对温标”，简称“热力学温标”或“绝对温标”，又称为“开尔文温标”，以“开”(K)为单位. 绝对温标把低温极限定为 0K，把水的“三相点”(固、液、气三相平衡点)定为 273.160K. 在这种规定下，水的冰点接近于 273.150K，摄氏度 t 与开尔文温标 T 在数值上的换算关系为

$$t=T-273.150\approx T-273. \tag{9.1.3}$$

虽然绝对温标不依赖具体物质，但无实用性，因为在实际测量温度过程中，必须选用特定物质的特定属性来标定温度. 温度反映的是物质对热相互作用的响应，这种响应本质上是非线性的，而且不同系统的非线性特性也不相同，不同测温响应实际上反映了构成物质系统基元粒子(原子或分子)之间相互作用的差异. 一种消除基元粒子之间相互作用差异性的方式就是让粒子彼此远离，对应的物质系统就是低密度气体，以低密度气体构建的温标被称为"理想气体温标".

关于气体热学性质的研究可追溯到17世纪. 英国化学家罗伯特·玻意耳(Robert Boyle)和法国物理学家马略特(Edme Mariotte)分别于1662年和1676年独立提出：恒温下气体的压强和体积成反比关系. 在18世纪80年代，法国物理学家查理(Charles)提出了"查理定律"，即对于质量、压力恒定的气体，其体积与温度成正比. 1802年，法国化学家盖-吕萨克(Joseph Louis Gay-Lussac)提出，对于质量、体积恒定的气体，其压强与温度成正比. 根据后两个定律，人们分别设计了定压和定容气体温标.

定压气体温标利用压强一定时，特定气体体积随温度变化而变化的特性，规定温度和气体体积满足线性关系

$$T(V)=aV. \tag{9.1.4}$$

定标点则选择水的三相点：将该气体与冰、水、水蒸气混合系统热接触，达到热平衡时气体体积 V_{tr} 对应的温度为 $T_{tr}=273.16\text{K}$. 由此可得

$$a=\frac{273.16}{V_{tr}}. \tag{9.1.5}$$

定容气体温标则利用体积一定时特定气体压强依赖于温度的特性，规定温度和气体压强满足线性关系

$$T(p)=bp. \tag{9.1.6}$$

同时规定，与水三相共存系统处于热平衡时，该气体的压强 p_{tr} 对应的温度为 $T_{tr}=273.16\text{K}$. 由此可得

$$b=\frac{273.16}{p_{tr}}. \tag{9.1.7}$$

实际测量时，将温度计置入三相点热源得到压强读数 V_{tr} 或 p_{tr}，再将温度计置入待测系统中得到体积或压强读数，从而利用式(9.1.5)或式(9.1.7)确定系统温度.

需要指出的是，仅在气体比较稀薄时，温度与气体体积(压强一定)或与气体压强(体积一定)成线性关系，因此，气体稀薄程度不同，定压或定容温标测得的温度值也有所不同. 图9-3展示了利用定容气体温度计测量水的沸点温度时，气体稀薄程度和气体种类对测量结果的影响. 可以看出，气体压强 p_{tr} 越低，即测温泡内的气体越稀薄，不同气体定容温标的差别越小；当压强 p_{tr} 趋于零时，各种气体定容温标的差别完全消失，给出相同的温度值. 对于真实气体定压温度计也可得到类似的实验结果.

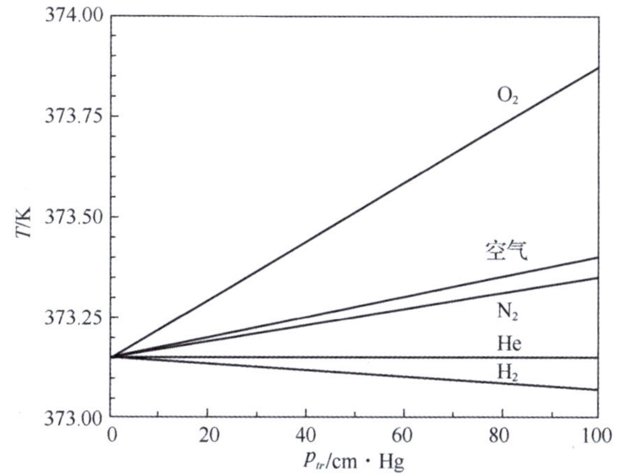

图 9-3 利用定容气体温度计测量 1 个大气压下水的沸点温度

基于上述实验事实，我们可以定义一种与气体种类无关的温标——**理想气体温标**，即设定测得的温度值为真实气体定压或定容温标测得的温度值的稀薄气体极限值：

$$T=\lim_{p_{tr}\to 0}T(p)=273.16\lim_{p_{tr}\to 0}\frac{p}{p_{tr}},\tag{9.1.8}$$

$$T=\lim_{p\to 0}T(V)=273.16\lim_{p\to 0}\frac{V}{V_{tr}}.\tag{9.1.9}$$

理想气体温标利用的是气体的性质，在温度低于测温物质液化温度时，此温标便失去意义，因此，气体温标所能测量的最低温度为 0.5K (低压 ^{3}He 气体). 极高的温度下(1000℃ 以上)，气体碰撞电离而使粒子间相互作用加强，气体温标也不适用了. 在国际温标 ITS-90 中(该温标由 1989 年召开的第 18 届国际计量大会第七号决议授权通过，并于 1990 年开始实施)，第一温区为 0.65K 到 5.00K 之间，由 ^{3}He 和 ^{4}He 的蒸气压与温度的关系式来定义；第二温区为 3.0K 到氖三相点(24.5661K)之间，用氦气体温度计来定义；高温区方面，银凝固点(961.78℃)以上的温区，按普朗克辐射定律来定义. 随着物理学极低温技术的发展，国际计量委员会还公布了临时低温温标 PLTS-2000：采用 ^{3}He 的溶解压和溶解曲线上的固定点，定标范围在 0.9mK ~ 1K 之间的温标.

例 9-1 英国化学家、物理学家道尔顿(John Dalton，1766—1844)提出一种温标：在给定压强下，气体体积的相对增量正比于温度的增量，定标点选择为在标准大气压时水的冰点温度为 0℃、沸点温度为 100℃. 已知以该气体为定压气体温度计测温物质时，标准大气压下水的冰点温度为 T_0，沸点温度为 T_1，试用定压气体温标 T 来表示道尔顿温标的温度 λ.

解 由题意，设气体体积的相对增量 $\frac{\mathrm{d}V}{V}$ 与道尔顿温度增量 $\mathrm{d}\lambda$ 之间的正比系数为 α，即有

$$\frac{\mathrm{d}V}{V}=\alpha\mathrm{d}\lambda,$$

积分后即有

$$\ln\frac{V}{V_0}=\alpha(\lambda-\lambda_0).$$

由定标点 $V=V_0$ 时，$\lambda_0=0$，有

$$\lambda=\frac{1}{\alpha}\ln\frac{V}{V_0}.$$

再利用另外一个定标点：当气体体积 $V=V_1$ 时，$\lambda_1=100$，有

$$\alpha=\frac{1}{100}\ln\frac{V_1}{V_0}.$$

由式(9.1.4)和式(9.1.5)可得

$$\frac{V}{V_0}=\frac{T}{T_0},\quad\frac{V_1}{V_0}=\frac{T_1}{T_0}.$$

综合上面的结果，即有

$$\lambda=100\,\frac{\ln(V/V_0)}{\ln(V_1/V_0)}=100\,\frac{\ln(T/T_0)}{\ln(T_1/T_0)}.$$

9.2 理想气体的状态方程与微观模型

在热学中，人们对稀薄气体性质的了解最深入和彻底，对该系统性质的研究不仅加深了人们对温度这一概念的认识，导致了统计物理学的形成，而且对宏观热力学规律的总结起到了重要的推动作用. 作为重要的例子，我们先探讨稀薄气体和理想气体的状态方程以及它们的微观模型.

稀薄气体和理想气体的状态方程

英国化学家玻意耳和法国物理学家马略特分别在1662年和1676年各自独立地提出：在物质的量和温度都一定时，气体的体积与压强成反比，即

$$V=\frac{C}{p},\tag{9.2.1}$$

其中 C 为常数. 该结论称为玻意耳-马略特定律.

1787年，法国物理学家查理通过实验得出结论，在压强保持不变的情况下，质量一定的气体的体积随温度线性变化：

$$V=V_0(1+\alpha t),\tag{9.2.2}$$

其中 V_0 为0℃时气体的体积，t 为摄氏温度，α 为常数. 该规律被称为查理定律. 实验发现，$\alpha\approx\frac{1}{273.15℃}$.

1802年，法国物理学家盖-吕萨克发现，在体积保持不变的情况下，质量一定的气体压强随温度线性变化：

$$p=p_0(1+\beta t),\tag{9.2.3}$$

其中 p_0 为0℃时气体的压强，β 为常数. 此结论被称为盖-吕萨克定律. 实

验结果表明，$\beta\approx\frac{1}{273.15℃}$，恰好与 α 的数值相等.

需要说明的是，如果查理定律式(9.2.2)严格成立，则由压强总为正值可得出结论：温度有下限值 $t=-\frac{1}{\alpha}\approx-273.15℃$. 如果令 $T=t+\frac{1}{\alpha}$，并注意到 $\alpha=\beta$，则可将式(9.2.2)和式(9.2.3)改写为

$$V=C'T, \tag{9.2.4}$$

$$p=C''T. \tag{9.2.5}$$

描述气体状态还有一个重要的物理量——物质的量. 它表示物质所含微粒数目，国际单位制中物质的量的单位为摩尔(简称摩，符号为 mol)，1mol 物质为精确包含 6.02214076×10^{23} 个原子或分子等基本单元的物质，该数值被称为阿伏加德罗常数，用符号 N_A 表示. 因此，微粒数为 N 的物质，其物质的量为 $\nu=\frac{N}{N_A}$mol.

1811 年，意大利化学家和物理学家阿伏加德罗(Amedeo Avogadro)提出，相同温度和相同压强下，相同体积的任何气体含有相同的分子数，该定律后来被称为阿伏加德罗定律. 该定律表明，相同温度和相同压强下，1mol 气体的体积都相同，我们将该体积表示为 V_m，并称为摩尔体积，νmol 气体的体积则为

$$V=\nu V_m. \tag{9.2.6}$$

需要说明的是，玻意耳-马略特定律、查理定律、盖-吕萨克定律和阿伏加德罗定律都是在气体比较稀薄的条件下才成立，针对压强较小、温度较高的真实气体，这些定律近似成立. 当气体压强逐渐增大或温度逐渐变低时，真实气体中状态参量之间的关系越来越显著地偏离这些实验规律.

事实上，玻意耳-马略特定律、查理定律、盖-吕萨克定律和阿伏加德罗定律可总结到一个方程中，即理想气体状态方程. 这里，我们利用玻意耳-马略特定律、查理定律和阿伏加德罗定律导出该方程.

考察物质的量为 νmol 的气体，该气体在与水的三相点系统达到热平衡时压强和体积分别为 p_{tr} 和 V_{tr}. 我们首先将该气体压强固定为 p_{tr}，利用真实气体定压温标公式可知，该气体在体积为 V 时对应的温度应为

$$T(V)=273.16\frac{V}{V_{tr}}, \tag{9.2.7}$$

将式(9.2.7)右边分子、分母同乘以 p_{tr}，得

$$T(V)=273.16\frac{p_{tr}V}{C_{tr}}, \tag{9.2.8}$$

其中 $C_{tr}=p_{tr}V_{tr}$. 而由玻意耳-马略特定律知 $p_{tr}V=C$，则利用式(9.2.8)可得到 C 与温度 T 的依赖关系

$$C=\frac{C_{tr}T(V)}{273.16}, \tag{9.2.9}$$

即有

$$pV=\frac{C_{tr}T(V)}{273.16}. \tag{9.2.10}$$

当 $p\to 0$ 时，$T(V)\to T$(T 为理想气体温标)，则有

$$pV=\frac{C_{tr}T}{273.16}=\frac{p_{tr}V_{tr}T}{273.16}, \tag{9.2.11}$$

利用阿伏加德罗定律，$V_{tr}=\nu V_{tr,m}$，其中 $V_{tr,m}$ 为气体在水的三相点系统温度下的摩尔体积，因此得到

$$pV=\nu RT, \tag{9.2.12}$$

其中

$$R=\frac{p_{tr}V_{tr,m}}{273.16}. \tag{9.2.13}$$

它是对各种气体都一样的常数，被称为普适气体常量. 实验表明，其值为

$$R\approx 8.314510(70)\,\text{J/(K}\cdot\text{mol)}. \tag{9.2.14}$$

方程(9.2.12)最早由法国物理学家克拉珀龙(Benoit Pierre Emile Clapeyron)于1834年导出. 需要说明的是，任何真实的气体，即使非常稀薄，也都只是近似地遵守式(9.2.12). 我们将状态参量严格遵循方程(9.2.12)，且内能只和温度有关的气体，称为**理想气体**.

例 9-2 如图 9-4 所示，容器 A 存有某种理想气体，已知该容器的温度为 200K，气体压强为 5.0×10^5Pa. 容器 B 的容积为容器 A 的 3 倍，储存同种理想气体，温度为 400K，气体压强为 1.0×10^5Pa. 现利用一容积可忽略的细管将两容器连接，并打开阀门，设两容器保持最初的温度，求达到平衡时容器内的气体压强.

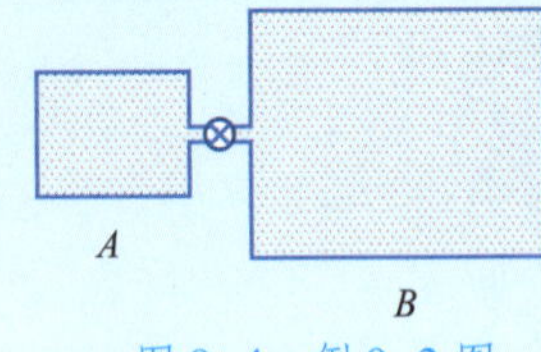

图 9-4 例 9-2 图

解 设容器 A 和容器 B 中气体物质的量分别为 ν_A 和 ν_B. 利用理想气体状态方程，有

$$\nu_A=\frac{p_AV_A}{RT_A},\quad \nu_B=\frac{p_BV_B}{RT_B},$$

其中 p_A 和 p_B 分别为容器 A 和 B 阀门打开前的压强，V_A 和 V_B 分别为容器 A 和 B 的容积，T_A 和 T_B 分别为容器 A 和 B 内气体的温度. 打开阀门后，系统达到热平衡，容器 A 内和容器 B 内气体具有共同的压强 p. 利用打开阀门前、后物质的量不变，应有等式

$$\frac{p_AV_A}{RT_A}+\frac{p_BV_B}{RT_B}=\frac{pV_A}{RT_A}+\frac{pV_B}{RT_B},$$

从而得到

$$p=\frac{p_AV_AT_B+p_BV_BT_A}{V_AT_B+V_BT_A},$$

代入已知条件，即可求得

$$p=2.6\times10^5\,\text{Pa}.$$

分子模型

为了深入理解温度、压强等状态参量的本质，人们需要进一步研究物质的微观结构，利用统计的方法，阐明物质宏观状态参量与微观量之间的

关系，这是用统计物理学的初级理论——分子动理论来研究热现象的基本方法. 分子动理论是以基于实验的以下事实作为研究出发点的.

(1)宏观物体是由大量微观分子或原子组成的，原子或分子之间有空隙.

我们在日常生活中接触的固体、液体或气体，都包含大量的微观分子或原子，它们在空间里不连续地分布着. 这一原子论的基本观点可追溯到古希腊哲学家德谟克利特(Demokritos，公元前460年—公元前370年)，该观点由于能正确地解释各种化学反应及扩散、布朗运动等热学现象，而被人们广泛接受. 然而，由于实验手段的限制，分子或原子肉眼看不到，用手摸不着，原子论的观点总是让人不太放心，19世纪后半叶德国物理学家马赫和奥斯特瓦尔德就对是否存在微观分子或原子提出质疑.

当前，利用高分辨率电子显微镜已能观察到晶体横截面内原子结构的图像，从而有力地证明了宏观物体由分子或原子组成. 人们发现，除少量有机大分子外，这些分子或原子的尺寸约为 10^{-10}m.

宏观物体内分子之间存在空隙. 例如，气体很容易被压缩，水和酒精混合后的体积小于二者原有体积之和，这些都说明分子间有空隙. 将机油加入钢筒中，并加压到 2×10^{9} Pa，可发现机油透过筒壁渗出，这说明钢的内部分子间也有空隙.

(2)宏观物体内分子的运动是无规则的，其剧烈程度与物体温度有关.

在密闭的房间里放入芳香的一束花，慢慢地，香气充满了整个房间. 晴朗无云无风的空中，喷气式飞机的尾迹会慢慢地弥散开，并最终消失. 向盛有纯净水的容器中滴入少量红色墨水，慢慢地，整个容器中的液体都变成红色了. 所有这些物质分子从高浓度区域向低浓度区域转移的现象，称为**扩散**.

扩散是分子热运动的表现. 将储有褐色溴蒸气的容器 A 置于储有空气的容器 B 的下方，打开两容器中间的活塞，可以看到溴蒸气逐渐渗入容器 B，与空气混合. 经过一段时间后，两种气体就在容器 A、B 中均匀混合. 由于溴蒸气的密度比空气的密度大得多，在重力作用下，溴蒸气应该不可能往上流. 但最终实验现象却表明，溴蒸气可以向上流动. 这说明气体内部存在某种运动，导致扩散的发生.

扩散不仅可以在气体和液体中发生，还可以在固体间发生. 把两块铜和铝紧压在一起，经过较长时间后，在每块金属的接触面内部都可发现另一种金属成分.

由于分子尺寸太小，人们很难直接观测到它们的运动情况，但科学家从一些间接的实验现象中了解到它们的运动特点. 1827年，苏格兰植物学家布朗利用显微镜观测花粉和孢子在水中处于悬浮状态时的微观行为，发现大量花粉小颗粒在做无规则运动，当集中研究任意一个颗粒的运动时，发现它做短促跳跃运动，方向不断改变，毫无规则. 这种悬浮颗粒的运动，称为**布朗运动**.

布朗运动

导致悬浮颗粒做无规则运动的原因是颗粒受到周围液体分子热运动产生的无规则力的作用. 液体内的分子做无规则运动，它们从四面八方冲击悬浮颗粒，在任一瞬间，这种冲击作用在各个方向是不平衡的，当颗粒足够小时，颗粒就朝着冲击作用较弱的方向运动，在下一瞬间，分子对颗粒不平衡的冲击力方向改变了，颗粒的运动方向也就改变了. 因此，在显微镜下观测到布朗运动的无规则性，就是液体内部分子运动无规则性的体现.

大量的实验还表明，扩散的快慢和温度的高低有显著的关系. 随着温度的升高，扩散过程加快. 同样，温度越高，布朗运动中悬浮颗粒的运动也越剧烈. 这些现象反映了分子无规则运动的剧烈程度与温度的关系：温度越高，分子无规则运动就越剧烈. 从另外一个角度来说，这也是分子无规则运动的一种规律性. 由于分子无规则运动与宏观物体温度密切相关，所以通常又把这种分子的无规则运动称为**分子热运动**.

(3)分子之间有相互作用力.

物体内分子在不停地做无规则热运动，但固体和液体能保持一定的体积，而且固体还能保持一定的形状，这说明固体和液体分子之间有相互吸引力. 同时，固体和液体很难被压缩，说明分子之间还存在排斥力. 例如，我们在一定限度内，拉伸或压缩固体，当外力撤走后，固体能恢复原状，表现出弹性，这就是固体内部分子间有吸引力和排斥力的表现.

综上所述，我们可以知道，宏观物体是由分子(或原子)组成的，所有的分子都在做无规则的热运动，而分子之间的作用力也可以使分子聚集在一起，形成某种规则的分布(称为有序排列).

分子无规则热运动有破坏有序排列从而使宏观物体内分子分散开的趋势. 正是分子无规则热运动和分子间聚合相互作用的竞争，使宏观物体在不同温度下表现出3种不同的聚集态. 在温度较低时，分子无规则热运动不够剧烈，分子在彼此相互作用力的影响下，被束缚在各自的平衡位置附近做微小的振动，宏观物体表现为固体状态. 当温度升高，分子无规则运动剧烈到某一程度时，分子间作用力已无法将分子束缚在固定的平衡位置附近做微小振动，但还不至于使分子分散远离，此时，宏观物体表现为液体状态. 当温度继续升高，分子无规则热运动进一步加剧，到一定限度时，不但分子的平衡位置没有了，而且分子间作用力已不能使分子之间维持一定的距离，这时，分子互相分散远离，分子的运动近似为自由运动，宏观物体表现为气体状态.

分子间作用力应包含吸引作用和排斥作用两种成分. 当分子间距离较大时，作用力以吸引作用为主，而当分子间距离较小时，则表现为排斥作用. 虽然分子间作用力精确的数学形式无法通过实验直接测量，但总体上，我们可以近似地将作用力表示为

$$F=\frac{A}{r^{s}}-\frac{B}{r^{t}}, \tag{9.2.15}$$

其中 r 代表两分子球心之间的距离，A 和 B 都为正数(一般与方向有关). 右边两项分别代表斥力和引力，由于距离较小时表现为斥力，距离较大时表现为引力，因此要求指数满足条件 $s>t$.

分子球形模型

虽然大多数分子本身性质具有各向异性，不可能将其认为是球形分

子，但在研究气体时，由于杂乱无章的热运动表现出气体性质的各向同性，我们可从统计平均效果上近似认为气体分子是各向同性的，从而采用球对称模型处理气体分子. 常见的气体分子间相互作用有以下几种模型.

1. 米氏模型

在各向同性的近似下，式(9.2.15)中的 A 和 B 可认为是与方向无关的常数. 以无限远处为势能零点，则分子间相互作用势能函数可表示为

$$E_p=\frac{C}{r^m}-\frac{D}{r^n}. \tag{9.2.16}$$

该模型最早由德国物理学家米氏(Gustav Mie)于1907年提出，被称为米氏模型，非常接近真实情况.

在研究具体的分子间相互作用时，m 和 n 将取特定的数值. 1924年，英国数学家兰纳-琼斯(John Edward Lennard-Jones)提出，$m=12$，$n=6$，用来模拟两个电中性的分子或原子间相互作用：

$$E_p(r)=4\varepsilon\left[\left(\frac{\sigma}{r}\right)^{12}-\left(\frac{\sigma}{r}\right)^{6}\right], \tag{9.2.17}$$

其中 ε 为势阱的深度，σ 为相互作用势能为零时两分子间距离. 该模型被称为**兰纳-琼斯模型**. 该模型表达式简单，被广泛使用，在描述惰性气体分子间相互作用时，该模型尤为精确.

2. 苏则朗模型

在分子间距离 r 趋于零时，分子间排斥力快速地趋向无穷大，势能曲线在斥力作用区域非常陡峭，因此，在处理某些问题时，可以近似认为，当分子间距离小于某特定值时，势能数值就等于无穷大：

$$E_p(r)=\begin{cases}\infty, r<d,\\ -\varepsilon\left(\dfrac{d}{r}\right)^n, r>d,\end{cases} \tag{9.2.18}$$

其中 d 为分子直径，$-\varepsilon$ 为势能最小值. 这样的势能曲线表明，分子可被视为具有一定直径的刚性球，球外有一种随距离迅速衰减的吸引力场. 该模型由苏格兰裔澳大利亚物理学家苏则朗(William Sutherland)于1893年提出，被称为**苏则朗模型**. 需要指出的是，著名的范德瓦耳斯(Johannes Diderik van der Waals)气体方程可以利用苏则朗模型导出.

3. 刚球模型

在研究比较稀薄的气体的性质时，气体分子之间的距离比较大，分子与分子之间相互作用仅在很小的区域内表现出吸引力，因此，可以进一步对分子间作用力模型进行简化，不考虑分子间的相互吸引作用：

$$E_p(r)=\begin{cases}\infty, r<d,\\ 0, r>d.\end{cases} \tag{9.2.19}$$

该模型用一定大小的分子来描述分子间排斥力，被称为**刚球模型**，有时也被称为**克劳修斯模型**. 历史上，该模型最早由德国物理学家克劳修斯提出，并用于计算气体分子的碰撞频率和平均自由路程.

4. 理想气体模型

在刚球模型中，使刚球直径近似等于零，从而将分子视为除碰撞以外彼此间无任何相互作用的质点，这种模型被称为**理想气体模型**，由该模型可导出理想气体状态方程.

理想气体是热学处理问题的一个模型，真实气体越稀薄，则越接近于理想气体. 理想气体微观模型具有以下特点.

(1) 与分子间平均距离相比，分子本身的线度(通常在 10^{-10}m 量级)可以忽略不计.

(2)理想气体分子在其运动过程中的绝大部分时间内是不受其他分子作用的. 可以认为，除碰撞瞬间外，分子之间以及分子与容器器壁之间都无相互作用. 当储存在容器中的气体，其分子运动过程中高度变化不是很大时，平均来说，过程中动能本身比重力势能的改变要大得多，分子所受的重力可以忽略，气体分子在容器中均匀分布.

(3)气体分子的动能不因碰撞而损失，即假设分子之间以及分子与容器器壁之间的碰撞是弹性碰撞.

9.3 温度的微观意义

如 9.1 节所述，温度是物体达到热平衡时的表征量，处于热平衡的不同物体都具有相同的温度，彼此之间没有能量传递. 也就是说，如果分子碰撞前后分子间相互作用势能守恒，则两个处于热平衡的系统热接触时，分子间碰撞过程不会导致其中任何一个系统的分子的平均动能改变.

为了定量说明温度和平均动能之间的关系，我们设一容器中储存了两种不同类型的理想气体，它们处于热平衡状态. 考察速度分别为$\vec{v}_1$ 和$\vec{v}_2$、质量分别为 m_1 和 m_2 的两个不同类型的分子发生碰撞，设碰撞后分子的速度分别为$\vec{v}_1'$和$\vec{v}_2'$，由于动量守恒，则有

$$m_1\vec{v}_1+m_2\vec{v}_2=m_1\vec{v}_1'+m_2\vec{v}_2'. \tag{9.3.1}$$

碰撞过程中机械能守恒，因此有

$$\frac{1}{2}m_1v_1^2+\frac{1}{2}m_2v_2^2=\frac{1}{2}m_1v_1'^2+\frac{1}{2}m_2v_2'^2. \tag{9.3.2}$$

引入质心速度

$$\vec{v}_c=\frac{m_1\vec{v}_1+m_2\vec{v}_2}{m_1+m_2}=\frac{m_1\vec{v}_1'+m_2\vec{v}_2'}{m_1+m_2},$$

即有

$$\vec{v}_2'=\frac{m_1+m_2}{m_2}\vec{v}_c-\frac{m_1}{m_2}\vec{v}_1'. \tag{9.3.3}$$

将式(9.3.3)代入式(9.3.2)可得

$$m_1v_1'^2=\frac{m_2}{m_1+m_2}(m_1v_1^2+m_2v_2^2)-(m_1+m_2)v_c^2+2m_1(\vec{v}_c\cdot\vec{v}_1'). \tag{9.3.4}$$

引入碰撞后分子的相对速度$\vec{u}=\vec{v}_1'-\vec{v}_2'$，则由式(9.3.3)得

$$\vec{v}_2'=\vec{v}_c-\frac{m_1}{m_1+m_2}\vec{u},\vec{v}_1'=\vec{v}_c+\frac{m_2}{m_1+m_2}\vec{u}.$$

将 $\vec{v}_1'$的表达式代入式(9.3.4)，得

$$m_1v_1'^2=\frac{m_2}{m_1+m_2}(m_1v_1^2+m_2v_2^2)+(m_1-m_2)v_c^2+2\frac{m_1m_2}{m_1+m_2}(\vec{v}_c\cdot\vec{u}).$$

考察碰撞前后质量为 m_1 的分子的动能改变 $\Delta\varepsilon=\frac{1}{2}m_1v_1'^2-\frac{1}{2}m_1v_1^2$，有

$$\Delta\varepsilon=\frac{1}{2(m_1+m_2)}(m_2^2v_2^2-m_1^2v_1^2)+\frac{1}{2}(m_1-m_2)v_c^2+\frac{m_1m_2}{m_1+m_2}(\vec{v}_c\cdot\vec{u}).\tag{9.3.5}$$

热平衡时，两种不同类型的分子间碰撞不传递动能，因此，$\Delta\varepsilon$ 的平均值应为零，即

$$\overline{\Delta\varepsilon}=0,$$

即有

$$\frac{m_2^2\overline{v_2^2}-m_1^2\overline{v_1^2}}{m_1+m_2}+(m_1-m_2)\overline{v_c^2}+2\frac{m_1m_2}{m_1+m_2}\overline{(\vec{v}_c\cdot\vec{u})}=0.\tag{9.3.6}$$

我们注意到，计算$\vec{v}_c\cdot\vec{u}$的平均值时，在给定质心速度$\vec{v}_c$的前提下，$\vec{u}$的方向与$\vec{v}_c$无关，具有各向同性，所以，$\overline{\vec{v}_c\cdot\vec{u}}=0$. 同时，考虑 v_c^2的平均值

$$\overline{v_c^2}=\frac{m_1^2\overline{v_1^2}+m_2^2\overline{v_2^2}+2m_1m_2\overline{(\vec{v}_1\cdot\vec{v}_2)}}{(m_1+m_2)^2},$$

由于$\vec{v}_1$ 和$\vec{v}_2$ 之间无相互依赖关系，相互取向具有各向同性，所以$\overline{\vec{v}_1\cdot\vec{v}_2}=0$. 因此，式(9.3.6)最后化简为

$$m_1\overline{v_1^2}=m_2\overline{v_2^2}.\tag{9.3.7}$$

式(9.3.7)表明，当两种不同类型气体分子在容器中达到热平衡时，它们的平均动能应相等. 而达到热平衡的系统都具有相同的温度，因此，我们可以将分子的平均动能和温度联系在一起，将分子平均动能视为温度的函数，从而定义温度. 由于历史的原因，温度被定义为与分子的平均**平动**动能成正比，即质量为 m 的气体分子的平均平动动能为

$$\frac{1}{2}m\overline{v^2}=\frac{3}{2}kT.\tag{9.3.8}$$

这里常数 $k=1.380650\times10^{-23}\mathrm{J\cdot K^{-1}}$被称为**玻耳兹曼常量**，而系数$\frac{3}{2}$则是为了协调理想气体状态方程.

需要说明的是，上述讨论仅要求碰撞前后分子间相互作用势能守恒，因此，在分子间存在吸引和排斥相互作用时仍然成立. 同时，我们的讨论针对分子的平动，即把分子作为一个整体考虑其质心的运动. 事实上，当分子由多个原子组成且存在转动时，其转动动能也与温度成正比. 不仅如此，我们还可以更进一步讨论分子中每个原子的平均动能.

举个例子，我们考察双原子气体分子中每个原子的平均动能. 设两原子的质量分别为 m_1 和 m_2. 两原子的平均动能应相等，即有 $\frac{1}{2}\overline{m_1 v_1^2}=\frac{1}{2}\overline{m_2 v_2^2}$；作为两个原子的质心的平动动能应该等于 $\frac{3}{2}kT$，即有 $\frac{1}{2}\overline{(m_1+m_2)v_{CM}^2}=\frac{3}{2}kT$. 由于

$$\frac{1}{2}\overline{(m_1+m_2)v_{CM}^2}=\frac{\overline{(m_1\vec{v}_1+m_2\vec{v}_2)\cdot(m_1\vec{v}_1+m_2\vec{v}_2)}}{2(m_1+m_2)}=\frac{m_1^2\overline{v_1^2}+m_2^2\overline{v_2^2}}{2(m_1+m_2)},$$

由此我们得到

$$\frac{1}{2}\overline{m_1 v_1^2}=\frac{1}{2}\overline{m_2 v_2^2}=\frac{3}{2}kT,$$

即处于热平衡的双原子分子中每个原子的平均动能都等于 $\frac{3}{2}kT$.

例 9-3 在近代物理中常用电子伏特(eV)作为能量单位，请问在多高温度下分子的平均平动动能为1eV？温度为1K的气体中，单个分子热运动平均平动动能相当于多少电子伏特？

解 当 $E=1\text{eV}=1.602\times10^{-19}\text{J}$ 时，由

$$E=\frac{3}{2}kT$$

可得

$$T=\frac{2E}{3k}\approx7.74\times10^{3}\text{K}.$$

当 $T=1\text{K}$ 时，可得

$$E=\frac{3}{2}kT\approx1.29\times10^{-4}\text{eV}.$$

9.4 理想气体压强公式

理想气体压强公式

压强是一宏观可观测量. 从微观上来说，气体施于容器壁的压强是大量气体分子对容器壁不断碰撞的结果，单个分子对容器壁的撞击是断断续续的，而且，由于分子热运动的无规性，它撞击容器壁的方向和传递给容器壁的冲量也都是随机的. 但是，容器中有大量分子，每时每刻都有大量的分子与容器壁相碰，宏观上则表现出一个恒定的、持续的压力.

基于上述压强的统计意义，我们可推导出理想气体压强和分子平均平动动能之间的关系. 为此，对于处于平衡态的理想气体做如下统计假设. (1)容器内任一位置处的分子数密度不比其他位置处的分子数密度占优势；(2)气体分子沿任一方向的运动不比其他方向的运动占优势. 则有

$$\bar{v}_x=\bar{v}_y=\bar{v}_z=0,$$

以及

$$\overline{v_x^2}=\overline{v_y^2}=\overline{v_z^2},$$

由于$\overline{v^2}=\overline{v_x^2}+\overline{v_y^2}+\overline{v_z^2}$，所以有

$$\overline{v_x^2}=\overline{v_y^2}=\overline{v_z^2}=\frac{1}{3}\overline{v^2}.$$

设在容积为 V 的容器中储存有一定量的理想气体，共有 N 个分子，单位体积内的分子数(称为**分子数密度**)为 $n=\frac{N}{V}$，每个分子的质量为 m. 分子具有各种可能的速度，为了讨论方便，我们将分子分成若干组，每组内的分子具有大小相等、方向一致的速度，同时假设各组的分子数密度分别 $n_1,n_2,\cdots,n_i,\cdots$,则有

$$n=\sum_i n_i.$$

由于气体处于平衡态，容器内气体压强和容器壁上气体压强相等. 如图 9-5 所示，我们取容器壁上充分小的面元 dA，计算气体分子对面元 dA 的压强.

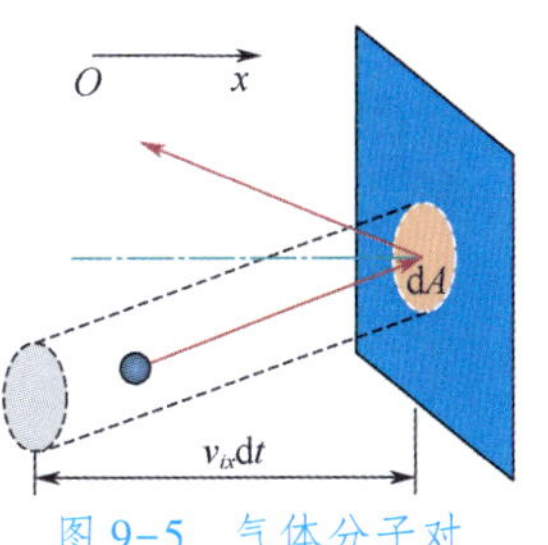

图 9-5　气体分子对容器壁的压强

假设面元 dA 的法线方向指向容器内，建立坐标系，使 x 轴正方向与面元 dA 的法线方向相反，如图 9-5 所示. 首先考察单个分子在一次碰撞中对 dA 的作用力. 我们考察来自速度为 $\vec{v}_i$(动量为$\vec{p}_i$)的组内的一个分子与容器壁发生碰撞. 由于碰撞是弹性碰撞，碰撞过程中分子动量的改变为$-p_{ix}-(p_{ix})=-2p_{ix}$，根据动量定理，该动量改变即等于面元 d$A$ 施于分子的冲量，根据牛顿第三定律，该分子施于 dA 的冲量为$2p_{ix}$.

我们再来计算 dt 时间内$\vec{v}_i$组所有分子施于 dA 的总冲量. 在速度为$\vec{v}_i$的所有分子中，dt 时间段内能与容器壁相碰的分子来自于以 dA 为底、以 $v_{ix}\mathrm{d}t$为高、以$\vec{v}_i$为轴线的圆柱体内，由于该组的分子数密度为n_i，因此在 dt 时间段内能与 dA 相碰的分子数目为$n_iv_{ix}\mathrm{d}t\mathrm{d}A$. 由此可知，速度为$\vec{v}_i$的一组分子在 d$t$ 时间段内施于 dA 的总冲量为

$$2n_iv_{ix}p_{ix}\mathrm{d}t\mathrm{d}A.$$

最后，我们将所有可能速度对应的结果求和，就得到所有分子施于 dA 的总冲量 dI. 在求和时，因为 $v_{ix}<0$ 的分子不会与容器壁相碰，所以求和需限制在 $v_{ix}>0$ 的范围内，即有

$$\mathrm{d}I=\sum_{v_{ix}>0}2n_ip_{ix}v_{ix}\mathrm{d}t\mathrm{d}A. \tag{9.4.1}$$

容器中气体处于平衡态，分子沿任一方向的运动不比其他方向的运动占优势，平均来说，$v_{ix}>0$ 的分子数和 $v_{ix}<0$ 的分子数相等，各占总数的一半. 注意到，式(9.4.1)中 v_{ix}以平方的形式出现，因此，总冲量 dI 也可写成关于 $v_{ix}<0$ 的分子的求和：$\mathrm{d}I=\sum\limits_{v_{ix}<0}2n_ip_{ix}v_{ix}\mathrm{d}t\mathrm{d}A$. 所以，我们取消求和时 $v_{ix}>0$

这一条件的限制，并将式(9.4.1)右端除以 2，则有

$$\mathrm{d}I=\sum n_i p_{ix} v_{ix}\mathrm{d}t\mathrm{d}A.$$

该冲量是气体分子在 dt 时间段内对容器壁持续作用的结果，$\frac{\mathrm{d}I}{\mathrm{d}t}$为气体施于容器壁面元 d$A$ 的宏观压力. 因此，压强可表示为

$$p=\frac{\mathrm{d}I}{\mathrm{d}t\mathrm{d}A}=\sum n_i p_{ix} v_{ix}=\sum_i n_i p_{ix} v_{ix}.$$

由平均值的定义可得

$$\overline{p_x v_x}=\frac{n_1 p_{1x} v_{1x}+n_2 p_{2x} v_{2x}+\cdots}{n_1+n_2+\cdots}=\frac{\sum_i n_i p_{ix} v_{ix}}{\sum_i n_i}=\frac{\sum_i n_i p_{ix} v_{ix}}{n},$$

因此，压强可写成

$$p=n\overline{p_x v_x}. \tag{9.4.2}$$

平衡态时，气体的性质与方向无关，分子向各个方向运动的概率相同，所以

$$\overline{p_x v_x}=\overline{p_y v_y}=\overline{p_z v_z}.$$

又因

$$\overline{\vec{p}\cdot\vec{v}}=\overline{p_x v_x}+\overline{p_x v_x}+\overline{p_x v_x}=3\overline{p_x v_x},$$

所以有

$$p=\frac{1}{3}n\overline{\vec{p}\cdot\vec{v}}. \tag{9.4.3}$$

该公式即为**理想气体压强公式**.

容器内任意一点处的气体压强是指通过该点的内部假想截面相互作用的法向应力，考察容器内任意一点处的气体压强时，可在气体内部假想一个通过该点的充分小截面 dA，截面两侧的气体互施压力. 一方面 dA 两侧附近的分子相互作用对 dA 产生压力，另一方面它们可以携带动量穿过 dA，总压强是这两部分效应之和. 在理想气体中，忽略了分子力，只考虑分子运动对压强的贡献. 假设该假想截面平行于图 9-5 所示的面元处的容器壁表面，考察左侧气体对截面施加压力，显然有气体分子从左向右朝向截面运动，并穿过截面，从截面左侧来看，就像气体分子的动量损失了. 但在另一侧，也有气体分子沿反方向运动，从右向左穿过截面，从截面左侧来看，就像气体分子获得动量. 从左侧来看，这些穿过截面的分子沿着从左向右方向的动量改变就形成了左侧气体分子对截面施加的压力. 气体压强是大量气体分子对截面 dA 作用的平均效果和整体贡献，这就是说，气体压强是大量气体分子对截面 dA 作用的统计平均值. 气体处于平衡态时，容器内任意一点处的气体压强和容器壁上气体压强相等，气体压强可视为气体作用于容器壁上单位面积的正压力.

我们可分两种情况进一步讨论式(9.4.3).

1. 非相对论情形

当分子速度大小远小于光速时，$\vec{p}=m\vec{v}$，理想气体压强公式化为

$$p=\frac{1}{3}mn\overline{\vec{v}\cdot\vec{v}}=\frac{2}{3}n\overline{\varepsilon_t},\tag{9.4.4}$$

其中$\overline{\varepsilon_t}\equiv\frac{1}{2}m\overline{v^2}$，表示气体分子平动动能的平均值. 式(9.4.4)表明，理想气体的压强 p 取决于分子数密度 n 和分子平均平动动能$\overline{\varepsilon_t}$，n 和$\overline{\varepsilon_t}$越大，p 就越大.

式(9.4.4)把宏观可观测量 p 与微观量分子平动动能$\frac{1}{2}mv^2$ 的平均值$\overline{\varepsilon_t}$联系起来. 需要说明的是，该表达式是一个统计规律，而不是一个力学规律，其中压强 p、分子数密度 n 和平均平动动能都是大量分子平均情况下才有意义的统计量. 式(9.4.4)也无法通过实验直接验证，但从该式出发能够比较满意地解释或推证许多实验定律，从而间接验证该表达式的正确性.

2. 相对论情形

当分子速度大小接近于光速时，$v\approx c$，$p=\frac{1}{c}\sqrt{\varepsilon^2-m_0^2c^4}\approx\frac{\varepsilon}{c}$，因此，$\vec{p}\cdot\vec{v}\approx cp\approx\varepsilon$，理想气体压强公式化为

$$p=\frac{1}{3}n\overline{\varepsilon}.\tag{9.4.5}$$

这个公式在讨论光子气体时有用.

理想气体状态方程

在非相对论条件下，从式(9.4.4)出发，并结合 9.3 节中温度的定义式$\overline{\varepsilon_t}=\frac{3}{2}kT$，我们得到

$$p=nkT.\tag{9.4.6}$$

利用 $n=\frac{N}{V}=\frac{\nu N_A}{V}$，即有

$$pV=\nu N_A kT.$$

定义 $R=N_A k$，则可导出理想气体状态方程

$$pV=\nu RT.\tag{9.4.7}$$

历史上，德国物理学家克劳修斯在 1857 年发表的《论热运动形式》一文中，以十分明晰的方式利用了上述气体动理论的基本思想，第一次推导出理想气体压强公式，并由此推证了理想气体状态方程.

例 9-4 地球表面 71%是海洋，陆地平均高度为 875m，并不高，因而可以近似认为整个大气层都是从海平面向上延伸的. 试估算大气层的总分子数.

解 大气压是由地球对大气的引力引起的，可利用这一点来估计大气层的总分子数. 已知标准状态下大气压为 $p=1.01\times10^5$Pa，则有

$$pS=N\frac{M}{N_A}g,$$

其中 N 为大气层总分子数，S 为地球表面积，M 为空气的平均摩尔质量，g 为重力加速度大小. 由此可得

$$N=\frac{pSN_A}{Mg}.$$

空气的平均摩尔质量为 $M=2.9\times10^{-2}$kg/mol，地球平均半径 $R_E=6.4\times10^6$m，$S=4\pi R_E^2$，将这些数值代入上式，可得

$$N\approx1.1\times10^{44}.$$

这是一个非常大的数值. 理想气体在标准状态下的分子数密度(称为洛施密特常量)为

$$n_0=\frac{p}{kT}\approx2.69\times10^{25}(\mathrm{m}^{-3}),$$

成人呼吸时每呼出一口气的体积约为 $V_1=0.4$L，一口气里包含的分子数为

$$N_1=V_1n_0\approx1.1\times10^{22},$$

按每分钟呼吸20次，将地球上所有大气呼吸一遍需要的时间 t 为

$$t\approx\frac{N}{20N_1}\approx9.5\times10^{14}(\text{年}),$$

这个时间比目前公认的宇宙年龄 1.38×10^{10} 年大得多.

道尔顿分压定律

1801年，英国化学家道尔顿(J. Dalton)通过实验观察指出，混合气体的总压强等于混合气体中各组分气体的分压强之和，某组分气体的分压强大小则等于其单独占有与气体混合物相同体积时所产生的压强. 这一经验定律被称为道尔顿分压定律. 利用理想气体压强公式，可以很容易地推导出该定律.

设在温度为 T 的平衡态下，某一由若干种化学纯气体构成的混合理想气体处于平衡态，各种化学纯气体分子数密度分别为 $n_1, n_2, \cdots, n_i, \cdots$，由理想气体压强公式可知，组分气体单独存在时的分压强 p_i 应满足关系

$$p_i=n_ikT, \tag{9.4.8}$$

而总压强应满足

$$p=nkT=\sum_i n_ikT. \tag{9.4.9}$$

这里利用了总分子数密度和各组分分子数密度之间的关系

$$n=\frac{N}{V}=\frac{N_1+N_2+\cdots+N_i+\cdots}{V}=\sum_i n_i.$$

比较式(9.4.8)和式(9.4.9)，即可得到道尔顿分压定律

$$p=\sum_i p_i.$$

例9-5 已知标准状态下空气中几种主要组分的体积百分比分别为：氮气 N_2 占78%，氧气 O_2 占21%，氩气Ar占1.0%. 假设空气可视为理想气体，求各组分的分压强和密度.

解 利用道尔顿分压定律可知，空气中各种化学纯气体的分压强之比即为分子数密度之比，而标准状态下总压强 $p=1.01\times10^5$Pa，所以各种化学纯气体的分压强分别为

$$p_{N_2}=0.78p\approx7.88\times10^4\,\mathrm{Pa},$$

$$p_{O_2}=0.21p\approx2.12\times10^4\,\mathrm{Pa},$$

$$p_{Ar}=0.01p=1.01\times10^4\,\mathrm{Pa}.$$

由摩尔质量为 M_i 的第 i 种化学纯气体的分压强与密度 $\rho_i=\dfrac{m_i}{V}$ 的关系

$$p_i=\frac{m_i}{M_iV}RT=\frac{\rho_iRT}{M_i}$$

可得

$$\rho_i=\frac{p_iM_i}{RT},$$

利用氮气的摩尔质量 $M_{N_2}=2.8\times10^{-2}\text{kg/mol}$、氧气的摩尔质量 $M_{O_2}=3.2\times10^{-2}\text{kg/mol}$ 和氩气的摩尔质量 $M_{Ar}=4.0\times10^{-2}\text{kg/mol}$ 及标准状态下的温度 $T=273.15\text{K}$，代入上式得

$$\rho_{N_2}\approx0.976\text{kg/m}^3,\rho_{O_2}\approx0.300\text{kg/m}^3,\rho_{Ar}\approx0.018\text{kg/m}^3.$$

9.5 麦克斯韦速率分布

容器中气体分子以各种速率沿各个方向运动. 由于相互之间频繁碰撞，每个分子的速度都在不断变化，因此在特定的时刻，特定分子的速度的数值和方向完全是偶然的. 但就大量分子整体而言，一定的条件下，它们的速度分布却遵循一定的统计规律. 在本节中，我们将研究平衡态下气体分子速度和速率的统计分布规律.

统计规律与分布函数的概念

当我们投掷一枚一元硬币时，落地后哪一面朝上具有随机性，但做大量实验后，大致有一半的实验结果是正面向上，而另外一半的实验结果是反面向上. 当然，我们可以用性质完全相同的大量硬币同一时间投掷，得到的结果也是大致有一半的硬币正面朝上，而另外一半的硬币反面朝上. 用一枚硬币做的实验次数越多或在一次实验中使用的硬币越多，则硬币正面朝上的次数或正面朝上的硬币数越接近总数的一半.

在统计学中，我们将在一次实验中可能出现也可能不出现而在大量重复实验中具有某种规律性的事情称为**事件**. 在一定条件下，一系列可能发生的事件组合中，发生某一事件的机会或可能性称为**概率**. 微观上千变万化、完全偶然，宏观上却有一定规律的现象，称为**统计规律**，如理想气体的压强、温度等都与气体微观性质密切相关，是微观物理量分子速度、位置等的宏观体现.

伽尔顿板实验是演示大量偶然事件的统计规律和涨落现象的著名实验. 如图 9-6 所示，在一块竖直木板的上部规则地钉上铁钉，木板的下部用竖直隔板隔成等宽的小槽，从顶部中央漏斗形入口处可以投入小球，板前面覆盖玻璃使小球不致落到槽外. 小球从入口处投入，在下落过程中将与铁钉发生多次碰撞，最后落入某一小槽中. 如果每次仅

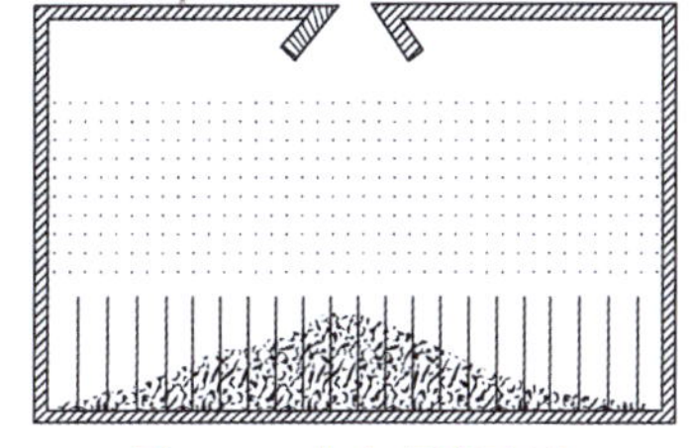

图 9-6 伽尔顿板实验

单个小球下落，这个小球落入板下方小槽中的位置具有随机性，但是同时大量小球落下，则可明显地表现出统计规律：在中央区域的小槽中小球数较多，而在边缘区域，小球数较少.

计算机模拟

伽尔顿实验

为了进一步研究随机现象，需要将随机实验的结果数量化，为此，我们引进一种特殊变量——**随机变量**. 随机变量是利用数值表示随机现象各种结果的变量. 例如，抛掷一枚质地均匀的硬币，我们可以定义哪面朝上为一随机变量 x：正面朝上，$x=1$；反面朝上，$x=0$. 又如，气体中分子的速率 v 是随机变量，它的取值是连续的，可以取 0 到 ∞ 之间的任意数值.

根据取值的不同，随机变量又分为分立随机变量和连续随机变量. **分立随机变量**是只能取一些不连续的分立数值的随机变量，如前所述投掷硬币实验中哪面朝上这一随机变量，又如，量子论中一定条件下微观粒子的能量、电子的自旋等，都只能取离散数值. 对于分立的随机变量，其取值为集合 $\{x_i\}=\{x_1,x_2,\cdots,x_i,\cdots\}$，随机变量取值 x_i 的概率为 $P(x_i)$，我们将集合 $\{P(x_i)\}=\{P(x_1),P(x_2),\cdots,P(x_i),\cdots\}$ 称为其**概率分布**.

对于分立随机变量的概率分布，有归一化性质，即

$$\sum_i P(x_i)=1.$$

任何以随机变量为自变量的函数 $f(x)$ 的平均值可表示为

$$\overline{f(x)}=\sum_i P(x_i)f(x_i),$$

特别是 $(x-\bar{x})^2$ 的平均值

$$\overline{(x-\bar{x})^2}=\overline{x^2-2x\bar{x}+\bar{x}^2}=\overline{x^2}-2\,\overline{x\bar{x}}+\bar{x}^2=\overline{x^2}-\bar{x}^2\geqslant 0,$$

该平均值称为**方差**.

数值可连续变化的随机变量称为**连续随机变量**. 例如，经典物理中物质内分子的位矢、速度、能量等. 当随机变量连续变化时，我们无法按分立随机变量的方式给出随机变量恰好取某个值的概率，但可以定义概率密度，即**分布函数**.

以伽尔顿板实验为例，记小球总数为 N，将小槽编号，第 i 个小槽宽度为 Δx_i. N_i 为落入第 i 个小槽的小球数，A_i 为落入第 i 个小槽的小球所占的面积，小球在槽中高度为 h_i，显然，落入第 i 个小槽的小球数目与 A_i 成正比，我们将正比系数记为 C，即 $N_i=CA_i$，则小球总数

$$N=\sum_i N_i=C\sum_i A_i=C\sum_i h_i\Delta x_i,$$

小球落入第 i 个小槽的概率为

$$\Delta P_i=\frac{N_i}{N}=\frac{A_i}{A}=\frac{h_i\Delta x_i}{\sum_j h_j\Delta x_j}.$$

当 Δx 进一步细化而取成微元 $\mathrm{d}x$ 时，$\Delta P_i\rightarrow \mathrm{d}p=\dfrac{h(x)\,\mathrm{d}x}{\int h(x)\,\mathrm{d}x}$，可令 $f(x)=\dfrac{h(x)}{\int h(x)\,\mathrm{d}x}$，则

$$\mathrm{d}p = f(x)\mathrm{d}x.$$

这样定义的函数$f(x)$称为**分布函数**，它表示在随机变量x处单位区间内的概率，所以分布函数又称为**概率密度**.

假设随机变量的取值范围为区间$[a,b]$. 随机变量取区间$x \sim x+\mathrm{d}x$范围内数值的概率为$f(x)\mathrm{d}x$，因此，随机变量取值在有限区间$[x_1,x_2]$($a \leqslant x_1 < x_2 \leqslant b$)内的概率$P$可表示为

$$P = \int_{x_1}^{x_2} f(x)\mathrm{d}x.$$

显然有

$$\int_a^b f(x)\mathrm{d}x = 1,$$

即随机变量在取值范围内取值的概率为1. 该式是由分布函数的定义所决定的，称为**分布函数的归一化条件**. 对于任意力学量$G=G(x)$，其平均值可表示为

$$\overline{G} = \int G(x)\mathrm{d}p = \int_a^b G(x)f(x)\mathrm{d}x.$$

速率分布函数和速度分布函数

为了描述气体分子按速率的分布情况，我们引入速率分布函数的概念. 设容器内气体总分子数为N，速率分布在区间$v \sim v+\mathrm{d}v$内的分子数为$\mathrm{d}N$，则$\dfrac{\mathrm{d}N}{N}$表示分布在这一区间内的分子数占总分子数的比率. 显然，一方面，比率$\dfrac{\mathrm{d}N}{N}$与速率v有关；另一方面，在给定的速率附近，比率$\dfrac{\mathrm{d}N}{N}$与所取的速率间隔$\mathrm{d}v$有关，当$\mathrm{d}v$足够小时，总可以认为$\dfrac{\mathrm{d}N}{N}$与$\mathrm{d}v$成正比，即我们可以如下定义函数$f(v)$：

$$\frac{\mathrm{d}N}{N} = f(v)\mathrm{d}v, \tag{9.5.1}$$

$f(v)=\dfrac{\mathrm{d}N}{N\mathrm{d}v}$表示分布在速率$v$附近单位速率间隔内的分子数占总分子数的比率. 对于一定温度下一定量的气体，$f(v)$只是速率v的函数，称为气体分子的**速率分布函数**.

如果速率分布函数已知，则可求出分布在有限速率范围$v_1 \sim v_2$内的分子数占总分子数的比率：

$$\frac{\Delta N}{N} = \int_{v_1}^{v_2} f(v)\mathrm{d}v. \tag{9.5.2}$$

由于所有气体分子速率应分布在$[0,+\infty)$的速率区间内，所以

$$\int_0^{+\infty} f(v)\mathrm{d}v = 1. \tag{9.5.3}$$

这个关系式是由速率分布函数$f(v)$本身的物理意义所决定的，它是速率分布函数所必须满足的条件，叫作**速率分布函数的归一化条件**. 对于任意以速率为自变量的力学量$G=G(v)$，其平均值可表示为

$$\overline{G}=\int_0^{+\infty}G(\nu)f(\nu)\,\mathrm{d}\nu.$$

更进一步，我们可以定义气体分子的速度分布函数. 与速率分布函数所不同的是，速度分布函数针对3个独立变量，即速度的3个分量 ν_x,ν_y,ν_z. 在速度空间取一立方体元，速度范围为 $\nu_x\sim\nu_x+\mathrm{d}\nu_x$、$\nu_y\sim\nu_y+\mathrm{d}\nu_y$、$\nu_z\sim\nu_z+\mathrm{d}\nu_z$，设速度在该范围内的分子数目为 $\mathrm{d}N$，$\frac{\mathrm{d}N}{N}$就表示分布在这个速度区间内的分子数占总分子数的比率. 当立方体元足够小时，总可以认为$\frac{\mathrm{d}N}{N}$与 $\mathrm{d}\nu_x\mathrm{d}\nu_y\mathrm{d}\nu_z$ 成正比，我们可以定义函数

$$F(\nu_x,\nu_y,\nu_z)=\frac{\mathrm{d}N}{N\mathrm{d}\nu_x\mathrm{d}\nu_y\mathrm{d}\nu_z},\tag{9.5.4}$$

表示分布在速度$\vec{\nu}$附近单位速度立方体内的分子数占总分子数的比率，该函数称为气体分子的速度分布函数. 该函数应满足归一化条件

$$\int_{-\infty}^{+\infty}\int_{-\infty}^{+\infty}\int_{-\infty}^{+\infty}F(\nu_x,\nu_y,\nu_z)\,\mathrm{d}\nu_x\mathrm{d}\nu_y\mathrm{d}\nu_z=1.\tag{9.5.5}$$

当然，速度分布函数也可以在球坐标系中定义. 在球坐标系中，在$\nu\sim\nu+\mathrm{d}\nu$、$\theta\sim\theta+\mathrm{d}\theta$、$\varphi\sim\varphi+\mathrm{d}\varphi$ 范围内的速度体积元体积为$\nu^2\sin\theta\mathrm{d}\nu\mathrm{d}\theta\mathrm{d}\varphi$，因此，我们可定义速度分布函数 $F(\nu,\theta,\varphi)$：

$$F(\nu,\theta,\varphi)=\frac{\mathrm{d}N}{N\nu^2\sin\theta\mathrm{d}\nu\mathrm{d}\theta\mathrm{d}\varphi}.\tag{9.5.6}$$

该函数的归一化条件为

$$\int_0^{+\infty}\int_0^{\pi}\int_0^{2\pi}F(\nu,\theta,\varphi)\;\nu^2\sin\theta\mathrm{d}\varphi\mathrm{d}\theta\mathrm{d}\nu=1.\tag{9.5.7}$$

为了方便，我们将速度空间直角坐标系和球坐标系中的分布函数统一表示成 $F(\vec{\nu})$.

速度分布函数和速率分布函数之间有密切关系. 在速度空间球坐标系内，$\nu\sim\nu+\mathrm{d}\nu$ 速率范围代表了内半径为 ν、外半径为 $\nu+\mathrm{d}\nu$、厚度为 $\mathrm{d}\nu$ 的球壳，速度分布在该范围内的分子数占总分子数的比率应为

$$\frac{\mathrm{d}N}{N}=\int_0^{\pi}\int_0^{2\pi}F(\nu,\theta,\varphi)\;\nu^2\sin\theta\mathrm{d}\varphi\mathrm{d}\theta\mathrm{d}\nu,\tag{9.5.8}$$

按速率分布函数的定义，$\frac{\mathrm{d}N}{N}=f(\nu)\mathrm{d}\nu$，由此即得两种分布函数的关系

$$f(\nu)=\int_0^{\pi}\int_0^{2\pi}F(\nu,\theta,\varphi)\;\nu^2\sin\theta\mathrm{d}\varphi\mathrm{d}\theta.\tag{9.5.9}$$

例 9-6 已知某种气体分子的速率分布函数为

$$f(\nu)=\begin{cases}C\nu^2, & 0\leqslant\nu<\nu_0,\\ 0, & \nu>\nu_0.\end{cases}$$

(1)利用 ν_0 来表示 C.

(2)利用 ν_0 来表示平均速率.

解 (1)利用归一化条件 $\int_0^{+\infty} f(v)\mathrm{d}v = 1$，积分后得

$$\frac{1}{3}Cv_0^3 = 1,$$

从而求得

$$C = \frac{3}{v_0^3}.$$

(2) 利用

$$\bar{v} = \int_0^{+\infty} vf(v)\mathrm{d}v,$$

积分后得

$$\bar{v} = \frac{v_0^4 C}{4} = \frac{3}{4}v_0.$$

麦克斯韦速度分布函数的推导

外界条件固定时，热力学系统内部分子间通过碰撞达到动态平衡，分子的速度分布也将趋于不变. 早在1859年，麦克斯韦从概率论的角度出发，获得了气体分子速度的分布规律. 然而，人们对速度分布是否存在仍存有疑虑. 1872年奥地利物理学家玻尔兹曼通过构建由分布函数确定的函数 H，证明了平衡分布函数的存在. 实验上，直到1920年，德国物理学家斯特恩(Otto Stern)通过分子束实验，直接验证了速度分布律.

历史上，1859年，麦克斯韦在假设速度各分量分布彼此独立的条件下得到速度分布律，但当时，各分量分布独立性假设是否成立一直有争议，直到1866年，麦克斯韦给出了不依赖这一假设的严格推导. 这里，我们将从速度各分量分布独立性假设出发，来推导理想气体的麦克斯韦速度分布律.

首先，我们假设平衡态时分子的速度按方向分布是均匀的，因此，分布函数应该是速度大小的函数，即

$$F(v_x, v_y, v_z) = F(v^2) = F(v_x^2+v_y^2+v_z^2).$$

同时，假设分子速度在 x 轴、y 轴、z 轴3个方向的分布是独立的，则应有

$$F(v^2) = g(v_x^2)g(v_y^2)g(v_z^2), \tag{9.5.10}$$

即速度分布函数可表示为3个相同函数的乘积. 将式(9.5.10)左右两边取ln，则有

$$\ln[F(v^2)] = \ln[g(v_x^2)] + \ln g[(v_y^2)] + \ln[g(v_z^2)]. \tag{9.5.11}$$

将上式分别关于 v_x^2、v_y^2、v_z^2 求偏导，利用

$$\frac{\partial}{\partial(v_x^2)}\ln[F(v^2)] = \frac{\partial}{\partial(v_y^2)}\ln[F(v^2)] = \frac{\partial}{\partial(v_z^2)}\ln[F(v^2)] = \frac{\mathrm{d}}{\mathrm{d}(v^2)}\ln[F(v^2)],$$

有

$$\frac{\mathrm{d}}{\mathrm{d}(v_x^2)}\ln[g(v_x^2)] = \frac{\mathrm{d}}{\mathrm{d}(v_y^2)}\ln[g(v_y^2)] = \frac{\mathrm{d}}{\mathrm{d}(v_z^2)}\ln[g(v_z^2)]. \tag{9.5.12}$$

由式(9.5.12)可知，该导数式应与自变量无关，即可假设

$$\frac{\mathrm{d}}{\mathrm{d}(\nu_x^2)}\ln[g(\nu_x^2)]=-\alpha, \tag{9.5.13}$$

其中 α 为待定常数. 将式(9.5.13)积分，得

$$\ln[g(\nu_x^2)]=-\alpha\nu_x^2+C,$$

或写成

$$g(\nu_x^2)=B\mathrm{e}^{-\alpha\nu_x^2}.$$

因此，速度分布函数可写成

$$F(\nu_x,\nu_y,\nu_z)=B^3\mathrm{e}^{-\alpha(\nu_x^2+\nu_y^2+\nu_z^2)}. \tag{9.5.14}$$

利用归一化条件式(9.5.5)，并利用积分

$$\int_{-\infty}^{+\infty}\mathrm{e}^{-x^2}\mathrm{d}x=\sqrt{\pi},$$

可得

$$B=\left(\frac{\pi}{\alpha}\right)^{-\frac{1}{2}},$$

我们可通过计算$\overline{\nu^2}$来确定 α. 利用理想气体平均平动动能和温度的关系 $\varepsilon_t=\frac{3}{2}kT$，得到

$$\overline{\nu^2}=\frac{3kT}{m}, \tag{9.5.15}$$

这里 m 为分子质量. 而从分布函数式(9.5.14)出发，得

$$\begin{aligned}\overline{\nu^2}&=\int_{-\infty}^{+\infty}\int_{-\infty}^{+\infty}\int_{-\infty}^{+\infty}\nu^2F(\nu_x,\nu_y,\nu_z)\mathrm{d}\nu_x\mathrm{d}\nu_y\mathrm{d}\nu_z\\&=\left(\frac{\alpha}{\pi}\right)^{\frac{3}{2}}\int_{-\infty}^{+\infty}\int_{-\infty}^{+\infty}\int_{-\infty}^{+\infty}(\nu_x^2+\nu_y^2+\nu_z^2)\mathrm{e}^{-\alpha(\nu_x^2+\nu_y^2+\nu_z^2)}\mathrm{d}\nu_x\mathrm{d}\nu_y\mathrm{d}\nu_z,\end{aligned}$$

积分即得

$$\overline{\nu^2}=\frac{3}{2\alpha}. \tag{9.5.16}$$

比较式(9.5.15)和式(9.5.16)得

$$\alpha=\frac{kT}{2m}.$$

最后，我们得到理想气体的速度分布函数

$$F_M(\vec{\nu})=\left(\frac{m}{2\pi kT}\right)^{\frac{3}{2}}\mathrm{e}^{-\frac{m\nu^2}{2kT}}.$$

该分布函数称为**麦克斯韦速度分布函数**，并记为$F_M(\vec{\nu})$.

作为一个例子，我们用麦克斯韦速度分布函数去计算分子的平均速率. 根据分布函数的意义，分子平均速率可表示为

$$\bar{\nu}=\int_{-\infty}^{+\infty}\int_{-\infty}^{+\infty}\int_{-\infty}^{+\infty}\nu F(\nu_x,\nu_y,\nu_z)\mathrm{d}\nu_x\mathrm{d}\nu_y\mathrm{d}\nu_z.$$

显然，在速度空间的球坐标系中处理积分更方便. 将上式改写成

$$\bar{\nu}=\int_0^{+\infty}\int_0^{\pi}\int_0^{2\pi}F_M(\vec{\nu})\nu\nu^2\sin\theta\mathrm{d}\varphi\mathrm{d}\theta\mathrm{d}\nu=4\pi\int_0^{+\infty}F_M(\nu)\nu^3\mathrm{d}\nu, \tag{9.5.17}$$

积分后即有

$$\bar{v} = \sqrt{\frac{8kT}{\pi m}} = \sqrt{\frac{8RT}{\pi M}}, \tag{9.5.18}$$

其中 M 为气体分子摩尔质量.

麦克斯韦速率分布律

已知速度分布律后，利用式(9.5.9)可以导出速率分布函数：

$$f_M(v) = 4\pi\left(\frac{m}{2\pi kT}\right)^{\frac{3}{2}} e^{-\frac{mv^2}{2kT}} v^2. \tag{9.5.19}$$

该式称为**麦克斯韦速率分布律**.

计算机模拟

麦克斯韦速率分布

图 9-7 展示了不同温度下麦克斯韦速率分布函数的变化情况. 我们从图中可以看到，速率分布曲线从坐标系原点出发，达到极大值后，随着速率的继续增大而减小，并最终趋向于零. $f_M(v)$ 的极大值对应的速率叫作**最概然速率**，记为 v_p，它的意义是：如果把整个速率范围分成许多相等的小区间，则分布在 v_p 所在区间内的分子数占比最大. 对速率分布函数 $f_M(v)$ 关于速率求导，并令它等于零，可得

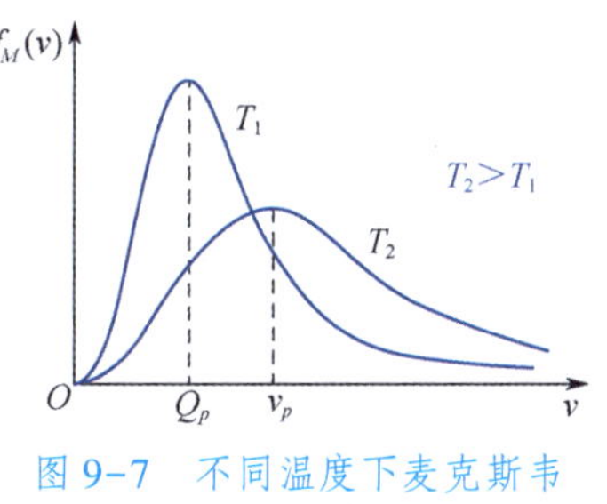

图 9-7 不同温度下麦克斯韦速率分布函数的变化情况

$$v_p = \sqrt{\frac{2kT}{m}} = \sqrt{\frac{2RT}{M}} \approx 1.41\sqrt{\frac{RT}{M}}. \tag{9.5.20}$$

温度越高，v_p 越大；分子的质量越大，v_p 越小.

式(9.5.20)表明，在同一温度下，速率分布曲线的形状因气体种类不同(即 m 不同)而不同；而对于给定的气体(即 m 一定)，速率分布曲线的形状随温度变化而改变. 由图 9.7 可以看出，当温度升高时，气体中速率较小的分子减少而速率较大的分子增多，最概然速率变大，曲线的高峰向速率大的方向移动. 然而，由于曲线下总面积应恒为 1，所以温度升高时曲线变得较为平坦.

我们注意到，麦克斯韦速率分布函数式(9.5.19)的系数和指数上的因子都可用最概然速率表示，因此，结合式(9.5.20)，麦克斯韦速率分布函数可改写为

$$f_M(v) = \frac{4v^2}{\sqrt{\pi}\, v_p^3} e^{-\frac{v^2}{v_p^2}}, \tag{9.5.21}$$

该表达式比原式更简洁.

3 种速率

在上文中，我们将麦克斯韦速率分布最大值对应的速率定义为最概然速率，并利用麦克斯韦速度分布函数计算了平均速率. 同时，根据理想气体分子平均平动动能为 $\frac{3}{2}kT$，我们可以得到

$$\sqrt{\overline{v^2}}=\sqrt{\frac{2}{m}\frac{3kT}{2}}=\sqrt{\frac{3kT}{m}}=\sqrt{\frac{3RT}{M}}, \tag{9.5.22}$$

该速率被称为**方均根速率**. 比较这3种速率的值，我们发现

$$v_p<\bar{v}<\sqrt{\overline{v^2}},$$

而且，它们都与$T^{\frac{1}{2}}$成正比，与$m^{\frac{1}{2}}$成反比，分子质量越大，这3种速率值越小.

例 9-7 分别计算 $T=300\mathrm{K}$ 时氧气分子的最概然速率、平均速率和方均根速率.

解 利用式(9.5.20)有

$$v_p=\sqrt{\frac{2RT}{M}}=\sqrt{\frac{2\times8.31\times300}{0.032}}\approx395(\mathrm{m/s}).$$

利用式(9.5.18)有

$$\bar{v}=\sqrt{\frac{8RT}{\pi M}}=\sqrt{\frac{8\times8.31\times300}{\pi\times0.032}}\approx445(\mathrm{m/s}).$$

利用式(9.5.22)有

$$\sqrt{\overline{v^2}}=\sqrt{\frac{3RT}{M}}=\sqrt{\frac{3\times8.31\times300}{0.032}}\approx483(\mathrm{m/s}).$$

可以看出，对于任何气体在任意温度下，气体分子3种速率之比为

$$v_p:\bar{v}:\sqrt{\overline{v^2}}=\sqrt{2}:\sqrt{\frac{8}{\pi}}:\sqrt{3}\approx1:1.128:1.225.$$

例 9-8 求理想气体分子速率与最概然速率之差不超过1%的分子数占全部分子数的百分比.

解 根据速率分布函数的意义，在速率 $v_1\sim v_2$ 之间气体分子数占总分子数的比率应表示为

$$\frac{\Delta N}{N}=\int_{v_1}^{v_2}f_M(v)\,\mathrm{d}v.$$

当 $\Delta v=v_2-v_1$ 很小时，上式可表示为

$$\frac{\Delta N}{N}\approx f_M(v)\Delta v,$$

其中 v 可取 $v\approx\frac{v_1+v_2}{2}$.

根据题意，$v=v_p$，$\Delta v=0.02v_p$，利用麦克斯韦速率分布函数式(9.5.21)，可得分子速率与最概然速率之差不超过1%的分子数占全部分子数的百分比为

$$\frac{\Delta N}{N}\approx f_M(v_p)\Delta v=0.02\times\frac{4\pi}{\pi^{\frac{3}{2}}\mathrm{e}}\approx1.66\%.$$

大气逃逸

比较气体中上述速率与星球中气体逃逸速率的大小，可对行星大气构成给出定性的解释. 利用麦克斯韦速率分布函数可知，在总分子数为 N 的气体中，速率大于某一值 u 的分子数比率为

$$\frac{\Delta N(v>u)}{N}=\int_u^{+\infty} f_M(v)\mathrm{d}v=4\pi\left(\frac{m}{2\pi kT}\right)^{\frac{3}{2}}\int_u^{+\infty}\mathrm{e}^{-\frac{mv^2}{2kT}}v^2\mathrm{d}v.$$

引入无量纲的速率$u'=\frac{u}{v_p}$，再对上式分部积分，最后得

$$\frac{\Delta N(v'>u')}{N}=1+\frac{2}{\sqrt{\pi}}u'\mathrm{e}^{-u'^2}-\mathrm{erf}(u'). \tag{9.5.23}$$

这里$v'=\frac{v}{v_p}$，$\mathrm{erf}(u')=\frac{2}{\sqrt{\pi}}\int_0^{u'}\mathrm{e}^{-\tilde{u}^2}\mathrm{d}\tilde{u}$为误差函数. 图9－8画出了$\frac{\Delta N(v'>u')}{N}$随$u'$的变化情况，由图可以看出，随着$u'$的增大，$\frac{\Delta N}{N}$迅速减小，并接近于零. 当$u'=15$时，$\frac{\Delta N(v'>u')}{N}\approx 3.25\times10^{-97}$，几乎等于零.

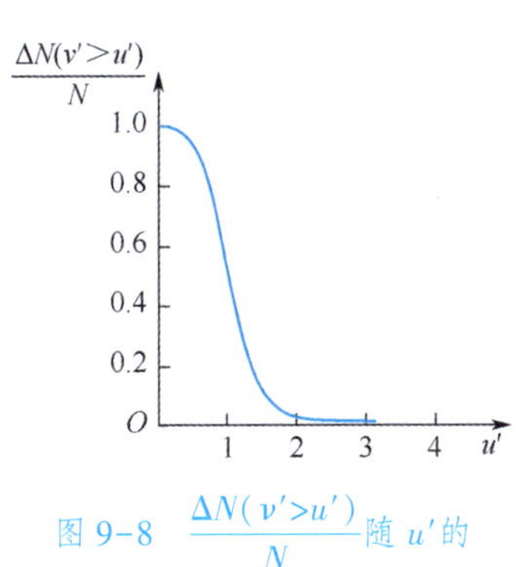

图9-8 $\frac{\Delta N(v'>u')}{N}$随$u'$的变化情况

我们来探究为什么地球引力能束缚住空气. 已知地球上气体分子的逃逸速率为$u=\sqrt{2gR}=1.12\times10^4\mathrm{m/s}$（$R$为地球平均半径），而在$T=273\mathrm{K}$时，$v_p\approx 396\mathrm{m/s}$，因此，$u'=\frac{u}{v_p}\approx28$. 利用式(9.5.23)可得，空气中速率大于逃逸速率的分子占比为

$$\frac{\Delta N(v'>u')}{N}\approx1.03\times10^{-339}.$$

因此，空气中能逃逸的分子微乎其微. 现代宇宙学认为，行星形成之初都有大量的氢气和氦气，但目前地球大气层中这两种气体含量很少，该事实也可以用式(9.5.23)解释. 对氢气和氦气来说，这两种气体分子质量小，$T=273\mathrm{K}$时，最概然速率大，分别为$v_{p,\mathrm{H_2}}\approx1506\mathrm{m/s}$和$v_{p,\mathrm{He}}\approx1065\mathrm{m/s}$，逃逸速率与最概然速率的比值分别为$u'_{\mathrm{H_2}}\approx7.4$和$u'_{\mathrm{He}}\approx10.5$，比较小，因此它们容易逃逸.

质量为M_s、半径为R_s的星球上是否有大气？我们需要考察星球上气体分子的逃逸速率和各种分子最概然速率的比值$u'=\frac{v_e}{v_p}=\sqrt{\frac{GM_sM}{R_sRT}}$. 表9-1给出了月球和一些行星相对地球的质量、半径及其表面温度（星球的表面温度并不均匀，且随昼夜、季节而异，这里给出的是平均数值），根据表9-1中星球质量和半径数据，我们可以计算很多气体分子在不同行星上的u'，具体结果如表9-2所示. 大致以$u'_c\approx9\sim10$为界，当$u'>u'_c$时，可认为该气体分子由于所需逃逸速率大于最概然速率，星球大气层中该种气体无法逃逸. 通过天文测量，我们得知，火星中0.0083atm的稀薄大气，以CO_2为主；金星大气可达90atm，也以CO_2为主，还含少量N_2、

水蒸气等；木星和土星基本上是气体星球，主要成分是 H_2 和 He.

表 9-1　月球和一些行星相对地球的质量、半径及其表面温度

星球	地球	月球	水星	金星	火星	木星	土星
质量($M/M_{地球}$)	1	0.012	0.055	0.815	0.108	318	95.1
半径($R/R_{地球}$)	1	0.272	0.387	0.723	1.524	5.203	9.54
温度 T/K	290	343	600	600	250	150	78

分子泄流

作为麦克斯韦速度分布函数的另一个应用，我们考察气体从一个非常小的孔中逃逸的问题，该现象被称为泄流. 1831 年英国物理学家格拉罕姆(Thomas Graham) 通过实验指出：同温同压下各种不同气体扩散速度大小与气体分子质量的平方根成反比. 利用麦克斯韦速度分布函数可以很好地解释该现象.

表 9-2　在不同星球上一些气体的约化逃逸速率

	H_2	He	CH_4	H_2O	N_2	O_2	Ar	CO_2
月球	1.39	1.97	3.93	4.17	5.2	5.56	6.22	6.52
水星	1.89	2.67	5.35	7.88	7.07	7.56	8.45	8.86
火星	2.07	2.93	5.85	6.21	7.75	8.28	9.26	9.71
金星	3.92	5.54	11.1	11.8	14.7	15.7	17.5	18.4
土星	43.8	61.9	123.9	131	164	175	196	205
木星	78.0	110	221	234	292	312	349	366

设容器中储存有分子数密度为 n 的气体，容器壁有一面积为 A 的很小的孔，其法线方向规定为 z 轴方向. 考察速度在$\vec{v}\sim\vec{v}+\mathrm{d}\vec{v}$区间内的分子，单位体积内这些分子的数目为

$$nF_M(\vec{v})\mathrm{d}\vec{v}.$$

$\mathrm{d}t$ 时间段内，这些气体分子中能撞击 A 的分子来自以 A 为底、高为$v_z\mathrm{d}t$ 的斜圆柱体，该斜圆柱体体积为$v_z\mathrm{d}tA$，因此，$\mathrm{d}t$ 时间段内速度在$\vec{v}\sim\vec{v}+\mathrm{d}\vec{v}$区间内的分子撞击 A 的次数为

$$nF_M(\vec{v})v_z\mathrm{d}t\mathrm{d}\vec{v}A.$$

由此可得，单位时间内撞击单位面积的次数为

$$\Gamma=\int nF_M(\vec{v})v_z\mathrm{d}\vec{v}=n\int_0^{+\infty}\int_0^{\frac{\pi}{2}}\int_0^{2\pi}F_M(v)v\cos\theta v^2\sin\theta\mathrm{d}\varphi\mathrm{d}\theta\mathrm{d}v. \qquad (9.5.24)$$

该物理量被称为碰撞频率. 在推导式(9.5.24)时，利用了麦克斯韦速度分布函数仅与速度大小有关这一性质，同时也考虑到，仅有朝着面积 A 运动的分子才会与 A 碰撞，所以，关于 θ 的积分范围为 $0\sim\frac{\pi}{2}$. 由于

$$\int_0^{\frac{\pi}{2}} \cos\theta\sin\theta\mathrm{d}\theta = \frac{1}{2} = \frac{1}{4}\int_0^{\pi}\sin\theta\mathrm{d}\theta,$$

式(9.5.24)可改写成

$$\Gamma = \int nF_M(\vec{v})v_z\mathrm{d}\vec{v} = \frac{n}{4}\int_0^{+\infty}\int_0^{\pi}\int_0^{2\pi}F_M(v)vv^2\sin\theta\mathrm{d}\varphi\mathrm{d}\theta\mathrm{d}v, \tag{9.5.25}$$

带积分号的部分恰好是速率平均值的表达式(9.5.17)，所以

$$\Gamma = \frac{n}{4}\bar{v} = n\sqrt{\frac{kT}{2\pi m}}, \tag{9.5.26}$$

该式还可改写成

$$\Gamma = \frac{p}{\sqrt{2\pi mkT}}. \tag{9.5.27}$$

在考察泄流问题时，分子碰撞到小孔即会泄流出去，因此，碰撞频率即为**泄流通量**：单位时间内从单位面积小孔上泄流出去的分子数目. 我们看到，泄流通量的大小的确与分子质量的平方根$\sqrt{m}$成反比.

有许多有趣的实验现象都和分子泄流密切相关.

1. 热分子压差

将装有同种气体、温度不同的两个容器，通过一小孔连接，如图9-9所示. 两容器的温度分别为T_1和T_2，压强分别为p_1和p_2，小孔的直径d远小于平均自由程$\bar{\lambda}$(即分子平均自由运动的路程，具体见9.8节). 稳定时，通过小孔容器A泄流到容器B的通量应等于容器B泄流到容器A的通量，利用式(9.5.27)，则有

$$\frac{p_1}{\sqrt{T_1}} = \frac{p_2}{\sqrt{T_2}}.$$

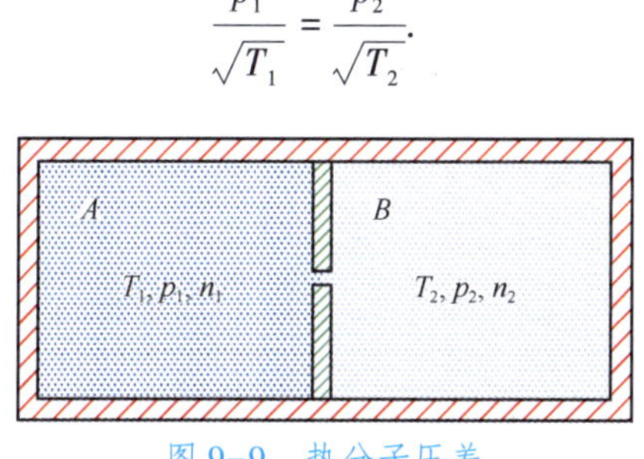

图9-9 热分子压差

故稳定时两容器中的压强不相等，即

$$p_1 \neq p_2.$$

这一现象被称为**热分子压差**. 图9-10所示实验结果清楚地表明了这一点. 当容器B中压强较小、平均自由程较大时(图中竖线左侧情形)，两容器压强差比较明显，即在直径d远小于平均自由程$\bar{\lambda}$时，泄流现象明显，导致两容器之间气体存在压强差. 当容器B中压强增大，使平均自由程小于小孔直径，过程已不能用式(9.5.27)描述时，容器A和容器B中的压强差消失(图中竖线右侧情形)，两容器中气体压强相等.

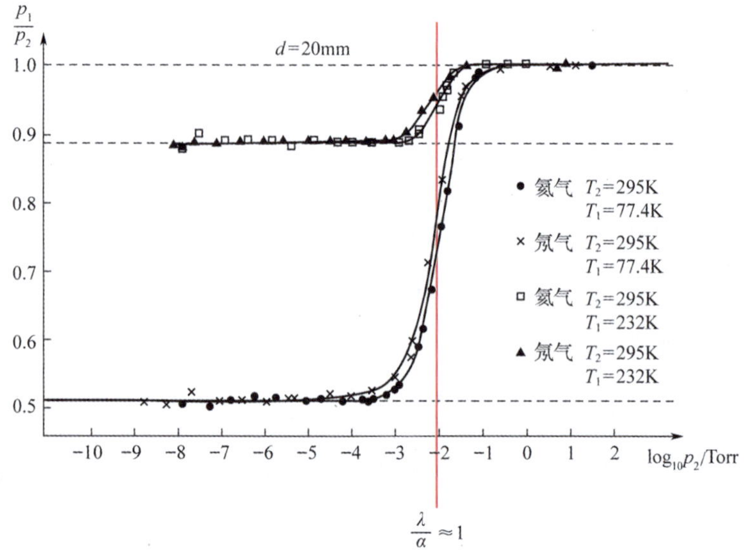

图 9-10 热分子压差实验结果①

2. 同位素分离

若发生泄流的是分子质量分别为 m_1 和 m_2、分子数密度分别为 n_1 和 n_2 的混合气体，则泄流后的分子束中两种组分的分子数n_1'和n_2'之比(即分子数密度比)为

$$\frac{n_1'}{n_2'}=\frac{\Gamma_1}{\Gamma_2}=\frac{p_1}{p_2}\sqrt{\frac{m_2}{m_1}}=\frac{n_1}{n_2}\sqrt{\frac{m_2}{m_1}}.$$

若$n_1=n_2$，则有

$$\frac{n_1'}{n_2'}=\sqrt{\frac{m_2}{m_1}},$$

即质量比较轻的分子相对比较密集. 利用泄流的这一属性可进行同位素分离. 将同位素气体分子通过孔径为 0.01~0.03μm 的孔膜泄流到另一真空容器中，并用抽气机抽到收集箱中. 抽入收集箱的气体中，质量小的分子所占比例比其在原来气体中所占比例大. 经多次泄流，可使气体中质量小的分子数占比大幅提高.

3. 分子(原子)束技术

由于定向运动的原子和分子之间相互作用比较弱，因此，分子(原子)束技术是研究分子或原子结构以及原子或分子同其他物质相互作用的重要手段，它在原子物理、分子物理，以及气体激光动力学、等离子体物理、化学反应动力学，甚至在空间物理、天体物理、生物学中，都有重要应用. 在物理学发展历程中，很多重要实验应用了原子、分子束. 例如，1920 年，斯特恩用 Ar 原子束从实验上证实了理想气体的麦克斯韦速率分布律；1922 年，斯特恩用分子束技术发现了质子的磁矩.

泄流过程中，容器内运动快的分子有更大的概率到达泄流孔，因此，泄

---

①Edmonds T，Hobson J P. Vac. Sci. Technol.，1965，2：182.

流出去的分子束不再遵循麦克斯韦速率分布律. 由式(9.5.24)可以看出，这些分子的速率分布函数$f_e(v)$应正比于$v^3 e^{-\frac{mv^2}{2kT}}$，利用归一化条件，即得

$$f_e(v)=\frac{m^2}{2(kT)^2}e^{-\frac{mv^2}{2kT}}v^3,$$

函数形式如图 9-11 所示. 利用该分布函数，即可求得分子束的平均速率$\overline{v_e}$：

$$\overline{v_e}=\int_0^{+\infty}vf_e(v)\,\mathrm{d}v=\sqrt{\frac{9\pi kT}{8m}},$$

其比容器内分子的平均速率大. 而这些分子的平均动能$\overline{\varepsilon_e}$为

$$\overline{\varepsilon_e}=\int_0^{+\infty}\frac{1}{2}mv^2f_e(v)\,\mathrm{d}v=2kT.$$

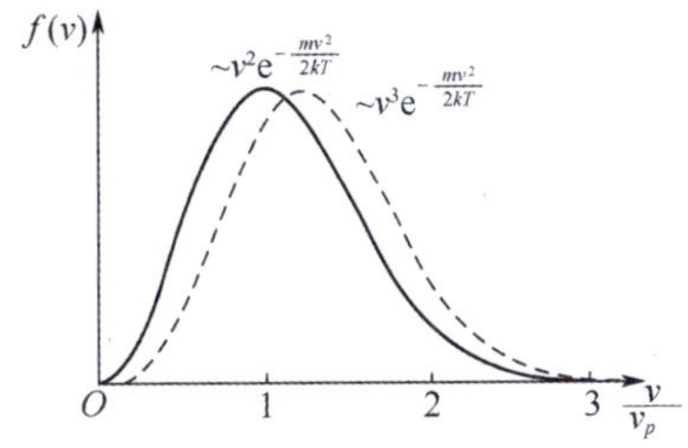

图 9-11 麦克斯韦速率分布函数和泄流分子速率分布函数

例 9-9 如图 9-12 所示，一容器容积为 $2V$，一导热隔板把它分成相等的两半，开始时左边盛有压强为 p_0 的理想气体，右边为真空. 在隔板上有一面积为 S 的小孔(小孔的直径远小于分子的平均自由程)，设整个容器保持恒温 T，气体摩尔质量为 M，求打开小孔后两边压强 p_1 和 p_2 与时间的关系.

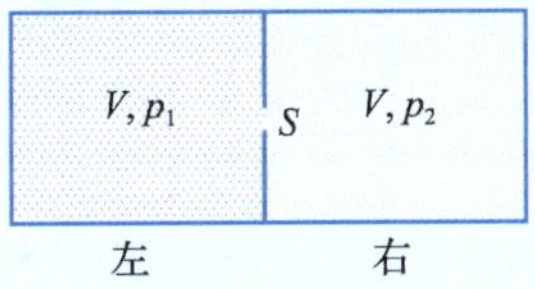

V, p_1 S V, p_2

左 右

图 9-12 例 9-9 图

解 设 t 时刻左边和右边的分子数分别为 $N_1(t)$ 和 $N_2(t)$. 单位时间内从右边通过小孔进入左边的分子数为$\frac{1}{4}\frac{N_2(t)S}{V}\bar{v}$，其中$\bar{v}=\sqrt{\frac{8RT}{\pi M}}$为分子的平均速率，而单位时间内从左边通过小孔进入右边的分子数为$\frac{S}{4}\frac{N_1(t)}{V}\bar{v}$，因此，可针对左边容器建立微分方程

$$\frac{\mathrm{d}N_1(t)}{\mathrm{d}t}=-\frac{S}{4}\frac{N_1(t)}{V}\bar{v}+\frac{S}{4}\frac{N_2(t)}{V}\bar{v}.$$

同样，也可得到右边容器中分子数变化率满足方程

$$\frac{\mathrm{d}N_2(t)}{\mathrm{d}t}=-\frac{S}{4}\frac{N_2(t)}{V}\bar{v}+\frac{S}{4}\frac{N_1(t)}{V}\bar{v}.$$

利用理想气体状态方程则可得到压强满足的方程组

$$\begin{cases}\dfrac{\mathrm{d}p_1(t)}{\mathrm{d}t}=-\dfrac{1}{4}\dfrac{p_1(t)}{V}S\bar{v}+\dfrac{1}{4}\dfrac{p_2(t)}{V}S\bar{v},\\ \dfrac{\mathrm{d}p_2(t)}{\mathrm{d}t}=-\dfrac{1}{4}\dfrac{p_2(t)}{V}S\bar{v}+\dfrac{1}{4}\dfrac{p_1(t)}{V}S\bar{v},\end{cases}$$

两方程相加即得

$$p_1(t)+p_2(t)=\text{const.}=p_0, \tag{9.5.28}$$

两方程相减有

$$\frac{\mathrm{d}[p_1(t)-p_2(t)]}{\mathrm{d}t}=-\frac{1}{2}\frac{\bar{v}}{V}S[p_1(t)-p_2(t)],$$

积分后得

$$p_1(t)-p_2(t)=p_0\mathrm{e}^{-\frac{1}{2}\frac{\bar{v}St}{V}}. \tag{9.5.29}$$

将式(9.5.28)和式(9.5.29)联立，最终得到

$$p_1(t)=\frac{p_0}{2}\left(1+\mathrm{e}^{-\frac{1}{2}\frac{\bar{v}St}{V}}\right),$$

$$p_2(t)=\frac{p_0}{2}\left(1-\mathrm{e}^{-\frac{1}{2}\frac{\bar{v}St}{V}}\right).$$

显然，左边容器中气体压强逐渐减小到$\dfrac{p_0}{2}$，而右边容器中气体压强逐渐增大到$\dfrac{p_0}{2}$，最终两边压强相同，从而达到新的热平衡. 达到新平衡的特征时间 τ 为

$$\tau=\frac{2V}{S\bar{v}}=\frac{V}{S}\sqrt{\frac{\pi M}{2RT}}.$$

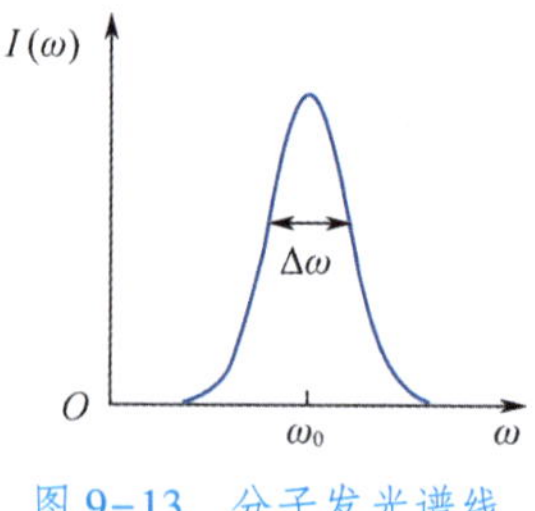

图 9-13　分子发光谱线

麦克斯韦速度/速率分布律的实验验证

分子发光谱线展宽现象是早期对麦克斯韦速度分布律正确性的间接验证. 18 世纪，人们在观测分子发光时，发现谱线总存在一定的宽度(见图 9-13). 1873 年，英国物理学家瑞利(John William Strutt)指出，由于热运动，多普勒效应会导致光谱线展宽；1889 年，他定量地给出了分子发光的多普勒展宽公式.

由于多普勒效应，沿 x 轴方向以速度为 v_x 运动的分子发光角频率 ω 不再是静止时的发光角频率 ω_0，而是

$$\omega=\left(1\pm\frac{v_x}{c}\right)\omega_0,$$

由此可得

$$v_x=\pm c\left(\frac{\omega-\omega_0}{\omega_0}\right).$$

由于分子速度分布遵循麦克斯韦速度分布律，因此，发光强度 $I(\omega)$ 满足关系

$$I(\omega)\propto\mathrm{e}^{-\frac{mc^2(\omega_0-\omega)^2}{2kT\omega_0^2}}.$$

1892 年美国物理学家迈克耳孙通过精细光谱观测，验证了这个公式的正确性，从而间接地验证了麦克斯韦速度分布律. 1908 年，英国物理学家理查森(O. W. Richardson)通过热电子发射也间接验证了麦克斯韦速度分布律.

1920 年，德国物理学家斯特恩用 Ar 原子束从实验上直接证实了麦克斯韦速率分布律的正确性. 1934 年，中国物理学家葛正权对实验装置进行了改进，测定了铋蒸气分子的速率分布. 1956 年，美国物理学家密勒(Miller)和库(Kusch)用钾和铊蒸气原子射线，精确地验证了麦克斯韦速率分布律.

图 9-14 所示是验证麦克斯韦速率分布律的原子束实验装置示意图. 金属原子蒸气从容器中泄流出来后，经过准直的狭缝和速度选择器后，打到显示屏上. 速度选择器是一刻有小凹槽的圆柱体，凹槽倾斜，凹槽在左右底面之间的夹角为 θ，约 2°，圆柱体高为 L. 测量时，圆柱体以角速度 ω 旋转，由于以大小为 v 的速度运动的原子经过圆柱体的时间 Δt 为

$$\Delta t=\frac{L}{v},$$

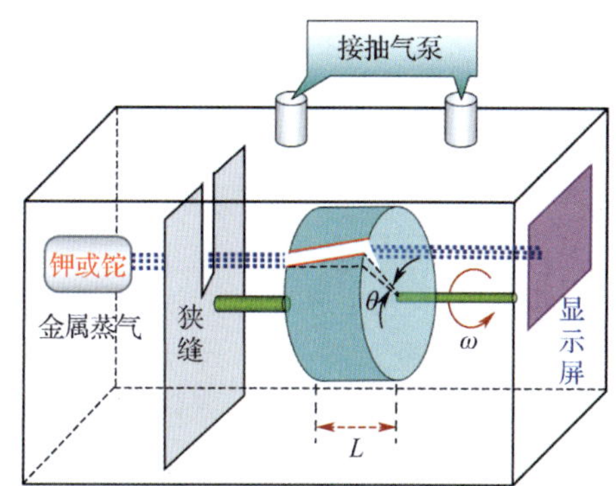

图 9-14　验证麦克斯韦速率分布律的原子束实验装置示意图

而在该时间段内，如果圆柱体恰好转过 θ 角，这些原子就可以无阻碍地通过圆柱体区域，即要求

$$\theta=\omega\Delta t=\omega\frac{L}{v},$$

由此可得

$$v=\omega\frac{L}{\theta}.$$

因此，圆柱体旋转角速度不同，通过圆柱体区域的原子速度大小也不同，从而实现速度选择的功能.

利用上述实验设备，密勒和库测量了泄流原子的速率分布，结果如图 9-15所示. 实验曲线表明，速率分布曲线更接近于 $v^4e^{-\frac{mv^2}{2kT}}$，而不是泄流原子速率分布的 $v^3e^{-\frac{mv^2}{2kT}}$，偏离的原因在于速度选择器的凹槽总有一定的宽度，该宽度对应于左右底面之间夹角小的偏离 $\Delta\theta$，因此，从速度选择器出去的原子速率有一很小的范围 Δv，由于

$$\Delta\nu \approx -\frac{L\Delta\theta}{\theta^2\omega} = -\nu\frac{\Delta\theta}{\theta},$$

从而导致速率分布函数在泄流原子速率分布的基础上要再乘以 ν.

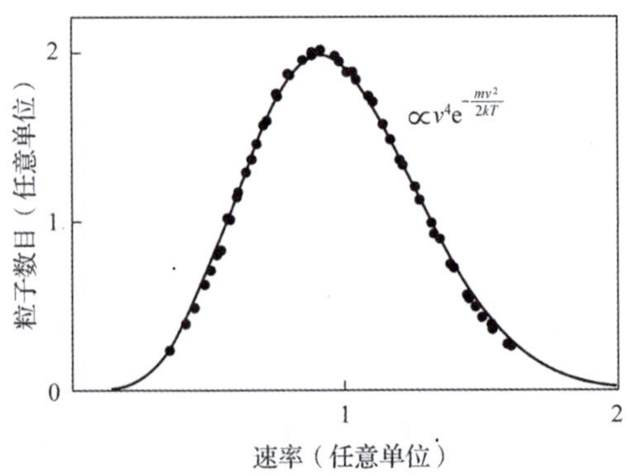

图 9-15　粒子速率分布实验曲线[①]

9.6 玻尔兹曼能量分布律

根据处于热平衡态中分子的速率分布，可以确定分子按动能分布的规律. 然而，分子按势能是如何分布的？显然，通常情况下，势场中气体分子的空间分布将变得不均匀，例如，处于重力场中的空气，由于空气受到重力作用会压缩，因此，接近海平面的地方空气分子数密度大. 玻尔兹曼在总结一些实验事实的基础上，大胆地进行了理论上的演绎，从而得到了热平衡态气体分子按机械能分布的规律，该分布规律被称为**玻尔兹曼能量分布律**. 我们将以等温大气密度分布为例，来阐述玻尔兹曼密度分布律，并由此演绎玻尔兹曼能量分布律.

等温大气密度分布

早在 17 世纪，人们就认识到，大气压随海拔高度的变化而变化. 1648 年，法国数学家帕斯卡(Blaise Pascal)第一个利用水银气压计测量了大气压，证实了大气压随海拔高度的增加而减小. 后续的探空气球实验也验证了这一点. 理论上，利用理想气体状态方程和力学平衡条件，可推导出恒温条件下大气压随高度的变化规律.

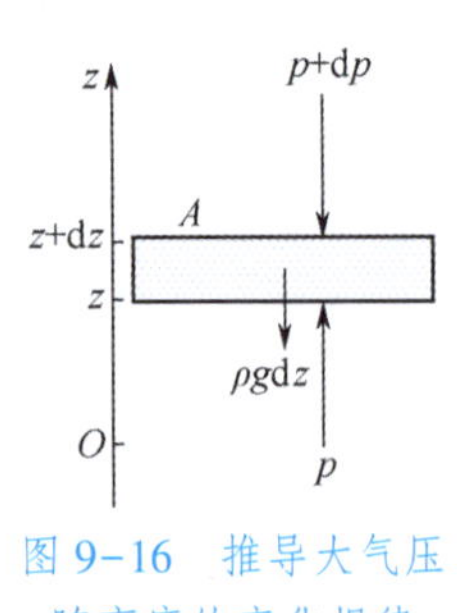

图 9-16　推导大气压随高度的变化规律

在大气层中，设空气中分子质量为 m，在高度为 z 的位置空气密度为 $\rho(z)$，大气压随高度变化用函数 $p(z)$ 表示. 考虑垂直高度为 z 到 $z+dz$、面积为 A 的一薄层气体，该层气体的受力情况如图 9-16 所示. 该系统达到平衡的条件为

$$p(z)A = p(z+dz)A + \rho(z)gAdz,$$

即得

$$dp(z) = -\rho(z)gdz,$$

---

①Miller R C, Kusch P. Phys. Rev., 1955, 99: 1314.

其中 g 为重力加速度大小. 由理想气体状态方程可知 $\rho(z)=p(z)\frac{m}{kT}$, 代入上式则有

$$\mathrm{d}p(z)=-p(z)\frac{mg}{kT}\mathrm{d}z.$$

设 $z=0$ 位置的大气压为 p_0, 即 $p(z=0)=p_0$, 则上面微分方程的解为

$$p(z)=p_0\mathrm{e}^{-\frac{mgz}{kT}}. \tag{9.6.1}$$

利用理想气体状态方程, 该式也可改写成气体分子数密度随高度的分布 $n(z)$:

$$n(z)=n_0\mathrm{e}^{-\frac{mgz}{kT}}, \tag{9.6.2}$$

其中 n_0 为大气在 $z=0$ 位置的分子数密度, 即 $n(z=0)=n_0$.

由式(9.6.2)可以看出, 在重力场中, 气体分子数密度 n 随高度的增大而指数减小, 分子质量 m 越大, 重力的作用越明显, 分子数密度 n 减小得越快. 重力场中, 一方面是无规则的热运动使气体分子尽可能均匀地分布于它们所能够到达的空间, 另一方面则是重力使气体分子聚集到地面上, 两种作用导致气体分子在空间非均匀分布, 气体分子数密度 n 随高度的增加按指数规律减小. 图 9-17 展示了不同温度下分子数密度随高度的变化情况.

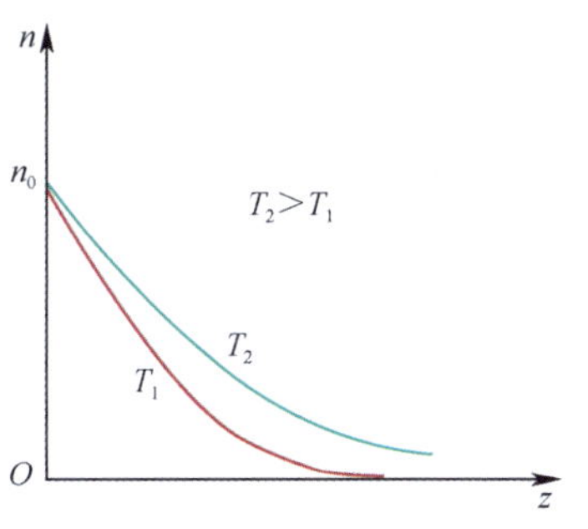

图 9-17 不同温度下分子数密度随高度的变化情况

计算机模拟

重力场中气体分子数密度随高度的分布

显然, 当气温比较高时, 分子的无规则运动剧烈, 分子数密度随高度减小比较缓慢. 1908 年, 法国物理学家佩兰(J. Perrin)通过测量液体中微粒的高度分布, 利用式(9.6.2)计算了阿伏加德罗常数.

需要指出的是, 实际大气层中的分子数密度分布会偏离式(9.6.2). 大气层的温度随高度在不断地变化, 恒温大气模型只在高度相差不太大的范围内适用. 而且, 随海拔的变化, 各种气体分子在空气中的构成比例也不同, 导致平均分子质量 m 也随海拔的变化而变化.

另外, 利用式(9.6.1), 人们可以近似地估计在不同高度处的大气压, 或者反过来根据压力来计算高度:

$$z=\frac{kT}{mg}\ln\frac{p_0}{p(z)}=\frac{RT}{Mg}\ln\frac{p_0}{p(z)}, \tag{9.6.3}$$

其中 M 为空气的摩尔质量. 同样地, 由于采用恒温模型, 只在高度相差不大的范围内, 利用式(9.6.1)计算得到的结果才与实际情况符合.

玻尔兹曼密度分布律和能量分布律

结合麦克斯韦速度分布律, 玻尔兹曼对式(9.6.2)进行了大胆的推广, 认为在更一般的势场中, 气体分子数密度遵循

$$n(\vec{r})=n(\vec{r}=0)\mathrm{e}^{-\frac{\varepsilon_p(\vec{r})}{kT}}, \tag{9.6.4}$$

其中$\varepsilon_p(\vec{r})$为气体分子在势场中的势能. 该式被称为玻尔兹曼密度分布律，反映了势场中气体分子具有不同势能所导致的不均匀分布.

利用式(9.6.4)，可描述气体分子在诸如离心力场、电场或磁场中的分布情况. 例如，考察以角速度ω旋转的离心机中的气体分子数密度分布情况. 由于惯性离心力的作用，质量为m、到旋转轴距离为r的气体分子具有势能

$$\varepsilon_p(r) = -\int_0^r m\omega^2 r\mathrm{d}r = -\frac{1}{2}m\omega^2 r^2,$$

由此可得出，温度为T的离心机中气体分子数密度与其到旋转轴的距离满足关系

$$n(r) = n(0)\mathrm{e}^{\frac{m\omega^2 r^2}{2kT}}.$$

从式(9.6.4)出发，利用分子数密度的定义，我们可得出结论：坐标在$x \sim x+\mathrm{d}x$、$y \sim y+\mathrm{d}y$、$z \sim z+\mathrm{d}z$内的分子数$\mathrm{d}N$为

$$\mathrm{d}N = n(\vec{r}=0)\mathrm{e}^{-\frac{\varepsilon_p(x,y,z)}{kT}}\mathrm{d}x\mathrm{d}y\mathrm{d}z.$$

而在前面几节中，我们得到了处于热平衡态时理想气体分子随动能变化的分布规律，二者结合，我们可得出结论：当系统在势场中处于平衡态时，位置坐标处于$x \sim x+\mathrm{d}x$、$y \sim y+\mathrm{d}y$、$z \sim z+\mathrm{d}z$区间内，同时速度处于$v_x \sim v_x+\mathrm{d}v_x$、$v_y \sim v_y+\mathrm{d}v_y$、$v_z \sim v_z+\mathrm{d}v_z$区间内的分子数$\mathrm{d}N$为

$$\mathrm{d}N = n_0\left(\frac{m}{2\pi kT}\right)^{\frac{3}{2}}\mathrm{e}^{-\frac{\varepsilon(v_x,v_y,v_z,x,y,z)}{kT}}\mathrm{d}x\mathrm{d}y\mathrm{d}z\mathrm{d}v_x\mathrm{d}v_y\mathrm{d}v_z,$$

其中$\varepsilon(v_x,v_y,v_z,x,y,z)$为总能量，是动能$\varepsilon_k(v_x,v_y,v_z)$和势能$\varepsilon_p(x,y,z)$之和，$n_0$为$\varepsilon_p=0$处单位体积内具有各种速度的分子总数. 该分布律被称为麦克斯韦-玻尔兹曼能量分布律(简称为玻尔兹曼能量分布律).

玻尔兹曼分布律最早是由奥地利物理学家玻尔兹曼于1868年提出的. 在1877年左右，美国物理学家吉布斯(Josiah Willard Gibbs)把系统作为统计的个体，利用系综的概念对该分布律做了提升，认为具有总能量为ε的系统数目正比于$\mathrm{e}^{-\frac{\varepsilon}{kT}}$，从而建立了统计物理学.

9.7 能量按自由度均分定理和理想气体的内能

自由度

到目前为止，我们讨论分子热运动时，主要考虑分子的平动. 但实际上，除单原子分子外，一般分子的运动并不限于分子质心的平动，还有转动和分子内原子间振动，为了进一步探讨分子各种形式运动能量的统计规律，我们首先介绍力学中自由度的概念.

决定一个物体位置所需要的独立坐标数，就称为这个物体的自由度. 一个质点在空间中自由运动，描述它的位置需要3个独立坐标，如直角坐标系中的x、y、z 3个变量，因此，单个质点有3个自由度. 如果质点被限制在某曲面上运动，则只需要用两个独立坐标来描述它的位置，所以它只

有 2 个自由度. 类似地，被限制在曲线上运动的质点只有 1 个自由度.

刚体除平动外还有转动. 刚体运动一般可分解为质心的平动及绕转轴的转动，所以描述刚体的位置需要 3 个独立坐标来确定刚体质心的位置，如 x、y、z 等；用两个独立坐标来确定转轴的空间方位，如 α、β(确定转轴方位时，3 个方位角中只有两个是独立的，因为$\cos^2\alpha+\cos^2\beta+\cos^2\gamma=1$)；另外，还用一个独立坐标来确定刚体绕转轴转过的角度，如 φ；因此，自由运动的刚体共有 6 个自由度：3 个平动自由度，3 个转动自由度. 当刚体运动受到限制时，自由度数会相应减少. 例如，刚体绕定轴转动时，只有 1 个自由度.

我们具体来分析一下分子的自由度. 对于单原子分子(如氦分子、氖分子、氩分子等)，可视为自由运动的质点，因此，它们仅有 3 个自由度. 对于双原子分子(如氢分子、氧分子、氮分子、一氧化碳分子等)，两个原子由一个化学键连接而成，这种分子除整体做平动和转动外，两个原子还在化学键方向做微振动. 因此，对于双原子分子，需要用 3 个独立坐标来描述其质心位置，用两个独立坐标来描述其化学键的方位(两个原子被看作质点，不存在以化学键为转轴的转动)，用一个独立坐标来描述两质点的相对位置，所以，双原子分子共有6个自由度：3 个平动自由度、2 个转动自由度和 1 个振动自由度. 多原子分子(由 2 个或 3 个以上原子组成的分子)的自由度数，需要根据具体结构进行分析才能确定. 一般来讲，如果一个分子由 n 个原子组成，则这个分子最多有 $3n$ 个自由度，其中 3 个是平动自由度，3 个是转动自由度，其余 $3n-6$ 个是振动自由度. 例如，H_2O 总共有 9 个自由度：3 个平动自由度、3 个转动自由度和 3 个相对振动自由度. 而对于 CO_2 这样的线性分子，其自由度偏离通常情况下的多原子分子自由度规律：它有 3 个平动自由度、2 个转动自由度和 4 个相对振动自由度. CO_2 和 H_2O 原子之间相对振动的基本模式如图 9-18 所示，热运动导致的一般相对振动，则是这些基本振动模式的线性叠加.

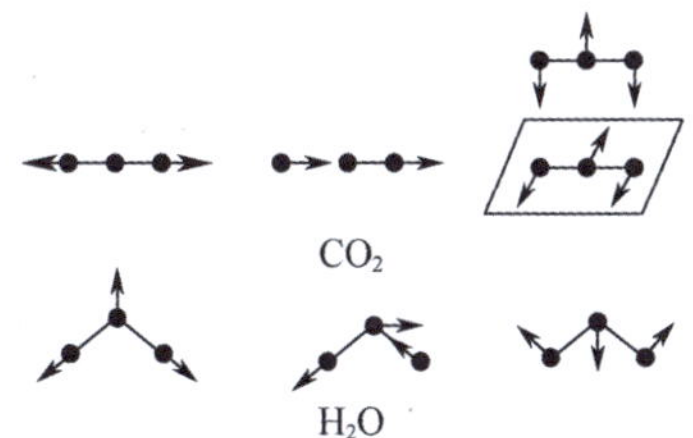

图 9-18 多原子分子 CO_2 和 H_2O 中原子之间相对振动的基本模式

能量按自由度均分定理

在 9.3 节中，我们定义了理想气体的平均平动动能：

$$\frac{1}{2}m\overline{v^2}=\frac{3}{2}kT.$$

分子有 3 个平动自由度，且分子的平动动能可表示为

$$\frac{1}{2}m\overline{v^2}=\frac{1}{2}m\overline{v_x^2}+\frac{1}{2}m\overline{v_y^2}+\frac{1}{2}m\overline{v_z^2}.$$

平衡态下气体分子沿任一方向的运动不比其他方向的运动占优势，所以 $\overline{v_x^2}=\overline{v_y^2}=\overline{v_z^2}$，从而我们有

$$\frac{1}{2}m\overline{v_x^2}=\frac{1}{2}m\overline{v_y^2}=\frac{1}{2}m\overline{v_z^2}=\frac{1}{2}kT,$$

即分子在每一个平动自由度上具有相同的平均动能 $\frac{1}{2}kT$. 在 9.3 节中，我们还讨论了双原子分子的平均动能，发现每个原子的平均动能为 $\frac{3}{2}kT$，即双原子分子平均总动能为 $3kT$. 由于双原子分子有 6 个自由度——3 个平动自由度、2 个转动自由度和 1 个振动自由度，如果每个自由度上具有相同的平均动能，则该能量值也是 $\frac{1}{2}kT$.

的确，分子的平均动能均匀地分配于每一个自由度，这一结论不仅适用于平动，也适用于分子的转动和相对振动. 由经典统计力学可以导出一个普遍的定理——**能量按自由度均分定理**(简称**能量均分定理**)：在温度为 T 的平衡态下，物质(气体、液体或固体)分子的每一个自由度都具有相同的平均动能，其大小等于 $\frac{1}{2}kT$. 如果某气体分子有 t 个平动自由度，r 个转动自由度，s 个振动自由度，则该气体分子的平均平动动能、平均转动动能和平均振动动能分别为 $\frac{t}{2}kT$、$\frac{r}{2}kT$、$\frac{s}{2}kT$，而该气体分子的平均总动能为 $\frac{1}{2}(t+r+s)kT$.

能量均分定理是分子热运动动能的统计规律，是大量分子无规则运动相互碰撞的结果. 碰撞过程也就是能量传递的过程，如果分配到某一自由度的能量多了，则该自由度的能量通过碰撞传递出去的概率也就比较大，因此，达到平衡态时能量就按自由度均匀分配了.

由质点振动的相关知识可知，质点做简谐振动时，一个周期内的平均动能和平均势能相等. 因为分子内原子的微振动可近似地看作简谐振动，因此，对于每一个振动自由度，分子除了有 $\frac{1}{2}kT$ 的平均动能，还有 $\frac{1}{2}kT$ 的平均势能. 综上所述，振动自由度为 s 的分子，其平均振动动能和平均振动势能各为 $\frac{s}{2}kT$，分子的平均总能量则为

$$\bar{\varepsilon}=\frac{1}{2}(t+r+2s)kT. \tag{9.7.1}$$

对于单原子分子，$t=3$，$r=s=0$，所以

$$\bar{\varepsilon}=\frac{3}{2}kT.$$

对于双原子分子，$t=3$，$r=2$，$s=1$，所以

$$\bar{\varepsilon}=\frac{7}{2}kT.$$

理想气体的内能

除了各种形式的动能和分子内部原子间的振动势能，分子之间还存在相互作用势能. 气体中所有分子动能和势能的总和，叫作**气体的内能**，用E表示.

对于理想气体，由于分子间无相互作用，它的内能是分子各种形式动能和分子内原子间振动势能的总和. 根据式(9.7.1)，摩尔数为ν的理想气体的内能E为

$$E=\nu N_{\mathrm{A}}\frac{1}{2}(t+r+2s)kT=\frac{\nu}{2}(t+r+2s)RT. \tag{9.7.2}$$

而1mol理想气体的内能E_m为

$$E_m=\frac{t+r+2s}{2}RT. \tag{9.7.3}$$

对于单原子分子气体，$E_m=\frac{3}{2}RT$. 对于双原子分子气体，$E_m=\frac{7}{2}RT$. 由式(9.7.3)可以看出，1mol理想气体的内能只取决于分子的自由度和气体的温度，而与气体的体积及压强无关.

需要说明的是，在温度相对较低时，1mol双原子分子气体的内能更接近于$E_m=\frac{5}{2}RT$，即可以忽略振动自由度对内能的贡献. 同样地，在某些情形下，用$E_m=3RT$能更好地描述多原子分子的内能. 像这样可忽略分子内部原子间相对振动自由度对内能贡献的气体分子，称为**刚性气体分子**.

理想气体的热容

温度和热量是热学研究的重要物理量，通过从外界吸收热量来提高热力学系统的温度是改变系统状态的重要手段. 为了更明晰地表征吸收或放出热量对系统温度的影响，人们定义了热容的概念.

设系统在温度T附近的某一充分小过程中，系统吸收热量δQ，温度升高$\mathrm{d}T$，则系统在此过程中的**热容**定义为

$$C=\frac{\delta Q}{\mathrm{d}T}.$$

热容也称为**热容量**，其国际制单位为$\mathrm{J\cdot K^{-1}}$. 在研究热现象中常用到摩尔热容的概念，1mol物质的热容称为**摩尔热容**，用符号C_m表示. 质量为m、摩尔质量为M的ν mol物质的热容和摩尔热容之间的关系为

$$C=\frac{m}{M}C_m=\nu C_m.$$

温度升高或降低与过程有关. 比如将气体温度升高1℃，可以在压强不变的条件下进行(称为定压过程)，也可以在体积保持恒定的条件下进行(称为等体过程). 不同过程系统吸收的热量也有所不同：等体条件下，吸收的热量将用于改变系统内能；而在定压条件下，吸收的热量除了改变系统内能，还有部分用于对外做功.

我们将在体积不变条件下某物质的摩尔热容称为**定容摩尔热容**，用符

号 $C_{V,m}$表示. 在体积不变条件下，气体不对外做功，气体吸收的热量全部用来增加内能，因此，

$$C_{V,m}=\frac{\delta Q_m}{\mathrm{d}T}=\frac{\mathrm{d}E_m}{\mathrm{d}T},$$

其中 δQ_m 和 $\mathrm{d}E_m$ 分别表示充分小等体过程中 1mol 该气体吸收的热量和内能的改变.

从式(9.7.3)出发，我们看到，理想气体的定容摩尔热容

$$C_{V,m}=\frac{1}{2}(t+r+2s)R$$

是一个只与分子的自由度有关的量，与气体温度无关. 该结论如此简洁，可直接用于验证经典统计力学的准确性.

表 9-3 给出了一些常见气体的定容摩尔热容. 我们可以看出，理论能很好地描述常温下单原子分子气体的定容摩尔热容，双原子分子气体的定容摩尔热容更接近$C_{V,m}=\frac{5}{2}R$，即将气体分子看作刚性分子. 对于线性多原子分子气体 CO_2，理论上，$t=3$，$r=2$，$s=4$，因此，$C_{V,m}=6.5R$，但实验值仅为$C_{V,m}=3.24R$，与理论值相差甚远. 对于气体 C_3H_6，理论上，$t=3$，$r=3$，$s=3\times9-6=21$，因此，$C_{V,m}=24R$，但实验值仅为$C_{V,m}=6.17R$，也与理论值差别很大. 显然，我们无法用经典统计理论的理想气体模型去描述所有真实气体的定容摩尔热容.

表 9-3　一些常见气体在 0℃下的定容摩尔热容

单原子分子气体	He	Ne	Ar	Kr	Xe	单原子 N
$\frac{C_{V,m}}{R}$	1.49	1.55	1.50	1.47	1.51	1.49
双原子分子气体	H_2	O_2	N_2	CO	NO	Cl_2
$\frac{C_{V,m}}{R}$	2.53	2.55	2.49	2.49	2.57	3.02
多原子分子气体	CO_2	H_2O	CH_4	C_2H_4	C_3H_6	NH_3
$\frac{C_{V,m}}{R}$	3.24	3.01	3.16	4.01	6.17	3.42

经典统计理论的缺陷还表现在无法描述气体定容摩尔热容与温度的依赖关系. 实验发现，在定容摩尔热容随温度的变化曲线中，双原子分子或多原子分子气体的定容摩尔热容呈现多个“台阶”，如图 9-19 所示. 在温度较低时，双原子分子气体 H_2 的定容摩尔热容接近$\frac{3R}{2}$，随着温度的升高，它的数值过渡到$\frac{5R}{2}$，再进一步升高气体温度，定容摩尔热容可达到理论数值$\frac{7R}{2}$.

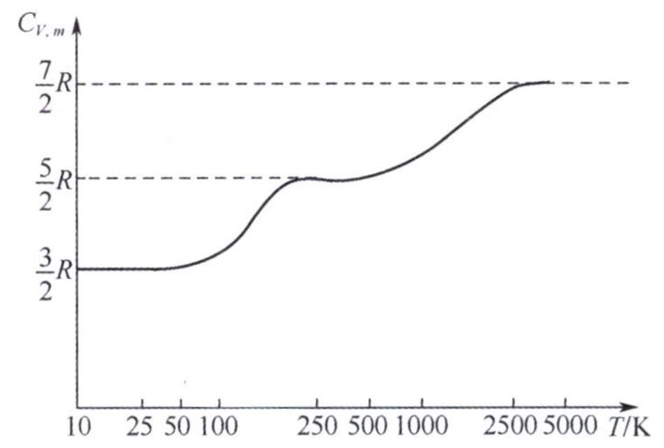

图 9-19 氢气的定容摩尔热容随温度变化的情况

经典统计理论无法解释这种"台阶"行为，伴随量子力学发展而建立起来的量子统计理论可以很好地解释这种现象. "台阶"行为意味着微观粒子的转动能量和振动能量是分立的，只有当分子的平均热运动动能达到一定的数值时，才能使分子内部自由度的能量从一个"台阶"跳跃到另一个"台阶". 随着温度的升高，气体分子的平动自由度、转动自由度和原子间相对振动自由度被依次激发，从而在定容摩尔热容随温度的变化曲线中表现出从一个"台阶"跳跃到另一个"台阶"的现象.

固体的定容摩尔热容

能量按自由度均分定理也可用于研究固体的摩尔热容. 固体中，原子间作用力很强，原子被束缚在平衡位置，这些原子只能在平衡位置附近做微振动，因此，固体中原子的自由度 $t=0$，$r=0$，$s=3$，即有

$$C_{V,m} = 3R.$$

该规律最早由法国的科学家杜隆(Pierre Louis Dulong)和珀替(Alexis Therese Petit)于 1819 年提出，因此被称为**杜隆-珀替定律**. 该规律仅对温度较高的单质固体材料适用. 温度较高时，对于双原子化合物固体，$C_{V,m}=6R$，而对于三原子化合物固体，$C_{V,m}=9R$，该规律被称为**考普-诺伊曼定律**. 实验还发现，当温度降低时，固体热容逐渐下降，并在 T 接近 0K 时趋向于零，这一实验事实在经典统计理论框架内无法解释. 在量子论思想的启发下，1907 年爱因斯坦、1912 年荷兰物理化学家德拜(Peter Joseph Wilhelm Debye)对该问题进行了仔细的研究，合理地解释了定容摩尔热容随温度接近于 0K 而趋向于零的实验事实.

9.8 气体内分子的碰撞

在前面章节中，我们重点研究了理想气体模型，将气体视为除了碰撞之外无相互作用的质点群，但原则上，质点是无几何尺寸的，两个质点间是无法真正发生碰撞的. 为了更深入地理解气体内分子间的碰撞过程，我们有必要进一步探讨气体分子的运动状态.

事实上，在 19 世纪 50 年代分子热运动理论提出后，并没有太多的实验事实支撑该理论，反而有一些实验现象存在与分子热运动理论相抵触的

地方. 例如，在室温下，分子的平均速率可达到 100~1000m/s，然而，我们观测到空中的烟雾弥漫得非常慢. 为了解决该问题，德国物理学家克劳修斯在 19 世纪 50 年代后期提出了碰撞频率和平均自由程的概念，他认为虽然分子平均速率很大，但前进中要与其他分子做频繁碰撞，每碰一次，分子运动方向就发生改变，所走过的路径非常曲折，导致分子运动的位移大小比它走的路程小得多，如图 9-20 所示. 因此，扩散速率也比平均热运动速率小很多.

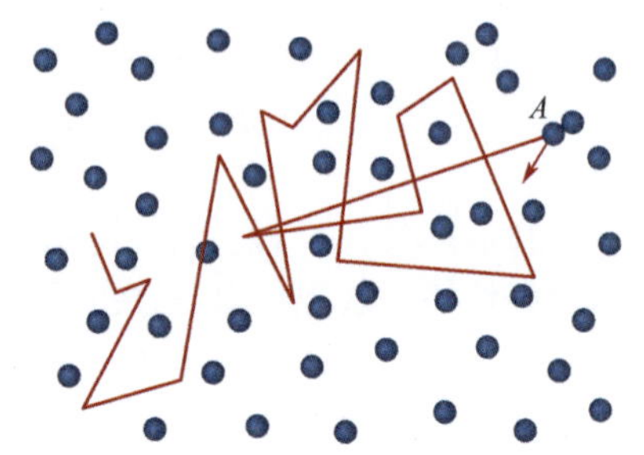

图 9-20　分子 A 在气体中的运动轨迹示意

本节中，我们将采用克劳修斯钢球模型，即认为气体分子具有一定的几何尺寸，但忽略气体分子间的相互吸引作用，利用该模型，导出气体分子的平均自由程和平均碰撞频率.

分子之间的碰撞非常频繁. 我们将单位时间内一个分子与其他分子发生碰撞的平均次数称为**平均碰撞频率**，用符号 Z 表示. 分子连续两次碰撞之间可以认为是自由的，做匀速直线运动，两次碰撞之间分子自由通过的距离称为**自由程**，用 λ 表示. 由于碰撞，分子自由程不断变化，我们将分子自由程的平均值称为**平均自由程**.

分子的碰撞频率

假设气体分子的有效直径为 d，当两个分子之间的距离小于 d 时，二者发生碰撞. 为了导出平均自由程，我们假设除了一个分子 A 外，其他气体分子都不动，而分子 A 相对其他气体分子以平均速率 $\bar{u}$ 运动. 每碰撞一次，A 分子的速度方向将改变一次，因此，该分子球心的运动轨迹为一条折线，如图 9-21 所示.

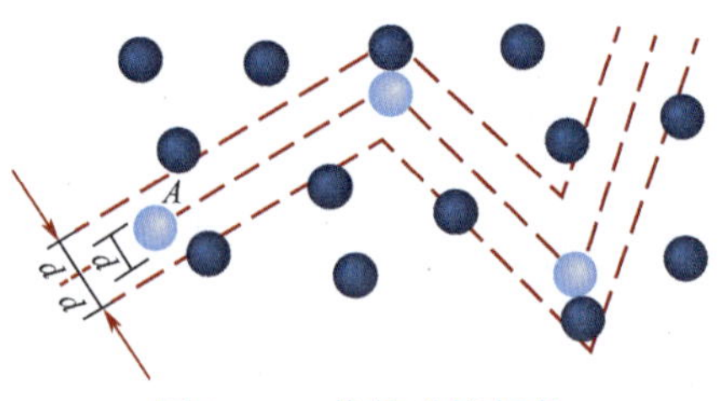

图 9-21　推导碰撞频率

设平均在 Δt 时间段内分子 A 经历一次碰撞，以 A 分子球心运动路径为轴线，作半径为 d、总长度为 $\bar{u}\Delta t$ 的圆柱体，在该圆柱体内的分子将与分子 A 发生一次碰撞，即在所作圆柱体内，除 A 分子以外，仅有 1 个分子，即有

$$1 = n\bar{u}\pi d^2 \Delta t,$$

由此可得

$$\Delta t = \frac{1}{n\bar{u}\pi d^2}.$$

由于两个分子间发生碰撞的平均时间为 Δt，单位时间内一个分子发生碰撞的平均次数 $Z=\frac{1}{\Delta t}$，因此，平均碰撞频率可表示为

$$Z = n\bar{u}\pi d^2, \tag{9.8.1}$$

其中 $\bar{u}$ 是一个分子相对其他分子的平均速率，即两个分子之间相对速度 $\vec{u}=\vec{v}_1-\vec{v}_2$ 大小的平均值，$\vec{v}_1$ 和 $\vec{v}_2$ 是标记为 1 和 2 的两个分子的速度. 由于

$$u^2 = v_1^2 + v_2^2 - 2\vec{v}_1 \cdot \vec{v}_2,$$

考虑到分子沿任一方向的运动不比其他方向的运动占优势，即有 $\overline{\vec{v}_1 \cdot \vec{v}_2}=0$，由此可得

$$\overline{u^2} = \overline{v_1^2} + \overline{v_2^2} = 2\overline{v^2},$$

其中 $\overline{v^2}$ 为分子相对实验室参考系的速度的平方的平均值. 如果气体分子速率分布满足麦克斯韦速率分布律，可近似有

$$\bar{u} \approx \sqrt{\overline{u^2}} = \sqrt{2\overline{v^2}} \approx \sqrt{2}\,\bar{v}, \tag{9.8.2}$$

这里，$\bar{v}$ 为平均速率. 需要说明的是，在推导式(9.8.2)时我们采用了近似的方法，但实际上 $\bar{u}=\sqrt{2}\,\bar{v}$ 是准确的，从理论上可以严格证明(从略).

将式(9.8.2)代入式(9.8.1)，则有

$$Z = \sqrt{2}\,n\bar{v}\pi d^2. \tag{9.8.3}$$

由于 $\bar{v}=\sqrt{\frac{8kT}{\pi m}}$，代入式(9.8.3)，即可得到平均碰撞频率与压强和温度的关系：

$$Z = \frac{4\sigma p}{\sqrt{\pi m k T}}, \tag{9.8.4}$$

其中 $\sigma=\pi d^2$，称为**碰撞截面**.

按定义，平均自由程可表示为

$$\bar{\lambda} = \bar{v}\Delta t = \frac{\bar{v}}{Z},$$

利用式(9.8.4)，并结合理想气体状态方程，得

$$\bar{\lambda} = \frac{1}{\sqrt{2}\,n\sigma}. \tag{9.8.5}$$

平均自由程在描述黏性现象、热传导和热扩散等输运现象时起到关键作用. 由式(9.8.5)可以看出，平均自由程与分子数密度成反比，与平均速率 $\bar{v}$ 无关. 由理想气体状态方程可知，在温度不变的情况下，分子数密度与压强成正比，因此，平均自由程与压强成反比. 随着压强的降低，平均自由程增大. 当压强很低时，由式(9.8.5)确定的平均自由程会超过容器的几何长度 L，这种情况下，分子与容器壁碰撞的效应要强于分子间碰撞，

此时，在描述黏性现象及热传导、热扩散等输运现象时，需要用 L 替代$\overline{\lambda}$.

另外，需要说明的是，在多种不同种类分子组成的混合气体中，存在两种类型的碰撞：同种分子间的碰撞和不同种类分子间的碰撞. 某一种分子总的碰撞频率等于这两种类型碰撞的碰撞频率之和. 计算碰撞频率时，需要考虑由于碰撞类型不同导致的分子间散射截面和相对平均速率的差异.

例 9-10 设混合气体由有效半径分别为 r_A 和 r_B、质量分别为 m_A 和 m_B 的两种刚性分子 A 和 B 组成. 这两种成分的分子数密度分别为 n_A 和 n_B，混合气体的温度为 T. 求两种分子各自总的碰撞频率和平均自由程.

解 设 A 分子之间的碰撞频率为 Z_{AA}，A 分子和 B 分子之间的碰撞频率为 Z_{AB}，则单个 A 分子的总碰撞频率 Z_A 为

$$Z_A=Z_{AA}+Z_{AB}. \tag{9.8.6}$$

Z_{AA} 为同种分子之间的碰撞频率，可以直接运用公式(9.8.3)，即

$$Z_{AA}=\sqrt{2}n_A\overline{v}_A\pi(2r_A)^2, \tag{9.8.7}$$

其中$\overline{v}_A=\sqrt{\dfrac{8kT}{\pi m_A}}$为 A 分子的平均速率. 而利用前述推导碰撞频率的方法，考虑到刚性异种分子间的碰撞截面应为 $\pi(r_A+r_B)^2$，假设 B 分子不动而考察单个 A 分子运动所遭遇的碰撞，即可导出每个 A 分子单位时间内受到 B 分子碰撞的次数 Z_{AB} 为

$$Z_{AB}=n_B\overline{u}_{AB}\pi(r_A+r_B)^2, \tag{9.8.8}$$

其中$\overline{u}_{AB}$为 A 分子相对 B 分子的平均速率，其值可以通过计算 A 分子相对 B 分子的方均根速率的方式类比得到.

设$\vec{u}_{AB}=\vec{v}_A-\vec{v}_B$为 A 分子相对 B 分子的速度，则

$$u_{AB}^2=v_A^2+v_B^2-2\vec{v}_A\cdot\vec{v}_B.$$

由于相对于$\vec{v}_A$，B 分子的速度$\vec{v}_B$在各个方向上的取值是均匀的，即应有

$$\overline{\vec{v}_A\cdot\vec{v}_B}=0,$$

所以有

$$\overline{u_{AB}^2}=\overline{v_A^2}+\overline{v_B^2}.$$

与该式类比，平均速率也有类似的关系

$$\overline{u}_{AB}^2=\overline{v}_A^2+\overline{v}_B^2,$$

由此可得

$$\overline{u}_{AB}=\sqrt{\frac{8kT}{\pi\mu}}, \tag{9.8.9}$$

其中$\mu=\dfrac{m_Am_B}{m_A+m_B}$，为折合质量.

综合式(9.8.9)和式(9.8.10)可得，单个 A 分子受到 B 分子碰撞的碰撞频率为

$$Z_{AB}=n_B\sqrt{\frac{8kT}{\pi\mu}}\pi(r_A+r_B)^2,$$

从而得到单个 A 分子总的平均碰撞频率为

$$Z_A = 4\sqrt{2}\pi r_A^2 \cdot n_A\sqrt{\frac{8kT}{\pi m_A}} + \pi(r_A + r_B)^2 n_B\sqrt{\frac{8kT}{\pi\mu}},$$

A 分子的平均自由程$\bar{\lambda}_A$为

$$\bar{\lambda}_A = \frac{\bar{v}_A}{Z_A} = \frac{\sqrt{\mu}}{4\sqrt{2}\pi r_A^2 n_A\sqrt{\mu} + n_B\pi(r_A + r_B)^2\sqrt{m_A}}.$$

类似地，可以得到 B 分子的碰撞频率Z_B为

$$Z_B = 4\sqrt{2}\pi r_B^2 \cdot n_B\sqrt{\frac{8kT}{\pi m_B}} + \pi(r_A + r_B)^2 n_A\sqrt{\frac{8kT}{\pi\mu}},$$

B 分子的平均自由程$\bar{\lambda}_B$为

$$\bar{\lambda}_B = \frac{\bar{v}_B}{Z_B} = \frac{\sqrt{\mu}}{4\sqrt{2}\pi r_B^2 n_B\sqrt{\mu} + n_A\pi(r_A + r_B)^2\sqrt{m_B}}.$$

9.9 范德瓦尔斯气体状态方程

在本章前面各节中，我们重点阐述了理想气体模型，该模型通常在压强不太高、温度不太低的条件下，可以近似用于处理实际问题. 但在高压和低温条件下，需要建立非理想气体物态方程来描述真实气体. 1873 年，荷兰物理学家范德瓦耳斯和克劳修斯考虑到气体分子间吸引和排斥作用，对理想气体物态方程加以修正，建立了历史上第一个非理想气体状态方程.

对理想气体状态方程的修正

1. 考虑分子体积所引进的修正

设容器中存储了 1mol 气体，容器容积为 V_m. 利用理想气体模型，该气体的状态参量之间应满足理想气体状态方程：

$$pV_m = RT. \tag{9.9.1}$$

理想气体模型中，分子被假设成没有体积的质点，因此，式(9.9.1)中的体积 V_m就是每个分子可以到达的空间体积. 但是，对于真实气体，由于分子间排斥作用，容器中分子能到达的空间体积不再是 V_m，而应等于 V_m减去反映气体分子占有体积而引入的修正量 b，即理想气体状态方程应修正为

$$p(V_m - b) = RT,$$

其中 b 为 1mol 气体分子所能占有的最小体积，称为范德瓦尔斯修正量，它本身随压强的变化而变化，具体数值由实验确定. 理论上可以证明，b 的数值约等于 1mol 气体内所有分子体积总和的 4 倍：

$$b = 4N_A \cdot \frac{4}{3}\pi\left(\frac{d}{2}\right)^3, \tag{9.9.2}$$

其中 d 为分子直径.

下面证明式(9.9.2). 考虑一个分子 A, 另外一个分子 B 靠近 A 时, B 分子中心到 A 分子中心的最短距离为 d, 由此可推断, 考虑排斥力, 1个分子占据的空间约为 $\frac{4}{3}\pi d^3$. 但由于排斥作用是两体作用, 需要考虑分子间配对情况. 1mol 气体中有 N_A 个分子, 这些分子之间总共有 $\frac{N_A(N_A-1)}{2}\approx\frac{N_A^2}{2}$ 种可能配对方式, 因此, N_A 个气体分子在运动中可能到达的空间体积共减少了 $\frac{4}{3}\pi d^3\frac{N_A^2}{2}$, 由此可知, 平均来说, 1个气体分子可到达的空间体积减少了

$$b=\frac{4}{3}\pi d^3 N_A\frac{1}{2},$$

即为式(9.9.2).

由于分子有效直径 d 的数量级为 10^{-10}m, 利用式(9.9.2)可估算出 $b\sim 10^{-5}\mathrm{m^3/mol}$. 在标准状态下, 1mol 气体的体积 $V_m=2.24\times10^{-2}\mathrm{m^3/mol}$, 所以 b 仅约为 V_m 的 $\frac{4}{10000}$, 可以忽略. 然而, 当压强增大时, 如增大到 1.0×10^8Pa, 如果理想气体状态方程仍成立, 则 1mol 气体的体积将缩小到 $2.24\times10^{-5}\mathrm{m^3/mol}$, 这时的修正量 b 就不能忽略.

2. 考虑分子间吸引力所引进的修正

如图 9-22 所示, 容器内的分子可分为两类: 内部气体分子和靠近容器壁与容器发生相互碰撞的分子. 在气体内部分子之间虽然有相互吸引力, 但该吸引力各向同性, 具有球对称性, 因此, 气体分子对内部分子吸引作用的平均效果相互抵消.

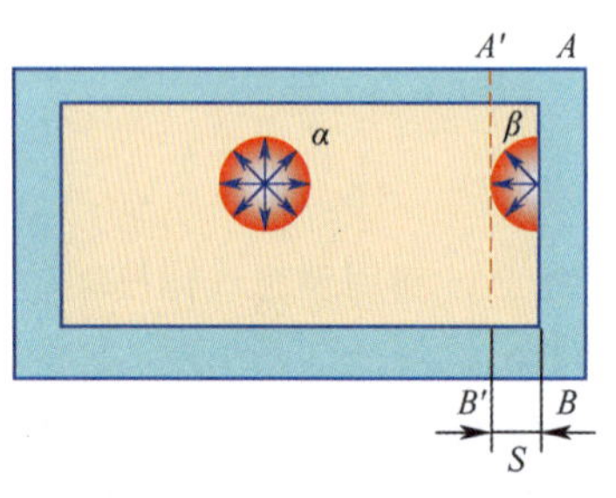

图 9-22 内压强示意

然而, 容器壁附近气体分子受力则与内部分子有所不同. 当气体分子进入图中的 $ABB'A'$ 区域, 会受到其他分子施于它的向内的引力作用, 从而减小分子碰撞器壁的动量, 减少气体施于器壁的压强. 将真实气体表面层单位面积上所受到的内部分子的引力称为**内压强**, 用 Δp 表示, 真实气体的压强可表示为

$$p=\frac{RT}{V_m-b}-\Delta p. \tag{9.9.3}$$

显然, Δp 与施加引力的内部分子数密度 n 成正比. 另一方面, 它与单位时间里与单位面积容器壁相碰的分子数成正比, 而后者与分子数密度成正比. 因此,

$$\Delta p\sim n^2\sim\frac{1}{V_m^2}.$$

引入系数 a，并假设

$$\Delta p=\frac{a}{V_m^2},\tag{9.9.4}$$

a 也被称为范德瓦尔斯修正量，具体数值由实验确定，它表示 1mol 气体在占有单位体积时，由于分子间存在引力而引起的压强的减少量.

理论上，利用 $n=6$ 的苏则朗模型[式(9.2.18)]，采用平均场模型可以估算 a. 一对分子相互作用的平均势能 $\overline{E_1}$ 为

$$\overline{E_1}=\frac{1}{V_m}\int E_p(r)\,\mathrm{d}V=\frac{1}{V_m}\int_0^{+\infty}E_p(r)4\pi r^2\mathrm{d}r,$$

利用苏则朗模型，则有

$$\overline{E_1}=-\frac{\varepsilon}{V_m}\int_d^{+\infty}\left(\frac{d}{r}\right)^6 4\pi r^2\mathrm{d}r=-\frac{4\pi d^3\varepsilon}{3V_m}.$$

由于 1mol 气体分子可能的配对方式有 $\frac{N_A(N_A-1)}{2}\approx\frac{N_A^2}{2}$，所以 1mol 气体中由于相互吸引而导致的附加平均势能 E 为

$$E=\frac{N_A^2}{2}\overline{E_1}=-\frac{2\pi d^3\varepsilon N_A^2}{3V_m},$$

由此产生的附加压强为

$$|\Delta p|=\frac{\partial E}{\partial V_m}=\frac{2\pi d^3\varepsilon N_A^2}{3V_m^2},$$

与式(9.9.4)比较可得

$$a=\frac{2\pi d^3}{3}\varepsilon N_A^2.\tag{9.9.5}$$

范德瓦尔斯气体状态方程

由式(9.9.3)，并考虑内压强和体积的依赖关系式(9.9.4)，我们最终得到 1mol 气体的状态方程

$$\left(p+\frac{a}{V_m^2}\right)(V_m-b)=RT.\tag{9.9.6}$$

质量为 m、摩尔质量为 M 的气体，其体积为 $V=\frac{m}{M}V_m$，即有 $V_m=\frac{M}{m}V$，代入式(9.9.6)可得，质量为 m 的气体的状态方程为

$$\left(p+\frac{m^2a}{M^2V^2}\right)\left(V-\frac{m}{M}b\right)=\frac{m}{M}RT,\tag{9.9.7}$$

或写成

$$\left(p+\frac{\nu^2a}{V^2}\right)(V-\nu b)=\nu RT,\tag{9.9.8}$$

式中 $\nu=\frac{m}{M}$，为物质的量. 系数 a 和 b 由实验测定，表 9-4 列出了一些气体的范德瓦尔斯修正量 a 和 b 的值.

表 9-4　一些气体的范德瓦尔斯修正量的值

气体	He	Ne	Ar	Kr	Xe	H_2	N_2	O_2	H_2O	CO_2
$a/(L^2\cdot atm/mol^2)$	0.032	0.21	1.35	2.32	4.19	0.25	1.35	1.36	5.46	3.59
$b/(L/mol)$	0.023	0.017	0.032	0.040	0.051	0.027	0.039	0.032	0.031	0.043

我们可以通过 $p-V$ 依赖关系来比较理想气体模型和范德瓦尔斯模型的不同，如图 9-23 所示. CO_2 的范德瓦尔斯模型偏离理想气体模型主要发生在高压和低温区域. 在温度 $T=260K$ 的范德瓦尔斯模型中，存在随体积增大压强也增大的区域，这一依赖关系显然不应是气体的行为，这意味着部分 CO_2 可能发生了液化，也就是说，范德瓦尔斯方程可以用来描述不同相的物质的混合态，而理想气体模型不行. 实际上，当我们在 $T=260K$ 时压缩 CO_2 气体，系统状态并不沿着范德瓦尔斯方程确定的曲线演化，而是沿着图 9-23(b) 中从 A 到 B 的虚线段进行.

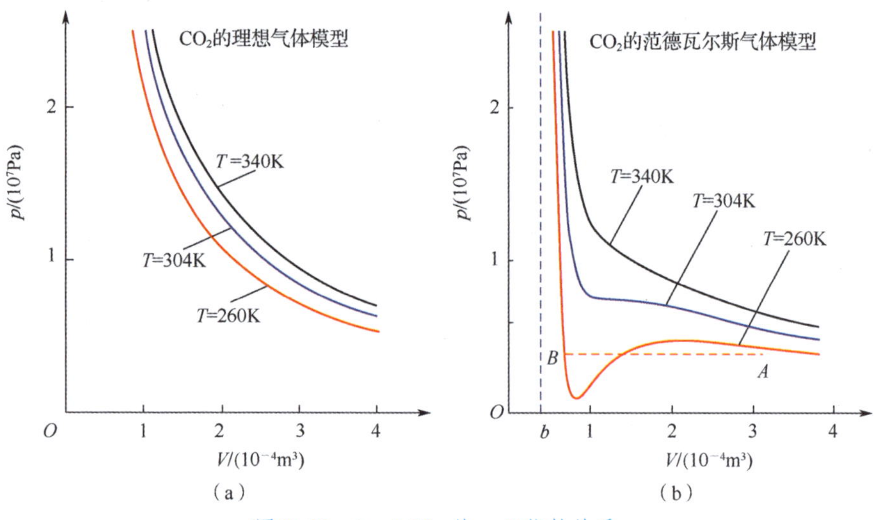

图 9-23　1mol CO_2 的 $p-V$ 依赖关系

例 9-11　实验测得氮气的范德瓦尔斯修正量 $a=0.137J\cdot m^3/mol^2$、$b=3.86\times10^{-5}m^3/mol$. 在 $T=50K$ 时，将 1.00mol 氮气储存在 $0.0224m^3$ 的容器中. 分别采用理想气体模型和范德瓦尔斯模型确定气体的压强.

解　利用理想气体状态方程得

$$p=\frac{\nu RT}{V}\approx1.85\times10^4Pa,$$

而利用范德瓦尔斯方程(9.9.8)，代入修正量，可得

$$p=\frac{\nu RT}{V-\nu b}-\frac{\nu^2a}{V^2}\approx1.83\times10^4Pa,$$

可见二者有约 1.1%的差别.

为了明晰地描述排斥和吸引作用对气体偏离理想气体模型的影响，我们将式(9.9.8)以

$\frac{1}{V}$的级数形式展开，有

$$p\approx\frac{\nu RT}{V}+\frac{\nu RT}{V}\left(\frac{\nu b}{V}\right)-\frac{\nu^2 a}{V^2},$$

其中第二项为排斥作用导致的压强修正，第三项则是吸引作用对压强的贡献. 利用例 9-11 中的参数可知，在 $T=50\text{K}$ 时，由于吸引作用导致的内压强

$$\frac{\nu^2 a}{V^2}\approx 273\text{Pa},$$

而排斥作用导致的压强修正仅为

$$\frac{\nu RT}{V}\left(\frac{\nu b}{V}\right)\approx 29.8\text{Pa}.$$

习题 9

9.1 铂电阻温度计的测量泡浸在水的三相点槽内时，铂电阻的阻值为 90.35Ω. 当温度计的测温泡与待测物体接触时，铂电阻的阻值为 90.28Ω. 试求待测物体的温度. 假设温度与铂电阻的阻值成正比，并规定水的三相点为 273.16K.

9.2 用 p_3 表示定容气体温度计测温泡在水的三相点时测温泡内气体的压强值，再用 p 表示测温泡被一温度未知的物质所包围时其中气体的压强值. 当 $p_3=133.32\text{kPa}$ 时，$p=204.69\text{kPa}$；当 $p_3=99.992\text{kPa}$ 时，$p=153.53\text{kPa}$；当 $p_3=66.661\text{kPa}$ 时，$p=102.37\text{kPa}$；当 $p_3=33.331\text{kPa}$ 时，$p=51.189\text{kPa}$. 试确定此物质的理想气体温标 T 的数值.

9.3 在容积为 V 的容器中，某气体压强为 p_1，质量为 m_1. 现放掉一部分气体，使压强降至 p_2，质量变为 m_2. 设放气前后温度 T 不变，求该气体的摩尔质量 M，并计算该气体压强为 p 时的密度 ρ.

9.4 一机械泵的转速为 ω，单位时间内能抽出气体的体积为 c，设一容器的容积为 V，需要多长时间才能使容器的压强由 p_0 降至 p_1?

9.5 求在 27℃时气体分子的平均平动动能；当气体分子平动动能达到 1000eV 时，求气体的温度.

9.6 在温度为 150℃时，容积为 2.5L 的烧瓶内有 1.0×10^{15} 个氧分子、4.0×10^{15} 个氮分子和 $3.3\times10^{-7}\text{g}$ 氩气，求混合气体的压强.

9.7 设气体分子速度分布各向同性，分布函数为

$$F(\vec{v})=\begin{cases}A, & 0\leqslant v\leqslant v_0,\\ 0, & v>v_0,\end{cases}$$

其中 $v=|\vec{v}|$，A 和 v_0 为常数. 在一维、二维和三维速度的情况下，写出归一化的速率分布函数(用 v_0 表示)，并分别求平均速率和方均根速率.

9.8 已知空气中烟雾颗粒的质量 $m=10^{-13}\text{g}$，它们受空气的作用而做布朗运动，设空气温度 $T=300\text{K}$，求烟雾颗粒做布朗运动的方均根速率.

9.9 长为 56.0cm、直径为 12.5cm 的圆柱体容器内储存了 0.350mol 氮气，压强为 2.05atm，求氮分子的方均根速率.

9.10 将分子质量为 m、温度为 T 的理想气体速率分布函数改写成动能 $\varepsilon=\frac{1}{2}mv^2$ 为随机变量的分布函数.

9.11 根据麦克斯韦速率分布律，求速率倒数的平均值 $\overline{\frac{1}{v}}$.

9.12 某容器的一壁有许多小孔，如果该容器充一定量的气体后，气体将泄流到容器周围的真空中. 在室温下，当容器最初充满氦气时，压强为 p_0，经过时间 t 后，压力下降到 p_1. 设在室温下，现该容器内充满总压强为 p 的氦氖混合气体，混合气体中氦氖原子浓度之比为 η，经过相同时间 t 后，求氦氖原子的浓度比. 已知氦和氖的相对原子质量分别为 μ_{He} 和 μ_{Ne}.

9.13 考虑一维简谐振子，能量 ε 由位置坐标 x 和动量 p 描述：

$$\varepsilon=\frac{p^2}{2m}+\frac{1}{2}\alpha x^2.$$

该式第一项为动能，第二项为势能，m 为简谐振子能量，α 为常数. 设该简谐振子与温度为 T 的热库处于平衡态，能量的分布满足玻尔兹曼能量分布律，即正比于 $e^{-\frac{\varepsilon}{kT}}$. 求该简谐振子的平均动能和平均势能.

9.14 氨分子由 4 个原子组成，它们分别处在四面体的 4 个顶点，求这种分子的平动、转动和振动自由度数，并根据能量按自由度均分定理求这种气体的定容摩尔热容量.

9.15 (Einstein 模型)为了用量子力学处理固体中原子的振动，假定固体的每个原子以相同的角频率在 3 个方向的每个方向上与其他原子互相独立地振动，从而 N 个原子组成的固体等价于 $3N$ 个以角频率 ω 振动的独立一维简谐振子，每一个这种简谐振子只可能取离散的能量：

$$\varepsilon_n=\left(n+\frac{1}{2}\right)\hbar\omega,$$

其中 $\hbar$ 为普朗克常数，量子数 n 可以取值$0,1,2,3,\cdots$. 假定固体处于温度为 T 的热平衡态，简谐振子取能量值 ε 的概率正比于 $e^{-\frac{\varepsilon}{kT}}$.

(1)计算单个简谐振子的平均能量 $\bar{\varepsilon}$ 及固体中振动原子的总平均能量 U.

(2)计算定容摩尔热容 C_V.

9.16 在等温大气模型中，设大气热平衡温度 $T=300$K，求大气密度为海平面处密度一半时的高度. 设大气的摩尔质量 $M=29$g/mol.

9.17 在高度为 L 的圆柱形容器内，充满理想气体，气体处于重力场中，已知气体温度为 T，分子质量为 m，求气体分子的平均重力势能和平均平动动能.

9.18 电子管的真空度约为 1.33×10^{-3}Pa，设气体分子的有效直径为 3.0×10^{-10}m，求 27℃时气体分子平均自由程和碰撞频率.

9.19 现测得温度为 T_1、压强为 p_1 时某气体分子的平均自由程为 λ_1，求该气体分子的有效直径，并计算温度为 T_2、压强为 p_2 时的平均自由程.

9.20 已知氧气的范德瓦尔斯修正量 $b=0.032\mathrm{m}^3/\mathrm{mol}$，计算一个氧分子的直径.

9.21 利用范德瓦尔斯气体状态方程计算密闭于体积 $V=20\mathrm{L}$ 的容器内、质量 $m=1.1\mathrm{kg}$ 的 CO_2 气体的压强，并将结果与利用理想气体状态方程计算的结果比较. 已知气体温度 $T=286\mathrm{K}$，CO_2 的范德瓦尔斯修正量 $a=3.6\mathrm{atm}\cdot\mathrm{L}^2/\mathrm{mol}^2$、$b=0.043\mathrm{L/mol}$.

9.22 若甲烷在 $T=203\ \mathrm{K}$、$p=2533.1\mathrm{kPa}$ 条件下遵循范德瓦尔斯气体状态方程，试求其摩尔体积(此题需要解超越方程). 已知甲烷的范德瓦尔斯修正量 $a=0.2283\mathrm{Pa}\cdot\mathrm{m}^6\cdot\mathrm{mol}^{-2}$、$b=4.728\times10^{-5}\mathrm{m}^3\cdot\mathrm{mol}^{-1}$.

第10章 热力学定律

在上一章，我们从宏观和微观两个层面介绍了热学中是如何描述处于热平衡态的系统：利用宏观的状态参量描述热力学系统的平衡态性质，利用分子动理论的观点，对宏观的状态参量给予微观上的解释. 在本章中，我们将探讨热力学过程遵循的一般规律，并分析热力学过程的方向性.

10.1 功、热量和内能

直到1850年左右，热力学和力学都被认为是两门截然不同的科学，能量守恒定律仅限于特定的力学系统才成立. 然而，在19世纪中叶，英国物理学家焦耳做了一系列的实验，证明可以通过热传递或对系统做功来改变系统的能量.

准静态过程

热学中的“过程”指的是热力学系统状态的变化，如果热力学系统的状态参量发生了变化，我们说系统经历了一个热力学过程. 例如，气缸中的气体开始时处在某一平衡态，具有确定的体积、压强和温度，在外力的作用下压缩气体，气体状态发生变化.

实际热力学过程比较复杂. 苏联物理学家玻戈留玻夫(Bogoliubov)认为，低密度热力学系统状态参量做小幅改变的过程中，系统大致经历动力学演化、运动学演化、流体力学演化和热力学演化4个阶段. 从系统状态改变开始算起，如果时间满足$t<\frac{r_0}{\overline{v}}$(其中$r_0$为系统内粒子间相互作用的特征半径)，系统经历动力学演化过程，可以利用粒子间相互碰撞所遵循的规律准确描述；在时间满足$\frac{r_0}{\overline{v}}<t<\frac{\overline{\lambda}}{\overline{v}}$时，系统处于运动学演化阶段，可以通过(非平衡)分布函数的概念来描述系统的演化；在时间满足$\frac{\overline{\lambda}}{\overline{v}}<t<\frac{L}{\overline{v}}$(其中$L$为系统的特征尺寸)时，系统处于流体力学演化阶段，可以用空间或时间变化的状态参量来描述系统演化；而在时间满足$t>\frac{L}{\overline{v}}$时，系统处于热力学演化阶段，系统内的非平衡过程已终止，系统处于新的热平衡状态.

如果我们在改变系统状态参量的过程中，每次将状态参量做小幅改变时，都进行得非常缓慢，每一步的时间间隔都满足$t>\frac{L}{\overline{v}}$，使系统达到热平衡后，再做下一步状态参量的改变. 像这样，系统状态改变经历的每一个状态都是热力学平衡态，我们称系统经历的过程为**准静态过程**. 相反，如果过程进行得较快，在新的平衡态还未达到之前，系统又进行了下一步的变化，系统经历一系列非平衡态来实现状态改变，这样的过程称为**非静态过程**.

例如，一系统需要将温度从T_1升高到T_2. 一种方法是直接将处于平衡态、温度为T_1的系统与温度为T_2的热库接触，达到热平衡，这样的热力学过程不是准静态过程，在系统温度从 T_1 升高到 T_2 的过程中，系统实际上遍历了一系列非平衡态. 要实现在准静态过程中提高系统温度，需要将最初的系统与温度为 $T_1+\Delta T$(ΔT 为小量)的热库接触，达到热平衡，将系统温度提高到 $T_1+\Delta T$；再将系统与温度为 $T_1+2\Delta T$ 的热库接触，达到热平衡，使系统温度提高到 $T_1+2\Delta T$……这样不断地将系统与温度比它稍高一点的热库接触，每一步都达到热平衡，从而实现准静态地提高系统温度.

如果将系统的独立参量做为自变量建立一空间，该空间称为系统的**状态空间**，系统状态空间中的每一个点对应系统的一个平衡态. 由于在准静态过程中系统状态改变所经历的每一个中间状态都是平衡态，即每一步都有确定的状态参量，因此，系统所经历的准静态过程可以在状态空间中用一条曲线来描述，该曲线称为**过程曲线**.

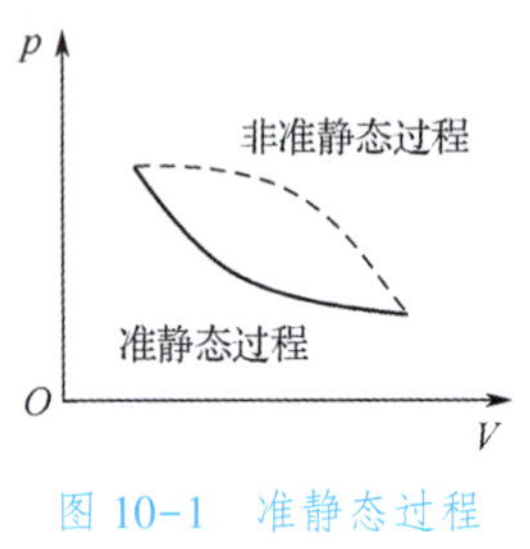

图 10-1 准静态过程和非准静态过程

例如，对于一个简单的 $p-V$ 系统，压强和体积构成了状态空间，$p-V$ 图上每一点对应于系统的一个平衡态. $p-V$ 图上的曲线则对应准静态过程. 而对非静态过程来说，中间过程并未达到平衡态，无法用相应的 $p-V$ 图上的点来描述，所以通常用虚线表示(见图 10-1).

功

力学中，外界对物体做功，外界和物体之间有能量交换，从而改变物体的机械能，实现物体运动状态的改变. 这样的机械做功方式可否改变热力学系统的状态呢？它与通过热传递方式传递热量使热力学系统状态改变有什么不同呢？这些问题在 19 世纪 40 年代引起了英国物理学家焦耳的注意，他通过大量实验证明，做功和热传递都可以使热力学系统状态发生改变，二者从能量角度来看，是等价的.

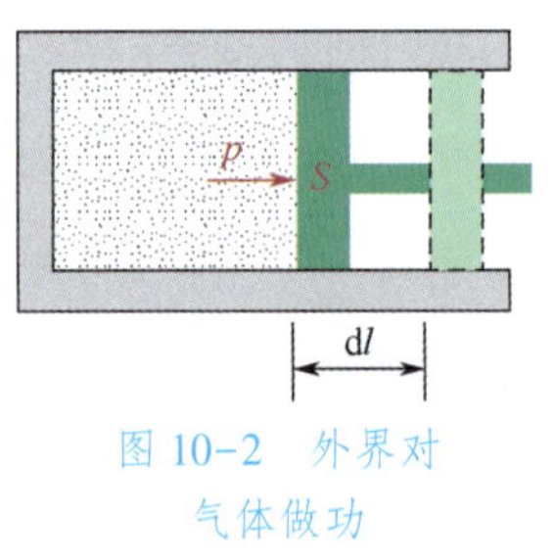

图 10-2 外界对气体做功

我们考虑准静态过程中，气体体积发生改变时，外界对气体做的功. 简单起见，设想将气体盛在一安装有活塞的圆柱形筒内，活塞可无摩擦地左右滑动，截面积为 S. 假设当系统处于图 10-2 所示状态时，通过活塞施于气体的压强为 p，当活塞移动距离 $\mathrm{d}l$ 时，外界对气体所做的元功 δA 为

$$\delta A=-pS\mathrm{d}l.$$

因为 $\mathrm{d}V=S\mathrm{d}l$，所以上式可写作

$$\delta A=-p\mathrm{d}V. \tag{10.1.1}$$

需要说明的是，该表达式仅对准静态过程成立，由于过程进行得非常缓慢，气体在状态改变的任何中间过程都处于平衡态，因此系统具有均匀的压强 p. 另外，我们假设活塞可以无摩擦地滑动，通过活塞施加在气体上的压强就等于气体内部的压强，否则，外界做的功中有一部分将由于摩擦力的存在而损耗. 式(10.1.1)虽然是在假设气体处于圆柱形容器中的前提下推导出的，但实际上，把气体盛在任意形状容器内，体积发生变化时，该式仍然成立.

由式(10.1.1)可以看出，当压缩系统时 $\mathrm{d}V<0$，外界对系统做正功，$\delta A>0$；当系统膨胀时 $\mathrm{d}V>0$，外界对系统做负功，$\delta A<0$. 由于做功与过程有关，通常情况下无法表示成函数的全微分，因此，在式(10.1.1)中，我们用 δA 表示充分小过程中的无限小量，以示区别. 如果系统经历一个有限的准静态过程，体积由 V_1 变为 V_2，则外界对系统做的总功为

$$A=-\int_{V_1}^{V_2}p\mathrm{d}V. \tag{10.1.2}$$

准静态过程可以用过程曲线来表示，对于简单的 pV 系统所经历的准静态过程，我们可以用 $p-V$ 图上的一条曲线表示. 根据积分的几何意义，图 10-3中曲线下方画斜线的小长方形面积等于 $p\mathrm{d}V$，即等于外界对系统所做元功的负值. 所以，对有限过程而言，在 $p-V$ 图上其过程曲线下方的面积就是外界对气体做功的负值，或者是系统对外界做的功.

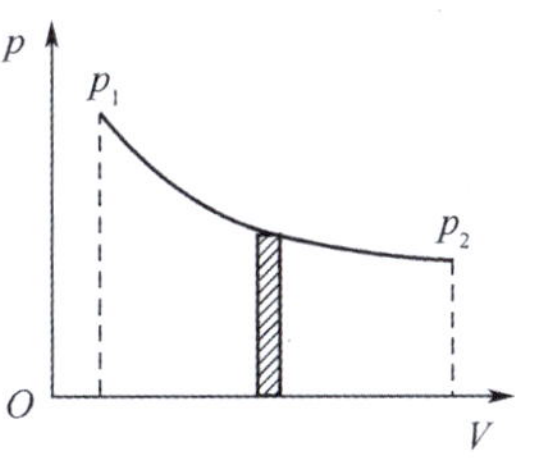

图 10-3 功的图示

需要强调的是，做功的多少与系统所经历的准静态过程密切相关，它不仅仅取决于系统最初的状态和最末的状态，而且和所经历的中间过程有关. 从 $p-V$ 图上可以看出，将最初状态和最末状态联系起来的过程曲线有无穷多条，不同曲线和 V 轴之间的面积通常也不相同. 因此，绝不能说“系统的功是多少”或“处于某一状态的系统有多少功”.

例 10-1 1mol 的范德瓦尔斯气体压强与体积满足关系

$$\left(p+\frac{a}{V^2}\right)(V-b)=RT,$$

求该气体从体积 V_1 等温膨胀到 V_2 时，外界对气体做的功.

解 温度为 T、体积为 V 的 1mol 范德瓦尔斯气体的压强可表示为

$$p=\frac{RT}{V-b}-\frac{a}{V^2}.$$

利用有限准静态过程外界对气体做功的公式，得

$$A=-\int_{V_1}^{V_2}p\mathrm{d}V=-\int_{V_1}^{V_2}\left(\frac{RT}{V-b}-\frac{a}{V^2}\right)\mathrm{d}V,$$

积分后得

$$A=-RT\ln\left|\frac{V_2-b}{V_1-b}\right|-\frac{a}{V_2}+\frac{a}{V_1}.$$

需要指出的是，对于简单 pV 系统而言，可利用机械力改变系统体积做功，从而改变热力学系统的状态；但对于更复杂的热力学系统，如液体表面膜、弹性棒、磁介质、电介质等，则有更广泛的做功方式. 一般来说，外界对系统做的元功都可表示成某种广义力与广义位移微元的乘积. 例如，在电介质中，通过外场改变系统电极化强度的方式做功，从而改变系统的热力学状态，做的功可表示为 $\delta A=-\vec{E}\cdot\mathrm{d}\vec{P}$，其中 $\vec{E}$ 为电场强度，是一种广义的力，$\vec{P}$ 为介质电极化强度，是广义的位移.

综上所述，做功是系统和外界相互作用的一种方式，当系统在广义力的作用下有广义位移时，就发生了某种类型过程. 在做功过程中，外界和系统之间交换能量，从而引起系统状态的变化.

热量

人们早就认识到，不同温度的两物体间通过热接触，可以使彼此的热学状态发生改变：热的物体变冷，冷的物体变热，最后达到热平衡时，两物体具有相同的温度. 对于这一类现象，早在18世纪，人们就引入了热量的概念，认为在热交换过程中，热量会从高温物体传递给低温物体. 在这样的热交换过程中，两物体的热力学状态发生了改变，但改变的原因不再是做功，而是传热.

需要指出的是，历史上有较长一段时间，人们对热量的本质存在争论. 在17世纪，培根、玻意耳、胡克和牛顿等从哲学高度出发，认为热就是物体微粒的一种机械运动. 然而，到18世纪，随着化学、计温学和量热学的发展，人们提出了“热质说”：热是一种看不见的、没有重量的物质，叫作热质，热的物体含有较多的热质，冷的物体含有较少的热质；热质既不能产生也不能消灭，只能从较热的物体传到较冷的物体，在热传递过程中热质量守恒是物质量守恒的表现.

1798年，英国物理学家伦福德(Benjamin Thompson)用实验事实证明热质并不守恒. 他仔细观察了用钻头加工炮筒时的摩擦生热现象，按照热质说，当金属被切削成碎屑时，放出了自身的一部分热质，从而有热量产生，因此，随着被切削成屑的金属量越多，就会产生越多的热量；可是，他发现，用钝钻头加工炮筒比用锐利的钻头能产生更多的热量，切削出来的金属碎屑却反而少，这显然和热质说相矛盾. 另一方面，当他继续摩擦时，还有热量不断地产生，从这点上来看，热量似乎是取之不尽的，而从热质说的观点来看，不可能从一个物体中取出无穷无尽的热质来，因此，伦福德认为热并不是一种物质，在钻头加工炮筒时产生的这些热量，来自于钻头克服摩擦力所做的机械功. 伦福德还用具体的实验数据表明，摩擦产生的热量近似地与钻孔机做的机械功成正比.

英国物理学家焦耳(James Prescott Joule)也坚信，热是物体中大量微粒机械运动的宏观表现. 他从1840年到1879年间，进行了各种实验，精确地确定了功和热量之间互相转化的数值关系(热功当量). 焦耳设计的比较重要的两个实验装置如图10-4所示. 他将水盛入一个不与外界进行热量交换的容器中，用重物下落去带动叶片转动，这些叶片搅拌水，由于摩擦生

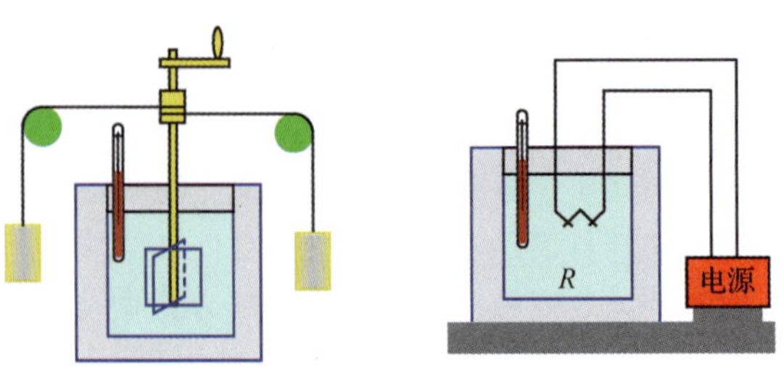

图10-4 焦耳设计的实验装置示意

热使水温升高. 利用这种装置，他经过大量实验证实，对于温度在 55~60°F 之间的水，在曼彻斯特(北纬 53.27°)，使一磅(合 0.4536g)水升高 1°F 需要耗用 772 磅重物下降 1 英尺(1 英尺=0.3048m)所做的机械功.

焦耳所做的另一个非常重要的实验是用电源做功使水温升高. 他把水和电阻器 R 置于绝热容器中而不与外界进行热交换，通过电源对系统做功使水温升高. 他发现，在实验误差范围内，使水升高同样温度所需的电功，与机械做功实验的测量值一致. 此外，焦耳还做了很多其他类型测量热功当量的实验，如叶片搅拌水银使水银因摩擦生热而升温、水银中两铁环互相摩擦生热、压缩或膨胀空气做功等，所有的实验在误差范围内都得到了一致的结果.

焦耳的大量实验工作证实了一定热量的产生(或消失)总是伴随着等量的其他形式能量(如机械能、电能)的消失(或产生)，这说明，并不存在什么单独守恒的热质，事实是热与机械能、电能等合在一起是守恒的. 热量不是传递着的热质，而是传递着的能量.

做功与传热是使系统能量发生变化的两种不同方式. 做功与系统在广义力作用下产生广义位移相联系，而传热则是各部分温度不一致而发生的能量传递.

内能

焦耳所做的各种实验，在系统状态改变的过程中，要求既不从外界吸热，也不向外界放热，我们称这种系统为绝热系统，相应的过程为绝热过程. 在绝热过程中外界对系统所做的功称为绝热功.

焦耳所做的大量实验无可辩驳地指出，无论通过何种方式，将相同系统(如水)的状态从确定的平衡态 1(如其温度为 T_1)改变到确定的平衡态 2(温度为 T_2)时，实验测得的绝热功在误差范围内的数值都相同，也就是说，做功与实施绝热过程的途径无关，而由平衡态 1 和平衡态 2 完全决定. 与力学中保守力做功与路径无关从而引进与始末状态有关的势能类似，我们可以根据绝热过程状态改变与做功方式无关，引入内能的概念，认为任何一个处于热平衡的热力学系统都有一态函数(即平衡态参量的函数)，叫作系统的内能，用 E 表示；当系统从平衡态 1 经过任意一个绝热过程到平衡态 2 时，内能的改变量 E_2-E_1 等于过程中外界对系统所做的绝热功 A，即

$$E_2-E_1=A. \tag{10.1.3}$$

这里，E_1 表示系统在平衡态 1 时的内能，E_2 表示系统在平衡态 2 时的内能，它们由所在平衡态的状态参量单值确定，因此，内能是态函数.

从式(10.1.3)可以看出，我们可以根据系统从一个平衡态过渡到另一个平衡态时消耗的绝热功，来确定这两个平衡态之间的内能差，但却无法把任一平衡态的内能完全确定，即内能函数中包含了一个任意的相加常量，该常量与内能的零点选取有关，这和力学中重力势能值与势能零点的选取有关情况一样.

从微观角度来看，热力学系统的内能包括分子无规则热运动动能、分子间相互作用势能、分子和原子内能量、原子核内能量等. 此外，当存在电磁场与系统相互作用时，内能还包括相应的电磁形式能量. 需要指出的是，当系统经历一热力学过程时，并非所有这些内能都变化，如在大多数

热力学过程中，原子核内能量通常不会发生改变.

10.2 热力学第一定律及热容

热力学第一定律就是包含热现象的能量转化和守恒定律. 能量转化和守恒定律是19世纪自然科学伟大的发现，是在长期生产实践和大量科学实验的基础上，以科学定律的形式被确立下来的. 早在1842年，德国医生迈尔(Julius Robert Mayer)在《热的力学的几点说明》一文中，指出了热和机械能的相当性和可转换性. 1847年，德国物理学家亥姆霍兹(Hermann Helmholtz)发表了论文《力的守恒》，他总结了前人的工作，把能量概念从机械运动推广到了所有变化过程，并证明了普遍的能量守恒原理. 而以科学实验的方式将能量转化和守恒定律确定下来，应归功于英国物理学家焦耳对热功当量的精确测量. 他从1843年以磁电机为研究对象开始，直到1878年最后一次发表实验结果，先后做实验不下400次，采用了原理不同的各种方法测量热功当量，以日益精确的数据，为热和功的相当性提供了可靠的证据，使能量转化和守恒定律确立在牢固的实验基础之上.

能量转化和守恒定律可具体表述如下：自然界一切物质都具有能量，能量有各种不同的形式，能够从一种形式转化为另一种形式，从一个物体传递给另一个物体，在转化和传递中能量的数量不变. 直到物理学得到全面发展的今天，人们不但没有发现违反这一定律的事实，相反，大量新的实践不断验证这一定律的正确性，扩充它的实践基础，丰富它的内涵.

早在能量转化和守恒定律被确立以前，人们曾经幻想制造一种不需要任何动力和燃料，却能不断对外做功的机器，这种机器称为第一类永动机. 而根据能量转化和守恒定律，做功必须由能量转化而来，不能无中生有地创造能量，所以这种永动机不可能实现. 因此，热力学第一定律还有另一种表述：第一类永动机不可能造成.

热力学第一定律

在热学中，如前所述，改变系统内能有两种方式：做功和热传递. 设系统从平衡态1经过某过程变化到平衡态2，在该过程中，外界对系统做功为A，同时，系统从外界吸收热量为Q，由能量转化和守恒定律，传热与做功两种方式所提供的能量转化为系统内能的增量，即有

$$E_2-E_1=Q+A, \tag{10.2.1}$$

该式即为热力学第一定律的数学表达式.

由式(10.2.1)可以看出，无论系统经历怎样的过程，只要初、终两态固定为平衡态1和平衡态2，那么所有这些过程中的$Q+A$必定是相同的，且都等于上一节所讲述的绝热功. 在式(10.2.1)中，对Q的正负符号是这样规定的：$Q>0$表示系统从外界吸收热量，而$Q<0$则表示系统向外界放热. 另外，需要指出的是，在初态和末态均为平衡态的前提下，式(10.2.1)对于非准静态过程也是成立的.

针对充分小过程，即初态和终态相差无限小的过程，式(10.2.1)可改写为

$$dE=\delta Q+\delta A. \tag{10.2.2}$$

这里，由于内能 E 是态函数，所以 dE 代表无限靠近的初态和终态之间内能值的微量差. 但系统吸收的热量 Q 和外界对系统做的功 A 都与过程有关，不是态函数，所以，通常情况下，δQ、δA 不是某态函数的微量差(即无法表示成某函数的全微分)，它们只表示无限小过程中的无限小量，我们用 δ 表示，以示区别. 当做功仅来自于外加的压力时，则利用式(10.1.1)，热力学第一定律可表示为

$$dE=\delta Q-pdV. \tag{10.2.3}$$

如果某热力学系统包含许多部分，各部分之间虽然并未达到热平衡，但彼此相互作用很小，从而使各部分自身能分别保持平衡态，这种情况下，由式(10.2.1)，系统总的内能 E 等于各部分内能之和，即

$$E=E_1+E_2+E_3+\cdots,$$

其中 $E_1,E_2,E_3,\cdots$分别为系统每一部分的内能态函数. 这样，虽然该热力学系统总体上并未达到热平衡，但仍具有内能，热力学第一定律式(10.2.1)对该系统也适用.

一般情况下，对于一个各部分都不处于平衡态的热力学系统，不能用式(10.2.1)来描述其经历的热力学过程. 这时，可以将系统分成许多微小部分(宏观小微观大)，每一部分都可近似地认为处于平衡态，因而有各自的内能，同时，每一部分还有整体运动的动能 E_k，$E_k=\frac{1}{2}mv^2$(m 为这一部分的质量，v 是它的速度大小)，这种情况下，对于每一部分可以写出

$$dE+dE_k=\delta Q+\delta A, \tag{10.2.4}$$

其中 δQ 为这一部分系统所吸收的热量，δA 为外界对这一部分系统所做的功. 此外，如果系统处在重力场中，且每一部分重力势能的改变不能忽略不计，则还应在上式右边计及重力做的功. 式(10.2.3)是宏观过程中能量转化和守恒定律的更一般的表达式.

热容

在上一章，我们曾定义了热容：

$$C=\frac{\delta Q}{dT}=\lim_{\Delta T\to 0}\frac{\Delta Q}{\Delta T}. \tag{10.2.5}$$

通常，热容是温度的函数，因此，沿着特定过程将热力学系统的温度由 T_1 变化到 T_2 所吸收的热量 Q 应用积分来表示：

$$Q=\int_{T_1}^{T_2}C(T)\,dT. \tag{10.2.6}$$

考察可用状态参量 p,V,T 来描述的简单热力学系统，选用变量 V 和 T 来描述系统的内能 E 和压强 p：$E(V,T)$ 和 $p(V,T)$. 根据热容的定义，并结合式(10.2.3)，有

$$C=\frac{dE+pdV}{dT}. \tag{10.2.7}$$

由于

$$dE=\left(\frac{\partial E}{\partial V}\right)_T dV+\left(\frac{\partial E}{\partial T}\right)_V dT,$$

由此可得

$$C=\left(\frac{\partial E}{\partial T}\right)_V+\left[\left(\frac{\partial E}{\partial V}\right)_T+p\right]\frac{dV}{dT}. \tag{10.2.8}$$

上述公式中$\left(\frac{\partial W}{\partial X}\right)_{Y,Z,\cdots}$表示在物理量 $Y,Z,\cdots$等为常数的前提下，W 对 X 的偏导数.

体积 V 不仅仅依赖于温度 T，还和压强 p 有关，因此，对于不同的压强，$\frac{dV}{dT}$可取不同值，即式(10.2.8)定义的 C 值不确定. 为了使 C 取特定值，则需在 V-T 图中指定特定的变化方向，由于该方向取向的任意性，一般来说，C 可取从$-\infty$到$+\infty$之间的任意数值.

在热学中有两个重要的热容，定容热容 C_V 和定压热容 C_p. 定容过程中，系统的体积不变，$dV=0$，因此，

$$C_V=\left(\frac{\partial E}{\partial T}\right)_V. \tag{10.2.9}$$

由于内能态函数 E 通常表示为状态参量 T 和 V 的函数，所以 C_V 也是 T 和 V 的函数. 对于定压过程，则要求压强保持不变，因此有

$$C_p=\left(\frac{\partial E}{\partial T}\right)_V+\left[\left(\frac{\partial E}{\partial V}\right)_T+p\right]\left(\frac{dV}{dT}\right)_p. \tag{10.2.10}$$

从而得到关系

$$C_p-C_V=\left[\left(\frac{\partial E}{\partial V}\right)_T+p\right]\left(\frac{dV}{dT}\right)_p. \tag{10.2.11}$$

定压热容还可以直接利用热力学第一定律写成另外一种形式. 定压过程中，外界对系统所做的功为

$$A=-p(V_2-V_1).$$

由热力学第一定律可知，定压过程中，系统从外界吸收的热量 Q_p 为

$$Q_p=E_2+pV_2-(E_1+pV_1).$$

引入物理量

$$H=E+pV, \tag{10.2.12}$$

显然，该物理量也是一个态函数，称为焓. 于是，系统从外界吸收的热量为系统态函数焓的改变量：

$$Q_p=H_2-H_1. \tag{10.2.13}$$

对于充分小过程，则有

$$(\Delta Q)_p=\Delta H.$$

由热容的定义，物体的定压热容可表示为

$$C_p=\lim_{\Delta T\to 0}\frac{(\Delta Q)_p}{\Delta T}=\lim_{\Delta T\to 0}\left(\frac{\Delta H}{\Delta T}\right)_p=\left(\frac{\partial H}{\partial T}\right)_p, \tag{10.2.14}$$

该式把定压热容 C_p 与态函数焓联系起来. 需要说明的是，焓通常表示为独立参量 T 和 p 的函数，因此，C_p 也是 T 和 p 的函数.

例 10-2 如图 10-5 所示，容积为 V 的绝热容器通过小孔与外界连通，现用电加热方式将容器内空气的温度由 T_0 提高到 T_1，已知温度为 T_0 时空气的密度为 ρ_0，空气比热 c_p 近似为常数，求加热过程所消耗的电能.

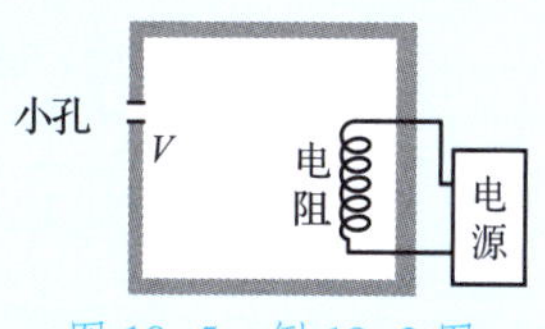

图 10-5 例 10-2 图

解 由于容器与外界连通，所以加热过程中容器内的压强保持不变，和外界大气压相同. 利用理想气体状态方程 $p=\dfrac{\rho}{M}RT$ 可知，加热过程中 ρT 保持不变. 将容器内空气温度由 T 提高到 $T+\mathrm{d}T$ 的过程中，吸收的热量

$$\delta Q = mc_p\mathrm{d}T = \rho Vc_p\mathrm{d}T, \tag{10.2.15}$$

其中 m 和 ρ 分别是温度为 T 时容器内空气的质量和密度. 利用 $\rho T=\rho_1 T_1$ 可得

$$\rho = \rho_1\frac{T_1}{T},$$

将该式代入式(10.2.15)，并积分，即得将容器内空气温度由 T_0 提高到 T_1 所消耗的电能，为

$$Q = \int_{T_1}^{T_2}\rho_1 Vc_p\frac{T_1}{T}\mathrm{d}T=\rho_1 T_1 Vc_p\ln\frac{T_2}{T_1}.$$

例 10-3 在温度为 100℃、压强为 1atm 的条件下，水与饱和水蒸气的摩尔焓值分别为 7.5431×10^4J/mol 和 4.8173×10^4J/mol，求在 1atm 下水的汽化热.（水的摩尔质量为 18.015g/mol.）

解 水的汽化是等压过程，由式(10.2.13)可知，该过程中吸收的热量即为焓的差值，因此，在 100℃、1atm 下，1mol 水汽化吸收的热量 Q 为

$$Q=4.8173\times10^4-7.5431\times10^3\approx4.063\times10^4(\mathrm{J/mol}),$$

由此可得水的汽化热 l 为

$$l\approx\frac{4.063\times10^4}{18.015\times10^{-3}}\approx2.2554\times10^6(\mathrm{J/kg}).$$

内能和焓

如果已知了 C_V 和 C_p 的温度变化规律，我们可利用式(10.2.9)和式(10.2.14)来确定内能和焓：

$$E=E_0+\int_{T_0}^{T}C_V\mathrm{d}T+f(V), \tag{10.2.16}$$

$$H=H_0+\int_{T_0}^{T}C_p\mathrm{d}T+g(p), \tag{10.2.17}$$

式中 T_0 为参考温度，函数 $f(V)$ 和 $g(p)$ 是与状态方程有关的函数（注：仅根据热力学第一定律无法由状态方程确定这两个函数，还需结合由热力学第二定律导出的关系，详见 10.5 节）.

需要特别说明的是，在热学中，要从上述热力学关系中得到确定的结果，除了需要给出形如式(9.1.1)的系统状态方程，同时还需要给出内能与状态参量的依赖关系，如

$$E = E(V,T), \tag{10.2.18}$$

该关系被称为**热状态方程**，而这个方程无法从热力学的关系式中导出，而是通过实验来确定的.

在第9章中，我们已从微观的角度讨论了理想气体的定容热容. 由于理想气体分子间相互作用势能被忽略，内能和定容热容 C_V都仅是温度的函数，而与体积无关，因此可取 $f(V)$ 为常数，又由于该常数可与 E_0 合并，因此取 $f(V)=0$，即有

$$E = E_0+\int_{T_0}^{T} C_V\mathrm{d}T. \tag{10.2.19}$$

理想气体内能只与温度有关这一结论又称为焦耳定律.

由于理想气体的 pV 也仅是温度的函数，所以焓 $H=E+pV$ 不依赖于压强，仅是温度的函数：

$$H=E+pV=E_0+\int_{T_0}^{T} C_V\mathrm{d}T+\nu RT. \tag{10.2.20}$$

因此，理想气体的定压热容为

$$C_p = \left(\frac{\partial H}{\partial T}\right)_p = \frac{\mathrm{d}H}{\mathrm{d}T} = C_V + \nu R. \tag{10.2.21}$$

这里第二个等号利用 H 与 p 无关这一性质，偏微商可写成全微商.

1mol 理想气体的定容热容和定压热容分别称为定容摩尔热容和定压摩尔热容，用$C_{V,m}$和$C_{p,m}$表示. 由式(10.2.21)可知

$$C_{p,m}-C_{V,m}=R,$$

该关系被称为迈耶公式，最早由德国科学家迈耶推导出来.

在第9章中，我们从分子动理论出发，给出了理想气体的内能：

$$E = \frac{i}{2}\nu RT,$$

其中 $i=t+r+2s$. 因此，理想气体的定容热容为

$$C_V = \left(\frac{\partial E}{\partial T}\right)_V = \frac{i}{2}\nu R = \nu C_{V,m}.$$

这里

$$C_{V,m} = \frac{i}{2}R,$$

是一个仅与气体自由度有关的常数，而与气体状态参量无关. 在很多场合，我们用$C_{V,m}$来表示常数$\frac{i}{2}R$.

由理想气体内能和状态方程可导出焓的表达式

$$H=E+pV=\frac{i+2}{2}\nu RT,$$

由此可得到

$$C_p=\left(\frac{\partial H}{\partial T}\right)_p=\frac{i+2}{2}\nu R=\nu C_{p,m}.$$

这里

$$C_{p,m}=\frac{i+2}{2}R,$$

是一个仅与气体自由度有关的常数.

例 10-4 已知在 p-V 图中，1mol 的理想气体体积 V 和压强 p 按 $\frac{a}{\sqrt{p}}$ 变化，该气体的定容摩尔热容为 $C_{V,m}$，求该过程的热容.

解 考察在体积为 V、温度为 T 的状态附近，气体在 p-V 图上沿 $V=\frac{a}{\sqrt{p}}$ 进行了一充分小的准静态过程，气体的体积和温度分别变化了 $\mathrm{d}V$ 和 $\mathrm{d}T$. 这一过程中，外界对气体做的功为

$$\delta A=-p\mathrm{d}V=-\frac{a^2}{V^2}\mathrm{d}V.$$

这里利用了过程方程 $p=\frac{a^2}{V^2}$. 考虑到理想气体状态方程 $p=\frac{RT}{V}$，消去 p，则有

$$V=\frac{a^2}{RT}.$$

因此，$\mathrm{d}V=-\frac{a^2}{RT^2}\mathrm{d}T$. 将这些结果代入 δA 的表达式中，我们得到

$$\delta A=R\mathrm{d}T.$$

根据热力学第一定律，过程中 1mol 气体吸收的热量为

$$\delta Q=\mathrm{d}E-\delta A=(C_{V,m}-R)\mathrm{d}T,$$

因此，该过程的热容 C 为

$$C=\frac{\delta Q}{\mathrm{d}T}=C_{V,m}-R,$$

可见，C 为常数. 我们将在 10.3 节中看到，该例题中的过程是理想气体多方过程的一个特例，理想气体多方过程的热容都是常数.

焦耳实验和焦耳-汤姆孙实验

从理想气体模型出发，我们很容易得出结论：理想气体的内能与体积无关. 然而，真实气体的内能是否与体积有关还需由实验验证. 按照热力学第一定律，我们最容易想到的检验方法是绝热膨胀实验. 如图 10-6 所示，将绝热容器用挡板隔成两部分，一部分充满气体，另一部分抽成真空，迅速抽掉挡板，气体将充满整个容器. 显然，这一过程不是准静态过程，但由于过程中气体未从外界吸收能量，也未对外界做功，所以抽取挡板前气体内能 $E_{前}$ 和抽取挡板后达到平衡时气体内能 $E_{后}$ 应该相等，即内能变化 $\Delta E=E_{后}-E_{前}=0$. 如果内能与体积无关，则由此可得出结论，膨胀前后，系统的温度不会发生变化，但如果内能与体积有关，则膨胀前后系统的温度有所改变.

为了说明真实气体内能不变的条件下温度改变与体积的关系，考察一充分小准静态过程，$\Delta E=0$，由于

$$\Delta E=\left(\frac{\partial E}{\partial T}\right)_V\Delta T+\left(\frac{\partial E}{\partial V}\right)_T\Delta V,$$

如果 $\left(\frac{\partial E}{\partial V}\right)_T\neq 0$，即内能与体积有关，则由于过程中体积发生变化，从而将导致系统温度变化：

$$\Delta T=-\Delta V\frac{\left(\frac{\partial E}{\partial T}\right)_V}{\left(\frac{\partial E}{\partial V}\right)_T}.$$

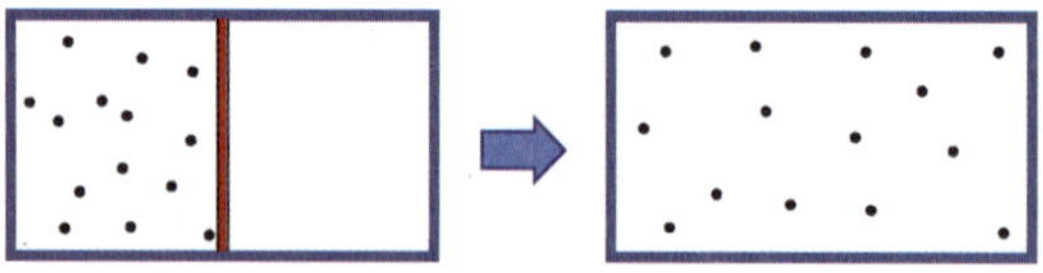

图 10-6 绝热膨胀实验

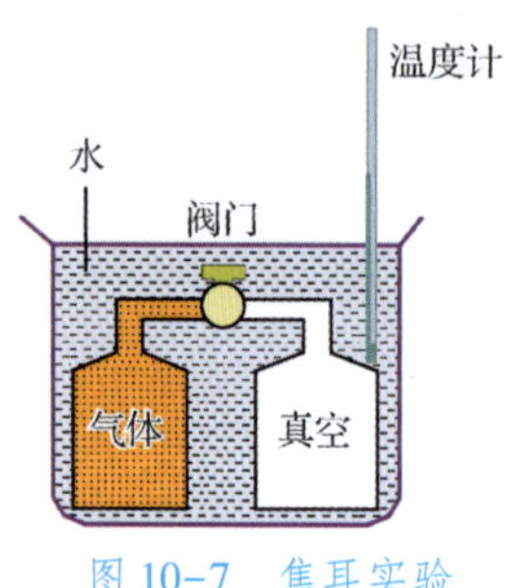

图 10-7 焦耳实验

早在 1807 年，法国物理学家盖-吕萨克就做了绝热膨胀实验，而在 1845 年，焦耳在未知盖-吕萨克实验的情况下，仔细地做了这类实验，他的实验如图 10-7 所示. 焦耳将绝热膨胀实验装置放入水中，测量膨胀前和膨胀后水温的变化. 他发现，膨胀前和膨胀后水温未发生变化，从而得出结论：理想气体的内能只与温度有关.

现在看来，虽然焦耳实验用的气体是稀薄气体，但仍不是理想气体，因此，膨胀前后仍然有温度的改变. 但这种改变很小，由于水的比热比较大，水银温度计的精度又比较差，所以焦耳无法在实验中观测到相应的热效应. 但需要指出的是，焦耳关于理想气体内能只与温度有关的结论却是正确的. 焦耳之后，许多人改进了焦耳实验，人们发现，随着气体越来越稀薄，热效应越来越弱，并在气体压强趋向零的极限下，绝热膨胀前后的温度变化也趋向零.

1852 年，焦耳和汤姆孙设计了绝热节流过程实验，较准确地测量了气体内能与体积的关系. 如图 10-8 所示，在一个绝热的管子中装一个用多孔物质(如棉絮)做成的塞子，加压使气体从塞子的一侧持续地流向另一侧，由于多孔塞的阻碍作用，左右两边可以维持稳定的压强差，气体做定常流动，这个过程被称为**节流过程**.

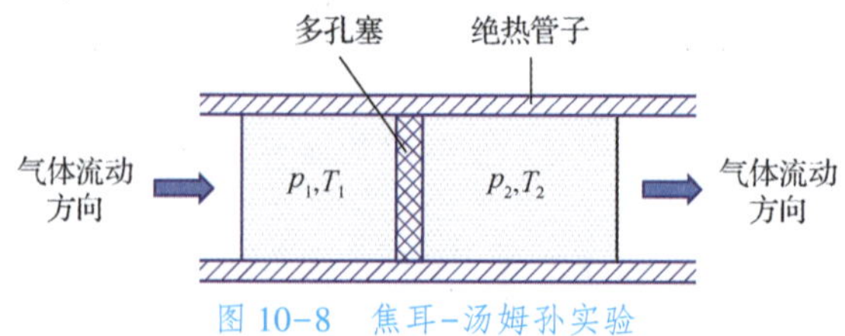

图 10-8 焦耳-汤姆孙实验

为了便于分析，我们考察气流中的一段气体，这段气体紧靠多孔塞的左侧，如图 10-8 所示，体积为 V_1. 在左边压强为 p_1 的气体的持续作用下，该段气体缓慢通过多孔塞，全部到达右边时，它的压强为 p_2，体积为 V_2. 这段气体在最初位于左侧和最后全部通过多孔塞到达右侧的过程中，始末

状态的内能改变ΔE为

$$\Delta E=E_2-E_1,$$

其中E_1和E_2分别是所考察的这段气体全部在多孔塞左侧和右侧时的内能. 节流过程中，这段气体还对外做功. 显然，左边气体对所考察的这段气体做的功为p_1V_1，为了占据右边体积V_2，考察的这段气体要对抗压强为p_2的气体做功，做的功为p_2V_2，因此，气体做的净功A为

$$A=p_2V_2-p_1V_1.$$

由于整个过程绝热，$Q=0$，由热力学第一定律得

$$\Delta E+A=(E_2+p_2V_2)-(E_1+p_1V_1)=0. \tag{10.2.22}$$

利用焓的定义可知，这段气体全部在多孔塞左侧和右侧时的焓H_1和H_2相等，有

$$H_1=H_2, \tag{10.2.23}$$

即节流过程是等焓过程. 理想气体的焓仅为温度的函数，与压强无关，因此，理想气体绝热节流过程中没有温度效应，即$T_1=T_2$.

而针对真实气体的实验表明，节流膨胀后气体的温度会发生变化，该效应被称为**焦耳-汤姆孙效应**. 在常温常压下，大多数气体(如氮气、氧气、空气等)节流后温度都降低，称为**节流致冷效应**，但对于氢气和氦气，节流后温度反而升高，称为**节流致温效应**.

焦耳-汤姆孙效应的强弱和正负可以通过T-p图中的等焓线来分析，如图10-9所示. 需要注意的是，图10-9中的等焓线并非节流过程曲线，因为节流过程不是准静态过程，除了稳定时左边压强、温度(p_1,T_1)和右边压强、温度(p_2,T_2)表示为T-p图上的两个点外，无法在图上表示连接两个点的中间过程. 一种做法是用准静态过程的等焓过程代替非静态的节流过程，对于准静态过程，通常的热力学方法仍然有效. 等焓过程曲线的斜率

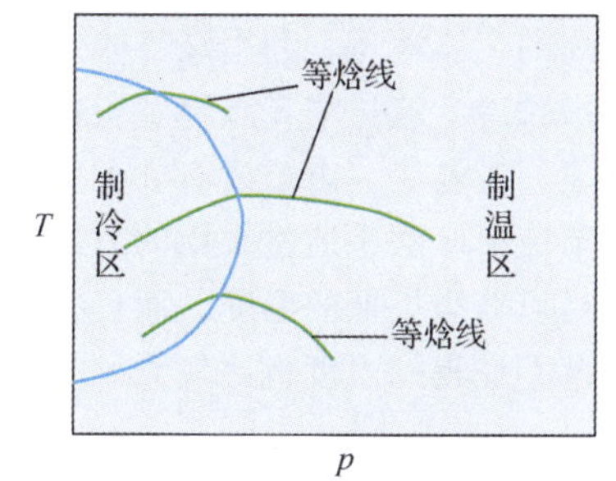

图10-9 T-p图中的等焓线

$$\alpha=\left(\frac{\partial T}{\partial p}\right)_H \tag{10.2.24}$$

称为焦耳-汤姆孙系数. 在图10-9中的制冷区，沿着等焓线，温度随着压强的下降而下降，$\alpha>0$，在制温区，沿着等焓线，温度随着压强的下降而增大，$\alpha<0$.

从微观上来看，焦耳-汤姆孙系数有正有反，是由于分子间既有吸引作用又有排斥作用所导致的. 我们以范德瓦尔斯气体为例定性说明这一点. 对于1mol的范德瓦尔斯气体，内能E_m可表示为

$$E_m=E_{0m}+C_{V,m}T-\frac{a}{V_m}, \tag{10.2.25}$$

这里a为与吸引作用相关的范德瓦尔斯修正量，V_m为气体摩尔体积. 利用范德瓦尔斯气体状态方程

$$pV_m=RT-\frac{a}{V_m}\left(1-\frac{b}{V_m}\right)+bp, \qquad (10.2.26)$$

根据焓的定义，可得1mol范德瓦尔斯气体的焓 H_m 为

$$H_m=E_{0m}+C_{V,m}T-\frac{a}{V_m}+pV_m=E_{0m}+(C_{V,m}+R)T-\frac{a}{V_m}\left(2-\frac{b}{V_m}\right)+bp, \qquad (10.2.27)$$

其中 b 为与排斥作用相关的范德瓦尔斯修正量. 等焓过程应有 $\Delta H_m=0$，即有

$$(C_{V,m}+R)\Delta T+\frac{2a}{V_m^2}\left(1-\frac{b}{V_m}\right)\Delta V_m+b\Delta p=0,$$

由此可得

$$\Delta T=-\frac{1}{C_{V,m}+R}\left[\frac{2a}{V_m^2}\left(1-\frac{b}{V_m}\right)\Delta V_m+b\Delta p\right].$$

通常，在节流过程中，$\Delta V_m>0$，$\Delta p<0$，所以上式的中括号中第一项代表吸引作用，对 ΔT 的贡献为负；中括号中第二项代表排斥作用，对 ΔT 的贡献为正；二者相互竞争，ΔT 或正或负.

焦耳-汤姆孙实验不仅是研究实际分子间相互作用的重要手段，而且为获得低温条件提供了一个可靠又经济的方法. 在现代科技中，很多地方都需要将气体液化获得低温，如液氮、液氦等，气体液化成为一项重要的工程技术. 通常，气体液化都采用多重逐级预冷的方式：先将临界点比较高的气体液化，利用该气体作为预冷剂，使临界点低的气体液化，从而逐级预冷，液化临界点温度更低的气体. 但对于临界点十分低的气体，如液氢、液氦等，由于没有如此低的液体预冷剂，就需要采取别的方法液化，节流膨胀法是通常采用的方法之一：工质预冷到 T-p 的致冷区，节流膨胀后可获得更低的温度，而且在低温条件下等焓曲线斜率比较大，同一压强落差获得的温度也比较大.

10.3 热力学第一定律对理想气体的应用

在本节中，我们以理想气体为例，应用热力学第一定律，研究一些特殊热力学准静态过程中的规律.

等体过程

在状态变化过程中，气体体积保持不变的准静态过程称为等体过程. 该过程的过程方程可表示为

计算机模拟

等容过程

$$V=常量,$$

或

$$p^{-1}T=常量.$$

由于过程中体积保持不变，外界对系统做功为零，即

$$\delta A=-p\mathrm{d}V=0.$$

热力学第一定律具有形式

$$\delta Q_V=\mathrm{d}E,$$

即在等容过程中，系统吸收的热量完全用于增加系统的内能. 当系统经历

有限过程，从温度为 T_1 的状态变化到温度为 T_2 的状态时，做功为零，即

$$A=0;$$

而对于理想气体，吸收的热量为

$$Q_V=E_2-E_1=\nu C_{V,m}(T_2-T_1),$$

或进一步写成

$$Q_V=\nu\frac{i}{2}R(T_2-T_1)=\frac{i}{2}(p_2-p_1)V.$$

等压过程

在状态变化过程中，气体压强保持不变的准静态过程称为**等压过程**. 该过程的过程方程为

等压过程

$$p=\text{常量},$$

或利用理想气体状态方程写成

$$TV^{-1}=\text{常量}.$$

对于充分小过程，热力学第一定律具有形式

$$\delta Q_p=\mathrm{d}E+p\mathrm{d}V.$$

当理想气体系统经历有限过程，从温度为 T_1 的状态变化到温度为 T_2 的状态时，内能的改变为

$$E_2-E_1=\nu\frac{i}{2}R(T_2-T_1)=\nu C_{V,m}(T_2-T_1),$$

而外界做功

$$A=-\int_{V_1}^{V_2}p\mathrm{d}V=-p(V_2-V_1)=-\nu R(T_2-T_1),$$

吸收的热量则为

$$Q_p=E_2-E_1+p(V_2-V_1)=\nu\frac{i+2}{2}R(T_2-T_1)=\nu C_{p,m}(T_2-T_1).$$

等温过程

气体在状态变化过程中温度保持不变的准静态过程称为**等温过程**. 该过程的过程方程为

等温过程

$$T=\text{常量},$$

或利用理想气体状态方程写成

$$pV=\text{常量}.$$

由于理想气体内能仅为温度的函数，因此等温过程中，内能的改变为零：

$$\mathrm{d}E=0.$$

对于充分小过程，热力学第一定律具有形式

$$\delta Q=-\delta A=p\mathrm{d}V.$$

对于有限过程，理想气体在温度为 T 的前提下，由体积为 V_1(或压强为 p_1)的状态变化到体积为 V_2(或压强为 p_2)的状态，系统吸收的热量为

$$Q=\int_{V_1}^{V_2}p\mathrm{d}V=\int_{V_1}^{V_2}\frac{\nu RT}{V}\mathrm{d}V=\nu RT\ln\frac{V_2}{V_1},$$

或写成

$$Q=\nu RT\ln\frac{p_1}{p_2}.$$

气体在等温过程中有热量吸收，但系统温度不变，因此，我们可以认为等温过程的热容为无穷大.

绝热过程

气体在状态变化过程中系统和外界没有热量交换的准静态过程称为**绝热过程**. 对于一个充分小过程，绝热过程可表示为

$$\delta Q = 0.$$

由热力学第一定律，有

$$\mathrm{d}E=\delta A=-p\mathrm{d}V.$$

利用该式，我们可以得到绝热过程中状态参量——压强、体积和温度的变化规律. 利用理想气体内能只和温度有关，得

$$\nu C_{V,m}\mathrm{d}T=-p\mathrm{d}V. \tag{10.3.1}$$

而将理想气体状态方程 $pV=\nu RT$ 两边取微元可得

$$\nu R\mathrm{d}T=p\mathrm{d}V+V\mathrm{d}p,$$

将该式代入式(10.3.1)，即有

$$C_{V,m}V\mathrm{d}p=-(C_{V,m}+R)p\mathrm{d}V,$$

或写成

$$\frac{\mathrm{d}p}{p}+\gamma\frac{\mathrm{d}V}{V}=0, \tag{10.3.2}$$

其中 $\gamma=\dfrac{C_{V,m}+R}{C_{V,m}}=\dfrac{C_{p,m}}{C_{V,m}}$称为热容比. 将上式积分后得

$$pV^{\gamma}=\text{常量}, \tag{10.3.3}$$

该方程即为绝热过程中体积和压强的变化关系，称为**绝热过程方程**或**泊松方程**.

由绝热过程方程可导出，在状态(p_0,V_0)处，$p-V$ 图上过程曲线的斜率为

$$\left(\frac{\mathrm{d}p}{\mathrm{d}V}\right)_S=-\gamma\frac{p_0}{V_0},$$

其中下标 S 表示绝热过程. 而在同一状态处等温过程曲线的斜率为

$$\left(\frac{\mathrm{d}p}{\mathrm{d}V}\right)_T=-\frac{p_0}{V_0}.$$

对于理想气体，热容比 $\gamma=\dfrac{i+2}{i}>1$，所以两个斜率的绝对值满足不等式

$$\left|\left(\frac{\mathrm{d}p}{\mathrm{d}V}\right)_S\right|>\left|\left(\frac{\mathrm{d}p}{\mathrm{d}V}\right)_T\right|.$$

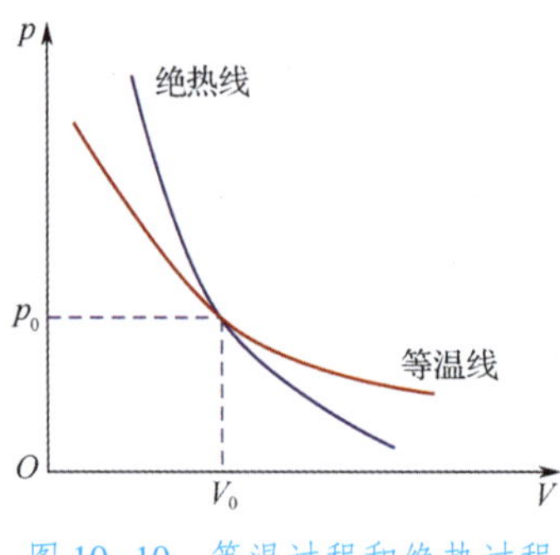

图 10-10 等温过程和绝热过程

该式表明，绝热过程曲线比等温线陡，如图 10-10 所示.

将理想气体状态方程代入式(10.3.3)中，可以得到绝热过程的过程方程的另外两种形式：

$$TV^{\gamma-1}=\text{常量}, \tag{10.3.4}$$

$$p^{\gamma-1}T^{-\gamma}=\text{常量}. \tag{10.3.5}$$

绝热过程可以通过内能的改变来计算外界

对气体做的功. 设气体初、末态分别为(p_1,V_1,T_1)和(p_2,V_2,T_2)，则外界对气体做的功为

$$A=\nu C_{V,m}(T_2-T_1)=\frac{i}{2}(p_2V_2-p_1V_1).$$

多方过程

上述 4 类过程都比较特殊，在过程中，它们的热容保持不变. 我们可以在假定过程中热容保持不变的前提下，得到更一般的过程方程，这样的过程称为多方过程.

首先利用热力学第一定律和理想气体状态方程，推导多方过程的过程方程. 设理想气体经历的多方过程的摩尔热容为 $C_{n,m}$，则在充分小过程中，νmol 理想气体吸收的热量为

$$\delta Q=\nu C_{n,m}\mathrm{d}T. \tag{10.3.6}$$

利用理想气体状态方程得

$$\mathrm{d}T=\frac{p\mathrm{d}V+V\mathrm{d}p}{\nu R},$$

代入式(10.3.6)有

$$\delta Q=C_{n,m}\frac{1}{R}(V\mathrm{d}p+p\mathrm{d}V).$$

另一方面，根据热力学第一定律，吸收的热量为内能改变和外界对气体做功之差，即

$$\delta Q=\mathrm{d}E+p\mathrm{d}V.$$

利用 $\mathrm{d}E=\nu C_{V,m}\mathrm{d}T=\frac{C_{V,m}}{R}(p\mathrm{d}V+V\mathrm{d}p)$，得到

$$(C_{p,m}-C_{n,m})p\mathrm{d}V+(C_{V,m}-C_{n,m})V\mathrm{d}p=0. \tag{10.3.7}$$

令

$$n=\frac{C_{p,m}-C_{n,m}}{C_{V,m}-C_{n,m}}, \tag{10.3.8}$$

由式(10.3.7)积分后得

$$pV^n=\text{常量}, \tag{10.3.9}$$

其中 n 称为多方指数.

需要说明的是，前面介绍的 4 种过程是多方过程的特例：$n=0$ 时，多方过程即为等压过程；$n=\infty$ 时，则为等体过程；$n=1$ 时，则为等温过程；$n=\gamma$ 时，则为绝热过程.

理想气体通过多方过程从状态(p_1,V_1,T_1)变化到(p_2,V_2,T_2)，内能的变化为

$$\Delta E=\nu C_{V,m}(T_2-T_1)=\frac{i}{2}(p_2V_2-p_1V_1),$$

而吸收的热量为

$$Q=\nu C_{n,m}(T_2-T_1)=\frac{C_{n,m}}{R}(p_2V_2-p_1V_1).$$

由热力学第一定律可知，外界对热力学系统做的功为

$$A=\Delta E-Q=\nu(C_{V,m}-C_{n,m})(T_2-T_1)=\frac{\nu R}{n-1}(T_2-T_1),$$

或者写成

$$A=\frac{1}{n-1}(p_2V_2-p_1V_1).$$

需要说明的是，在给定多方过程热容的情况下，可以通过式(10.3.8)确定多方指数，而利用下式，在已知多方指数的情况下，可以确定过程的热容：

$$C_{n,m}=\frac{\gamma-n}{1-n}C_{V,m}.$$

例 10-5 1929 年德国物理学家洛夏德给出了一种测量气体热容比的方法. 如图 10-11 所示，一根内径均匀、横截面积为 S 的玻璃管插入容积为 V 的容器中. 将一质量为 m、横截面积也为 S 的小球放入玻璃管中，小球与玻璃管壁紧密接触从而使容器中的气体无法跑到外界. 将小球从平衡位置移开一小段距离后，小球将做简谐振动. 已知小球做简谐振动的频率为 f，求容器内气体的热容比.

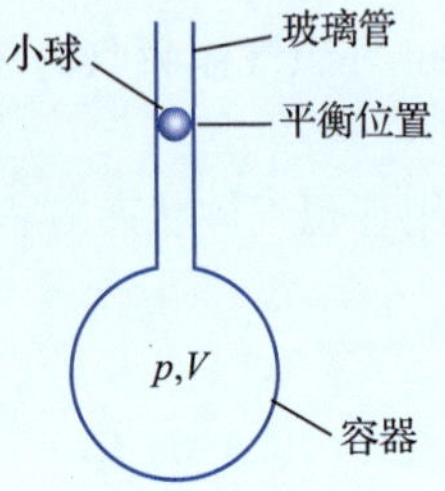

小球
玻璃管
平衡位置
p,V
容器

图 10-11 用洛夏德方法测热容比

解 设外界大气压为 p_0，则达到热平衡时，容器内的压强 p 为

$$p=p_0+\frac{mg}{S}.$$

现将小球沿竖直方向偏离平衡位置一小段距离 y（取向上为正），则体积增加 $\mathrm{d}V=yS$. 由于小球发生微小位移的过程很快，热量来不及传递出去，因此该体积增加过程应视为绝热过程，即应有关系式

$$\frac{\mathrm{d}p}{p}+\gamma\frac{\mathrm{d}V}{V}=0.$$

作用在小球上的力

$$F=\mathrm{d}pS=-\gamma pS\frac{\mathrm{d}V}{V}=-\frac{\gamma pyS^2}{V},$$

这就是作用在小球上并和小球位移成正比的回复力. 由此可得小球做简谐振动的频率 f 为

$$f=\frac{1}{2\pi}\sqrt{\frac{\gamma pS^2}{mV}},$$

进而可得

$$\gamma=\frac{4\pi^2 mVf^2}{pS^2}.$$

由此可见，通过测量小球的频率 f，可测得热容比 γ.

例 10-6 上一章中，在推导玻尔兹曼密度分布律时，假设大气是恒温的，这与实际情形并不相符. 事实上，地球大气层中的下层气体频繁地进行垂直方向上的对流. 因气体上升比较慢，过程可以视为准静态过程，同时，干燥空气的导热性能差，过程又可近似为绝热过程. 已知大气地表的温度和压强分别为 T_0 和 p_0，空气的摩尔质量为 M，热容比为 γ，求大气压强和温度随高度的变化规律.

解 考察离地面高度为 z 到 $z+\mathrm{d}z$ 区域内的气体，压强随高度的变化应满足力平衡条件

$$\mathrm{d}p=-\rho g\mathrm{d}z. \tag{10.3.10}$$

这里，ρ 为空气密度，利用理想气体状态方程可得 $\rho=\frac{pM}{RT}$，将 ρ 的表达式代入式(10.3.10)，有

$$\mathrm{d}p=-\frac{pM}{RT}g\mathrm{d}z. \tag{10.3.11}$$

由于整个大气对流为绝热过程，因此有

$$p^{\gamma-1}T^{-\gamma}=p_0^{\gamma-1}T_0^{-\gamma}.$$

将该式取微分，得

$$(\gamma-1)\frac{\mathrm{d}p}{p}-\gamma\frac{\mathrm{d}T}{T}=0. \tag{10.3.12}$$

将式(10.3.11)中的 $\mathrm{d}p$ 用式(10.3.12)代替可得

$$\mathrm{d}T=-\frac{\gamma-1}{\gamma}\frac{M}{R}g\mathrm{d}z,$$

由此可得

$$T=T_0-\frac{\gamma-1}{\gamma}\frac{M}{R}gz.$$

而利用绝热过程方程 $p=p_0\left(\frac{T}{T_0}\right)^{\frac{\gamma}{\gamma-1}}$，有

$$p=p_0\left(1-\frac{\gamma-1}{\gamma}\frac{Mgz}{RT_0}\right)^{\frac{\gamma}{\gamma-1}}.$$

取 $M=28.8g/\mathrm{mol}$、$\gamma=1.4$，可估算温度在垂直方向单位高度上的变化率：

$$\frac{\mathrm{d}T}{\mathrm{d}z}=-\frac{\gamma-1}{\gamma}\frac{M}{R}g\approx 9.7(\mathrm{K/km}).$$

例 10-7 一个气缸由绝热外层和导热内层组成，气缸内层热容为 C_0，缸内储存 νmol 的理想气体，如图 10-12 所示. 活塞由绝热材料制成，活塞与气缸间密封但无摩擦，缸内气体与气缸内层温度总相同. 现缓慢压缩气体，如果开始时缸内气体温度为 T_0，已知理想气体的定容和定压摩尔热容分别为 $C_{V,m}$ 和 $C_{p,m}$，现压缩气体使其体积减半，求气体的最终温度 T.

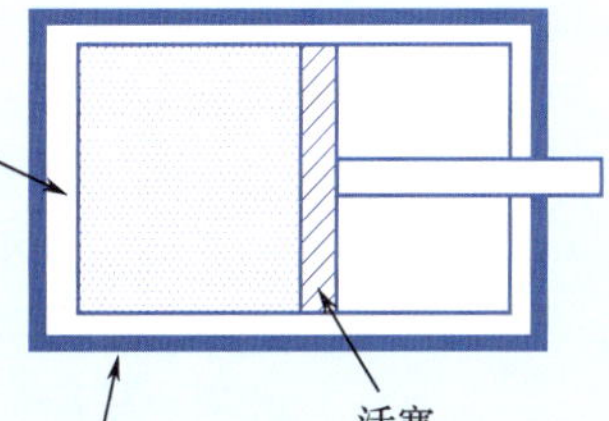

图 10-12 例 10-7 图

解 以缸内气体为研究对象，当压缩活塞，使气体温度升高 $\mathrm{d}T$ 时，气体将通过热传递将热量传递给气缸内壁，使其温度也升高 $\mathrm{d}T$. 此外，气体再无放热过程，因此，气体温度升高 $\mathrm{d}T$ 过程中，它吸收的热量 $\delta Q=-C_0\mathrm{d}T$. 因此，气体的热容 C_g 为

$$C_g=\frac{\delta Q}{\mathrm{d}T}=-C_0.$$

可见，气体的热容为常数，因此，压缩气体的过程为多方过程，由式(10.3.8)可知多方指数 n 为

$$n=\frac{\nu C_{p,m}+C_0}{\nu C_{V,m}+C_0},$$

根据 $pV^n=\text{const}$，即 $TV^{n-1}=\text{const}$，可得

$$T=T_0\left(\frac{V_0}{V}\right)^{n-1}=2^{n-1}T_0.$$

10.4 循环过程、卡诺循环及其效率

循环过程

历史上，热学最早是从研究热机的工作过程发展起来的，最初的目的就是最大限度地提升热机的效率. 以人们熟知的蒸汽机为例，水在锅炉中加热变为高温高压蒸汽，推动活塞做功，再将蒸汽冷却凝结为水，用水泵将水抽到锅炉，完成一个循环，之后这样的过程循环往复，源源不断地将热能转化成机械能.

热机中被用来吸收热量并对外做功的物质称为工作物质，简称**工质**，工质往往经历一系列变化又回到初始状态. 如果某热力学系统从一个状态出发，经过一系列过程，最后又回到原来状态，这样的过程称为**循环过程**. 一个简单的 pV 系统若经历准静态循环过程，则在 $p-V$ 图上对应一条闭合曲线. 例如，在图 10-13 中，闭合实线 $abcda$ 就对应一准静态循环过程. 我们将 $p-V$ 图上顺时针工作的循环过程称为**正循环过程**，如图 10-13 中的循环过程；逆时针工作的循环过程则称为**逆循环过程**.

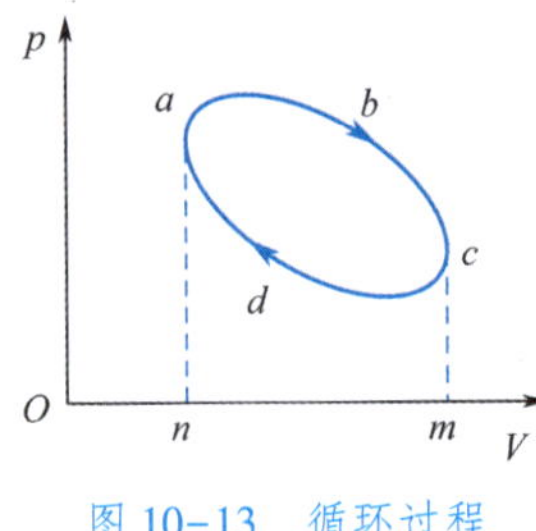

图 10-13　循环过程

在图 10-13 所示的正循环过程中，系统经历过程 abc 时对外界做正功，数值上等于 $abcmna$ 所包围的面积；系统经历过程 cda 时，外界对系统做功，或者说，系统对外界做负功，数值上等于 $cdanmc$ 所包围的面积；显然，前者面积大于后者，所以，在正循环过程中，系统对外界所做的总功为正，数值上等于 $abcda$ 所包围的面积. 在一个循环过程中，系统最后回到原来状态，因此，内能不变. 由热力学第一定律可知，整个循环过程中系统从外界吸收的热量总和 Q_1 应大于放出的热量总和 Q_2，且 Q_1-Q_2 应等于系统对外界所做的功 A. 综上所述，系统经历一正循环过程，将从温度比较高的热源吸收热量，并将吸收的部分热量用于对外界做功，同时，部分热量在某些低温热源处放出，系统最终回到原来状态.

表征热机效能的重要物理量就是它的效率，即从外界吸收的热量中，有多少比例通过做功的方式转化为机械能. 设一个循环过程中，系统从外界吸收的热量为 Q_1，放出的热量为 Q_2，则效率定义为

$$\eta=\frac{A}{Q_1}=\frac{Q_1-Q_2}{Q_1}=1-\frac{Q_2}{Q_1}. \tag{10.4.1}$$

除热机外，还存在诸如电冰箱、空调等制冷机，它们在工作时也需要经历循环过程. 以电冰箱为例，工作开始，外界输入电功，将工质(如氨)压缩成高压高温液体；再将液体通入冷凝器，并经节流阀膨胀汽化，汽化

过程中吸收热量，从而实现制冷. 设在一制冷机循环中外界对工质做功为 A，工质由低温热源(如冷库)所吸收的热量为 Q_2，则制冷机的效能可用制冷系数 ε 表示：

$$\varepsilon = \frac{Q_2}{A}. \tag{10.4.2}$$

卡诺循环及其效率

在 18 世纪末和 19 世纪初，蒸汽机的效率是很低的，只有 3%左右，95%以上的热量都没有得到利用. 效率不高一方面是由于散热、漏气、摩擦等因素损耗能量，另一方面则是由于一部分热量在低温热源处放出. 为了提高热机效率，人们做了很多工作，但从 1794 年到 1840 年，热机的效率也仅由 3%提高到 8%. 在生产需要的推动下，不少科学家和工程师开始从理论上来研究热机效率. 法国青年工程师卡诺(Nicolas Carnot)创造性地用“理想实验”的思维方法，提出了最简单但有重要理论意义的热机循环——卡诺循环，并假定该循环在准静态条件下是可逆的，与工质无关.

卡诺假设工质只与两个恒温热源(恒定温度的高温热源和恒定温度的低温热源)交换热量，即没有散热、漏气等因素存在，这种热机称为**卡诺热机**，其循环过程叫作**卡诺循环**. 卡诺热机在一个循环过程中能量的转化情况可用图 10-14 表示，即工质由高温热源吸收热量 Q_1，部分用来对外界做功，部分热量 Q_2 在低温热源处放出.

计算机模拟

卡诺循环

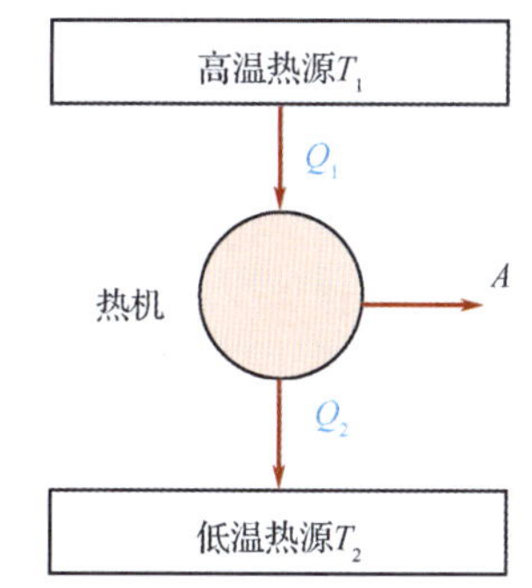

图 10-14 卡诺热机工作原理示意

在下一节，我们将证明可逆卡诺热机的效率与工质无关. 这里，我们先假设卡诺热机的工质为理想气体，在热机的一个循环过程中，该工质经历了两个等温过程和两个绝热过程. 在图 10-15 所示的理想气体卡诺循环中，理想气体经历 $ABCDA$ 循环过程，AB 和 CD 过程分别为温度为 T_1 和 T_2 的等温过程，而 BC 和 DA 过程为绝热过程. 一次循环中，物质的量为 νmol 的理想气体在 AB 过程中吸收的热量 Q_1 为

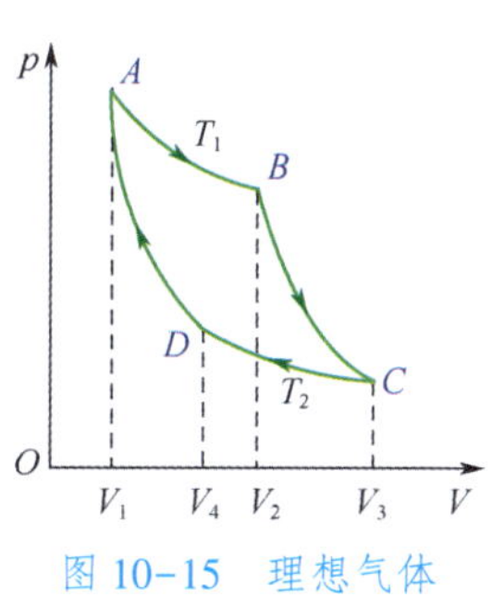

图 10-15 理想气体卡诺循环

$$Q_1 = \nu RT_1 \ln \frac{V_2}{V_1},$$

而在 CD 过程中放出的热量 Q_2 为

$$Q_2 = \nu RT_2 \ln \frac{V_3}{V_4},$$

则热机的效率 η 为

$$\eta = 1-\frac{Q_2}{Q_1} = 1-\frac{T_2 \ln \dfrac{V_3}{V_4}}{T_1 \ln \dfrac{V_2}{V_1}}. \tag{10.4.3}$$

V_1, V_2, V_3, V_4之间由绝热过程方程联系起来：

$$T_1 V_1^{\gamma} = T_2 V_4^{\gamma},$$
$$T_1 V_2^{\gamma} = T_2 V_3^{\gamma}.$$

由此可得

$$\frac{V_1}{V_2} = \frac{V_4}{V_3},$$

将该式代入式(10.4.3)即得

$$\eta = 1-\frac{T_2}{T_1}, \tag{10.4.4}$$

即卡诺热机的效率仅与高温热源和低温热源的温度有关.

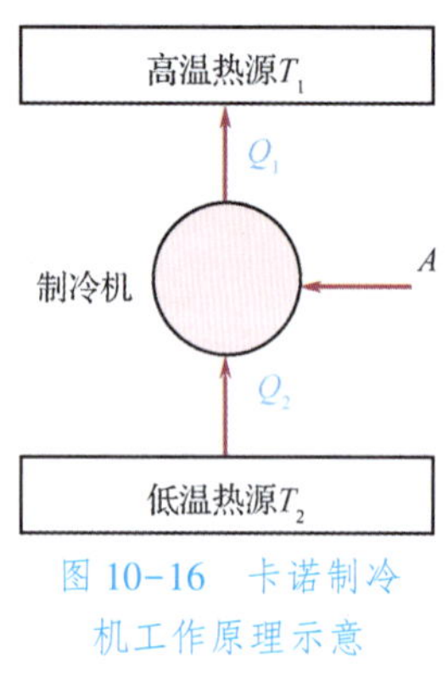

图 10-16 卡诺制冷机工作原理示意

类似地，在图 10-15 中，我们假设理想气体经历 $ADCBA$ 循环过程，则此时对应的是工作在温度为 T_1 的高温热源和温度为 T_2 的低温热源之间的制冷机，一次循环中，该制冷机经历两个等温过程和两个绝热过程，我们将工作在两个恒定温度热源之间的制冷机称为**卡诺制冷机**(见图 10-16). 显然，以理想气体为工质的卡诺制冷机的制冷系数为

$$\varepsilon = \frac{Q_2}{Q_1-Q_2} = \frac{T_2}{T_1-T_2}. \tag{10.4.5}$$

为了提高卡诺热机的效率，我们需要尽可能地降低$\dfrac{T_2}{T_1}$，应尽量提高高温热源温度或尽量降低低温热源温度. 卡诺热机为实际应用中进一步提高热机效率指明了方向.

卡诺热机是一类非常特殊的热机，是从实际热机中抽象出来的模型. 通常的热机可分为蒸汽机、内燃机等. 蒸汽机是人类社会早期广泛使用的热机，是第一次工业革命的重要标志. 蒸汽机的工质是水，每一次循环中，水从高温热源吸收热量，并将其中一部分能量用于气缸对外界做功，其余能量则以热量的形式向低温热源释放. 但由于这类热机的高温温度受环境和工质的限制，无法达到很高的温度，所以效率很低.

在 19 世纪中后叶，人们设计了热机的另外一种类型：内燃机. 这种热机的特点是燃料在气缸中燃烧，以燃烧的气体推动活塞做功. 与蒸汽机相比，内燃机可以明显地提升高温热源的温度(高温热源温度可达到 800℃ 以上)，因而效率明显高于蒸汽机. 内燃机主要有奥托循环和狄塞尔循环两种形式.

1876年，德国工程师奥托(Nicolaus August Otto)受前人启发，设计了使用气体燃料的火花塞点火式四冲程内燃机. 由于该内燃机所使用的工质是天然气及汽油蒸气，所以这种内燃机也称为汽油机. 德国人奥姆勒和本茨根据奥托汽油机的原理，各自研制出具有现代意义的汽油发动机，为汽车的发展铺平了道路.

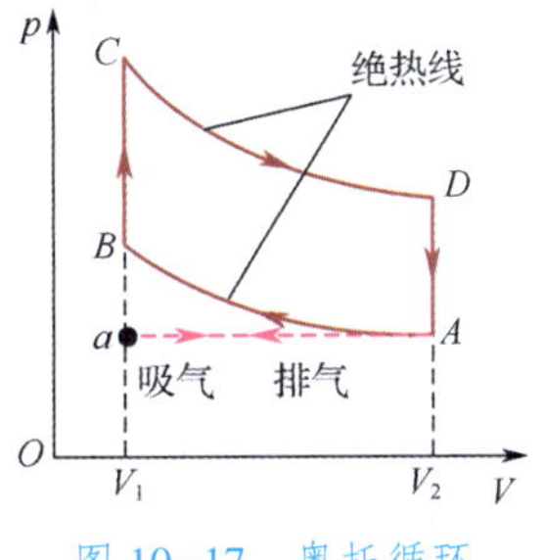

图10-17 奥托循环

汽油机的4冲程分别是吸气冲程、压缩冲程、做功冲程和排气冲程，一个循环过程可近似看成由两个绝热过程和两个等体过程构成，如图10-17所示，这样的循环被称为**奥托循环**.

奥托循环的效率取决于$\frac{V_1}{V_2}$. 的确，等体过程DA中系统放出的热量为

$$Q_2=C_V(T_D-T_A),$$

而等体过程BC中系统吸收的热量为

$$Q_1=C_V(T_C-T_B),$$

由此得到循环的效率为

$$\eta=1-\frac{Q_2}{Q_1}=1-\frac{T_D-T_A}{T_C-T_B}.$$

而由两条绝热线可知$\frac{T_D}{T_C}=\frac{V_1^{\gamma-1}}{V_2^{\gamma-1}}=\frac{T_A}{T_B}$，因此，

$$\frac{T_D-T_A}{T_C-T_B}=\frac{V_1^{\gamma-1}}{V_2^{\gamma-1}}.$$

最终得到

$$\eta=1-\frac{V_1^{\gamma-1}}{V_2^{\gamma-1}}.$$

$k=\frac{V_2}{V_1}$常被称为绝热容积的压缩比，表征奥托循环中工质能被压缩的程度. 显然，压缩比越大，效率越高. 但过大的k将引起爆震现象，对机件保养不利，一般认为汽油机的k不能大于10. 当前的技术条件，k可以达到8左右，如采用双原子分子气体为工质，在理想情况下，热机效率为$\eta=1-\left(\frac{1}{8}\right)^{1.4-1}\approx56\%$. 实际的汽油机的效率比这个值低，最高为40%左右.

内燃机中另外一个重要的循环是狄赛尔循环，由德国工程师狄赛尔(Rudolf Diesel)于1892年提出的压缩点火式内燃机的工作循环. 压缩点火式内燃机的工作原理就是使燃料气体在气缸中被压缩到其温度超过自身的点火温度(如气缸中气体温度可升高到600~700℃，而柴油燃点为335℃).

1897 年人们制成了以煤油为燃料的内燃机，后改用柴油为燃料，这就是我们通常所称的柴油机，在汽车、船舶等工业领域都有广泛的应用.

如图 10-18 所示，狄赛尔循环可以看作由两个绝热过程和一个等压过程、一个等体过程组成. 在等压过程中，系统吸收热量 $Q_1=C_p(T_C-T_B)$，等体过程放出热量 $Q_2=C_V(T_D-T_A)$，因此，循环的效率为

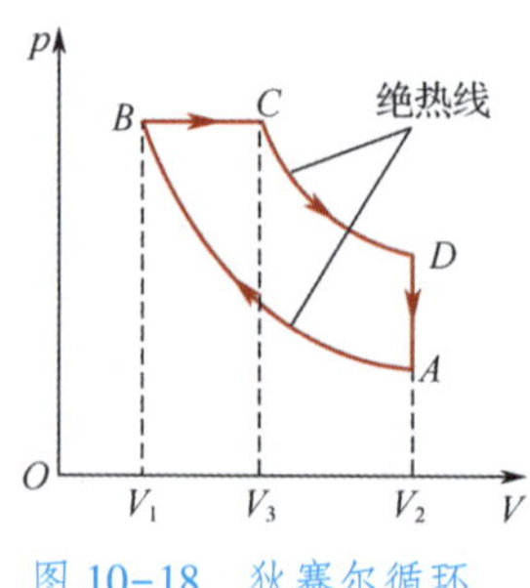

图 10-18 狄赛尔循环

$$\eta=1-\frac{Q_2}{Q_1}=1-\frac{1}{\gamma}\frac{T_D-T_A}{T_C-T_B}.$$

由两条绝热线可知 $\frac{T_D}{T_C}=\frac{V_3^{\gamma-1}}{V_2^{\gamma-1}}$、$\frac{T_A}{T_B}=\frac{V_1^{\gamma-1}}{V_2^{\gamma-1}}$，同时，由于 BC 为等压过程，有 $\frac{T_C}{T_B}=\frac{V_3}{V_1}$，所以

$$\frac{T_D}{T_A}=\frac{V_3^{\gamma-1}}{V_1^{\gamma-1}}\frac{T_C}{T_B}=\left(\frac{V_3}{V_1}\right)^{\gamma}.$$

引入压缩比 $k=\frac{V_2}{V_1}$、等压膨胀比 $r=\frac{V_3}{V_1}$，可得

$$\eta=1-\frac{1}{\gamma}\frac{T_A}{T_B}\frac{1-T_D/T_A}{1-T_C/T_B}=1-\frac{1}{\gamma}\frac{1}{k^{\gamma-1}}\frac{1-r^{\gamma}}{1-r}.$$

狄塞尔循环没有 $k<10$ 的限制，其效率可大于奥托循环. 狄赛尔循环常用于大型卡车、工程机械、机车和船舶的动力装置.

例 10-8 一定量的理想气体经历图 10-19 所示的逆向斯特林循环[斯特林(Robert Stirling)，英国物理学家]：AB 和 CD 分别是温度为 T_1 和 T_2 的等温过程，DA 和 BC 为等体过程，求该循环的制冷系数.

解 设循环中等体过程 DA 和 BC 所对应的体积分别为 V_1 和 V_2，则等温过程 AB 放出的热量 Q_2 为

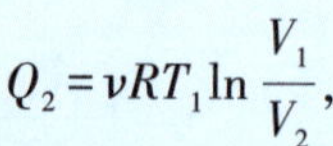

$$Q_2=\nu RT_1\ln\frac{V_1}{V_2},$$

而等温过程 CD 吸收的热量 Q_1 为

图 10-19 逆向斯特林循环

$$Q_1=\nu RT_2\ln\frac{V_1}{V_2},$$

等体过程 BC 和 DA 吸收和放出的热量数值相同，都为 $Q_3=C_V(T_1-T_2)$. 根据定义，制冷系数 ε 可表示为

$$\varepsilon=\frac{Q_2}{Q_1-Q_2}=\frac{T_2}{T_1-T_2}.$$

注意，这里在求制冷系数时，不考虑 DA 段吸收的热量 Q_3，因为该循环的主要目的是从温度为 T_2 的低温物体吸热，而 BC 段吸热过程是从环境吸热，不是有效的吸热过程，所以在求制冷系数时不予考虑.

10.5 热力学第二定律

热力学第二定律的两种表述

大约在 17 世纪中后期的法国，出现了以蒸汽为动力的想法，1688 年，法国物理学家德尼斯·帕潘(Dennis Papan)用一个圆筒和活塞制造出第一台简单的蒸汽机. 1698 年，英国发明家塞维利(Thomas Savery)发明了蒸汽抽水机，用于矿井抽水. 1705 年，英国工程师纽克曼(Thomas Newcomen)发明了空气蒸汽机，从 1712 年起在英国煤矿普遍使用. 到 18 世纪中叶，蒸汽机经过英国发明家瓦特(James Watt)的改进，效率有所提升. 到 19 世纪，蒸汽机在工业上已经得到了广泛应用. 然而，如何提高热机效率仍是当时工业生产中的重要课题. 19 世纪 20 年代，法国工程师卡诺通过模型化热机，研究了一切热机的效率问题，他指出：一台蒸汽机所能产生的机械功，原则上依赖于锅炉和冷凝器之间的温度差，以及工质从锅炉吸收的热量.

卡诺得出上述结论基于当时流行的热质说，即认为热量是一种特殊物质的观点. 他认为，把热量从高温传到低温而做功，就如水力机将水从高处流到低处做功一样，与水量守恒相对应的是热质守恒. 虽然热质说的观点是错误的，但卡诺得出的结论却是正确的. 到了 19 世纪中叶，人们普遍接受了热量是一种能量的观点. 开尔文注意到，能量守恒定律和卡诺建立的热机理论之间有矛盾：能量转化和守恒定律表明，机械能可以定量地转化为热，而卡诺热机理论则认为热在蒸汽机里并不能完全转化为机械能. 通过进一步的理论研究，开尔文和克劳修斯解决了这个矛盾，将能量守恒和热机效率联系起来，建立了热力学第二定律.

从热机效率的定义可以看出，在工质经历一个循环过程中，向低温热源放的热量越少，热机效率越高. 如果要使效率 $\eta=100\%$，则 $Q_2=0$，即工质在一个循环过程中，把从高温热源吸收的热量全部转化为有用的机械功，工质本身又回到了原来的热力学状态，也即一个循环过程仅与一个热源关联，这样的热机是否能实现呢？显然，100%效率的热机不违反热力学第一定律，遵循能量转化和守恒定律，可是，大量的事实表明，热机都不可能仅与一个热源发生联系：热机在不断地从一个热源吸收热量转化为有用功的同时，不可避免地会将一部分热量传给低温热源. 在总结这些经验的基础上，开尔文于 1851 年提出了一条新的普遍原理：**不可能从单一热源吸取热量，使之完全变为有用的功而不产生其他影响**. 该表述被称为热力学第二定律的开尔文表述.

开尔文表述中的“单一热源”指的是温度均匀且恒定不变的热源. 若热源温度不均匀，工质可以由热源中温度较高的部分吸热，而往热源中温度较低的部分放热，也就相当于多个热源了. 另外，表述中的“其他影响”指的是除了由单一热源吸热并把吸收的热量用于做功以外的任何其他变化. 当存在其他影响时，有可能从单一热源吸收的热量全部用来对外界做功. 例如，理想气体等温膨胀，理想气体和单一热源接触膨胀，内能不变(因

理想气体内能仅由温度决定)，即$\Delta E=0$，由热力学第一定律

$$Q=-A,$$

吸收的热量全部用于对外界做功，但这种情况下却产生了其他影响：理想气体膨胀了.

开尔文表述还可表达为：第二类永动机是永远不可能制成的. 这里所讲的第二类永动机，是一种从单一热源吸收热量并使之完全转变为有用的功而不产生其他影响的热机. 这种机器不违反能量转化和守恒定律，但这种热机的效率为100%. 如果这种热机能制成，我们就可以利用空气或海洋作为热源，从它们那里不断吸取热量而做功.

热力学第二定律还有另外的表述. 我们已知，在制冷机的一个循环过程中，外界对机器做功使工质从低温热源吸收热量Q_2，并向高温热源放热$Q_1=Q_2+A$，而工质经历循环后回到原来的状态. 制冷机的目的是将热量从低温物体传到高温物体，效能用制冷系数ε来表示. 从制冷系数表达式可以看出，从低温物体吸收相同热量Q_2，如果需要的功越少，则制冷机效能越高. 然而，大量的事实表明，外界必须做功($A\neq0$)，也就是说，制冷机工质经历一次循环过程后恢复原态，其唯一的效果不可能只是实现热量从低温物体传到高温物体. 克劳修斯在总结这些规律后，于1850年提出：**不可能把热量从低温物体传到高温物体而不引起其他变化.** 该表述被称为热力学第二定律的克劳修斯表述.

热力学第二定律的这两种表述都是在总结大量事实的基础上提出来的，由热力学第二定律导出的推论都与实践符合，从而进一步证明了该定律的正确性. 但需要注意的是，热力学第二定律也有适用范围和成立条件：它对有限范围内的宏观过程是成立的，但不适用于少量分子的微观体系，也不能把该定律推广到无限的宇宙.

虽然热力学第二定律的这两种表述形式上区别很大，但可以证明二者是等效的，即可同时证明：如果开尔文表述成立则克劳修斯表述成立，如果克劳修斯表述成立则开尔文表述成立. 事实上，我们证明上述两个命题的逆否命题成立更方便一些，即证明：如果克劳修斯表述不成立则开尔文表述也不成立，如果开尔文表述不成立则克劳修斯表述也不成立.

我们首先证明如果克劳修斯表述不成立则开尔文表述也不成立，即如果热量可以自发地从低温热源传递给高温热源而不引起其他变化，则可以设计一个热机，它从单一热源吸热完全转化成功而不引起其他的变化. 为了证明这一点，我们设计了一个制冷机和普通热机联合工作的热机，如图10-20所示. 由于克劳修斯表述不成立，制冷机Ⅰ可实现从低温热源吸收热量Q，并向高温热源释放热量Q，而普通热机Ⅱ从高温热源吸收的热量恰好是制冷机释放给高温热源的热量Q，并向外界做功A，同时将能量Q_2释放给低温热源. 从两个机器组成的联合热机工作的总体效果看，联合热机实现了从单一热源(温度为T_2的热源)吸收的热量全部转化成了有用功，高温热源吸收热量Q的同时放出了相同的热量Q，恢复到原来的状态. 这也就意味着开尔文表述不成立.

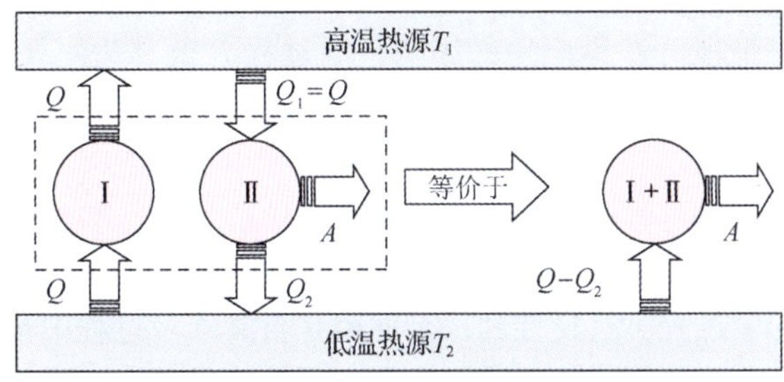

图 10-20 联合热机

类似地，我们可证明如果开尔文表述不成立则克劳修斯表述也不成立，即如果存在热机能从单一热源吸收热量并全部转化成功而不引起其他变化，则可实现热量自发地从低温热源传递给高温热源而不引起其他变化. 为了证明这一点，我们设计一个联合制冷机，如图 10-21 所示，一个热机Ⅰ可以从温度为 T_1 的单一热源吸收热量而全部转化成功 A，将该热机与普通制冷机Ⅱ结合，构成一个联合制冷机：借助热机输出的功实现从温度为 T_2 的低温热源吸收热量 Q_2，并向温度为 T_1 的热源放热 $A+Q_2$. 从热机和普通制冷机组合成的联合制冷机的总体效果来看，其实现了自发地从低温热源吸收热量 Q_2 向高温热源放热的过程，即克劳修斯表述不成立.

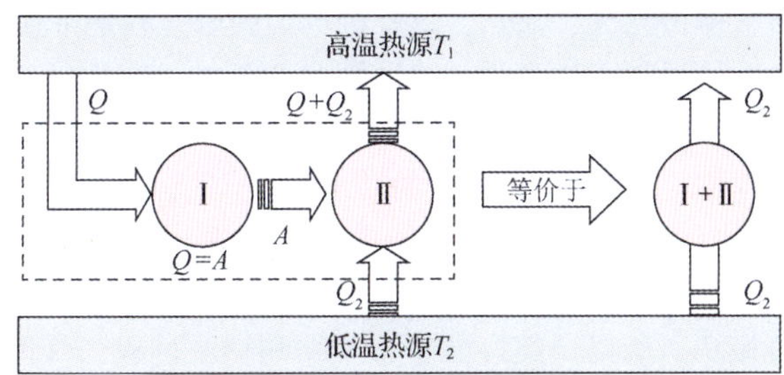

图 10-21 联合制冷机

无论是开尔文表述，还是克劳修斯表述，都是对特定物理场景中热学规律的总结. 这两种表述提出来后，人们一直在思考：热力学第二定律是否蕴含更深层次的物理规律？开尔文表述表明，热机无法实现从单一热源吸热转变成有用的功而不引起其他影响，但它的逆过程，即将功完全转换成热量，是可以实现的；克劳修斯表述表明，热量无法自发地从低温热源传递给高温热源而不引起其他变化，但热量却可自发地从高温热源传递给低温热源. 由此可以看出，热力学第二定律与过程的可逆性和不可逆性相关.

10.6 热力学过程的不可逆性

热力学过程的可逆性和不可逆性

设在某一热力学过程 P 中，系统从初状态 α 变化到末状态 β. 如果能使系统进行逆向变化，从状态 β 回到状态 α，而且，逆过程中系统经过的全部状态与正过程所经历的状态相同，只是次序相反，在逆过程的每一步上都消除了正过程对外界产生的影响，则过程 P 就称为可逆过程. 反之，在不引起其他变化的前提下，不能使逆过程重复正过程 P 的每一个状态，则过程 P 称为不可逆过程. 在热力学循环过程中，可能有的过程是可逆过程，有的是不可逆过程. 我们将基于可逆循环过程工作的热机称为可逆热机，反之，循环过程中含不可逆过程的热机称为不可逆热机.

产生热力学过程不可逆性的一个原因是自发宏观过程中都存在非平衡因素. 当气体从一个平衡态经历非平衡过程到达另外一个平衡态时，我们无法在逆过程中重复非平衡态. 例如，一理想气体置于绝热容器中，处于平衡态. 当快速地拉动活塞使气体体积增大时，我们可以预见，在未达到热平衡前，容器内的气体分子靠近活塞区域分布比较稀疏，长时间后气体达到平衡态，容器内分子均匀分布. 如果将该过程逆向进行，压缩活塞，则在恢复正向过程对环境影响的前提下，难以实现靠近活塞区域的气体分子数密度小这样的非平衡态.

耗散或摩擦是导致热力学过程不可逆的另外一个原因. 设想一理想气体从初状态 α 经历一准静态等温膨胀过程，到达末状态 β，过程中，系统从热源吸收热量 Q_0，并对外界做功 A_0. 如果我们使该系统经历逆向过程，从状态 β 准静态地等温压缩回到状态 α，则系统在向热源放出热量 Q_0 的同时，外界也对气体做功 A_0. 显然，这样的等温膨胀过程是可逆过程. 然而，当存在摩擦时，该过程不再可逆. 假设膨胀和压缩过程中活塞和容器壁之间存在摩擦，在膨胀过程中，气体对外界做的功 A_0 将大于外界获得的功 A_1；在压缩过程中，外界对气体做的功 A_2 大于气体从外界获得的功 A_0，所以，总体上外界做的功为 $A_2-A_1>0$. 同时，外界从活塞和容器壁之间的摩擦获得的热量也是 A_2-A_1. 根据热力学第二定律，摩擦获得的热量无法全部转化成机械功，所以，经过准静态压缩和膨胀过程，气体的状态恢复了，但外界环境发生了变化，循环过程对外界的影响无法消除.

综上所述，无摩擦的准静态过程才是可逆过程. 然而，这样的过程是一种理想的极限，只能接近，绝不能真正达到. 因为实际过程都是以有限的速度进行，且在其中包含摩擦、粘滞、电阻等耗散因素，必然是不可逆的. 有的不可逆过程无法逆向复制正过程中所经历的中间状态，而有的不可逆过程虽可实现正过程中的每一个中间状态，但不能将原来正过程在外界留下的痕迹完全消除.

热力学第二定律表明，实际发生的宏观过程都是不可逆的. 热力学第二定律的开尔文表述说明了功和热的转换过程是不可逆过程：功可以完全转换成热量，但热量却无法完全转换成功而不对环境产生影响. 克劳修斯表述则表明，热传递过程是不可逆过程：热量可以自发地从高温热源传递给低温热源，而不存在逆过程并将高温、低温热源的状态复原. 这两种表述的等价性则表明，它们所对应过程的这种不可逆性也应存在关联.

的确，所有不可逆过程都是相互关联的，由一个过程的不可逆性可以判定另一个过程的不可逆性. 例如，理想气体向真空自由膨胀的过程不可逆，我们可以将该过程与热力学第二定律的开尔文表述相联系，由热功转换的不可逆性可得出真空自由膨胀过程也不可逆. 为了证明这一点，我们考察该命题的逆否命题，即假设真空自由膨胀过程可逆，则可设计热机，实现从单一热源吸热转化成有用的功而不引起其他影响. 如图 10-22 所示，我们假设理想气体向真空自由膨胀过程可逆，即气体可以自发地从充满整个容器到只占据容器的一部分，则可以设计这样的理想气体热机：气体通过等温膨胀过程从单一热源吸收热量而对外做功，同时利用气体真空膨胀过程的逆过程，使气体恢复到原来的体积. 整个循环过程实现了从单一热源吸收热量转化成有用的功而没产生任何影响，即热力学第二定律的开尔文表述不成立.

计算机模拟

理想气体向真空自由膨胀是不可逆过程

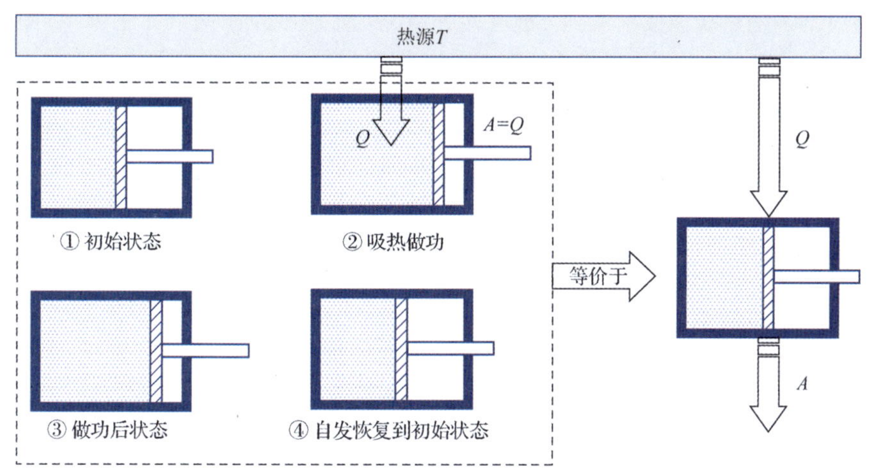

图 10-22 含可逆自由膨胀过程的热机

热力学第二定律说明了自然界发生的实际过程的不可逆性，它指出，宏观实际过程都按一定的方向进行，相反方向的过程不能自动发生，或者说，如果可以发生，则必然引起其他后果. 热力学第二定律的实质在于指出：**一切与热现象有关的实际宏观过程都是不可逆的**. 它所揭示的客观规律向人们指出了实际宏观过程进行的条件和方向.

例 10-9 试证明任何物质在 $p-V$ 图上的等温线和绝热线都不能交于两点.

证明 利用反证法. 假设 $p-V$ 图上的等温线和绝热线可以交于两点，可能出现图 10-23 所示的两种情况：在相交的两点之间，绝热线在等温线下方[见图 10-23(a)]和绝热线在等温线上方[见图 10-23(b)]. 对于第一种情况，设计一个热机，工作循环从交点 A 出发，沿

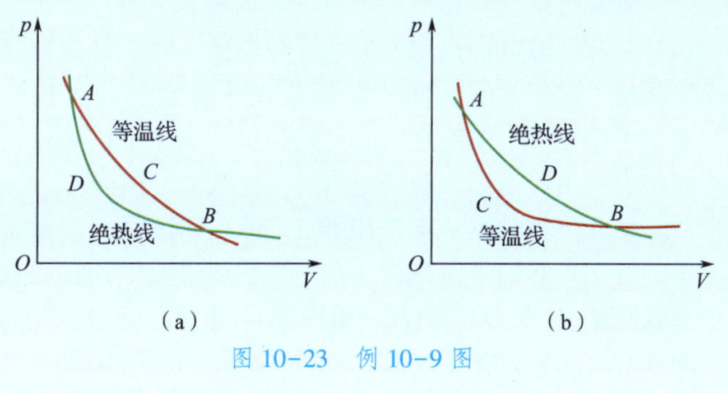

图 10-23 例 10-9 图

等温线到达第二个交点 B，再沿绝热线回到 A 点，该循环对外界做正功，但仅从单一热源吸热，违背热力学第二定律，因此不可能实现. 同样地，对于第二种情况，可设计热机，以过程 $ADBCA$ 为工作循环，该热机也仅从单一热源吸热，并对外界做正功，也违背了热力学第二定律，因此也不可能实现.

综上所述，假设 p-V 图上的等温线和绝热线可以交于两点，我们将得到违背热力学第二定律的结论，因此，p-V 图上的等温线和绝热线不能交于两点.

例 10-10 试证明任何物质在 p-V 图上的两条绝热线不能相交.

证明 利用反证法. 如图 10-24 所示，假设 p-V 图上的两条绝热线可以相交，设交点为 A，则可作一条等温线将两条绝热线连接起来，可能有两种情况：等温线位于交点 A 下方[见图 10-24(a)]和等温线位于交点 A 上方[见图 10-24(b)]. 设等温线与绝热线的两个交点为 B 和 C，设计一个热机，以图中所示的 $ABCA$ 循环作为工作循环，则热机对外界做正功，但整个循环仅从单一热源吸收热量，违背热力学第二定律，不可能实现. 因此，原假设不成立，即 p-V 图上的两条绝热线不能相交.

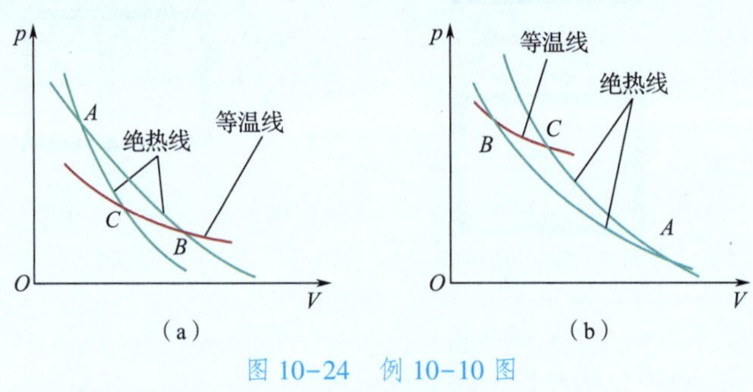

图 10-24 例 10-10 图

卡诺定理

早在热力学第一定律和第二定律建立之前，通过分析一般热机中影响热功转换效率的各种因素，法国工程师卡诺于 1824 年提出了卡诺定理：

(1) 在相同的高温热源和相同的低温热源之间工作的一切可逆热机，效率相同，与工质无关；

(2) 在相同的高温热源和相同的低温热源之间工作的一切不可逆热机，效率都不可能大于可逆热机的效率.

首先要注意，卡诺定理中的热源都是温度均匀的恒温热源，涉及的两个热源在热机的循环过程中温度始终保持不变. 其次，定理中的热机都是在某一确定温度的热源处吸热，并在另一确定温度热源处放热，同时对外界做功，定理中的“之间”并不是指热机吸热和放热的热源温度范围. 显然，工作在两个温度之间的可逆热机必然是卡诺热机，该热机对应的循环就是由两条等温线和两条绝热线所组成的卡诺循环.

结合热力学第一定律和第二定律可以证明卡诺定理. 如图 10-25(a)所示，有Ⅰ和Ⅱ两可逆热机，在一个循环过程中，它们从同一高温热源分别吸收热量 Q_1 和 Q_1'，向同一低温热源分别放热 Q_2 和 Q_2'，对外界做功分别为 A 和 A'. 现使热机Ⅱ逆向工作，如图 10-25(b)所示，外界对该逆向热机做功为 A'，并使它从低温热源吸收热量 Q_2'，假设Ⅱ吸收的热量满足条件

$$Q_2'=Q_2,$$

则Ⅱ的逆向热机和热机Ⅰ联合工作的热机中，其从高温热源吸收热量Q_1-Q_1'，并对外界做功$A-A'$. 根据热力学第二定律，有

$$A-A'\leqslant 0, \tag{10.6.1}$$

因为$A-A'>0$对应于从单一热源吸收热量对外界做功而不产生影响的情形，与热力学第二定律的开尔文表述矛盾. 利用式(10.6.1)，得

$$Q_1\leqslant Q_1',$$

因此

$$1-\frac{Q_2}{Q_1}\leqslant 1-\frac{Q_2'}{Q_1'},$$

即热机Ⅰ的效率η不大于可逆向工作的热机Ⅱ的效率η'：

$$\eta\leqslant\eta'. \tag{10.6.2}$$

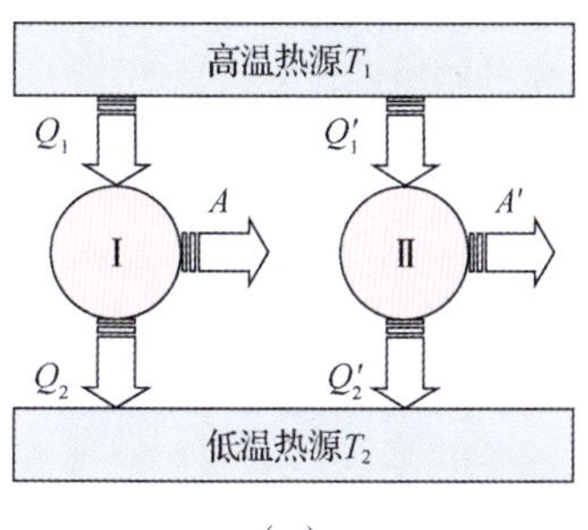

(a)

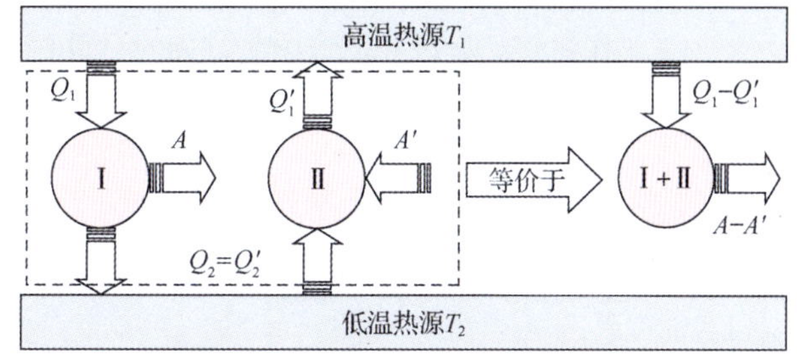

(b)

图 10-25 卡诺定理的证明

同理，两个可逆热机Ⅰ和Ⅱ中，使热机Ⅰ逆向工作，则应有不等式

$$\eta\geqslant\eta'. \tag{10.6.3}$$

要使式(10.6.2)和式(10.6.3)同时成立，则只能有

$$\eta=\eta',$$

即工作在两个恒定温度热源间的可逆热机应有相同的效率. 由于证明过程不涉及工质，因此该结论对于任意热机都成立，我们即证明了卡诺定理的第一个命题.

若热机Ⅰ和Ⅱ中有一个热机为不可逆热机，设Ⅱ为不可逆热机，则式(10.6.2)和式(10.6.3)中仅有式(10.6.3)成立. 事实上，在Ⅱ为不可逆热机时，式(10.6.3)中不能取等号，因为若$\eta=\eta'$，则在Ⅱ的逆向热机与Ⅰ联合工作时，一个循环过程没有对外界产生任何影响，这与Ⅱ为不可逆热机的假设矛盾. 因此，

$$\eta>\eta',$$

即一切不可逆热机的效率都不高于可逆热机. 至此我们即证明了卡诺定理的第二个命题.

由于工作在两个恒温热源之间的可逆热机的效率与工质无关，因此一切可逆热机的效率也应等于以理想气体为工质的卡诺热机的效率，即有

$$\eta=1-\frac{T_2}{T_1},$$

其中 T_1 和 T_2 分别为高温和低温热源的温度. 而工作在相同温度的高温热源和低温热源之间的不可逆热机的效率应小于上述数值，因此，可以将卡诺定理统一表示为

$$\eta \leqslant 1-\frac{T_2}{T_1}, \tag{10.6.4}$$

其中等号对应于可逆热机，不等号对应于不可逆热机.

需要注意的是，卡诺定理针对制冷机也是成立的：

(1)在相同的高温热源和低温热源之间工作的一切可逆制冷机，其制冷系数都相等，与工质无关；

(2)在相同的高温热源和低温热源之间工作的一切不可逆制冷机的制冷系数不可能大于可逆制冷机的致冷系数.

由于以理想气体为工质的可逆卡诺制冷机的制冷系数为$\frac{T_2}{T_1-T_2}$，由此可得，工作在温度为 T_1 和 T_2 的热源之间的一切不可逆制冷机的制冷系数 ε 满足

$$\varepsilon \leqslant \frac{T_2}{T_1-T_2}. \tag{10.6.5}$$

例 10-11 一建筑物通过理想热泵维持温度 T，热泵利用温度为 T_0 的一条河流作为一个热源，同时消耗功率 W，建筑物向环境散热的速率为 $\alpha(T-T_0)$，这里 α 为一正常数，求稳定时建筑物的温度 T.

解 与制冷机类似，热泵也是一种通过做功，从低温热源吸收热量并向高温热源放出热量的装置. 衡量热泵工作效能的系数称为供热系数，通常用 ε_h 表示. 在热泵的一个循环中，如果输入的机械功为 A，从温度为 T_2 的低温热源吸收的热量为 Q_2，向温度为 T_1 的高温热源放出的热量为 Q_1，则供热系数定义为

$$\varepsilon_h=\frac{Q_1}{A}=\frac{Q_1}{Q_1-Q_2}. \tag{10.6.6}$$

显然，卡诺定理对于热泵也是成立的，一切工作在高温热源和低温热源之间的可逆热泵(或称为理想热泵)的供热系数都相等，利用理想气体作为工质，以卡诺循环为工作循环，可知理想热泵的供热系数为$\frac{T_1}{T_1-T_2}$.

据题意，设单位时间内理想热泵从河流(低温热源，温度为 T_0)中吸收的热量为 Q，该理想热泵在单位时间内向建筑物(高温热源，温度为 T)放出的热量为 Q_1，利用理想热泵供热系数应等于$\frac{T}{T-T_0}$，则有

$$\frac{Q_1}{W}=\frac{T}{T-T_0}. \tag{10.6.7}$$

稳定时，建筑物单位时间吸收的热量应等于放出的热量，即有

$$Q_1=\alpha(T-T_0).$$

将该式代入式(10.6.7)，得

$$\frac{\alpha(T-T_0)}{W}=\frac{T}{T-T_0},$$

求解方程后最终得到

$$T=T_0+\frac{W}{2\alpha}+\frac{1}{2\alpha}\sqrt{W^2+4\alpha T_0 W}.$$

克劳修斯等式和不等式

利用卡诺定理可以得到热力学第二定律的一个重要推论——克劳修斯等式和不等式. 对于工作在两个温度分别为 T_1 和 $T_2(T_1>T_2)$ 的恒温热源之间的热机，一个循环过程中吸收和放出的热量分别为 Q_1 和 Q_2，则由卡诺定理得

$$1-\frac{Q_2}{Q_1}\leqslant 1-\frac{T_2}{T_1},$$

即有

$$\frac{Q_1}{T_1}-\frac{Q_2}{T_2}\leqslant 0.$$

若令 Q_2 代表从低温热源吸收的热量(即恢复热力学第一定律对吸热和放热的符号约定)，则有

$$\frac{Q_1}{T_1}+\frac{Q_2}{T_2}\leqslant 0.$$

显然，上式仅针对系统与两个恒温热源相互作用的情形. 事实上，系统与多个热源相互作用的情形也可导出类似的不等式. 为此，考虑在 $p-V$ 图中如图 10-26(a)所示的任意一可逆循环，该循环与无穷多恒温热源相互作用，我们可将整个循环用无穷多个充分小可逆卡诺循环来代替，如图 10-26(b)所示. 可以看出，图中各相邻微小可逆卡诺循环重合的绝热过程都被抵消，如图 10-26(c)所示. 需要指出的是，为了保证替代的有效性，我们要求每个微卡诺循环的等温过程所吸收的热量与对应过程所吸收的热量相同. 例如，在图 10-26(c)中，1 到 2 过程吸收的热量与 3 到 4 等温过程所吸收的热量相等.

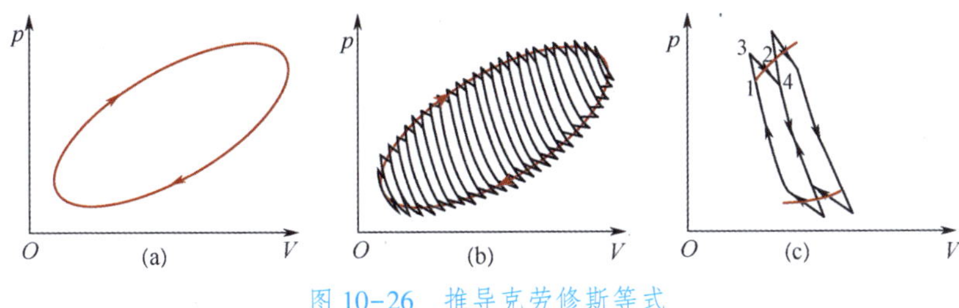

图 10-26 推导克劳修斯等式

图 10-26(b)中每个卡诺循环都满足卡诺定理，即吸收热量和热源温度之比的和为零，所以，对用于替代图 10-26(a)中循环的所有卡诺循环来说，应有

$$\sum_{i=1}^{2n}\frac{\Delta Q_i}{T_i}=0, \tag{10.6.8}$$

这里的 i 求和遍历所有 n 个卡诺循环的 $2n$ 个等温过程. 当 $n\to\infty$ 时, 则可将式(10.6.8)改写为

$$\oint \frac{\delta Q}{T}=0, \tag{10.6.9}$$

当循环过程不可逆时, 则应有

$$\oint \frac{\delta Q}{T}<0, \tag{10.6.10}$$

综合式(10.6.9)和式(10.6.10), 在一个循环过程中, 系统与温度连续分布的热源交换热量, 应满足不等式

$$\oint \frac{\delta Q}{T}\leqslant 0, \tag{10.6.11}$$

该式被称为克劳修斯等式(对应于等号)和不等式(对应于小于号).

需要特别注意的是, 式(10.6.11)中的温度 T 为热源温度. 在循环过程可逆时, 系统经历的各个过程都是平衡态, 因此, 系统温度与热源温度相同, 即 T 亦可看作系统温度. 但在循环过程不可逆时, 系统在整个过程中处于非平衡态, 热源温度 T 不等于系统温度 T'. 若 $\delta Q>0$, 则必有 $T>T'$; 反之, 则有 $T<T'$.

例 10-12 如图 10-27 所示, $p-V$ 图中一循环由两个等压过程和两个等体过程构成. 证明: 对于定容热容 C_V 和定压热容 C_p 都为常数的任何工质, 循环中的 1、2、3、4 状态温度之间满足关系 $T_1T_3=T_2T_4$.

证明 由克劳修斯等式可知

$$\oint \frac{\delta Q}{T}=\int_{1\to 2}\frac{\delta Q}{T}+\int_{2\to 3}\frac{\delta Q}{T}+\int_{3\to 4}\frac{\delta Q}{T}+\int_{4\to 1}\frac{\delta Q}{T}=0. \tag{10.6.12}$$

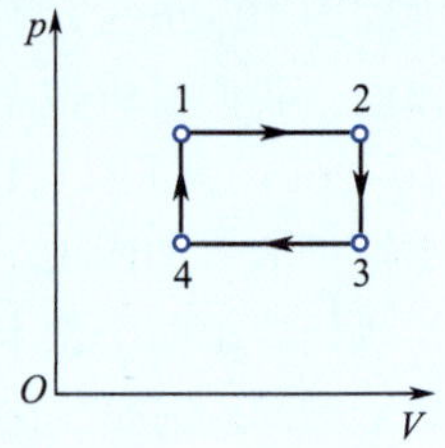

图 10-27 例 10-12 图

对于等压过程 $1\to 2$, 由于定压热容为常数, $\delta Q=C_p\mathrm{d}T$, 所以

$$\int_{1\to 2}\frac{\delta Q}{T}=\int_{T_1}^{T_2}\frac{C_p\mathrm{d}T}{T}=C_p\ln\frac{T_2}{T_1}.$$

对于等体过程 $2\to 3$, 由于定容热容为常数, $\delta Q=C_V\mathrm{d}T$, 所以

$$\int_{2\to 3}\frac{\delta Q}{T}=\int_{T_2}^{T_3}\frac{C_V\mathrm{d}T}{T}=C_V\ln\frac{T_3}{T_2}.$$

类似地, 可以计算得到 $\int_{3\to 4}\frac{\delta Q}{T}=C_p\ln\frac{T_4}{T_3}$ 和 $\int_{1\to 4}\frac{\delta Q}{T}=C_V\ln\frac{T_1}{T_4}$. 将这些结果代入式(10.6.12)可得

$$C_p\ln\frac{T_2}{T_1}+C_V\ln\frac{T_3}{T_2}+C_p\ln\frac{T_4}{T_3}+C_V\ln\frac{T_1}{T_4}=(C_p-C_V)\ln\frac{T_1T_3}{T_2T_4}=0,$$

由于 $C_p\neq C_V$, 所以 $T_1T_3=T_2T_4$.

例 10-13 设一个热机工作于两个非恒定温度的热源之间. 已知高温和低温热源的热容分别为 C_h 和 C_l, 都是与温度无关的常数, 最初两热源的温度分别为 T_h 和 T_l, 当热机工作到两热源温度为 T_f 时停止工作. 求 T_f 的最小值和输出功的最大值.

解 热机不断从高温热源吸收热量，使高温热源温度不断下降，它不断向低温热源释放热量，使其温度不断上升. 考察高温和低温热源温度分别为 T_1 和 T_2 时的一个充分小过程，热机使高温和低温热源温度分别增加 $\mathrm{d}T_1$ 和 $\mathrm{d}T_2$，根据克劳修斯不等式，有

$$-\frac{C_h\mathrm{d}T_1}{T_1}-\frac{C_l\mathrm{d}T_2}{T_2}\leqslant 0.$$

此式中的负号是由于热源温度下降才对应于热机吸收热量. 从热机开始工作到结束工作，应将上式积分，有

$$-\int_{T_h}^{T_f}\frac{C_h\mathrm{d}T_1}{T_1}-\int_{T_l}^{T_f}\frac{C_l\mathrm{d}T_2}{T_2}\leqslant 0,$$

积分后得

$$C_h\ln\left(\frac{T_f}{T_h}\right)+C_l\ln\left(\frac{T_f}{T_l}\right)\geqslant 0,$$

解得

$$T_f\geqslant T_h^{\frac{C_h}{C_h+C_l}}T_l^{\frac{C_l}{C_h+C_l}},$$

所以 T_f 的最小值 $T_{f,\min}$ 为

$$T_{f,\min}=T_h^{\frac{C_h}{C_h+C_l}}T_l^{\frac{C_l}{C_h+C_l}}.$$

过程输出的功为

$$A=C_h(T_h-T_f)-C_l(T_f-T_l)=C_hT_h+C_lT_l-(C_h+C_l)T_f,$$

代入求出的 T_f，得

$$A\leqslant C_hT_h+C_lT_l-(C_h+C_l)T_h^{\frac{C_h}{C_h+C_l}}T_l^{\frac{C_l}{C_h+C_l}},$$

即最大输出功为 $A_{\max}=C_hT_h+C_lT_l-(C_h+C_l)T_h^{\frac{C_h}{C_h+C_l}}T_l^{\frac{C_l}{C_h+C_l}}$.

10.7 热力学系统的熵

态函数熵

克劳修斯等式告诉我们，任意可逆循环的 $\frac{\delta Q}{T}$ 的闭合积分恒等于零，由此可以定义一个态函数——熵. 如图 10-28 所示，设热力学系统可分别经历可逆过程 Ⅰ 和 Ⅱ 从状态 a 变化到状态 b. 在由 Ⅰ 和 Ⅱ 的逆过程（表示为 $\tilde{\text{Ⅱ}}$）组成的闭合回路中，克劳修斯等式可表示为

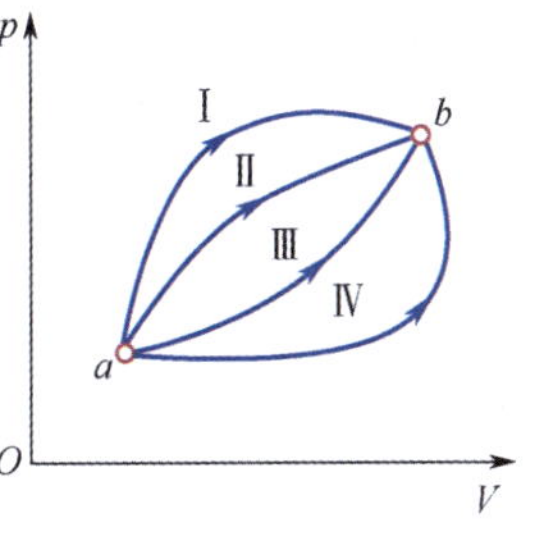

图 10-28 态函数熵

$$\int_{\text{Ⅰ}(a)}^{\text{Ⅰ}(b)}\frac{\delta Q}{T}+\int_{\tilde{\text{Ⅱ}}(b)}^{\tilde{\text{Ⅱ}}(a)}\frac{\delta Q}{T}=0,$$

因此有

$$\int_{\mathrm{I}(a)}^{\mathrm{I}(b)} \frac{\delta Q}{T} = -\int_{\tilde{\mathrm{II}}(b)}^{\tilde{\mathrm{II}}(a)} \frac{\delta Q}{T}.$$

利用积分的性质可知

$$\int_{\tilde{\mathrm{II}}(b)}^{\tilde{\mathrm{II}}(a)} \frac{\delta Q}{T} = -\int_{\mathrm{II}(a)}^{\mathrm{II}(b)} \frac{\delta Q}{T},$$

所以

$$\int_{\mathrm{I}(a)}^{\mathrm{I}(b)} \frac{\delta Q}{T} = \int_{\mathrm{II}(b)}^{\mathrm{II}(a)} \frac{\delta Q}{T}.$$

即$\int_{(a)}^{(b)} \frac{\delta Q}{T}$沿路径Ⅰ和路径Ⅱ的积分相等，由于路径Ⅰ和Ⅱ是我们选择的任意路径，由此我们得出结论，$\int_{(a)}^{(b)} \frac{\delta Q}{T}$与积分的路径无关，因此，该积分的值由最初和最末状态的性质决定. 根据这一特性，我们可以引入态函数熵S，定义为

$$S_b - S_a = \int_{(a)}^{(b)} \frac{\delta Q}{T}, \tag{10.7.1}$$

S_a、S_b分别称为系统在平衡态a、b时的熵. 显然，式(10.7.1)仅定义了两个平衡态之间的熵差，因此，该定义中包含了一个常数. 实际上，热力学问题中需要的也正是最初和最末状态的熵的变化. 熵的单位可用J/K表示.

利用热力学第一定律，$\delta Q=\mathrm{d}E+p\mathrm{d}V$，式(10.7.1)可改写为

$$S_b-S_a = \int_{(a)}^{(b)} \frac{\mathrm{d}E+p\mathrm{d}V}{T}. \tag{10.7.2}$$

对于充分小过程，式(10.7.1)可写作

$$T\mathrm{d}S = \delta Q, \tag{10.7.3}$$

或

$$T\mathrm{d}S = \mathrm{d}E+p\mathrm{d}V. \tag{10.7.4}$$

式(10.7.4)为热力学第二定律的基本微分形式. 显然，与内能、焓等物理量类似，熵是个广延量，即系统的熵等于系统各部分熵的总和.

需要指出的是，利用式(10.7.1)来计算系统熵变时，我们通常选取一特定可逆过程来计算，但当系统的平衡态确定后，熵就完全确定了，与利用什么样的过程将两个平衡态连接起来无关，熵是描述平衡态的状态参量(如p、T或p、V)的函数. 实际过程中，热力学系统可能通过一些不可逆过程从平衡态a变化到平衡态b，但在计算熵变时，我们可以设计任意的可逆过程将状态a和状态b联系起来，从而利用式(10.7.1)计算熵变. 当然，我们也可以在已知熵关于状态参量的函数的前提下，利用最初和最末状态的状态参量来计算熵变.

另外，在已知熵$S(E,V)$的具体表达式的情况下，利用(10.7.4)还能给出内能、体积满足的关系式，从而导出热状态方程和物态方程. 将式(10.7.4)改写为

$$\mathrm{d}S = \frac{1}{T}\mathrm{d}E + \frac{p}{T}\mathrm{d}V,$$

由此可得

$$\frac{1}{T}=\left(\frac{\partial S}{\partial E}\right)_V, \tag{10.7.5}$$

及

$$\frac{p}{T}=\left(\frac{\partial S}{\partial V}\right)_E. \tag{10.7.6}$$

例 10-14 已知黑体辐射的光子气的能量密度 u(单位体积内的能量)与温度的关系为 $u=aT^4$(斯忒潘-玻尔兹曼定律)，设 $T_0=0$ 时，$S_0=0$，求体积不变时任意温度下辐射光子气的熵.

解 光子气的内能 $E=Vu=aVT^4$，因此

$$dE=aT^4dV+4aT^3VdT.$$

同时，已知光子气的状态方程为 $p=\frac{1}{3}n\bar{\varepsilon}$[见式(9.4.5)]，其中 $n\bar{\varepsilon}$就是单位体积内光子气的能量，即 $n\bar{\varepsilon}=u$，所以 $p=\frac{1}{3}u$. 利用式(10.7.4)有

$$dS=\frac{dE}{T}+\frac{p}{T}dV=\frac{4}{3}aT^3dV+4aT^2VdT,$$

在体积不变条件下，$dV=0$，V 为常数，所以

$$dS=4aT^2VdT.$$

选 $T_0=0$ 时，$S_0=0$，上式积分后有

$$S=\frac{4}{3}aT^3V. \tag{10.7.7}$$

例 10-15 计算理想气体的熵变.

解 对于理想气体，$dE=\nu C_{V,m}dT$，其中 ν 为物质的量(单位：mol)，$C_{V,m}$为定容摩尔热容. 由式(10.7.4)得

$$dS=\frac{1}{T}dE+\frac{p}{T}dV=\frac{\nu C_{V,m}}{T}dT+\frac{p}{T}dV,$$

将理想气体状态方程$\frac{p}{T}=\frac{\nu R}{V}$代入上式，积分后，有

$$S-S_0=\int_{T_0}^{T}\frac{\nu C_{V,m}}{T}dT+\int_{V_0}^{V}\frac{\nu R}{V}dV=\nu C_{V,m}\ln\frac{T}{T_0}+\nu R\ln\frac{V}{V_0}. \tag{10.7.8}$$

这里，假设在体积为 V_0、温度为 T_0 时，系统熵值为 S_0. 在以 p、T 为独立参量时，熵也可表示为

$$S-S_0=\nu C_{V,m}\ln\frac{T}{T_0}+\nu R\ln\frac{Tp_0}{pT_0}=\nu C_{p,m}\ln\frac{T}{T_0}-\nu R\ln\frac{p}{p_0}. \tag{10.7.9}$$

例 10-16 如图 10-29 所示，两种不同种类的理想气体 A 和 B 混合，混合后 A 气体和 B 气体物质的量占混合气体总的物质的量的比例分别为 x_A 和 x_B. 设混合前两种气体的压强和温度与混合后混合气体的压强和温度都相同，求 1mol 混合气体混合过程的熵变 ΔS_m.

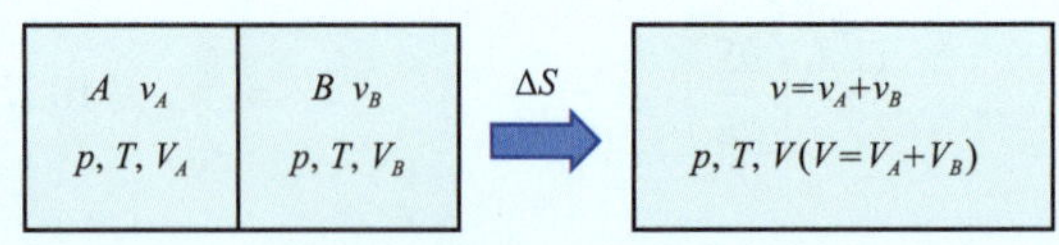

图 10-29 例 10-16 图

解 考察理想气体 A，混合前和混合后体积之比为

$$\frac{V_A}{V}=\frac{\nu_A}{\nu_A+\nu_B}=x_A.$$

由式(10.7.8)可知，混合前后 A 气体的熵变 ΔS_A 为

$$\Delta S_A=\nu_A R\ln\frac{V}{V_A}=-\nu_A R\ln x_A.$$

类似地，可以求出混合前后 B 气体的熵变 ΔS_B 为

$$\Delta S_B=\nu_B R\ln\frac{V}{V_B}=-\nu_B R\ln x_B.$$

因此，A 气体和 B 气体恒温恒压混合后的总熵变可表示为

$$\Delta S=\Delta S_A+\Delta S_B=-R(\nu_A\ln x_A+\nu_B\ln x_B).$$

由此可得，A 气体和 B 气体混合得到 1mol 混合气体的过程中，熵变为

$$\Delta S_m=\frac{\Delta S_A+\Delta S_B}{\nu_A+\nu_B}=-R(x_A\ln x_A+x_B\ln x_B). \tag{10.7.10}$$

我们看到，$\Delta S_m>0$，即混合过程熵增加.

式(10.7.10)的结果可以进一步推广. 将 n 种不同的理想气体混合，设第 $i(i=1,2,\cdots,n)$ 种气体物质的量占混合气体总物质的量的比例为 x_i，则恒温恒压下混合这 n 种气体的过程中，1mol 混合气体的熵变为

$$\Delta S_m=-R\sum_{i=1}^{n}x_i\ln x_i. \tag{10.7.11}$$

我们进一步讨论气体混合的熵变问题. 假如混合气体中气体 A 和 B 物质的量占混合气体物质的量的比例都为$\frac{1}{2}$，则混合过程的摩尔熵变为

$$\Delta S_m=R\ln 2. \tag{10.7.12}$$

如果 A 和 B 为同一种气体，恒温恒压混合过程的熵变应该等于多少？由于 A 和 B 为同一种气体，混合后 A 和 B 的气体状态实际上没有发生变化，因此态函数熵也就没有发生变化，从而 $\Delta S_m=0$，即式(10.7.12)不再成立. 显然，从气体 A 和 B 有差异到 A 和 B 为同种气体，熵变不是连续变化的. 可以设想，如果气体 A 和 B 的差异越来越小，熵变如何从不为零连续变化到零呢？这种物质差异性连续变化与熵值存在突变之间的矛盾，称为吉布斯佯谬，最早由美国物理学家吉布斯于 1876 年提出来. 事实上，微观粒子的差异性是由物质结构的离散性决定的，这种差异性无法连续地予以消除，即差异性无法连续地从有过渡到无，因此，吉布斯佯谬不存在.

但是，为什么式(10.7.12)无法用于描述恒温恒压下同种理想气体的

混合呢？实际上，对于同种气体混合，混合前 A 部分气体体积为 V_A，混合后占有的体积不再是 V，而仍然是 V_A，这一点与不同种类气体混合有很大不同. 考虑到这点，我们得到混合前后 A 部分气体的熵变为 $\Delta S_A=\nu_A R\ln\frac{V_A}{V_A}=0$，对于 B 部分气体，有相同的结果，$\Delta S_B=0$，所以总熵变为零.

例 10-17 一块质量为 1kg 的冰，在 1atm 和 0℃的条件下与温度始终保持在 30℃的热源接触，并最终使冰转变成 30℃的 1kg 水. 已知 1atm 下冰的溶解热 $l=3.35\times10^5\text{J/kg}$，在 0℃到 30℃的温度范围内，水的定压比热 $c_p=4.18\times10^5\text{J/(kg·K)}$. 求：(1)水在这个过程中的熵变；(2)热源在这个过程中的熵变；(3)水和热源合并成一个系统时的总熵变.

解 (1)可以看出，冰到水并升温的整个过程为非准静态过程，无法求熵变. 但我们可以将初态 1atm 下 0℃的冰和末态 1atm 下 30℃的水利用准静态过程联系起来，从而求熵变. 为此，我们假设 1atm 下 0℃的冰转变成 0℃的水是通过从一温度比 0℃高无限小的热源吸收热量实现的，该阶段的熵变 ΔS_1 应为

$$\Delta S_1=\frac{\Delta Q}{T_1},$$

其中 $\Delta Q=ml$ 为冰熔化为相同温度的水吸收的热量，$T_1=273.15\text{K}$ 为 1atm 下冰的熔点.

0℃的水和 30℃的水可以通过准静态等压过程联系起来，这阶段的熵变 ΔS_2 应为

$$\Delta S_2=\int\frac{\delta Q}{T}=mc_p\int_{T_1}^{T_2}\frac{\mathrm{d}T}{T}=mc_p\ln\frac{T_2}{T_1}.$$

这里利用充分小过程吸收的热量 $\delta Q=mc_p\mathrm{d}T$，$T_2=303.15\text{K}$ 为最终水的温度. 将上述两个结果合并，可得 1atm 下 0℃的冰变成 30℃的水的过程的熵变

$$\Delta S_{水}=\Delta S_1+\Delta S_2=\frac{ml}{T_1}+mc_p\ln\frac{T_2}{T_1}.$$

代入数据，得

$$\Delta S_{水}\approx7.66\times10^4\text{J/K}.$$

(2)计算热源在这个过程中的熵变，首先需要计算热源放出的热量 $\Delta Q=ml+mc_p(T_2-T_1)$. 对热源来说，放出热量但系统温度不变，因此，可以利用一个温度比热源温度低无穷小量的系统与热源接触，使热源通过等温准静态过程放出热量，由此得热源的熵变

$$\Delta S_{热源}=-\frac{\Delta Q}{T_2}=-\frac{ml+mc_p(T_2-T_1)}{T_2},$$

代入数据后得

$$\Delta S_{热源}\approx-4.25\times10^4\text{J/K}.$$

(3)根据熵的广延性，水和热源合并成一个系统时的总熵变

$$\Delta S=\Delta S_{水}+\Delta S_{热源}\approx3.41\times10^4\text{J/K}.$$

温熵图

对于充分小的过程，$T\mathrm{d}S=\delta Q$，而对于有限可逆过程，吸收的热量

$$Q_{a-b}=\int_a^b T\mathrm{d}S.$$

在 p-V 图上用面积来表示系统对外界做的功，与之类似，可否用 T-S 图来表示可逆过程吸收的热量呢？

这样的做法是可行的，因为熵也可以用于表示系统的平衡态。例如，如果系统以 T、p 作为独立参量来描述，则 $S=S(T,p)$，于是，选 T、S 为独立参量，则可将 p 视为 T、S 的函数，因而可画出 T-S 图，即温熵图。

图 10-30 所示的温熵图中，横坐标为 S，纵坐标为 T，每一点都代表平衡态，每一条曲线代表一个可逆过程。任意过程曲线与水平轴、始状态和末状态的等熵线围成的图形的面积，在数值上等于该可逆过程所吸收的热量。如图 10-30(a)所示，$abdca$ 所围成的图形的面积，数值上就等于 ab 过程吸收的热量。

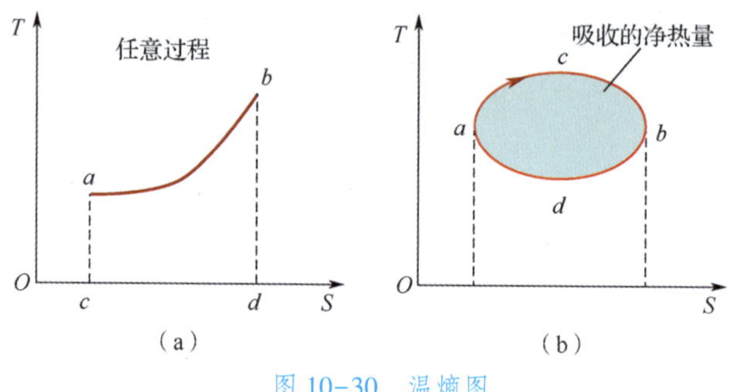

图 10-30 温熵图

由公式 $\delta Q=T\mathrm{d}S$ 可以看出，若系统从外界吸收热量，$\delta Q>0$，则有 $\mathrm{d}S>0$，即系统的熵增加；若系统向外界放出热量，$\delta Q<0$，则有 $\mathrm{d}S<0$，即系统的熵减少。因此，由 T-S 图可以非常清楚地分辨出吸热过程和放热过程：熵增加的过程为吸热过程，熵减少的过程为放热过程。在图 10-30(b)所示的循环中，acb 过程为吸热过程，bda 过程为放热过程，整个 $acbda$ 过程所吸收的净热量(即为循环对外界做的净功)数值上等于封闭曲线所围成的图形的面积。由于用 T-S 图能更好地分析过程吸收的热量，所以其又称为**示热图**。

在 T-S 图 10-31 中画出了常见的等温过程、绝热过程及卡诺循环。在 T-S 图中，与水平轴平行的可逆过程为等温过程，如图 10-31(a)所示；与竖直轴平行的过程为等熵过程，由于该过程中 $\mathrm{d}S=0$，即有

$$\delta Q = T\mathrm{d}S = 0,$$

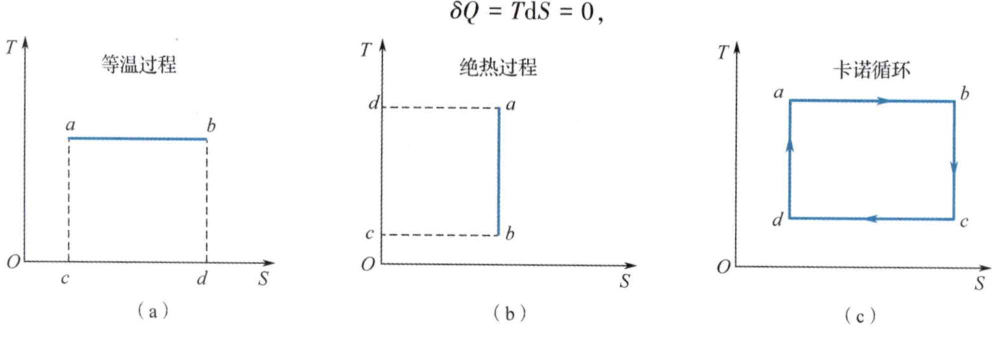

图 10-31 T-S 图中的等温过程、绝热过程及卡诺循环

所以等熵过程就是可逆绝热过程，如图 10-31(b)所示．显然，基于两个等温过程和两个绝热过程构成的卡诺循环在 T-S 图上就是一个长方形，如图 10-31(c)所示．

例 10-18 理想气体在 T-S 图上经历一逆时针可逆循环，其循环过程如图 10-32 所示，试计算该循环吸收的热量及制冷系数．

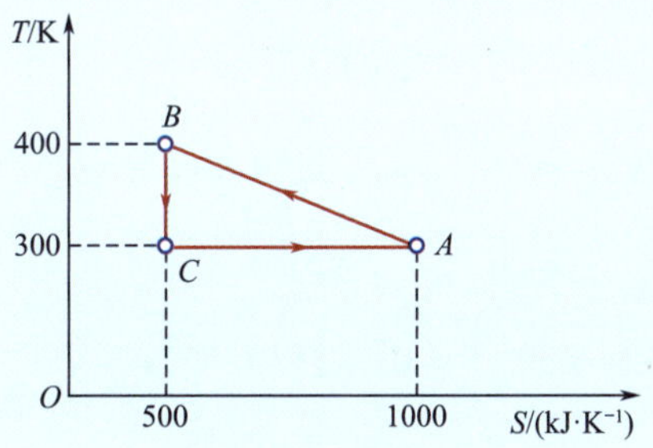

图 10-32 例 10-18 图

解 显然，AB 过程放热，BC 过程为绝热过程，CA 过程为等温过程，吸收热量，它吸收的热量 Q_2 在数值上等于 CA 直线下所包围的图形的面积，即

$$Q_2=T_C(S_A-S_C)=1.5\times10^5\text{kJ}.$$

整个过程外界对系统做的功数值上即为三角形 ABC 的面积，即

$$A=\frac{1}{2}(T_B-T_C)(S_A-S_C)=2.5\times10^4\text{kJ}.$$

所以，该循环的制冷系数

$$\varepsilon=\frac{Q_2}{A}=6.$$

例 10-19 在 T-S 图中推导理想气体多方过程的过程方程，并以等体、等压、绝热、等温过程为例，分析曲线斜率$\frac{\mathrm{d}T}{\mathrm{d}S}$与多方指数之间的关系．

解 设理想气体由状态(T_0,V_0)经多方过程变化到状态(T,V)．由于多方过程是热容为常数的过程，因此，T-S 图中的过程方程可通过计算状态熵变来确定：

$$S-S_0=\int\frac{\delta Q}{T}=\int_{T_0}^{T}\frac{\nu C_{n,m}\mathrm{d}T}{T}=\nu C_{n,m}\ln\frac{T}{T_0},\tag{10.7.13}$$

其中 ν 为理想气体的物质的量，$C_{n,m}$为多方过程的摩尔热容，它与多方指数 n 之间的关系为

$$C_{n,m}=\frac{\gamma-n}{1-n}C_{V,m},$$

将上式代入式(10.7.13)即得

$$T=T_0\mathrm{e}^{\frac{S-S_0}{\nu C_{n,m}}}=T_0\mathrm{e}^{\frac{(S-S_0)(1-n)}{\nu C_{V,m}(\gamma-n)}},$$

求导得

$$\frac{\mathrm{d}T}{\mathrm{d}S}=\frac{1-n}{\nu C_{V,m}(\gamma-n)}T.\tag{10.7.14}$$

对于等体过程，多方指数 $n=\pm\infty$，$\dfrac{\mathrm{d}T}{\mathrm{d}S}=\dfrac{T}{\nu C_{V,m}}>0$，过程方程为

$$T=T_0\mathrm{e}^{\frac{S-S_0}{\nu C_{V,m}}}.$$

对于等压过程，多方指数 $n=0$，$\dfrac{\mathrm{d}T}{\mathrm{d}S}=\dfrac{T}{\nu C_{p,m}}>0$，过程方程为

$$T=T_0\mathrm{e}^{\frac{S-S_0}{\nu C_{p,m}}}.$$

对于绝热过程，多方指数 $n=\gamma$，$\dfrac{\mathrm{d}T}{\mathrm{d}S}=\infty$，过程方程为

$$S=S_0.$$

对于等温过程，多方指数 $n=1$，$\dfrac{\mathrm{d}T}{\mathrm{d}S}=0$，过程方程为

$$T=T_0.$$

根据斜率，可以在 $T-S$ 图中画出多方过程的过程曲线，如图 10-33 所示. 从式(10.7.14)可以看出，当 $1<n<\gamma$ 时，$\dfrac{\mathrm{d}T}{\mathrm{d}S}<0$，温度 T 随 S 的增加而降低；当 $n<1$ 或 $n>\gamma$ 时，$\dfrac{\mathrm{d}T}{\mathrm{d}S}>0$，温度 T 随 S 的增加而升高.

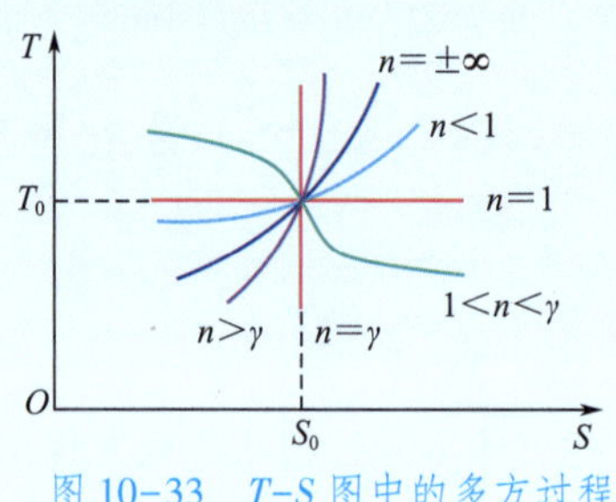

图 10-33　T-S 图中的多方过程

10.8 熵增加原理

热力学第二定律告诉我们，宏观自发过程都是不可逆过程，那么，如何定量地判断不可逆过程发生的方向呢？我们将看到，熵的变化情况是判断不可逆过程发生方向的重要依据.

如图 10-34 所示，考察绝热容器中理想气体向真空自由膨胀这一不可逆过程. 在体积为 V_2 的绝热容器中，用隔板将温度为 T、物质的量为 ν 的理想气体限制在体积为 V_1 区域($V_1<V_2$)，其他区域为真空. 现将隔板拉开，理想气体将充满整个容器. 整个过程绝热，与外界无能量交换，根据热力学第一定律，理想气体在最初平衡态(记为状态 1)和最末平衡态(记为状态 2)具有相同的内能，因此，始末平衡态具有相同的温度. 为了计算始末平衡态的熵变，我们设想一可逆等温过程将两状态连接起来，利用式(10.7.8)，我们得到

$$\Delta S=S_2-S_1=\nu R\ln\frac{V_2}{V_1}. \qquad (10.8.1)$$

由于自发的膨胀过程总是从体积小的区域向体积大的区域膨胀，即$V_2>V_1$，所以$S_2>S_1$，即理想气体在绝热容器中向真空自由膨胀的过程中，熵增加了.

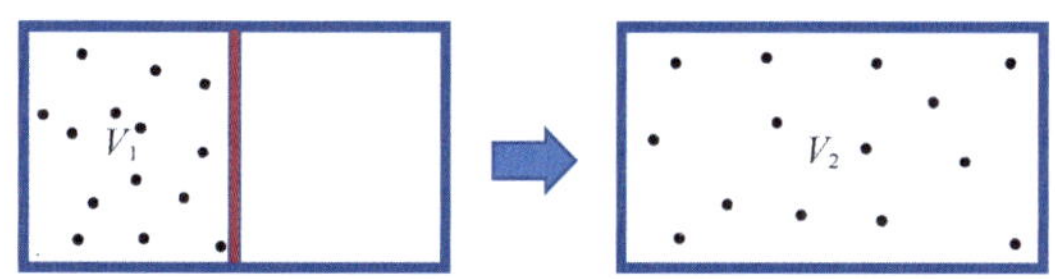

图 10-34 理想气体向真空中自由膨胀

我们再看一个例子. 如图 10-35 所示，将温度分别为T_A和T_B的热力学系统A和B放入绝热容器中，发生热接触. 设$T_A>T_B$，则热量自发地由A系统传递给B系统. 设在微小的时间段Δt内，从A传递到B的热量为ΔQ，则A和B系统的熵变分别为

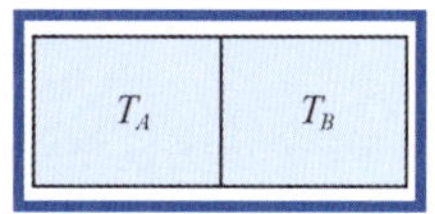

图 10-35 不可逆热传递过程

$$\Delta S_A=-\frac{\Delta Q}{T_A},$$

$$\Delta S_B=\frac{\Delta Q}{T_B},$$

A和B组成的绝热系统总的熵变为

$$\Delta S=\Delta S_A+\Delta S_B=-\frac{\Delta Q}{T_A}+\frac{\Delta Q}{T_B}.$$

由于热量总是自发地从高温物体传递给低温物体，$T_A>T_B$，所以$\Delta S>0$，即在绝热环境下自发发生的热传递过程中，系统的熵增加了.

大量的实验事实表明，**在热力学系统从一个平衡态绝热地变化到另一个平衡态的过程中，它的熵永不减少. 若过程是可逆的，则熵不变；若过程是不可逆的，则熵增加.** 这一结论称为**熵增加原理.** 该原理亦可简洁地表述为：**孤立系统的熵永不减少**，即

$$\Delta S\geqslant 0. \qquad (10.8.2)$$

孤立系统经历可逆过程，熵不变；若孤立系统经历不可逆过程，则熵增加.

该原理可由克劳修斯不等式导出. 如图 10-36所示，在$p-V$图中，热力学系统从平衡态A变化到平衡态B，可经历可逆过程R，亦可经历不可逆过程I(图中虚线所示). 将R的逆向过程记作$\widetilde{R}$，则由I和$\widetilde{R}$构成回路，根据克劳修斯不等式，应有

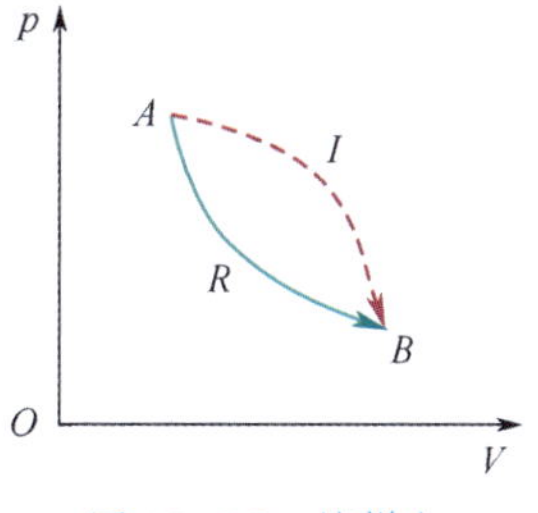

图 10-36 熵增加原理的推导

$$\oint_{I+\widetilde{R}}\frac{\delta Q}{T}=\int_I\frac{\delta Q}{T}+\int_{\widetilde{R}}\frac{\delta Q}{T}<0.$$

由于

$$\int_{\tilde{R}}\frac{\delta Q}{T}=-\int_{R}\frac{\delta Q}{T},$$

所以有

$$\int_{I}\frac{\delta Q}{T}<\int_{R}\frac{\delta Q}{T}=S_B-S_A.$$

若系统经历一个充分小的不可逆过程，则有

$$\frac{\delta Q}{T}<\mathrm{d}S.$$

若系统经历的充分小过程可逆，则$\frac{\delta Q}{T}=\mathrm{d}S$. 综合起来，则有

$$\frac{\delta Q}{T}\leqslant \mathrm{d}S. \tag{10.8.3}$$

对于孤立系统或绝热过程，则有 $\delta Q=0$，所以

$$\mathrm{d}S\geqslant 0.$$

实际上，在孤立系统内部自发进行的涉及热的过程必然是不可逆过程，而不可逆过程的结果将使孤立系统达到平衡态，这时系统的熵具有极大值. 如果在孤立系统变化时，态函数熵有几个可能的极大值，则其中最大的极大值相当于稳定平衡态，其他较小的极大值相当于亚稳平衡态.

例 10-20 一个温度为 T_0 的热源和一个初始温度为 T_1 的系统保持热接触，热平衡时达到热源的温度 T_0. 已知系统的热容 C 为常数，计算接触前和接触达到平衡后，系统、热源以及系统和热源作为整体的熵变.

解 过程中大热源吸收的热量为 $C(T_1-T_0)$，温度保持不变，因此，将热源和系统接触前和接触达到平衡后的状态用准静态等温过程联系起来，可给出熵变

$$\Delta S_{源}=\frac{C(T_1-T_0)}{T_0}=C\left(\frac{T_1}{T_0}-1\right).$$

为了求系统的熵变，可将系统与温度稍高(或稍低，取决于 T_1 和 T_0 的大小关系)的热源热接触，准静态地将温度由 T_1 变化到 T_0，即有

$$\Delta S_{系统}=\int\frac{\delta Q}{T}=\int_{T_1}^{T_0}\frac{C\mathrm{d}T}{T}=C\ln\frac{T_0}{T_1}.$$

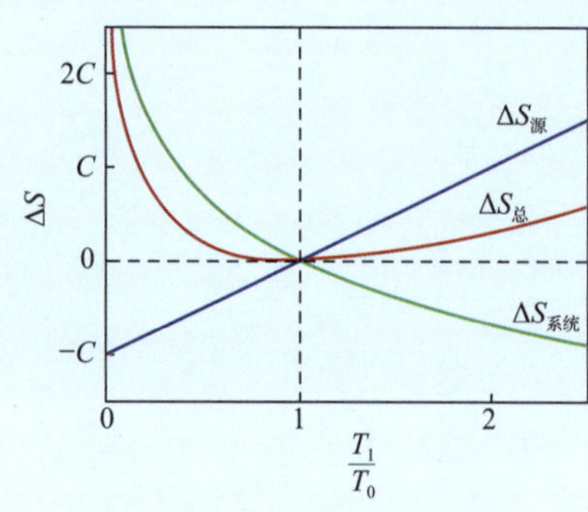

图 10-37 系统与热源接触前和接触达到平衡后的熵变

由此可得系统和热源作为整体的熵变为

$$\Delta S_{总}=\Delta S_{源}+\Delta S_{系统}=C\left(\ln\frac{T_0}{T_1}+\frac{T_1}{T_0}-1\right).$$

这些熵变与$\frac{T_1}{T_0}$的关系如图 10-37 所示. 可以看出，当 $T_1<T_0$ 时，$\Delta S_{源}<0$，而 $\Delta S_{系统}>0$；当 $T_1>T_0$ 时，$\Delta S_{源}>0$，而 $\Delta S_{系统}<0$. 可是，无论 T_1 和 T_0 大小关系如何，总有 $\Delta S_{总}\geqslant 0$. 这一结果提示我们，对于开放系统进行的过程，熵可以增加，也可以减少，但对孤立系统来说，熵永不减少.

例 10-21 如图 10-38 所示，系统 1 和系统 2 最初的压强分别为 p_1 和 p_2，温度分别为 T_1 和 T_2. 现以某种方式在两系统间进行能量和体积的转移. 如果在充分小过程中，系统 1 在损失能量 ΔE、体积压缩 ΔV 的同时，系统 2 获得能量 ΔE、体积膨胀 ΔV，求熵变，并证明当 $p_1=p_2$、$T_1=T_2$ 时系统达到热平衡.

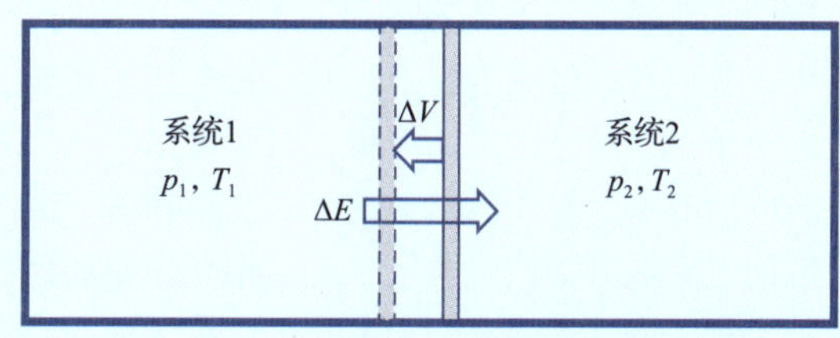

图 10-38 两系统间转移能量和体积

解 由式(10.7.4)可知，充分小过程的熵变

$$\Delta S=\frac{1}{T}\Delta E+\frac{p}{T}\Delta V,$$

因此，系统 1 和系统 2 之间转移能量 ΔE 和体积 ΔV 的过程中，系统 1 的熵变为

$$\Delta S_1=-\frac{1}{T_1}\Delta E-\frac{p_1}{T_1}\Delta V,$$

而系统 2 的熵变为

$$\Delta S_2=\frac{1}{T_2}\Delta E+\frac{p_2}{T_2}\Delta V,$$

因此，总熵变为

$$\Delta S=\Delta S_1+\Delta S_2=\left(\frac{1}{T_2}-\frac{1}{T_1}\right)\Delta E+\left(\frac{p_2}{T_2}-\frac{p_1}{T_1}\right)\Delta V.$$

该式表明，

$$\left(\frac{\partial S}{\partial E}\right)_V=\frac{1}{T_2}-\frac{1}{T_1},\qquad \left(\frac{\partial S}{\partial V}\right)_E=\frac{p_2}{T_2}-\frac{p_1}{T_1}.$$

最终达到热平衡时，要求 S 达到最大值，即上述偏导数应为零，从而可得到平衡条件

$$p_1=p_2,\qquad T_1=T_2.$$

10.9 熵与热力学第二定律的统计解释

熵增加原理告诉我们，孤立系统内部所发生的不可逆过程总是使系统的熵增加. 现在我们可以用统计物理学方法来深入理解熵的实质.

宏观态与微观态

根据所研究对象的不同，微观粒子可以是分子、原子、电子、原子核等. 现代物理学认为，微观粒子具有波粒二象性，即既具有粒子的性质，又有波动性. 原则上，描述这些微观粒子较简单的动力学为量子力学，但在一些特定条件下，微观粒子的运动状态可以用描述宏观物体运动的经典力学来近似，此时，微观粒子的运动状态可以由坐标和动量来描述. 需要指出的是，经典力学近似下的微观粒子是可分辨的，每个粒子的运动状态都由独立的位置坐标和动量随时间的变化规律来描述，我们可以对微观粒子进行编号，并跟踪和测量其状态. 而且，经典力学中的位置坐标和动量是连续变化的，因此，每个状态上的粒子数目不受限制.

而热力学系统涉及大量的微观粒子，需要对微观粒子的状态进行统计. 本书中，我们考虑的微观粒子之间的相互作用很弱，以至于相互作用的平均能量远小于单个粒子的平均能量，因而可以将整个系统的能量近似表示为组成系统的所有单个粒子的能量之和，这样的系统称为**近独立粒子系统**(与之相对应的是关联系统或强关联系统：相互作用如此之强以至于整个体系中的微观粒子都关联在一起). 尽管近独立粒子系统内粒子之间相互作用很弱，但却是粒子间能量和动量传递的纽带，是孤立系统能达到平衡态的原因.

组成系统的所有微观粒子的运动状态的可能组合称为系统的**微观态**. 显然，在这些组合中，我们需要指出可分辨的每个粒子所处的运动状态. 例如，如图 10-39 所示，在容器内有 4 个粒子，将容器看作由左半部分和右半部分组成，则这 4 个粒子可能在左边也可能在右边，有 $2^4=16$ 种组合，因此，按粒子所在位置进行组合，有 16 种微观态.

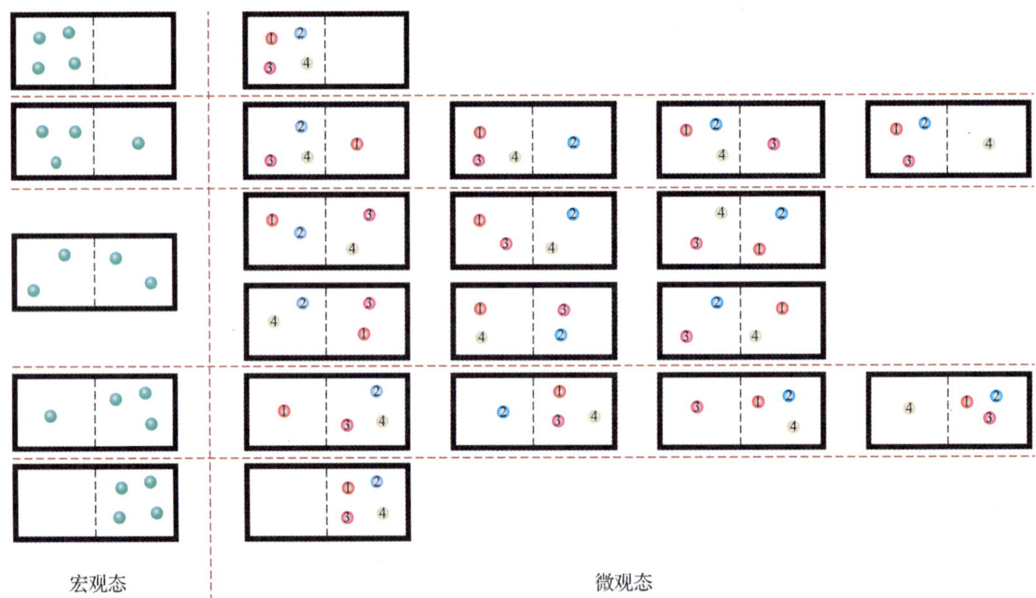

图 10-39 4 个粒子在体积相等的左右两部分容器中分布

计算机模拟

4 个粒子在体积相等的左右两部分容器中分布

然而，在确定物质宏观性质的时候，不需要详细地知道每个粒子的微观描述，而仅需要知道处于特定位置坐标和动量附近区间内微观粒子数目即可，而不用知道哪个分子在该区间，这样的状态称为系统的**宏观态**. 例如，4 个粒子的左右分布只有 5 种宏观态：左 4 右 0，左 3 右 1，左 2 右 2，左 1 右 3，左 0 右 4.

组成热力学系统的微观粒子数目庞大，一个宏观态所对应的微观态数目也是巨大的. 我们在研究热力学宏观态性质的时候，没有必要精确地确定系统微观态的变化规律，而是在确定每个微观态出现的概率的基础上，通过统计的方法得到微观态的统计平均值，从而确定宏观物理量.

1871 年，玻尔兹曼提出了著名的等概率原理：对于处于平衡态的孤立系统，各个可能的微观态出现的概率相同. 也就是说，如果平衡态孤立系统可能的微观态总数为 Ω，则系统任意一个微观态出现的概率都为$\frac{1}{\Omega}$. 如果某宏观态 i 对应的微观态数目为 W_i，则该宏观态出现的概率为

$$P_i = \sum_{i=1}^{W_i} \frac{1}{\Omega} = \frac{W_i}{\Omega}. \tag{10.9.1}$$

等概率原理是现代统计物理的基础.

利用等概率原理，我们很容易得到前面列举的 4 个粒子左右分布的宏观态出现的概率：左 4 右 0 或左 0 右 4 出现的概率为$\frac{1}{16}$，左 3 右 1 或左 1 右 3 出现的概率为$\frac{4}{16}$，左 2 右 2 出现的概率为$\frac{6}{16}$，显然，粒子平均分布出现的概率最大. 当然，由于粒子数目比较少，4 个粒子全部占据容器左边或右边的概率并不小. 但对实际气体来说，微观分子数目可达到 $N\sim10^{23}$量级，这些分子全部在容器左边或全部在容器右边的概率为

$$\left(\frac{1}{2}\right)^{N} \sim \left(\frac{1}{2}\right)^{10^{23}},$$

非常小，基本上就是不可能事件.

同时我们应注意到，当微观分子数目很多时，左右两边均匀分布几乎是 100%会出现的状态. 为了说明这一点，我们考察分子总数为 N 的容器中气体的分布. 设左边分子数为 N_1 的宏观态对应的微观态数目为W_{N_1}，显然，$W_{N_1}=\mathrm{C}_N^{N_1}$. 按照等概率原理，该宏观态出现的概率为

$$P_{N_1} = \frac{W_{N_1}}{\Omega} = \frac{\mathrm{C}_N^{N_1}}{2^N}.$$

随着 N_1 从零开始逐渐增大，左右两边分子数相差越来越小，W_{N_1}越来越大，P_{N_1}也越来越大. 当$N_1=\frac{N}{2}$时，将$W_{\frac{N}{2}}$取对数得

$$\ln W_{\frac{N}{2}} = \ln \frac{N!}{\left[\left(\frac{N}{2}\right)!\right]^2} = \ln N! - 2\ln\left[\left(\frac{N}{2}\right)!\right].$$

利用斯特林公式 $\ln N!\approx N\ln N-N$，上式简化为

$$\ln W_{\frac{N}{2}} \approx N\ln N - N - N\left[\ln\frac{N}{2} - 1\right] = N\ln 2 = \ln 2^N,$$

即得 $\ln W_{\frac{N}{2}}\approx\ln 2^N$，$P_{N_1}\approx1$，也就是说，两边分子数相同的宏观态在概率上几乎 100%应出现，这样的状态也就是系统在无外场时的平衡态. 因此，绝热系统的平衡态，对应微观态数目最多的状态.

我们可以将上述容器左右两边气体分子分布的思想进行推广. 考察体积为 V 的容器中分子总数为 N 的气体，在经典物理中，用位置$\vec{r}$和动量$\vec{p}$表征每个分子的状态，为了统计分子在某个位置和动量附近的概率，需要将位置和动量空间离散成很多格子，并认为每个格子代表相同的运动状态(即相同的$\vec{r}$和$\vec{p}$). 当六维格子体积 $|\Delta\vec{r}||\Delta\vec{p}|=h^3$ 足够小时，我们可认为其仅包含 1 个状态，这里 h 为小量(在量子理论中，由于微观粒子具有波粒二象性，自由运动粒子的位置坐标和动量满足测不准关系原理，h 就是普朗克常数). 在经典物理中，对于离散了的整个六维空间，指定每个格子中的分子数和这些分子的标号，则描述了系统的一个特定的状态，这样的状态称为**微观态**.

对观测者来说，由于气体分子性质完全相同，某个分子处于哪个格子中并不重要，重要的是该格子里的分子数目. 系统状态可以通过指定每个格子中的分子数来描述，这样的状态称为**宏观态**. 我们将六维空间的格子标号，并指定每个格子中的粒子数目 N_i，$i=1,2,\cdots$，且$N_1+N_2+\cdots=N$，即确定了一个特定的宏观态. 显然，不同格子之间交换可分辨的全同分子不改变宏观态，因此，指定分布$\{N_i\mid i=1,2,\cdots\}$的宏观态包含的微观态数目 $W_{\{N_i\}}$ 为

$$W_{\{N_i\}}=\frac{N!}{N_1!N_2!\cdots},\tag{10.9.2}$$

即将 N 个分子分配到各个格子中的分配数. 结合等概率原理，由此可得，该宏观态出现的概率$P_{\{N_i\}}$为

$$P_{\{N_i\}}=\frac{W_{\{N_i\}}}{\Omega},\tag{10.9.3}$$

其中 $\Omega=\sum\limits_{\{N_i\}}W_{\{N_i\}}$ 是满足分子总数和分子总能量守恒条件下的所有微观态总数，求和针对的是满足分子数和总能量不变的条件的所有宏观态.

延伸阅读

由于宏观态出现的概率正比于微观态数目，根据德国物理学家普朗克(Max Planck)的建议，特定宏观态对应的微观态数目称为**热力学概率**. 需要强调的是，**热力学平衡态就是热力学概率最大的宏观态.** 当代统计物理学可证明，在分子数目足够大且能量和分子数守恒的前提下(称为**热力学极限**)，平衡态的总微观态数目 Ω 恰好就是 $W_{\max}$，这也就是说，对宏观系统来说，微观态数目最大的宏观态是概率接近 100%出现的状态，而其他宏观态出现的概率极小.

玻尔兹曼熵与无序度

统计物理学中得出熵与系统总微观态数目之间的关系为

$$S=k\ln\Omega,\tag{10.9.4}$$

上式是玻尔兹曼熵的定义式. 现代统计物理学中，利用微观模型给定总微观态数目，则可通过上式计算熵，从而利用热力学关系，导出压强、热容等宏观物理量，得到状态方程. 因此，式(10.9.4)是现代统计物理学的基础公式之一.

式(10.9.4)表明，熵的大小与微观态数目的多少有关. 当微观态数目

多时，熵也大；反之，熵也小. 微观态的多少实际上和系统的无序程度密切相关. 微观态越多的宏观态，从那么多的微观态中实现一个具体状态的概率越小，不确定程度越高，所以越无序. 反之，微观态越少的宏观态，实现一个具体状态的概率越大，确定程度越高，所以越有序. 例如，固体熔解变成液体，固体的原子排序比液体更有规律，液体汽化，气体分子分布比液体更杂乱无章，无序度增加. 由式(10.9.4)可以看出，无序度越大，则熵也就越大. 固体熔化、液体汽化，无序程度都增加了，因此熵也增加了，是吸热过程.

我们将两种不同种类的理想气体混合，整个过程中，系统的无序程度增加了，所以熵也增加了. 我们用式(10.9.4)定量地分析气体混合的熵变. 如图 10-40 所示，两种不同种类的理想气体首先分开放置，它们的体积分别为 V_1 和 V_2，分子数分别为 N_1 和 N_2，两种气体都有相同的压强和温度，现抽去隔板使二者混合.

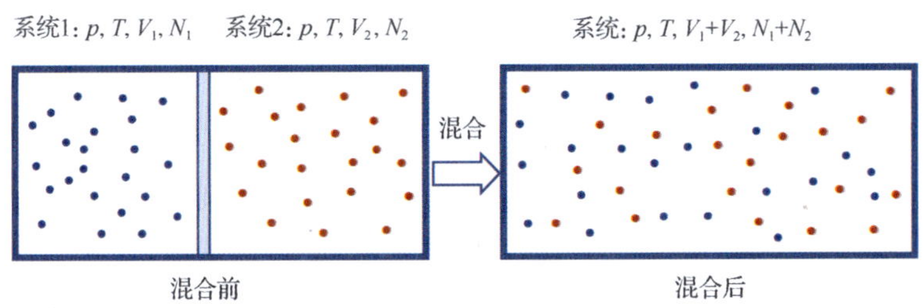

图 10-40　不同种类理想气体混合

由于每个气体分子的状态数和它能自由运动的空间 V 成正比，所以 $\Omega\propto V^N$. 由此可得，混合前系统 1 和系统 2 的总微观态数 $\Omega_i\propto V_1^{N_1}V_2^{N_2}$. 同理，混合后的总微观态数应有 $\Omega_f\propto(V_1+V_2)^{N_1}(V_1+V_2)^{N_2}$. 所以，混合前后的熵变为

$$\Delta S=k\ln\Omega_f-k\ln\Omega_i=k\ln[(V_1+V_2)^{N_1}(V_1+V_2)^{N_2}]-k\ln(V_1^{N_1}V_2^{N_2}),$$

整理后得

$$\Delta S=N_1k\ln\frac{V_1+V_2}{V_1}+N_2k\ln\frac{V_1+V_2}{V_2}=-(N_1+N_2)k(x_1\ln x_1+x_2\ln x_2),$$

其中$x_i=\dfrac{N_i}{N_1+N_2}$，$i=1,2$. 该结果与热力学熵计算结果式(10.7.10)相同，我们可以看到，混合后的熵比混合前的熵大.

需要注意的是，10.7 节定义的热力学熵，要确定具体值时，还需要选择参考状态. 而用式 (10.9.4)的方式定义玻尔兹曼熵，是为了更好地描述 $T\to0$K 时系统的有序程度. 当温度趋于绝对零度时，物质为固体，只有振动自由度，而振动能级只有一个运动状态. 同时，体系所有分子处于振动的最低能级，微观运动状态相同，每个分子只有一种状态，即 $g=1$. 由 N 个全同分子组成的总状态数为 $\Omega=g^N=1$，由式(10.9.4)即得 $S=0$，即物质的熵在绝对零度时趋近于零.

对 T 趋向于 0K 时熵的总结，称为热力学第三定律. 1906 年，德国物理学家能斯特(Walther Hermann Nernst)在总结大量实验的基础上指出："当热力学温度趋于零时，凝聚相体系在等温过程中的熵变也趋于零". 该定律被称为热力学第三定律. 普朗克通过假设，于1912年给出了热力学第三定律的另外一种表述：处于内平衡的所有系统的熵在绝对零度时是相同的，可以取为零. 很有意思的是热力学第三定律的一个推论：**在有限步骤下冷却到 $T=0\text{K}$ 是不可能的**.

一般说来，完美晶体可满足内平衡条件，因此，在 T 趋向于零时，其熵也趋向于零. 但有些物质在温度降低达到熔解温度发生凝固时，温度 T 所对应的能量 RT 可能大于晶格中决定分子取向的相互作用能，从而无法形成无缺陷晶体. 这种物质在0K下，熵并不为零，具有一定的数值，该数值称为**残余熵**. 例如，每个NO分子有NO、ON两种可能的构型，即有两种不同的状态，1mol的NO拥有的不同状态数为 $\Omega=2^{N_A}$，则残余熵

$$S=k\ln 2^{N_A}=R\ln 2=5.76\text{J}/(\text{K}\cdot\text{mol}).$$

10.10 热力学第二定律的统计意义

热力学第二定律告诉我们，真实世界发生的过程通常都是不可逆的，从热力学的角度来看，定量地判断过程发展的方向可利用熵增原理：孤立体系中，通过比较两个状态的熵(利用可逆过程来计算熵)，可判定不可逆过程发展的方向. 从统计的角度来看，为什么过程以这样的方向进行呢?

下面以两热力学系统之间发生热传递这一个不可逆过程来说明热力学第二定律的统计意义. 我们考察两个总能量不同但分子性质完全相同的系统的热接触，分子总数都是 N，如图10-41所示. 假设系统每个分子可能具有的能量是离散化的，等于能量 ε 的整数倍(基于量子物理，这点是正确的，对于经典物理，在状态离散化后，也可这样认为，最后结果取 ε 趋向于零的极限). 最初，两系统各自处于热平衡，系统1和系统2的总能量分别为 1ε 和 3ε，对应的热力学概率的最大值分别为 $W_{1\max}=N$ 和 $W_{2\max}=\dfrac{N(N-1)(N-2)}{6}$. 二者热接触，在总能量为 4ε 和各自分子数都保持不变的条件下，各自能量为 2ε 构成的组合系统的 W 达到最大：

$$W_{\max}=\left[\frac{N(N-1)}{2}\right]^2.$$

我们可以将两个系统刚发生热接触到最后达到热力学平衡的整个过程作为一个整体来考虑. 当两个系统刚热接触发生热传递时，对应的整体系统处于非平衡状态，对应的热力学概率 $W=W_{1\max}W_{2\max}=\dfrac{N^2(N-1)(N-2)}{6}$ 比较小；之后，总体上，系统将向热力学概率大的方向演化，并最终在满足 $W=W_{\max}=\dfrac{N^2(N-1)^2}{4}$ 时达到热力学概率最大的平衡态. 在这样一个过程中，系统经历了一系列非平衡态，是不可逆过程.

通过上述讨论，我们可以得出结论：绝热系统中自发的不可逆过程总

是从热力学概率较小的状态向热力学概率较大的状态进行. 这就是热力学第二定律的统计意义.

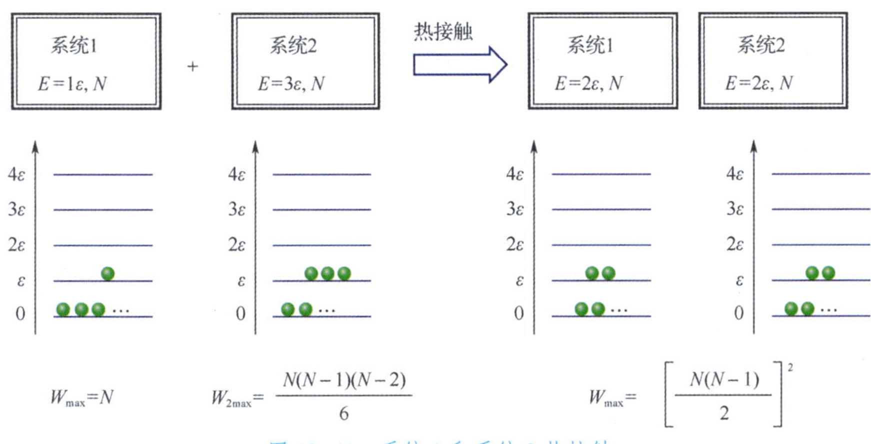

图 10-41 系统 1 和系统 2 热接触

熵是系统混乱程度的表征，熵增原理表示绝热系统将向混乱程度增加的方向发展. 19 世纪 50 年代初，几乎是伴随热力学第二定律的产生，开尔文和克劳修斯都提出了将热力学第二定律应用到无限的宇宙的想法. 1867 年，克劳修斯提出了“热寂说”：将来总有一天，全宇宙都将达到热平衡，一切变化都将停止，宇宙也将死亡. 由于当时科学发展水平所限，“热寂说”问题既无法用新理论给出合理解释，也无法用实验观测和验证来做出判决，因此无法从科学上解决这个问题，从而为后来的科学界与哲学界留下了一场旷日持久的争论.

1871 年，麦克斯韦设计了“麦克斯韦妖”用于质疑“热寂说”，提出应当对热力学第二定律的应用范围加以限制. 随后，玻尔兹曼将气体分子运动的“涨落”观点推广到宇宙，认为围绕整个宇宙的平衡态存在巨大的“涨落”. 在涨落区域，熵不但没有增加，反而在减少. 20 世纪 60 年代，以普里高津(Ilya Prigogine)为首建立的耗散结构理论，被认为可以用于解决“热寂说”问题. 但这些理论由于缺乏明确的物理图像和实验数据支持，并不被天体物理学界所认可.

20 世纪 70 年代以后，宇宙大爆炸模型逐渐得到天体物理学界的公认，从而基本上从科学方面解决了“热寂说”问题. 宇宙大约在 137 亿年前，从高温高密的物质和能量的大爆炸中形成，随后宇宙不断膨胀，温度不断降低，物质密度也不断减小，逐渐衍生成众多的星系、星体、行星等，直至出现生命. “热寂说”只适用于静态的宇宙，对膨胀的宇宙来说，熵不存在最大值. 而且，引力系统具有负的热容，具有负热容的系统不稳定，没有平衡态. 不存在平衡态，则熵没有极大值，它的增加是无止境的.

延伸阅读

习题 10

10.1 将质量 $m_c=75\text{g}$、温度 $T_0=320\text{K}$ 的立方体铜块快速放入最初温度 $T_i=10.0℃$ 的盛水烧杯中，烧杯与环境绝热. 已知水的质量为 $m_w=220\text{g}$，烧杯热容 $C_b=190\text{J/K}$，水的比热 $c_w=4.19\times10^3\text{J/(kg}\cdot\text{K)}$，铜的比热 $c_c=387\text{J/(kg}\cdot\text{K)}$，求由铜块、水和烧杯组成的系统最终达到热平衡时的温度 T_f.

10.2 0.016kg 的氧气温度由 17℃升为 27℃，若在升温过程中：

(1)体积保持不变；

(2)压强保持不变；

(3)不与外界交换热量.

试分别求出气体内能的改变量、吸收的热量和外界对气体所做的功. 设氧气为理想气体，氧分子可视为刚性双原子分子.

10.3 分别通过下列过程把标准状态下的 0.01kg 氦气压缩为原体积的一半：

(1)等温过程；

(2)绝热过程；

(3)等压过程.

试分别求出在这些过程中气体内能的改变量、传递的热量和外界对气体所做的功. 设氦气可看作理想气体.

10.4 在标准状态下的 0.014kg 氮气，经过一绝热过程对外界做功 80J，求终态的压强、体积和温度. 设氮气为理想气体，氮分子可视为刚性双原子分子.

10.5 一个用良导热物体制成的气缸，其热容为 C_0，缸内有 νmol 氮气(N_2). 气缸外套及活塞均为绝热材料，如图 10-42 所示. 活塞与气缸间密封但无摩擦. 缓慢压缩气体.

(1)求氮气的摩尔热容.

(2)如果开始时氮气的温度为 T_0，气体的体积为 V_0，最终气体的体积为 V，求最末状态的温度以及此过程中外界对系统做的功.

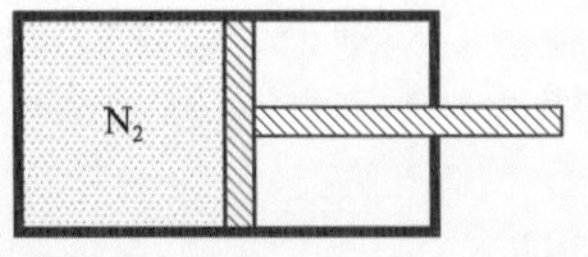

图 10-42 习题 10.5 图

10.6 现有 2mol 的单原子理想气体，经历图 10-43 所示的 $ABCDA$ 循环过程，在 p-V 图上恰好是一个圆. 求：

(1)该循环过程中气体的最高温度 T_H；

(2)气体从状态 C 到状态 D 过程中，内能增量、外界对气体做的功及气体吸收的热量；

(3)循环效率(此问需用计算机辅助求解).

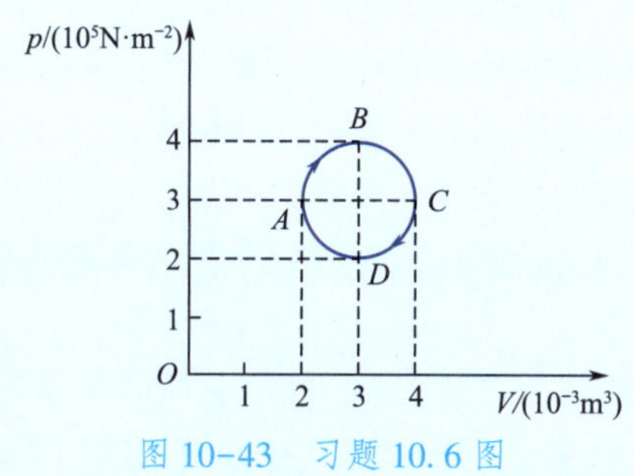

图 10-43 习题 10.6 图

10.7 两个物体热容分别为 C_1 和 C_2，都与温度无关，最初温度分别为 T_1 和 $T_2(T_1>T_2)$，将它们作为卡诺热机的热源(非恒温热源)，求可输出的总功.

10.8 3 个热容为常数的完全相同的物体，温度分别为 300K、300K 和 100K，如果没有外界对其做功或传热，利用热机，将 3 个物体作为热源，使其中一个物体的温度升高，求该物体所能上升到的最高温度.

10.9 以某物质为工质的热机以图 10-44 所示循环工作，1→2 过程为等温过程，2→3 过程为等焓过程，3→1 过程为绝热过程. 已知等焓过程的热容为常数 C，等温过程 1→2 和状态 3 的温度分别为 T_1 和 T_3，求热机对外做的功.

10.10 如图 10-45 所示，一循环由 1→2 的等压过程、2→3 的等体过程和 3→1 的绝热过程组成，已知工质的定容热容和定压热容分别为 C_V 和 C_p，已知循环中状态 1 和状态 2 的温度分别为 T_1 和 T_2，求状态 3 的温度 T_3.

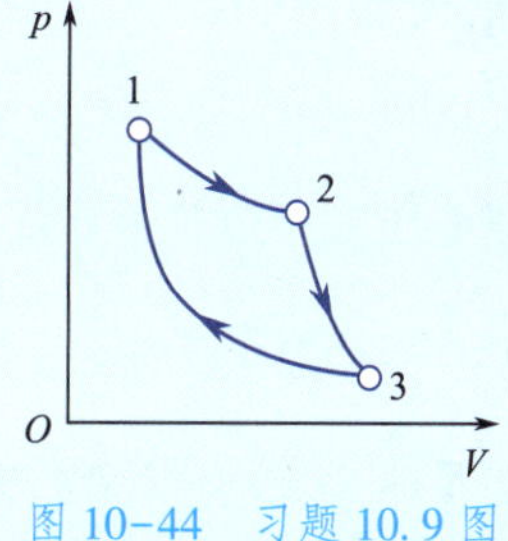

图 10-44 习题 10.9 图

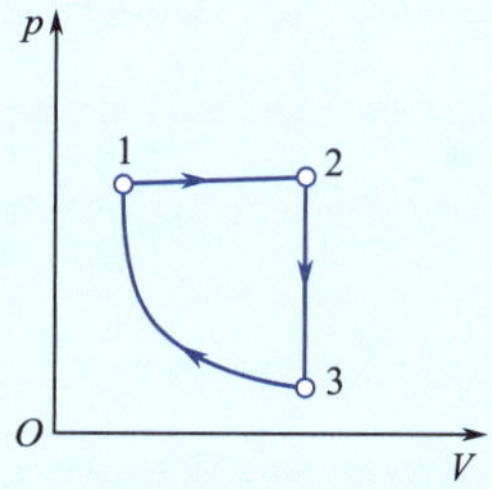

图 10-45 习题 10.10 图

10.11 4mol 理想气体(气体分子为刚性双原子分子)从体积为 V_1 膨胀到体积为 $2V_1$.

(1)设膨胀过程是在 $T=400\text{K}$ 等温下进行的，求气体膨胀所做的功和气体的熵变.

(2)假定气体从温度为 $T=400\text{K}$ 开始绝热膨胀，求气体所做的功和熵变.

10.12 一温度为 400K 的热库在与另一温度为 300K 的热库短时间接触中传递给它 1cal 的热量，两热库构成的系统的熵改变了多少?

10.13 容积为 $2V$ 的绝热容器，用导热板将其分隔成容积相等的两部分，分别装 1mol 的不同种类的理想气体. 抽开隔板并使容器内气体达到平衡态，求过程的熵变.

10.14 容积为 $2V$ 的绝热容器，用导热板将其分隔成容积相等的两部分，各盛有 1mol 相同气体. 抽开隔板并使容器内气体达到平衡态，求过程的熵变.

10.15 容积为 $2V$ 的绝热容器，用绝热板将其分隔成容积相等的两部分，分别装有 1mol 的不同种类的理想气体，它们的定容热容分别为 C_{V1} 和 C_{V2}，温度分别为 T_1 和 T_2. 抽开隔板并使容器内气体达到平衡态，求过程的熵变.

10.16 已知某范德瓦尔斯气体的定容摩尔热容为 $C_{V,m}$，范德瓦尔斯修正量为 a 和 b，将初始体积和压强分别为 V_1 和 p_1 的 1mol 范德瓦尔斯气体绝热膨胀到体积为 V_2，求此时的压强.

10.17 容积分别为 V_1 和 V_2 的两个容器，分别盛有物质的量都为 ν 的同种类理想气体，压强均为 p，温度分别为 T_1 和 T_2，已知该气体的定容摩尔热容为 $C_{V,m}$.

(1) 当用热接触方式将两个容器连接时，求达到平衡后与接触前的总熵变.

(2) 当两个容器连通可交换分子时，求达到平衡后与连通前的总熵变.

10.18 计算 1mol 的铜在一大气压下，温度由 300K 升到 1200K 时熵的变化. 已知铜的摩尔定压热容 $C_{p,m}=a+bT, a=2.23\times10^4\text{J/(K}\cdot\text{mol)}$，$b=5.92\text{J/(K}^2\cdot\text{mol)}$.

10.19 有一热机循环，在 T-S 图上可表示为其半短轴和半长轴分别平行于 T 轴和 S 轴的椭圆，如图 10-46 所示. 循环中熵的变化范围为 $S_0\sim3S_0$，T 的变化范围为 $T_0\sim3T_0$，试求该热机的效率.

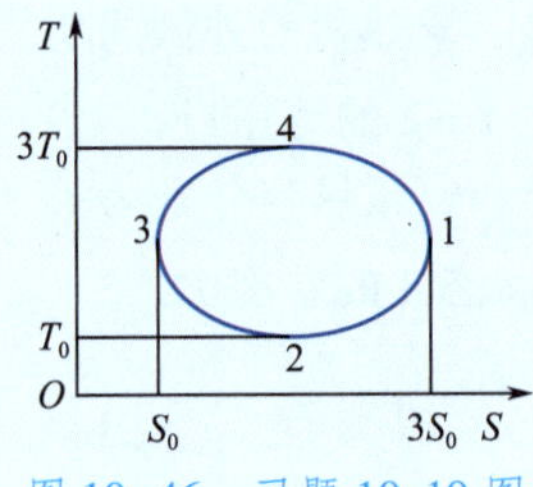

图 10-46　习题 10.19 图

10.20 已知盒子中装有 $2N$ 个无相互作用的粒子，求盒子左半边粒子数目为 $N+m$ 的概率 P_m. 利用斯特林公式将结果化简，并计算当 $\dfrac{m}{N}=0.5$ 时的概率.

10.21 已知理想气体的热力学概率 $\Omega(E,V)=C(N)E^{\frac{3N}{2}}V^N$，其中 $C(N)$ 为已知函数，求熵，并由此计算 $E(T)$ 和 $p(V,T)$.

习题参考答案

第1章　质点运动学

1.1　(1) $v=70\text{m/s}$，$a=-10\text{m/s}^2$；
(2) $0\text{s}\leqslant t\leqslant 10\text{s}$.

1.2　$v=198\text{m/s}$.

1.3　10米，上面，92.9米.

1.4　$v=-A\beta e^{-\beta t}\cos\left(\omega_0 t+\frac{\pi}{3}\right)-A\omega_0 e^{-\beta t}\sin\left(\omega_0 t+\frac{\pi}{3}\right)-B\omega\sin\left(\omega t+\frac{\pi}{4}\right)$；
$a=Ae^{-\beta t}(\beta^2-\omega_0^2)\cos\left(\omega_0 t+\frac{\pi}{3}\right)+2A\beta\omega_0 e^{-\beta t}\sin\left(\omega_0 t+\frac{\pi}{3}\right)-B\omega^2\cos\left(\omega t+\frac{\pi}{4}\right)$.

1.5　$y=\frac{B\sqrt{2}}{2A}(\sqrt{A^2-x^2}+x)$.

1.6　$\frac{\sqrt{H^2+x^2}}{x}v$，$-v^2\frac{H^2}{x^3}$（$x$ 为船到岸边的距离）.

1.7　(1) $\sqrt{\frac{L^2 g}{2h}+\frac{(H-h)^2 g}{2H}}$；
(2)瞄准出手时皮球所在位置的方向.

1.8　$\sqrt{\frac{g}{2(H-h)}[L^2+4(H-h)^2]}$，投掷角度的正切为 $\tan\theta=\frac{2}{L}(H-h)$.

1.9　$\sqrt{rg}$.

1.10　0.029m/s^2.

1.11　$(6t+2)\vec{i}+(-8t+2)\vec{j}$；$6\vec{i}-8\vec{j}$.

1.12　从地球的视角看太阳是以角速度 ω_1、轨道半径为 r_1 的匀速圆周运动；以金星、地球、太阳在同一条直线上，且金星和地球在太阳同一侧时为时间零点，则从地球的视角看金星的运动为 $\vec{r}=(r_2\cos\omega_2 t-r_1\cos\omega_1 t)\vec{i}+(r_2\sin\omega_2 t-r_1\sin\omega_1 t)\vec{j}$.

第2章　质点动力学

2.1　$(1.73\text{N})\vec{i}+(1.00\text{N})\vec{j}$.

2.2　$(0.667\text{m/s}^2)\vec{i}-(1.17\text{m/s}^2)\vec{j}+(0.433\text{m/s}^2)\vec{k}$.

2.3　$\frac{m_1-m_2}{m_1+m_2}g$，$\frac{2m_1m_2}{m_1+m_2}g$，$\frac{4m_1m_2}{m_1+m_2}g$.

2.4　$v\sim\sqrt{gh}$.

2.5　$T\sim\sqrt{m/k}$.

2.6　$r=\frac{GM}{c^2}$.

2.7　$7.9\times10^3\text{N}$.

2.8　53.1N，7.32 ms^{-2}.

2.9　$\theta=\arctan\mu$.

2.10　19.3°，0.472m/s^2.

2.11　$2\mu g\frac{(M+m)L-ml}{L-l}$.

2.12　$\frac{m_1g+f}{f}\frac{m_2}{m_1+m_2}v$，$\frac{1}{2}\frac{v^2}{f}\frac{m_1m_2}{m_1+m_2}$.

2.13　(1) $\frac{m_1+m_2+M}{m_1}m_2 g$，$(m_1+m_2+M)g$；
(2) $\frac{m_1m_2}{m_1+m_2}g$，$\left(m_1+M+\frac{m_1m_2}{m_1+m_2}\right)g$.

2.14　0.436m.

2.15　$\frac{-\mu\sin\theta+\cos\theta}{\sin\theta+\mu\cos\theta}\frac{g}{\sin\theta\omega^2}\leqslant r\leqslant\frac{\mu\sin\theta+\cos\theta}{\sin\theta-\mu\cos\theta}\frac{g}{\sin\theta\omega^2}$. 若 $-\mu\sin\theta+\cos\theta<0$，则最小 r 为零. 若 $\sin\theta-\mu\cos\theta<0$，则最大 r 为无穷大.

2.16　$m_2g-m_1g\sin\theta-m_1\left(g\cos\theta-\frac{v^2}{r}\right)\mu=(m_1+m_2)a$.

2.17　$\left(v-\frac{mg}{c}\right)e^{-\frac{c}{m}t}+\frac{mg}{c}$.

2.18　$\frac{1}{3}g$，$\frac{1}{7}g$，向上，$\frac{120}{7}g$.

2.19 下落加速期张力为3400N，下落减速期张力为6400N.

2.20 相对差别为 4.13×10^{-3}.

第3章 相对论

3.1 $x_2'-x_1'=27.5m$，$t_2'-t_1'=2.5\times10^{-8}$s.

3.2 没对准.

3.3 1.29×10^{-5}s.

3.4 5.77×10^{-6}s.

3.5 (1)$0.6c$；(2)$3c$.

3.6 $c\cdot\Delta t$.

3.7 $\left(\frac{2}{3}\right)^{\frac{1}{2}}c$ 或 $0.816c$.

3.8 $0.075\ \text{m}^3$.

3.9 μ 子能穿越6000m厚的大气层到达地面，地面上的观察者观测到此 μ 子的运动距离是6570m.

3.10 13:48:00，S'系上的观察者观测到 S 上的时钟也是变慢的.

3.11 在飞行器上观察，$t'_{A'}=t'_{B'}=\frac{l}{v}$，$t_A=\frac{l}{v}\sqrt{1-\frac{v^2}{c^2}}$，$t_B=\frac{l}{v}\sqrt{1-\frac{v^2}{c^2}}+\frac{v}{c^2}l$；

在空间站上观察，$t_A=t_B=\frac{l}{v}\sqrt{1-\frac{v^2}{c^2}}$，$t'_{A'}=\frac{l}{v}\left(1-\frac{v^2}{c^2}\right)$，$t'_{B'}=\frac{l}{v}$.

3.12 不一定相同.

3.13 0.41×10^{-15}J，5.15×10^{-14}J.

3.14 $0.87c$.

3.15 $0.875c$，2.07倍.

3.16 $\frac{c}{n}\sqrt{n^2-1}$.

第4章 动能定理和机械能守恒定律

4.1 1200J.

4.2 6.2×10^3J.

4.3 1.37×10^5J/s.

4.4 160J，80W.

4.5 31500N.

4.6 $\sqrt{2gh}$，$mg-m\frac{v^2-2gh}{\rho}$.

4.7 若最终弹簧恰好回到平衡位置，摩擦力做功为 $\frac{1}{2}mv^2+\frac{1}{2}kL^2$；若最终弹簧没有回到平衡位置，弹簧的最终形变大小为 L_f，摩擦力做功为 $\frac{1}{2}mv^2+\frac{1}{2}kL^2-\frac{1}{2}kL_f^2$.

4.8 不是保守力.

4.9 $-m\omega^2x\vec{i}-m\omega^2y\vec{j}$，是保守力，$\frac{1}{2}m\omega^2(x^2+y^2)$.

4.10 $-\mu_0\left(\frac{r_0+r}{r^2}\right)e^{-\frac{r}{r_0}}\vec{e}_r$.

4.11 $\left(\frac{2A}{B}\right)^{\frac{1}{6}}$.

4.12 $\sqrt{2gL(1-\cos\theta)}$.

4.13 $\sqrt{\frac{m_2^2g^2}{m_1k}}$.

4.14 4.1460度位置可能出轨，$\frac{3}{4}r$.

4.15 $\frac{mg+\sqrt{m^2g^2+2mgk(h_1-h_2)}}{k}$.

4.16 若 $d>\frac{3}{5}L$，最高点为钉子上方 $L-d$ 处；若 $d<\frac{3}{5}L$，最高点在钉子上方 $\frac{2}{3}d+\frac{1}{3}d\sqrt{1-\left(\frac{2}{3}\frac{d}{L-d}\right)^2}$ 处.

第5章 动量与角动量

5.1 (1)$I=0$；(2)$W=0$；

(3)$\frac{F_0}{4\pi^2m}-\frac{F_0}{4\pi^2m}\cos(2\pi t)$.

5.2 $\frac{2mv\cos\theta}{\Delta t}$.

5.3 (1)$\frac{m(v_1-v_2)}{M}$；

(2)$\frac{1}{2}mv_1^2-\frac{1}{2}mv_2^2-\frac{1}{2}\frac{m^2(v_1-v_2)^2}{M}$.

5.4 (1)1.36×10^{-22}kg·m/s，与电子运动方

向夹角为 152°；(2) 1.59×10^{-19} J.

5.5 $mv_0\sqrt{2g\mu l}-2mg\mu l$.

5.6 (1) $\frac{m_A}{m_A+m_B}v_0$；(2) $\frac{1}{2}m_A v_0^2\left(\frac{m_B}{m_A+m_B}\right)$.

5.7 运动方程：

$$Mv=(M+m)v_1+mL\cos\theta\frac{d\theta}{dt},$$

$$\frac{1}{2}Mv^2=\frac{1}{2}Mv_1^2+\frac{1}{2}m\left(\left(L\cos\theta\frac{d\theta}{dt}+v_1\right)^2+\left(L\sin\theta\frac{d\theta}{dt}\right)^2\right)+mgL(1-\cos\theta)$$，其中 v_1 为小车运动速度，θ 为摆角；最大摆角为 $\arccos\left[1-\frac{Mv^2}{(M+m)gL}\right]$.

5.8 $(-130\text{kg}\cdot\text{m}^2\cdot\text{s}^{-2})\vec{k}$，
$(-57.3\text{kg}\cdot\text{m}^2\cdot\text{s}^{-1})\vec{k}$.

5.9 $\frac{muv_0\sin\theta}{Mg}$.

5.10 (1) 箱体速度 $9.5\times10^{-2}\text{m}\cdot\text{s}^{-1}$，滑块速度 $9.5\times10^{-1}\text{m}\cdot\text{s}^{-1}$；(2) 速度大小不变，方向相反.

5.11 摆长缩短，小球的速度和圆锥的顶角都将增大.

5.12 (1) 前后均为 $1250\text{kg}\cdot\text{m}^2\cdot\text{s}^{-1}$；
(2) $10.0\text{m}\cdot\text{s}^{-1}$；
(3) 2000N；
(4) 1875J.

第 6 章　刚体力学基础

6.1 72km/h，-72km/h，144km/h，0.

6.2 (1) $\frac{1}{3}ma^2$；(2) $\frac{1}{3}mb^2$；
(3) $\frac{1}{12}m(a^2+b^2)$.

6.3 $\frac{1}{4}m\frac{2R^4-R^2r^2-2r^4}{R^2}$.

6.4 $\frac{2}{7}a_0$.

6.5 $\frac{2}{3}gt$，$\frac{2}{3}g$.

6.6 $\frac{3R\omega_0}{4g\mu}$.

6.7 $3.6\times10^2\text{kg}\cdot\text{m}^2\cdot\text{s}^{-2}$，$3.6\times10^5\text{s}^{-2}$.

6.8 0.

6.9 8J，12.65J.

6.10 $\frac{MR^2}{MR^2+2mR^2}\omega_0$.

6.11 下落加速度为 $\frac{2r^2}{2r^2+R^2}g$.

6.12 $\frac{17}{7}mg$.

6.13 质心速度为 $\frac{2}{5}v$，转动角速度为 $\frac{12}{5L}v$.

6.14 最终为纯滚动，之前质心速度为 $-\mu gt+v$，角速度为 $-\frac{5\mu g}{2R}t+\omega$.

6.15 角加速度 $\frac{F(R\cos\theta-r)}{MR^2+\frac{1}{2}mr^2+(2M+m)R^2}$.

第 7 章　振动力学基础

7.1 2s，0.5Hz，0.25 米 .

7.2 $3948\text{m}\cdot\text{s}^{-2}$.

7.3 -0.405m，$1.85\text{m}\cdot\text{s}^{-1}$，$16.0\text{m}\cdot\text{s}^{-2}$，$1.2\pi$.

7.4 $\frac{1}{12}$s.

7.5 2.314×10^{-3}m.

7.6 质心与第一个转轴间距离为
$l=\frac{\omega_1^2g-L\omega_1^2\omega_2^2}{\omega_1^2g+\omega_2^2g-2L\omega_1^2\omega_2^2}L$，转动惯量为 $\frac{mgl}{\omega_1^2}-ml^2$.

7.7 简谐振动，木块下沿到水面距离为 $0.01\cos(10.4t)+0.09$，单位米

7.8 $\left(2+\frac{3}{2}\sqrt{2}\right)\cos(3\pi t)-\left(\frac{3}{2}\sqrt{2}+2\sqrt{3}\right)\sin(3\pi t)$.

7.9 $4\sin\left(120\pi t+\frac{5\pi}{6}\right)$.

7.10 $y=\frac{4}{5}x^2-10$，图略 .

7.11 0.5cm.

7.12 0.468N.

7.13 350 次 .

7.14 0.021m.

7.15 近似一半.

第8章 机械波

8.1 $3\cos(4\pi t+2\pi x)$，单位米.

8.2 $0.05\cos\left(7.0\pi t-\frac{25\pi}{3}x+\frac{\pi}{3}\right)$，单位米.

8.3 (1)π、$\frac{1}{\pi}$、$0.5\mathrm{m\cdot s^{-1}}$；(2)$\frac{1}{4}(n\pi-5)$（其中，$n$ 为整数、单位为米)，0.32米.

8.4 (1)$A\cos\left(\omega t+\frac{\omega}{\nu}L+\varphi\right)$；

(2)$y=A\cos\left(\omega t+\frac{\omega}{\nu}(x-x_p)+\varphi\right)$；

(3)$\frac{2n\pi\nu}{\omega}+x_p$，$n$ 为整数.

8.5 238Hz.

8.6 (1)$6.50\times10^{-3}\mathrm{J\cdot s^{-1}}$；

(2)$1.30\times10^{-1}\mathrm{J\cdot s^{-1}\cdot m^{-2}}$；

(3)$3.82\times10^{-4}\mathrm{J\cdot m^{-3}}$.

8.7 $x=\frac{40}{3}n\pm\frac{20}{9}$，$x=\frac{40}{3}n\pm\frac{40}{9}$，$n$ 为整数.

8.8 20cm.

8.9 $\sqrt{2}A\cos(\omega t)$.

8.10 54N.

8.11 (1)$A\cos(2\pi\nu t)$；

(2)$-2\pi\nu A\sin(2\pi\nu t)$.

8.12 (1)1.5m；

(2)$y=0.50\cos(2\pi x)\sin(1000\pi t)$.

8.13 π.

8.14 7.67m/s.

8.15 (1)381Hz；(2)430Hz.

第9章 热力学平衡态

9.1 272.95K.

9.2 419.56K.

9.3 $M=\frac{p_1V}{m_1RT}$ 或 $M=\frac{p_2V}{m_2RT}$，$\rho=\frac{pm_1}{p_1V}$.

9.4 $t=\frac{\ln(p_0/p_1)}{\omega\ln[1+c/(V\omega)]}$.

9.5 $6.21\times10^{-21}\mathrm{J}$，$7.73\times10^{6}\mathrm{K}$.

9.6 0.023Pa.

9.7 一维时，$f(\nu)=\begin{cases}\frac{1}{\nu_0}, & 0\leqslant\nu\leqslant\nu_0,\\ 0, & \nu>\nu_0,\end{cases}$ 平均速率 $\bar{\nu}=\frac{1}{2}\nu_0$，方均根速率 $\sqrt{\overline{\nu^2}}=\frac{\sqrt{3}}{3}\nu_0$；

二维时，$f(\nu)=\begin{cases}\frac{2\nu}{\nu_0^2}, & 0\leqslant\nu\leqslant\nu_0,\\ 0, & \nu>\nu_0,\end{cases}$ 平均速率 $\bar{\nu}=\frac{2}{3}\nu_0$，方均根速率 $\sqrt{\overline{\nu^2}}=\frac{\sqrt{2}}{2}\nu_0$；

三维时，$f(\nu)=\begin{cases}\frac{3\nu^2}{\nu_0^3}, & 0\leqslant\nu\leqslant\nu_0,\\ 0, & \nu>\nu_0,\end{cases}$ 平均速率 $\bar{\nu}=\frac{3}{4}\nu_0$，方均根速率 $\sqrt{\overline{\nu^2}}=\frac{\sqrt{15}}{5}\nu_0$.

9.8 1.11cm/s.

9.9 661m/s.

9.10 $2\sqrt{\frac{\varepsilon}{\pi(kT)^3}}e^{\frac{\varepsilon}{kT}}$.

9.11 $\sqrt{\frac{2m}{\pi kT}}$.

9.12 $\frac{n_{\mathrm{He}}}{n_{\mathrm{Ne}}}=\eta\exp\left[\frac{1}{\ln(p_0/p_1)}\left(\sqrt{\frac{\mu_{\mathrm{He}}}{\mu_{\mathrm{Ne}}}}-1\right)\right]$.

9.13 $\frac{1}{2}kT$，$\frac{1}{2}kT$.

9.14 $t=3$，$r=3$，$s=6$；

$C_{V,m}=\frac{RT}{2}(t+r+2s)=9RT$.

9.15 $\bar{\varepsilon}=\frac{1}{2}\hbar\omega+\frac{\hbar\omega}{e^{\frac{\hbar\omega}{kT}}-1}$，$U=3N\bar{\varepsilon}$，

$$C_{V,m}=3R\left(\frac{\hbar\omega}{kT}\right)^2\frac{e^{\frac{\hbar\omega}{kT}}}{\left(e^{\frac{\hbar\omega}{kT}}-1\right)^2}$$

9.16 $\frac{RT}{Mg}\ln2$.

9.17 $kT-\frac{mgL}{e^{mgL/(kT)}-1}$，$\frac{3}{2}kT$.

9.18 7.78m/s，$60\mathrm{s^{-1}}$.

9.19 $d=\sqrt{\frac{kT_1}{\sqrt{2}\pi p_1\lambda_1}}$，$\lambda_2=\lambda_1\frac{p_1T_2}{p_2T_1}$.

9.20 2.94×10^{-9}m.

9.21 范德瓦尔斯气体模型：$p=25.35$atm；理想气体模型：$p=29.3$atm.

9.22 $V_m=5.6\times10^{-4}\text{m}^3/\text{mol}$.

第10章 热力学定律

10.1 284.1K.

10.2 (1) $\Delta E=Q=103.875$J，$A=0$；(2) $\Delta E=103.875$J，$Q=145.425$J，$A=-41.5$J；(3) $\Delta E=A=103.875$J，$Q=0$.

10.3 (1) $\Delta E=0$，$A=-Q=3.93\times10^3$J；(2) $\Delta E=A=5000$J，$Q=0$；(3) $\Delta E=-4.26\times10^3$J，$Q=-7.09\times10^3$J，$A=2.84\times10^3$J.

10.4 $T=265.4$K，$p=91320.9$Pa，$V=0.0121\text{m}^{-3}$.

10.5 (1) $-\dfrac{C_0}{\nu}$；

(2) $T=T_0\left(\dfrac{V_0}{V}\right)^{n-1}$，$p=\dfrac{\nu RT_0V_0^{n-1}}{V^n}$其中$n=\dfrac{7\nu R+2C_0}{5\nu R+2C_0}$.

10.6 (1) $T_H=82.8$K；(2) $\Delta E=-900$J，$A=221.5$J，$Q=-1121.5$J；(3) 循环中，从$p=2.56\times10^5$Pa、$V=2.10\times10^{-3}\text{m}^{-3}$到$p=3.54\times10^5$Pa、$V=3.84\times10^{-3}\text{m}^{-3}$的过程为放热过程，其他为吸热过程. 效率为16.5%.

10.7 $C_1(T_f-T_1)+C_2(T_f-T_2)$，其中$T_f=T_1^{\frac{C_1}{C_1+C_2}}T_2^{\frac{C_1}{C_1+C_2}}$

10.8 400K.

10.9 $C\left[T_1\ln\dfrac{T_1}{T_3}-(T_1-T_3)\right]$.

10.10 $T_3=\dfrac{T_1^{\gamma}}{T_2^{\gamma-1}}$，其中$\gamma=\dfrac{C_p}{C_V}$.

10.11 (1) 9216.1J，23.0J/K；(2) 8048.8J，0.

10.12 0.0035J/K.

10.13 $2R\ln2$.

10.14 0.

10.15 $2R\ln2+C_{V1}\ln\dfrac{T}{T_1}+C_{V2}\ln\dfrac{T}{T_2}$，这里$T=\dfrac{C_{V1}}{C_{V1}+C_{V2}}T_1+\dfrac{C_{V1}}{C_{V1}+C_{V2}}T_2$.

10.16 $p_2=-\dfrac{a}{V_2^2}+\left(p_1+\dfrac{a}{V_1^2}\right)\left(\dfrac{V_1-b}{V_2-b}\right)^{1+\frac{R}{C_{V,m}}}$.【提示：可以先推导绝热过程$T$和$V$满足的过程方程】

10.17 (1) $\nu C_{V,m}\ln\left[\dfrac{(T_1+T_2)^2}{4T_1T_2}\right]$；

(2) $\nu C_{V,m}\ln\left[\dfrac{(T_1+T_2)^2}{4T_1T_2}\right]+\nu R\ln\left[\dfrac{(V_1+V_2)^2}{V_1V_2}\right]$.

10.18 3.62×10^4J/K.

10.19 $\dfrac{\pi}{4+\pi/2}\approx56.4\%$.

10.20 $P_m\approx\dfrac{N^{2N}}{(N+m)^{N+m}(N-m)^{N-m}}$.

10.21 $S=k\ln C(N)+\dfrac{3k}{2}N\ln E+kN\ln V$，

$E=\dfrac{3}{2}kNT$，$p=\dfrac{kNT}{V}$.

主要参考书目

[1]胡其图，邓晓，张小灵，张偶利，顾志霞. 基础物理学计算机模拟 V2.0(计算机模拟可视化软件)[M]. 北京：科学出版社，2021.

[2]吴锡珑. 大学物理教程：第一册、第二册[M]. 2版. 北京：高等教育出版社，1999.

[3]程守洙，江之永. 普通物理学：上册[M]. 7版. 北京：高等教育出版社，2016.

[4]吴百诗. 大学物理学：上册、下册[M]. 北京：高等教育出版社，2012.

[5]卢德馨. 大学物理学[M]. 2版. 北京：高等教育出版社，2003.

[6]朱荣华. 基础物理学：第Ⅰ卷[M]. 北京：高等教育出版社，2000.

[7]张三慧. 大学物理学：力学、热学[M]. 3版. 北京：清华大学出版社，2009.

[8]陆果. 基础物理学教程：上卷、下卷[M]. 2版. 北京：高等教育出版社，2006.

[9]赵凯华. 新概念物理教程：力学[M]. 2版. 北京：高等教育出版社，2004.

[10]郑永令，贾起民，方小敏原著. 蒋最敏修订. 力学[M]. 3版. 北京：高等教育出版社，2018.

[11]李椿，章立源，钱尚武. 热学[M]. 3版. 北京：高等教育出版社，2015.

[12]包科达. 热学教程[M]. 北京：科学出版社，2007.

[13]Qitu Hu，Xiao Deng，Xiaoling Zhang，Ouli Zhang，Zhixia Gu，Sheng Li. Computer Simulation of University Physics[M]. New Jersey：Cambridge University Press，2017.

[14]P. M. Fishbane，S. G. Gasiorowicz，S. T. Thornton. Physics for Scientists and Engineers With Modern Physics[M]. 3rd ed. New Jersey：Pearson Education，Inc. /Prentice Hall，2005.

[15]D. Halliday，R. Resnick，J. Walker. Fundamentals of Physics[M]. 6th ed. New York：John Wiley & Sons Inc.，2001.（中译本：张三慧，李椿，滕小瑛等，北京：机械工业出版社，2005.）

[16]Paul A. Tipler. Physics for Scientists and Engineers[M]. 4th ed. Massachusetts：W. H. Freeman and Company/Worth Publishers，1999.

[17]Hens C. Ohanian. Physics[M]. 2nd ed. Expanded. New York：W. W. Norton & Company，Inc.，1989.

[18]H. D. Young，R. A. Freedman. Sears and Zemansky's University Physics[M]. 11th ed. Massachusetts：Pearson Education，Inc. /Addison-Wesley，2004.

[19] C. Kittel. Berkey Physics Course，Volume 1，Mechanics[M]. 2nd ed. New York：McGraw－Hill Education，2011.（中译本：陈秉乾等，北京：机械工业出版社，2016.）

[20]R. Feynman，R. B. Leighton，M. L. Sands. The Feynman Lectures on Physics Volume 1[M]. Massachusetts：Pearson Education，Inc. /Addison-Wesley，1989.（中译本：郑永令，华宏鸣，吴子仪等，上海：上海科学技术出版社，2005.）

附　录

附录 1　矢量基础

1. 矢量

矢量是有大小和方向的量，通常采用字母上方加箭头来表示，如$\vec{A}$；也常用黑体字来表示，如 **A**. 作图时用带箭头的线段来表示矢量，其中箭头表示矢量的方向，线段的长度表示矢量的大小，如附录图 1-1 所示.

附录图 1-1　矢量

在直角坐标系中，矢量可以用其在 3 个坐标轴方向上的投影来表示. 设$\vec{i}$,$\vec{j}$,$\vec{k}$分别为 x 轴、y 轴、z 轴方向上的单位矢量，即分别指向 x 轴、y 轴、z 轴正方向且大小为 1 的矢量，则矢量 $\vec{A}$ 可以表示为

$$\vec{A}=A_x\vec{i}+A_y\vec{j}+A_z\vec{k}. \tag{1}$$

其中，A_x,A_y,A_z 分别为矢量 $\vec{A}$ 在 x 轴、y 轴、z 轴上的投影（见附录图 1-2），它们满足关系

$$A_x=A\cos\alpha, A_y=A\cos\beta, A_z=A\cos\gamma, \tag{2}$$

A 为矢量 $\vec{A}$ 的大小，α,β,γ 分别为矢量 $\vec{A}$ 与 x 轴、y 轴、z 轴的夹角，又称方向角，且有

$$\cos^2\alpha+\cos^2\beta+\cos^2\gamma=1, \tag{3}$$

$$A^2=A_x^2+A_y^2+A_z^2. \tag{4}$$

附录图 1-2　直角坐标系中的矢量

矢量的加法定义为矢量的 3 个分量分别线性叠加，即

$$\vec{A}+\vec{B}=(A_x+B_x)\vec{i}+(A_y+B_y)\vec{j}+(A_z+B_z)\vec{k}. \tag{5}$$

根据这样的加法法则，可以得知矢量 $\vec{A}$ 和 $\vec{B}$ 与它们的和 $\vec{A}+\vec{B}$ 构成附录图 1-3 所示三角形关系.

矢量的加法满足交换律和结合律，即

$$\vec{A}+\vec{B}=\vec{B}+\vec{A}, \tag{6}$$

$$(\vec{A}+\vec{B})+\vec{C}=\vec{A}+(\vec{B}+\vec{C}). \tag{7}$$

矢量$-\vec{B}$ 和矢量 $\vec{B}$ 大小相等、方向相反（见附录图 1-4），因此，它们的和为零矢量，即

$$\vec{B}+(-\vec{B})=0. \tag{8}$$

由此可以定义矢量的减法为（见附录图 1-4）

$$\vec{A}-\vec{B}=\vec{A}+(-\vec{B}). \tag{9}$$

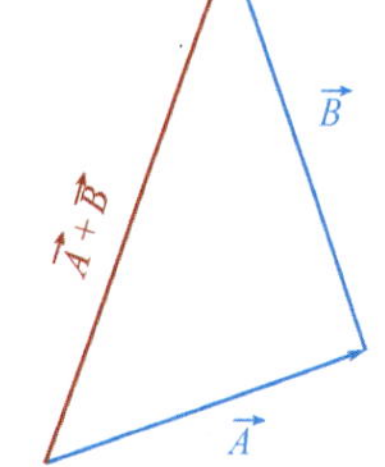

附录图 1-3　矢量加法

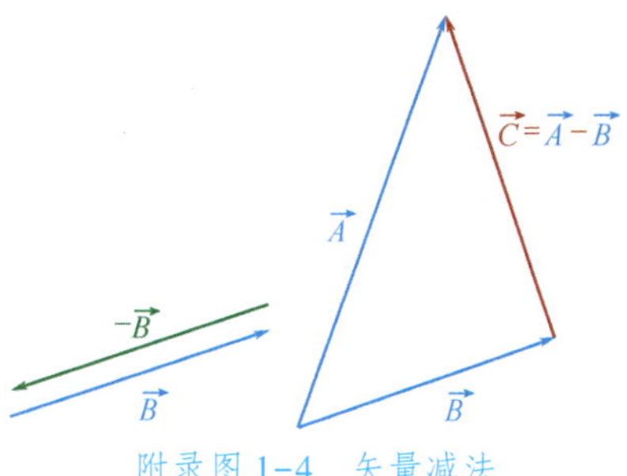

附录图 1-4　矢量减法

2. 矢量乘法

矢量乘以标量：矢量$\vec{A}$乘以标量m，得到一个新的矢量，该矢量的大小是矢量$\vec{A}$大小的m倍，若m是正的，则新矢量的方向与$\vec{A}$的方向相同，若m是负的，则新矢量的方向与$\vec{A}$的方向相反.

矢量与矢量相乘有两种方式：一种称为**标量积**，即相乘的结果为标量；另一种称为**矢量积**，即相乘的结果为矢量.

矢量$\vec{A}$和$\vec{B}$的标量积，又称为内积，记为$\vec{A}\cdot\vec{B}$，因此，这种乘法又称为点乘. 其大小定义为

$$\vec{A}\cdot\vec{B}=AB\cos\theta. \tag{10}$$

其中，θ为矢量$\vec{A}$和矢量$\vec{B}$之间的夹角(见附录图1-5).

矢量$\vec{A}$在$\vec{B}$方向上的投影为$A\cos\theta$，而矢量$\vec{B}$在$\vec{A}$方向上的投影为$B\cos\theta$. 因此，矢量的标量积为一个矢量在另一个矢量上的投影，再乘以第二个矢量的大小. 如果一个矢量与自己做标量积，则结果为该矢量大小的平方，即

$$\vec{A}\cdot\vec{A}=A^2. \tag{11}$$

附录图1-5　矢量点乘

若两个矢量相互垂直，则它们的标量积为零. 直角坐标系3个坐标轴上的单位矢量大小都为1，方向彼此垂直，因此有

$$\begin{aligned}\vec{i}\cdot\vec{i}=\vec{j}\cdot\vec{j}=\vec{k}\cdot\vec{k}=1,\\ \vec{i}\cdot\vec{j}=\vec{j}\cdot\vec{k}=\vec{k}\cdot\vec{i}=0.\end{aligned} \tag{12}$$

利用标量积的这一性质，两个矢量的标量积可以表示为

$$\vec{A}\cdot\vec{B}=A_xB_x+A_yB_y+A_zB_z. \tag{13}$$

标量积满足乘法的交换律和加法的结合律，即

$$\vec{A}\cdot\vec{B}=\vec{B}\cdot\vec{A}, \tag{14}$$

$$\vec{A}\cdot(\vec{B}+\vec{C})=\vec{A}\cdot\vec{B}+\vec{A}\cdot\vec{C}. \tag{15}$$

矢量$\vec{A}$和$\vec{B}$的矢量积，又称为外积，记为$\vec{A}\times\vec{B}$，因此，这种乘法又称为叉乘. 其大小定义为

$$|\vec{A}\times\vec{B}|=AB\sin\theta. \tag{16}$$

其中，θ为矢量$\vec{A}$和矢量$\vec{B}$之间的夹角. $\vec{A}$和$\vec{B}$决定了一个平面，矢量积的方向为垂直于该平面的方向，而这样的方向有两个，我们可以利用右手定则来确定矢量积的方向：右手握拳，四指弯曲所指的方向对应于沿较小夹角从矢量$\vec{A}$到矢量$\vec{B}$的方向，此时伸直大拇指，大拇指所指的方向即为矢量积的方向.

矢量积不满足乘法交换律，乘积的结果与相乘的次序有关，当次序交换时矢量积的方向是相反的，即

$$\vec{B}\times\vec{A}=-(\vec{A}\times\vec{B}). \tag{17}$$

由于这种反对称性，一个矢量和自己的矢量积为零矢量，即

$$\vec{A}\times\vec{A}=0. \tag{18}$$

尽管矢量积不满足乘法的交换律，但其满足加法的结合律，即

$$\vec{A}\times(\vec{B}+\vec{C})=\vec{A}\times\vec{B}+\vec{A}\times\vec{C}. \tag{19}$$

可以证明，直角坐标系坐标轴方向单位矢量的矢量积满足以下关系：

$$\vec{i}\times\vec{i}=\vec{j}\times\vec{j}=\vec{k}\times\vec{k}=0,$$
$$\vec{i}\times\vec{j}=\vec{k},\ \vec{j}\times\vec{k}=\vec{i},\ \vec{k}\times\vec{i}=\vec{j}. \tag{20}$$

两个矢量的矢量积可以利用行列式的形式来计算：

$$\begin{aligned}\vec{A}\times\vec{B}&=\begin{vmatrix}\vec{i}&\vec{j}&\vec{k}\\A_x&A_y&A_z\\B_x&B_y&B_z\end{vmatrix}\\&=(A_yB_z-A_zB_y)\vec{i}+(A_zB_x-A_xB_z)\vec{j}+(A_xB_y-A_yB_x)\vec{k}.\end{aligned}\tag{21}$$

如附录图 1-6 所示，对于以矢量$\vec{A}$和$\vec{B}$为相邻两边的平行四边形，这两个矢量的矢量积的大小为该平行四边形的面积.

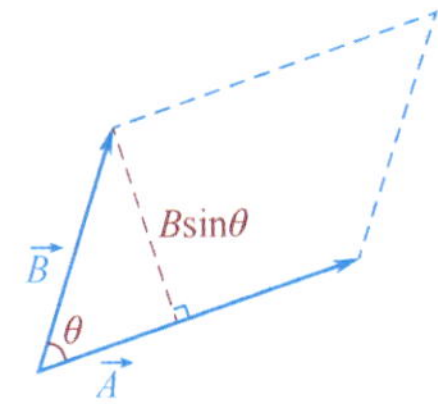

附录图 1-6 以两个矢量为相邻的两边构成平行四边形

若要计算$(\vec{A}\times\vec{B})\cdot\vec{C}$的大小，可以借助附录图 1-7 来计算，以矢量$\vec{A},\vec{B},\vec{C}$为边建立平行六面体，则$(\vec{A}\times\vec{B})\cdot\vec{C}$的大小为该平行六面体的体积.

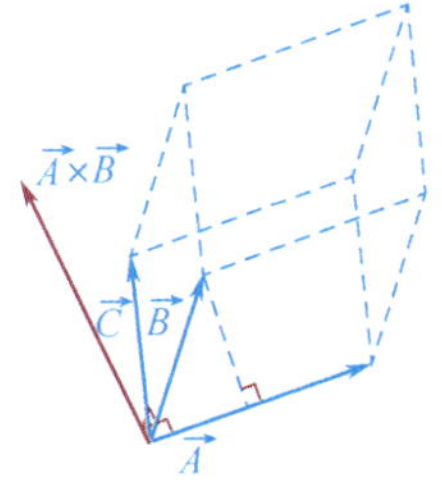

附录图 1-7 以 3 个矢量为相邻的 3 条边构成平行六面体

对于矢量相乘，还有以下公式成立：

$$\vec{A}\times(\vec{B}\times\vec{C})=(\vec{A}\cdot\vec{C})\vec{B}-(\vec{A}\cdot\vec{B})\vec{C}, \tag{22}$$

$$(\vec{A}\times\vec{B})\cdot(\vec{C}\times\vec{D})=(\vec{A}\cdot\vec{C})(\vec{B}\cdot\vec{D})-(\vec{A}\cdot\vec{D})(B\cdot\vec{C}). \tag{23}$$

附录2 常用物理学常量表

名称	符号	数值(2018年标准)
真空中的光速	c	299 792 458 m·s^{-1}(精确值)
万有引力常量	G	6.674 30(15)×10^{-11} m^{3}·kg^{-1}·s^{-2}
标准重力加速度	$g_{\rm n}$	9.806 65 m·s^{-2}(精确值)
阿伏伽德罗常量	$N_{\rm A}$	6.022 140 76×10^{23}mol^{-1}(精确值)
摩尔气体常量	R	8.314 462 618 ... J·mol^{-1}·K^{-1}(精确值)
玻尔兹曼常量	k	1.380 649×10^{-23} J·K^{-1}(精确值)
理想气体摩尔体积 (273.15 K, 101.325 kPa)	$V_{\rm m,0}$	22.413 969 54 ... 10^{-3}m^{3}·mol^{-1}(精确值)
标准大气压	atm	101 325 Pa (精确值)
基本电荷	e	1.602 176 634×10^{-19} C (精确值)
真空介电常量	ε_0	8.854 187 8128 (13)×10^{-12} F·m^{-1}
真空磁导率	μ_0	1.256 637 062 12 (19)×10^{-6} N·A^{-2}
电子静止质量	$m_{\rm e}$	9.109 383 7015 (28)×10^{-31} kg
质子静止质量	$m_{\rm p}$	1.672 621 923 69 (51)×10^{-27} kg
中子静止质量	$m_{\rm n}$	1.674 927 498 04 (95)×10^{-27} kg
斯特藩-玻尔兹曼常量	σ	5.670 374 419 ...×10^{-8} W·m^{-2}·K^{-4}(精确值)
里德伯常量	R_∞	10 973 731.568 160 (21)m^{-1}
普朗克常量	h	6.626 070 15×10^{-34} J·s (精确值)
约化普朗克常量	$\hbar$	1.054 571 817 ...×10^{-34} J·s (精确值)
玻尔半径	a_0	5.291 772 109 03 (80)×10^{-11} m
玻尔磁子	$\mu_{\rm B}$	9.274 010 0783 (28)×10^{-24} J·T^{-1}
电子磁矩	$\mu_{\rm e}$	−9.284 764 7043 (28)×10^{-24} J·T^{-1}
核磁子	$\mu_{\rm N}$	5.050 783 7461 (15)×10^{-27} J·T^{-1}
磁通量子	Φ_0	2.067 833 848 ...×10^{-15} Wb (精确值)

注：1. 本表格的数据由国际科学理事会数据委员会(CODATA)于2018年推荐.

2. 由精确定义的常数导出的常数也是精确的，但其数值的小数位通常为无限长，本表仅显示有限位数，其后由“ ... ”代替.

附录3 AR 安装与操作

第一步 AR App下载与安装

附录图3-1

1 打开手机(支持Android，HarmonyOS)，使用微信“扫一扫”功能，扫描附录图3-1所示的二维码.

2 扫描上述二维码后，在弹出的界面(见附录图3-2)点击右上角的“…”按钮，然后继续在弹出的界面(见附录图3-3)选择“在浏览器打开”，即可进入下载界面(见附录图3-4).

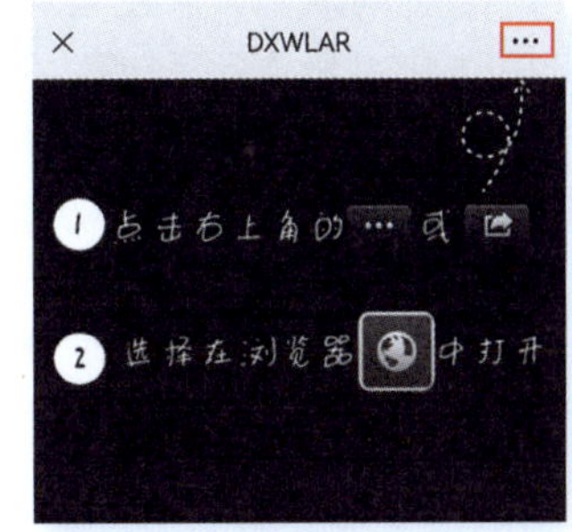

附录图3-2

附录图3-4

附录图3-3

3 进入下载界面后，点击“点击下载”按钮，即可进入安装包“DXWL_AR.apk”的下载进程.

4 安装包下载完成后，直接进入“DXWL_AR.apk”的安装进程.安装完成之后，手机屏幕自动出现“大学物理AR”的App图标，点击该图标可进入“大学物理AR”登录界面(见附录图3-5).

附录图3-5

第二步 AR App注册

首次使用AR App需要先进行注册.点击“大学物理AR”界面的“注册”按钮，进入注册界面(见附录图3-6).按照注册要求，依次输入单位、姓名、密码、校验码（刮开封底刮刮卡即可获取）、手机号等必填项内容，并点击“获取验证码”，填入收到的短信验证码.上述内容全部填完后，点击“设置密码”按钮，完成注册.注册完成后，在“大学物理AR”登录界面，可以通过“账号密码登录”或“手机号登录”两种方式进入“项目选择”界面(见附录图3-7).

附录图3-6　　附录图3-7

第三步 AR App登录

AR App登录有两种方式：账号密码登录和手机号登录.

1 账号密码登录.在“大学物理AR”界面，点击“账号密码登录”按钮，输入用户名和注册时设定的用户密码，点击“登录”按钮，即可进入“项目选择”界面.

2 手机号登录.在“大学物理AR”界面，点击“手机号登录”按钮.进入手机号登录界面后，输入已注册的手机号，点击“发送验证码”按钮，接收验证码并填入，填写完成后，点击“登录”按钮，即可进入“项目选择”界面.

第四步 加载AR项目和进入AR操作界面

加载AR项目和进入AR操作界面有两种操作方式：一种是扫描书中AR标识图，另一种是在“项目选择”界面直接操作.

1 扫描书中AR标识图

进入“项目选择”界面后，点击右上角的扫描按钮“⛶”，调出扫描界面(见附录图3-8).

扫描书中带有“AR”标志的AR标识图，识别出此AR项目后，App会自动加载此AR项目.加载完成后，自动进入此AR项目的操作界面，在该操作界面即可对该AR项目进行操作.

特别指出的是，未卸载该App前，当一个AR项目加载完成后，使用该手机再次扫描这个AR标识图时，无需再次加载即可直接进入此AR项目的操作界面.

附录图3-8

2 在“项目选择”界面直接操作

进入“项目选择界面”后，界面显示已加载AR项目和待加载AR项目两类图标，其中图标上含有“更新”字样的为待加载AR项目图标，不含“更新”字样的为已加载AR项目图标(见附录图3-9).

点击待加载AR项目图标上的“更新”按钮，可直接进入该AR项目的加载进程.加载完成之后，该图标变为已加载AR项目的图标.

选择已加载AR项目的图标，点击“进入”按钮，即可直接进入该选定的AR项目的操作界面，在操作界面即可对该AR项目进行操作.

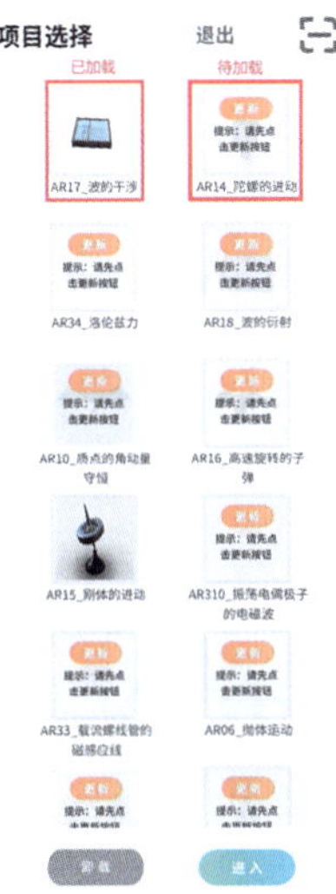

附录图3-9

第五步 AR 项目卸载

选择已加载AR项目的图标，点击左下方的“卸载”按钮，即可对该AR项目进行删除和卸载.

第六步 AR 项目操作方法

扫描下方的示范1、示范2和示范3这3个二维码，观看AR项目操作示范视频.视频给出了3种典型的在AR项目操作界面上的操作方法.

示范1

示范2

示范3

第七步 大学物理AR管理系统

大学物理AR管理系统主要包括应用管理、用户统计和应用统计等模块，便于教师及时了解学生在学习过程中使用AR的实时分布状态和各个AR项目的使用状态等情况.

大学物理AR管理系统的访问网址为：http://phyar.proedu.com.cn:8590/#/login.
各位读者在AR的安装与使用过程中，如有疑问，请随时与我们联系，
可发送问题至邮箱电子邮箱sunshu@ptpress.com.cn，或拨打电话010-81055302.

附录4 AR标识图汇集

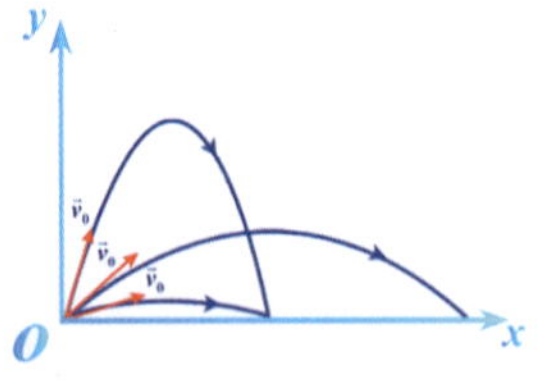

抛体运动

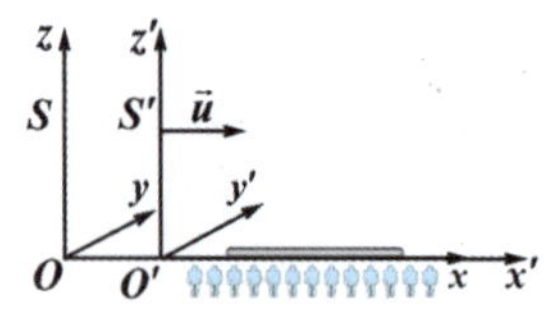

运动物体的长度测量

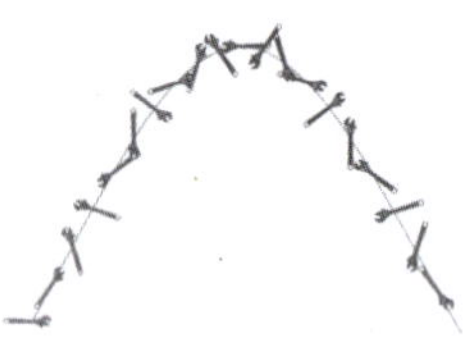

抛掷扳手

角动量守恒

质点的角动量守恒

陀螺的进动

刚体的进动

高速旋转的子弹

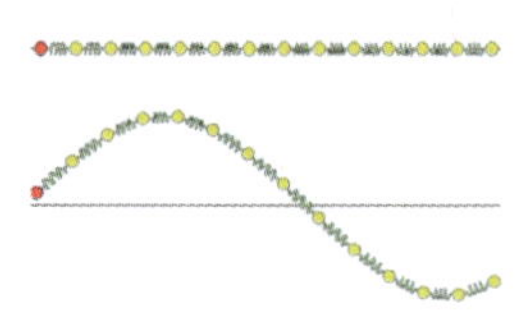

横波

纵波

波的干涉

波的衍射

AR（增强现实技术）能实现将物理图像、物理过程直观地呈现于现实世界中，以增强读者对相关内容的理解，具有虚实融合的特点.

本书为纸数融合的新形态教材，通过运用AR交互技术与计算机模拟技术，将大学物理课程中的抽象物理概念以及复杂物理现象进行直观呈现，提升学生对物理概念和物理图像的理解.